王富华，男，研究员，博士生导师，1962 年生，1982 年毕业于华中农学院。现任广东省农业标准化协会会长、广东省农业科学院农业质量标准与监测技术研究所首席专家，主要从事农产品质量安全检测与标准、产地环境监测与风险评估相关工作，获国务院政府特殊津贴，荣获“全国食品安全工作先进个人”“全国农业质量监督工作先进个人”“全国绿色食品工作先进个人”等荣誉。获省部级科技奖等 21 项科技奖励，主持科研项目 157 项，编写著作 23 部，制定、修订标准 86 项，获批专利 20 项，发表论文 200 余篇。从事农产品质量安全相关工作 36 年，为农产品质量安全与农业标准化做出了突出贡献。

家
Levi's

REAMSTO

文典，男，1988 年生，2009 级硕士，现在广东省农业科学院农业质量标准与监测技术研究所，从事产地环境监测与重金属检测技术研究工作。获“全国农用地土壤污染状况详查表现突出个人”“全国农产品质量安全业务技术优秀个人”荣誉。

刘香香，女，1986 年生，2009 级硕士，现在广东省农业科学院农业质量标准与监测技术研究所，主要从事农产品质量安全科技管理、科普宣传等工作。获“全国农产品质量安全业务技术优秀个人”荣誉，获各级科技奖励 6 项。

李汉敏，女，1991 年生，2015 级硕士，现任广州睿馨教育素质拓展老师。

王琼珊，女，1990 年生，2012 级硕士，现在广东食品药品职业学院生物技术学院，从事教学和科研工作。

张寒煜，女，2001 年生，华中农业大学 2021 级硕士。

万凯，男，1981 年生，2006 级硕士，现任广东省农业科学院农业质量标准与监测技术研究所副所长，主要从事农产品质量安全风险评估及监测工作。

王旭，女，1981 年生，2008 级博士，现任广东省农业科学院农业质量标准与监测技术研究所所长、农业农村部农产品质量安全检测与评价重点实验室主任。获各级科技奖励 13 项，主持科研项目 30 余项，发表论文 80 余篇，获批专利 16 项、软件著作权 10 项，制定、修订标准 45 项，参编著作 13 部。

王琳，女，1989 年生，2015 级硕士，现任职于河南华测检测技术有限公司，从事农产品安全检验检测工作。2020 年获得华测检测认证集团农产品线工匠奖，2021 年获得河南华测检测技术有限公司特殊贡献奖。

王有成，男，1986 年生，2010 级硕士，现任深圳中检联检测有限公司实验室副经理，从事食品、农产品、化妆品、饲料、肥料等领域检验检测管理工作。

王其枫，男，1987 年生，2009 级硕士，现在赛默飞世尔科技（中国）有限公司，在色谱质谱部从事销售工作。

王瑞婷，女，1985 年生，2007 级硕士。

卞吉斐，女，1996 年生，2019 级硕士，现任鑫荣懋果业科技集团总经理助理，从事进口水果分销工作。

甘敏，女，1989 年生，2021 级博士后，现在广东省农业科学院农业质量标准与监测技术研究所，从事博士后工作。主要研究方向为食品和饲料中真菌毒素污染预防和控制。

朱娜，女，1989 年生，2013 级硕士，现在青岛市华测检测技术有限公司，从事农产品质量安全相关检测、认证、咨询工作，制定、修订标准 9 项，获华测检测认证集团 2017 年度农产品线最佳服务奖、2019 年度农产品线最佳团队奖。

刘帅，男，1992 年生，2015 级硕士，现在广东省农业科学院农业质量标准与监测技术研究所，从事农产品质量安全研究工作。

刘永涛，男，1979 年生，2011 级博士，硕士生导师，中国水产科学研究院长江水产研究所副研究员，全国水产标准化技术委员会淡水养殖分会秘书长。主持或参与各级科研项目 40 余项，发表论文 200 余篇，参编著作 4 部，获授权发明专利 11 项，制定、修订标准 8 项，获各级科技奖励 5 项。

刘春梅，女，1988 年生，2011 级硕士，现在华测检测认证集团股份有限公司，从事农业环境技术支持工作。

江棋，男，1993 年生，2020 级硕士，现在广东省农业科学院农业质量标准与监测技术研究所，从事产地环境及农产品安全应用研究。

宋启道，男，1981 年生，2005 级硕士，现任中国热带农业科学院信息所产业发展部部长，主要从事农业环境和农业信息方面工作，获中华农业科技奖二等奖 1 项、海南省科技进步三等奖 3 项，获“怒江州荣誉市民”称号。

李波，男，1989 年生，2012 级硕士。

李丽，女，1986 年生，2009 级硕士，现任广东省农业科学院果树研究所政工科科长，从事行政管理工作。

李娜，女，1985 年生，2008 级硕士，现在河南省商业科学研究所有限责任公司，从事农产品、流通领域食品中元素的检测工作。

杨兰，女，1990 年生，2012 级硕士，现任湖北省潜江市乡村振兴局社会扶贫科科长，目前主要从事巩固拓展脱贫攻坚成果相关工作。

杨锐，男，1988 年生，2012 级硕士，现在益海嘉里食品营销有限公司公司武汉分公司，从事湖北省特殊渠道（大客户部）管理工作。

杨凯，男，1987年生，2010级硕士，现在深圳市质量安全检验检测研究院，从事农产品检测工作。

杨慧，女，1984年生，2006级硕士，现在广东省农业科学院农业质量标准与监测技术研究所，从事科研工作。制定、修订标准40项，编写书籍4部，主持科研项目15项，发表学术论文25篇，获得各级奖励12项。

肖荣英，女，1979年生，2003级硕士，现在信阳农林学院，从事高校教学工作，主要从事专业为植物营养。

何舞，女，1985年生，2009级硕士，现自由职业，主要从事英中笔译兼职。

邹素敏，女，1990年生，2014级硕士，现在岛津企业管理（中国）有限公司，从事GC＆GCMS售前技术支持工作。

张冲，男，1982年生，2005级硕士，现任宜昌市长阳自治县县委办公室主任，从事行政工作。2008年获广东省科技进步奖三等奖，2017年获湖北省优秀纪检监察集体，2021年获湖北省脱贫攻坚先进个人。

张欣，女，1993年生，2018级硕士，现在广东省农业科学院农业质量标准与监测技术研究所，从事实验室质量管理工作。

张赛，男，1990年生，2015级博士，现在广东省农业科学院动物科学研究所，从事黄羽肉鸡营养需要量建模与饲料原料营养价值评定工作。获2020年美国动物科学青年科学家奖。

张卫杰，男，1990 年生，2016 级硕士，现在周口市农业科学院，从事新型肥料研发与应用、重金属迁移与转化研究工作。

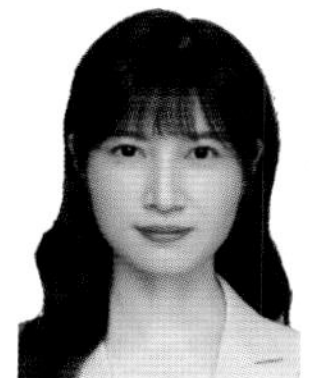

陈丽，女，1984 年生，2009 级硕士，现在山东安鑫宝科技发展有限公司，从事财务工作。

范瑞瑞，女，1997 年生，2020 级硕士，华中农业大学资源利用与植物保护专业，研究领域为植物营养与农产品质量安全。

郑锦锦，女，1995 年生，2017 级硕士，现在中国烟草总公司郑州烟草研究院，从事科研辅助工作。

赵洁，女，1990 年生，2014 级硕士，现在广东省农业科学院农业质量标准与监测技术研究所，从事农产品质量安全与标准研究工作。参与各类科研项目 10 余项，获得科技奖励 5 项，制定、修订标准 6 项，发表学术论文 6 篇，出版著作 2 部，获发明专利 2 项。

赵迪，女，1993 年生，2014 级硕士，现在基因有限公司，从事技术支持工作。

赵凯，男，1987 年生，2010 级硕士，现任河北省唐山市滦南县姚王庄镇党委副书记、镇长，主要从事基层工作。

赵小虎，男，1983 年生，2005 级硕士，现任华中农业大学资源与环境学院副教授、博士生导师，国际硒学会－中国青年分会秘书长。主要从事污染与修复生态、硒与植物健康等领域研究。主持科研项目 20 余项，发表科研论文 50 余篇，授权专利 8 件，制定标准 4 项，参编著作 3 部。获各级科技奖励或荣誉 30 余项。

赵亚荣，女，1988 年生，2014 级博士，现在广东省农业科学院农业质量标准与监测技术研究所，从事农产品质量安全工作。

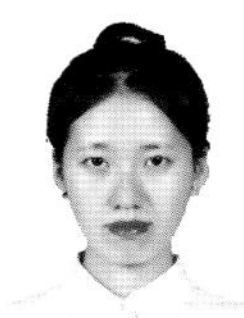

赵玫妍，女，1996 年生，2019 级硕士，现在北京六角体检测公司，从事有机实验员工作。

赵慧星，男，1982 年生，2004 级硕士，现在深圳市大鹏新区大鹏办事处，从事乡村振兴工作。

胡霓红，女，1987 年生，2012 级硕士，现在京北方信息技术股份有限公司，从事金融行业外包服务工作。

耿安静，女，1984 年生，2013 级博士，现在广东省农业科学院农业质量标准与监测技术研究所，从事农产品质量安全品牌与标准化工作。获得广东省科技进步奖等科技奖励 5 项。

鄢韬，男，1996 年生，2018 级硕士，现在广东农科监测科技有限公司，从事农产品质量安全工作。

廖梦莎，女，1991 年生，2013 级硕士，现任欧陆（苏州）分析服务有限公司分析服务经理。

根植沃土 情系農安

王富华／顾问
文　典　刘香香／主编

中国农业出版社
农村读物出版社
北　京

图书在版编目（CIP）数据

根植沃土　情系农安 / 文典，刘香香主编．—北京：中国农业出版社，2022.8
ISBN 978-7-109-30108-5

Ⅰ．①根…　Ⅱ．①文…　②刘…　Ⅲ．①农产品—质量检验—中国—文集②诗集—中国—当代　Ⅳ．①S37-53②I227

中国版本图书馆 CIP 数据核字（2022）第 183676 号

中国农业出版社出版
地址：北京市朝阳区麦子店街 18 号楼
邮编：100125
责任编辑：杨晓改　　文字编辑：徐志平
版式设计：杜　然　　责任校对：吴丽婷
印刷：北京通州皇家印刷厂
版次：2022 年 8 月第 1 版
印次：2022 年 8 月北京第 1 次印刷
发行：新华书店北京发行所
开本：787mm×1092mm　1/16
印张：18.5　　插页：4
字数：450 千字
定价：198.00 元

编写人员名单

主　编　文　典　刘香香

副主编　李汉敏　王琼珊　张寒煜

编　委（按姓氏笔画排序）

万　凯　王　旭　王　琳　王有成　王其枫
王瑞婷　卞吉斐　甘　敏　朱　娜　刘　帅
刘永涛　刘春梅　江　棋　李　丽　李　波
李　娜　杨　兰　杨　凯　杨　锐　杨　慧
肖荣英　何　舞　邹素敏　宋启道　张　冲
张　欣　张　赛　张卫杰　陈　丽　范瑞瑞
郑锦锦　赵　迪　赵　凯　赵　洁　赵小虎
赵亚荣　赵玫妍　赵慧星　胡霓红　耿安静
鄢　韬　廖梦莎

谨以此书献给：「全国食品安全工作先进个人」——在农业检测和农产品质量安全一线辛勤耕耘四十年的王富华老师！

写在前面

勤耕四十载、人生六十年，当下要画个分号，开启另一样生活。有弟子把群名定为“缘来一家人”很是贴切，真的是上天眷顾，给了我这么多聪明可爱、勤奋好学、懂事有礼的孩子们，是我三生有幸，以我的能力水平不能教他们什么，但他们都理解和包容我、关心并爱护我，也是他们张罗了这本书，如果对他们说谢谢似乎多余。

记得是骑在牛背上，弟弟把华中农学院入学通知书送到我手中，领到大学毕业证回家过了二十岁生日就奔赴黑龙江，在北安农校圆满完成了三届学生的“土壤农化分析”等课程的教学任务。回到武汉后，在湖北省农业科学院农业分析测试中心一干便是十六年。如果没有记错的话，应该是2000年8月30号凌晨我南下广州，前往广东省农业科学院从事农业测试和农产品质量安全相关工作。

回想起来，所遇之人无一不是指导、帮助、关心、支持我的恩人，我自觉索取的太多太多，而做的又太少太少，所以，我没有理由不由衷地感谢我们的党和我们的国家！感恩所有的领导和亲朋！感激我妻子的奉献支持和我女儿的快乐陪伴！我坚持“做人诚信友善、做事勤奋清廉、工作爱岗敬业、生活艰苦朴素”“乐给众人分享、苦要自己去扛”。经历了失去至亲的剧痛后，上天又赐给了我温柔贤惠的伴侣，我相信我的未来和大家一样，一定会更加美好！

王富华

2022年7月

前言

恩师王富华先生从事农业检测和农产品质量安全工作40年，而今退休之际，同门商议，应该出一本书，对老师工作与教书育人生涯做一次小结。

王富华老师是华中农业大学兼职教授，先后培养博士、硕士研究生47人，以及推广研究生10余人。老师把我们当作自己的孩子，给我们无私的关爱和真诚的鼓励，不仅传授给我们知识，更重塑了我们的人格。如今师兄弟姐妹们秉承老师的教诲，已在各行各业中做出一点成就，对老师来说是些许安慰。

本书由所有同门集体编纂，书名题字由学生卞吉斐手书。书中收录了老师指导下完成的代表性科技论文，学生在长期工作中关于农业农村、质量安全监管、检验检测工作等方面的思考，以及围绕“根植沃土、情系农安”主题创作的诗歌。专业性内容包括农产品品质溯源、农业标准体系建设、污染物检测新技术、污染物吸收代谢规律、重金属调查与分级利用、重金属安全阈值、受污染耕地安全利用技术、生物毒素分析评价等。

本书难以概括老师的全部成就，受时间和编者水平所限，编写过程亦难免有疏误，竭诚欢迎读者批评指正。

特别说明：文中所列研究论文和文章多为已发表论文和文章，本着尊重原著的原则，除明显差错外，对论文中所涉及的有关量、符号、单位等均未做统一改动，对其中出现的机构名称和标准号未做更新。

编者

2022年7月

目录

写在前面

前言

第一篇　研究论文 / 1

第一篇　研究论文

重金属污染农田安全利用技术现状与思考

王富华

摘要：土壤重金属污染带来的食品安全性问题及土壤污染防治已成为世界性的重大环境问题。由于农田土地资源的日益紧缺，开发重金属污染农田安全利用技术维持现有耕地环境的可持续利用并保障农业健康发展与农作物安全生产是当前土壤与环境领域的研究热点。本文通过分析我国农田土壤重金属污染来源与现状，并对国内外重金属污染农田安全利用工作领域的关键技术与治理效果进行综述与比较，分析主要存在的问题与防治对策，从建立有效污染预警系统及时切断污染源头、制定修订科学的安全限量标准、根据区域土壤和农作物特性调整种植结构、坚持不懈抓好耕地污染修复打赢持久战等方面对今后的研究方向提出展望，以期为促进我国农田资源利用率最大化、最优化以及保障重金属污染农田安全利用和农产品质量安全提供理论依据和技术支撑。

关键词：安全利用；限量标准；农产品安全；土壤污染；绿色农业

土壤是人类赖以生存和发展的至关重要的自然资源，与农产品质量安全和生态环境健康息息相关。但随着工农业的迅猛发展，过量重金属的输入超出了土壤的承载能力，造成日益严重的土壤重金属污染。联合国粮食及农业组织《世界土壤资源状况》（2015）报告指出：全球土壤资源状况不容乐观，土壤污染已成为全球土壤功能退化的最主要威胁之一。我国的土壤重金属污染问题十分严峻，数据显示，全国土壤总点位超标率为16.1%，耕地土壤点位超标率达19.4%，重金属是最主要的无机污染物。土壤重金属污染带来的食品安全性问题及土壤污染防治已成为政府、公众和科学界共同高度关注的话题和亟须解决的重大问题之一。

近年来，党中央和国务院高度重视重金属污染土壤防治和农作物安全生产工作，先后出台一系列相关的文件与政策。2016年，中央1号文件强调“必须确立发展绿色农业就是保护生态的观念，加快农业环境突出问题的治理”。同年，国务院印发《土壤污染防治行动计划》，提出“到2020年农用地环境安全得到基本保障，受污染耕地安全利用率达到90%左右，到2030年，受污染耕地安全利用率达到95%以上”。2018年出台的《中华人民共和国土壤污染防治法》规定，各类农用地按照土壤污染程度和相关标准，划分为优先保护类、安全利用类和严格管控类，进行分类管理与防治。因此，维持现有耕地环境的可持续利用是保障农业健康发展和粮食作物安全生产的必要措施，也是当前土壤与环境领域研究热点。

现阶段，我国农田重金属污染土壤的防治工作主要以安全利用为主，在充分利用现有的土地资源上保障农产品的安全生产，并在此基础上探索形成可大面积示范及推广的“边生产边修复”的技术模式。本文通过对国内外农田重金属污染安全利用工作领域的关键技术与治理效果进行综述与比较，分析主要存在的问题与防治对策，并提出今后的治理方向，以期为后续重金属污染农田安全利用和保障农产品质量安全提供理论依据和科技支撑。

1 我国农田土壤重金属污染来源

在陆地生态系统中，土壤是各类污染物循环的最终归宿。我国许多地区农田土壤重金属污染问题非常复杂，往往是多来源、多元素的复合污染，为土壤污染的控制与治理带来了巨大挑战与困难。科学判断农田土壤重金属污染类型、数量，以及污染源解析是高效治理农田重金属污染的前提条件。农田土壤重金属来源主要包括自然来源、污水灌溉和农业投入品的不合理使用等方面。

1.1 自然来源

我国国土广袤，部分地区陆地表面存在一些重金属元素富集的天然矿物，这些矿物在风化过程中不可避免地将重金属带入农田系统中。另外，一些地质灾害，如火山喷发、地壳变动等会将地球内部的一些重金属元素带到地表上来，进而输入至农田土壤系统。据资料显示，我国土壤自然 Cd 含量平均为 0.163 mg/kg，低于世界多数土壤的 Cd 平均含量（0.35 mg/kg），而且贵州、广西、云南等地土壤重金属背景值高于全国平均水平。

1.2 污水灌溉

污水灌溉农田，是指用受污染的生活污水、工业废水、排污污水以及超标的地表水或地下水等经一定的处理或未经处理对农田进行灌溉。这种灌溉方式尤其在水资源匮乏地区应用较多，但是长期应用此种方式，会导致重金属在土壤中过多的积累。世界范围内，利用污水灌溉农田的国家农田土壤重金属的含量均远远高于土壤本底值，其种植的农作物及农产品中重金属的含量高于允许重金属限量标准阈值。据统计，我国利用污水灌溉的农田面积约为 360 万 hm^2，占农田总灌溉面积约 7%。在一些典型的污灌区，土壤重金属 Cd 含量高达 5～7 mg/kg。

1.3 农业投入品的不合理使用

农业投入品（如农药、化肥、有机肥、动植物生长调节剂与添加剂、地膜等）对农业的发展具有不可替代的作用，但其不合理或过量施用会造成农田重金属污染。部分农药中含有多种重金属元素，有研究表明，农田土壤 As 污染的主要原因是含砷农药、除草剂、脱叶剂、抗菌剂的长期滥用。肥料的使用也是引起重金属污染另一个重要原因，其中磷肥是肥料中重金属含量最高的。农膜生产过程中应用的热稳定剂中含有 Pb 和 Cd，这些重金属会随农膜的分解释放至农田土壤。

2 我国农田土壤重金属污染现状

现阶段我国土壤重金属污染状况不容乐观，土壤重金属污染主要分布在工矿企业附近、污水灌溉地区及城郊农用地等。我国约有 2 000 万 hm^2 的耕地受到重金属污染，主要以 Cd、Pb、As 污染为主。从污染的空间分布来看，我国南方地区明显比北方地区严重，以长三角和珠三角地区最为严重，而在北方地区以东北老工业地区最为严重。据文献检索显示，我国稻米 Cd 含量范围为 0.01～5.50 mg/kg，均值为 0.23 mg/kg，以湖南、广西和四川较为严重。

3 我国农田土壤重金属污染安全利用技术

农田土壤重金属污染安全利用工作直接关系到农产品质量安全、人民群众身体健康和农业的可持续发展。我国人均耕地占有率较低，重金属污染的农田不能全面休耕进行治理修复。因此，针对大面积中轻度重金属污染农田的防治主要以安全利用的角度出发，采取重金属低积累品种筛选、农艺措施调控、原位钝化技术以及集成调控技术等手段，在充分利用现有农田资源基础上避免农作物可食部位重金属超标的风险。

3.1 重金属低积累农作物品种的筛选与应用

农作物不同品种及同一品种间因基因型的不同对重金属的吸收与富集的能力存在较大的差异。按照国内外相关的限量标准，筛选农作物可食部位重金属低积累品种，有效降低土壤重金属向食物链中迁移富集，是保障轻度污染农田农作物安全生产的有效途径。国内外针对常见的农作物，开展了许多相关的研究工作。Pinson 等在田间试验条件下研究 1 763 种不同水稻品种对重金属富集差异，发现水稻籽粒 Cd 含量在淹水和旱地种植模式下呈现 41 倍和 154 倍的差异。杨素勤等在河南省种植面积较广的 20 个小麦品种中筛选出了 2 个在重金属轻度污染土壤上可以实现安全种植的小麦品种。

3.2 农艺调控技术

农艺调控技术是指利用水肥管理、间作、套作和轮作技术等措施对土壤中重金属有效性进行调控，降低重金属向农作物可食部位的迁移，实现中轻度污染耕地的安全利用。在淹水条件下，土壤重金属 Cd 在还原状态下易与硫化物形成沉淀，进而降低稻田 Cd 的生物有效性。铵态氮肥的长期过量施用导致农田土壤加速酸化，增强土壤重金属有效性。有研究表明，利用硝态氮肥替代铵态氮肥可提高农田根际土壤 pH，抑制土壤 Cd 的有效性，降低农作物对 Cd 的吸收与富集。采取冬种轮作模式可显著降低土壤中 Cd、As、Pb 等重金属的含量，该模式可减少大米中重金属的富集量，同时还可以提升稻米产量和品质。

3.3 土壤重金属钝化技术

土壤重金属钝化技术是指向农田土壤中添加外源钝化剂、调理剂等，改变土壤pH、氧化还原电位、阳离子交换量、有机质与黏土矿物的比重，促进土壤中重金属发生吸附、络合、沉淀等一系列反应，减低重金属在土壤中的移动性和生物有效性，从而阻控农作物对土壤重金属的吸收与富集。土壤重金属钝化技术因其可操作性强、经济适用、修复治理效果明显等特点已在重金属污染土壤防治工作中广泛使用。根据土壤钝化调理剂理化性质，可以将其分为三类：①无机类钝化调理剂：主要包括钙基材料、硅基材料、磷矿石材料和黏土矿物，利用其碱性特性提升土壤pH，促进土壤对重金属离子形成碳酸盐、磷酸盐、硅酸盐沉淀，或通过吸附特性增强土壤对重金属离子的固定；②有机类钝化调理剂：主要包括作物秸秆、污泥、家禽粪便、泥炭、堆肥等，这些材料是通过提高土壤中阳离子交换量，增强土壤对重金属离子的吸附或络合作用，降低重金属的生物有效性；③新型钝化调理剂：主要包括生物炭基材料、纳米材料等，利用其多孔、高比表面积、富含活性基团等特性高效吸附土壤中重金属离子。

3.4 集成调控技术

在部分农田土壤污染成因复杂、土壤重金属浓度较高的情况下，单一的重金属修复与治理技术难以保障农作物的安全生产，采用多种综合防控技术可以达到受污染耕地安全利用的目的。目前，应用较为广泛的集成调控技术为“VIP”综合治理技术，该技术是采用低重金属积累品种、田间水分管理优化、使用生石灰调节土壤pH等联用的技术模式。Chen等在湖南重金属污染的田间治理修复试验研究发现，土壤重金属钝化技术结合低Cd低积累水稻品种可保证Cd污染农田水稻的安全生产。Li等研究表明，施用坡缕石联合水分管理能控制糙米Cd含量低于安全生产规定的限量标准。

4 农田安全利用研究展望

贯彻落实中央《关于全面加强生态环境保护 坚决打好污染防治攻坚战的意见》要求，并全面践行“绿水青山就是金山银山”的生态文明理念，加快推进我国农业高质量绿色发展，不断推动乡村生态振兴，坚决打赢农业农村污染防治攻坚战，因地制宜地制定各项农田安全利用措施。结合农田重金属污染特性和国内外土壤重金属修复技术进展，早在2006年，广东省农业科学院产地环境团队就提出了“断源头、修标准、调结构、持久战”的理念，现在仍可供我国受污染农田安全利用研究参考。

4.1 切断污染源头

我国农田日益紧缺的现状和对粮食产量的坚定需求决定了维持农田生产并保障农产品质量安全是我国当前的形势所需，加快开发针对我国农业生产需求和农村环境特色的农田重金属污染土壤修复和安全生产技术显得更为迫切。但确保受污染农田安全利用的关键还在于农业生产污染源头的控制，建立完善健全的相关法律法规是根本。为加强农用地土壤环境保护监督管理，保护农用地土壤环境，管控农用地土壤环境风险并保障农产品质量安全，国家环保部根据《中华人民共和国环境保护法》《中华人民共和国农产品质量安全法》等法律法规和《土壤污染防治行动计划》，制定了《中华人民共和国土壤污染防治法》。作为史上"最强"土壤保护法，对违法行为进行严惩，从源头上规范土壤污染源的排放，为保护好农田环境、促进农业可持续发展、保障农产品安全完成了重要一环。各级政府部门还应结合本地实际，制定适合本地区的《土壤环境保护条例》，使土壤污染防治法规具有可操作性和威慑力。

4.2 制定、修订安全标准

早在2016年国务院发布的《土壤污染防治行动计划》中就重点提出，分区域、分类别、分用途来实施我国农田污染防治和安全利用。针对我国农田土壤环境特点和土壤重金属污染特征，以确保农产品质量安全为主要目标，生态环境部印发了《土壤环境质量　农用地土壤污染风险管控标准》(GB 15618—2018)，将农用地划分为优先保护类、安全利用类和严格管控类，对全国农田土壤按4个pH范围对多种重金属元素设定了土壤污染风险筛选值和管制值来判定其农产品种植的适宜性。通常不同蔬菜对重金属的累积特性存在着明显差异，且不同区域农田土壤理化性质的差异也会影响蔬菜对土壤重金属的吸收。不考虑土壤重金属的生物有效性和蔬菜对土壤重金属吸收特性的品种差别，采用同一标准评价不同性质土壤和不同种类蔬菜的土壤种植适宜性，难以客观准确地评价农田土壤环境的安全性。

4.3 调整种植结构

不同区域的土壤性质（如土壤质地、有机质、阳离子交换量等）和农作物生产的复杂性等会直接影响其对土壤重金属的吸收和累积。基于当地农产品产地土壤污染状况，以及不同农作物类别对重金属的吸收和富集程度的差异，按照国内外相关标准允许限量或推荐限量，筛选重金属低富集品种，减少农田土壤重金属向食物链中迁移富集，是轻中度重金属污染农田安全生产和农业高效发展的有效途径。

4.4 坚决打赢持久战

我国农田土壤重金属由长期的水污染、大气污染、固体废弃物污染等众多污染叠加形成，其影响范围广、面积大。与其他污染类型相比，重金属污染具有隐蔽性强、来源复杂、滞留时间长、治理难度大等特点，使得土壤污染修复治理手段和农田安全利用措施的研究和实施面临更大挑战。目前重金属污染土地治理和修复的技术方法很多，主要包括物理方法、化学方法、生物方法和农艺措施。这些方法大多经济成本高，如客土法、施用调理剂等；或耗时长，如利用超富集植物清除重金属的方法需要几十年甚至上百年时间。实际应用过程中，需要聚集跨学科、跨部门的科研力量，结合不同领域、不同环节，从单项技术研究向多项技术综合防治转变，更要充分认识农田土壤修复治理和农田安全利用技术施用的长期性、艰巨性，坚持不懈地抓好耕地污染治理修复。

施肥对豫南稻-油轮作区甘蓝型油菜产量和品质的影响

肖荣英

摘要：为了研究施肥对油菜产量效果、经济效益和品质效益的影响，在豫南稻-油轮作地区，以双低品种和双高品种油菜为研究对象，农民习惯施肥为对照，研究了平衡施肥处理（NPKB）、缺氮（－N）、缺磷（－P）、缺钾（－K）和缺硼（－B）对油菜产量效果、经济效益和品质效益的影响。结果表明，两个品种平衡施肥处理（NPKB）的产量和经济效益均最高，农民习惯施肥产量和经济效益显著低于平衡施肥处理（NPKB）。德油8号产量降低28.6%，施肥经济效益减少1 264元/hm^2，施肥效益降低25%；中油821产量降低31.9%，施肥经济效益减少2 199元/hm^2，施肥经济效益降低51%。氮、磷、钾、硼任一元素缺乏，均显著降低油菜产量和经济效益，双低油菜德油8号的产量分别降低了32.2%、14.3%、19.8%、16.7%，施肥经济效益分别减少了1 518元/hm^2、375元/hm^2、600元/hm^2、1 284元/hm^2；双高油菜中油821产量分别降低了44.1%、26.6%、15.6%、35.1%，施肥经济效益分别减少了2 095元/hm^2、1 125元/hm^2、140元/hm^2、2 445元/hm^2；两个品种平衡施肥处理（NPKB）的含油量显著高于其他处理，硫苷和芥酸含量显著低于其他处理。相同的施肥条件下，德油8号产量比中油821高6.1%～43.4%，产值提高825～1 987元/hm^2，施肥经济效益提高8.7%～107.5%。说明在相同的施肥及栽培条件下，双低油菜比双高油菜高产高效，在豫南稻-油轮作区油菜种植中应选择双低油菜品种，并重视氮、磷、钾、硼的合理配施，以获得高产高效，提升油菜籽品质。

关键词：稻-油轮作；油菜；产量；经济效益；品质

河南省位于长江流域冬油菜种植区，常年油菜种植面积33万～44万hm^2，豫南地区油菜种植面积占河南省油菜种植面积的70%左右。其中信阳地区是农业部《优势农产品区域布局规划》中长江中游冬油菜种植优势区域之一。其地理位置独特，位于亚热带向暖温带过渡区，在油菜生育期的9月至次年5月的积温2 550～2 804 ℃，日照时数1 091～1 145 h，降水量412～613 mm，雨热同季，农业气候资源生产潜力高，非常适合种植油菜。在油菜适宜种植区域内，合理施肥是获得油菜高产的一项非常重要的因素。目前关于油菜的施肥效应研究已经很多，并且已经证明油菜施肥的重要性。总结多年田间试验结果表明，在全国冬油菜产区，不同品种的油菜施肥均获得显著增产效果，只是在营养元素种类不同、地区不同等因素条件下，油菜增产幅度不同。关于施肥对油菜品质影响的研究，目前主要分为微量元素和大量元素对油菜品质的影响，微量元素主要集中在硼、锌、钼微量元素对油菜品质的影响，结果表明微量元素的合理施用能够提高油菜含油量，降低硫苷、芥酸含量，具有改善油菜籽品质的作用；大多数研究认为氮肥施用能够提高油菜籽蛋白质含量，降低油菜籽含油量，磷、钾肥的施用对油菜籽蛋白质和含油量影响不明显，并且大量元素对油菜籽品质的影响研究主要集中在对油菜籽蛋白质和含油量方面，对油菜籽的硫苷、芥酸含量及脂肪酸组分影响研究不多。前人研究表明，平衡施肥能够改善油菜籽品质，但关于品质的研究试验区域范围远远没有施肥的产量效果研究广泛和深入，而针对豫南这一区域性的油菜施肥的增产效益、经济效益的研究很少，关于品质效应的详细研究报道几乎没有。豫南地区有其独特的气候和土壤特点，区域特征比较明显，不能完全照搬已有的研究结果。在已有的研究基础上，细化研究豫南地区油菜的施肥效果为豫南地区油菜栽培中肥料的合理施用提供理论依据和数据参考，对豫南油菜产业的发展具有重要的意义。

1　材料与方法

1.1　试验地概况及材料

试验地位于河南省信阳市潢川县魏岗乡陈寨村，土壤为水稻土，前茬作物为水稻。试验地土壤理化性状为：pH 6.7，有机质 16.22 g/kg，全氮 0.61 g/kg，碱解氮 87.5 g/kg，速效磷 8.6 mg/kg，速效钾 102.3 mg/kg，有效硼 0.23 mg/kg。供试油菜为甘蓝型油菜、双低油菜（低硫苷、低芥酸）德油 8 号、双高油菜（高硫苷、高芥酸）中油 821，2015 年 10 月 23 日移栽，2016 年 5 月 8 日收获，各小区油菜行距、株距保持一致，密度一致为 19.5 万株/hm^2。试验小区单打单收，实收测产。

1.2　试验设计

试验设 6 个处理，分别为：①NPKB（整个生育期养分施用量分别为：N 180 kg/hm^2、P_2O_5 90 kg/hm^2、K_2O 120 kg/hm^2、基施硼砂 7.5 kg/hm^2）；②−N（在处理 1 基础上不施氮肥）；③−P（在处理 1 基础上不施磷肥）；④−K（在处理 1 基础上不施钾肥）；⑤−B（在处理 1 基础上不施硼肥）；⑥农民习惯（以农民实际施肥量为准，折合养分量为 N 274.5 kg/hm^2、P_2O_5 69 kg/hm^2、K_2O 69 kg/hm^2、硼砂 7.5 kg/hm^2）。小区面积 20 m^2，3 次重复，随机区组排列。

磷肥和钾肥全部基施。氮肥分三次施用，基肥占 60%，越冬肥和薹肥分别占 20%。

供试肥料为尿素（46% N）、过磷酸钙（12% P_2O_5）、氯化钾（60% K_2O）。硼肥用硼砂（含 B 11%）。

1.3　试验测定项目及方法

油菜成熟收获前，每小区随机取 6 株，齐地收割全部地上部，风干，先称地上部总生物重，再分成秸秆、籽粒、荚壳分别称重，小区单收单打，进行计产。土壤理化性状按照土壤农化分析中常规方法测定。油菜籽品质指标含油量、蛋白质、总硫苷、芥酸以及油菜籽脂肪酸组分测定根据 Velasco、甘莉等的方法，用近红外法测定（瑞典 VECTOR22/N 近红外仪）。

施肥效益=籽粒产量×籽粒价格－肥料成本

2 结果与分析

2.1 不同施肥处理对油菜产量的影响

表 1 结果表明，两个品种油菜氮、磷、钾、硼全施的油菜产量显著高于其他处理，养分缺乏显著影响油菜产量。这与其他区域的研究结果一致。双低油菜品种德油 8 号的氮、磷、钾、硼缺素处理的产量分别降低了 32.2%、14.3%、19.8%、16.7%。双高油菜品种中油 821 的氮、磷、钾、硼缺素处理的产量分别降低了 44.1%、26.6%、15.6%、35.1%。总体来说，氮对油菜的产量影响是最大的，这与许多研究结果一致。微量元素硼对油菜产量的影响甚至超过了磷和钾，这可能与豫南地区油菜主要为稻茬油菜，土壤为水稻土，土壤中有效硼含量比较低，同时前茬水稻产量比较高，带走的硼也比较多有关。说明在豫南地区稻茬油菜种植中必须重视硼肥的施用，以保证油菜产量不受影响。

表 1 施肥对油菜产量的影响

油菜种类	处理	籽粒产量/(kg/hm²)	相对值	与 NPKB 相比减产/(kg/hm²)
德油 8 号	NPKB	1 575a	100.0	0
	－N	1 068d	67.8	507
	－P	1 350b	85.7	225
	－K	1 263c	80.2	313
	－B	1 312bc	83.3	263
	习惯	1 125d	71.4	450
中油 821	NPKB	1 410a	100.0	0
	－N	788e	55.9	623
	－P	1 035c	73.4	375
	－K	1 190b	84.4	220
	－B	915d	64.9	495
	习惯	960d	68.1	450

注：同一列不同小写字母表示 5%水平下的显著性，下同。

试验结果表明，习惯施肥同样施用了氮、磷、钾、硼，但其产量显著低于NPKB处理，相对于推荐施肥处理，双低油菜德油8号习惯施肥处理产量减少450 kg/hm^2，产量降低了28.6%，中油821习惯施肥处理产量减少450 kg/hm^2，产量降低了31.9%。习惯施肥中氮、磷、钾用量分别是推荐施肥处理NPKB的152%、77%、58%，硼肥用量相同，习惯施肥中N∶P_2O_5∶K_2O是1∶0.25∶0.25，NPKB处理N∶P_2O_5∶K_2O为1∶0.50∶0.67，习惯施肥的氮肥用量远高于推荐施肥NPKB处理，磷、钾用量低于推荐施肥NPKB处理。李银水等研究指出，氮肥用量有限时增施氮肥能增加油菜产量，氮肥用量过量时油菜产量下降。说明习惯施肥中重氮，轻磷、钾肥，氮、磷、钾配比不合理，以及肥料的施用方式、施用时期不合理等因素明显影响油菜产量。推荐施肥处理能够大幅度提高油菜产量，对油菜产量的贡献率高于习惯施肥处理。

相同施肥处理，双低油菜德油8号产量高于双高油菜品种6.1%～43.4%，说明在相同的施肥及栽培条件下，双低油菜具有更高的产量。在生产中，同一生产管理条件下，油菜产量特征由其遗传特性决定，因此，在没有特殊要求时，生产中应推广双低油菜品种的种植。

2.2 不同施肥处理对油菜经济效益的影响

提高种植油菜的产值和经济效益主要是通过提高产量来实现的，产量也是实现产值的最根本的保障。表2结果表明，两个油菜品种氮、磷、钾、硼全施的处理产量显著高于其他处理，产值也是最高的，其施肥效益最高。相对于习惯施肥，德油8号习惯施肥的施肥经济效益比NPKB施肥处理低24.7%，中油821习惯施肥的施肥经济效益比NPKB施肥处理降低51.2%，说明油菜种植中重氮、轻磷、轻钾肥不但影响产量和产值，并且降低施肥的经济效益，因此在油菜种植中需要重视平衡施肥的重要性。

与NPKB施肥处理相比，德油8号的不施氮、不施磷、不施钾、不施硼的施肥经济效益分别减少了1 518元/hm^2、375元/hm^2、600元/hm^2、1 284元/hm^2；氮、磷、钾、硼的施肥经济效益表现为N>B>K>P；中油821的不施氮、不施磷、不施钾、不施硼的施肥经济效益分别减少了2 092元/hm^2、1 125元/hm^2、140元/hm^2、2 445元/hm^2；氮、磷、钾、硼肥的经济效益表现为B>N>P>K。大量元素的施肥经济效益在多种作物和各

表2 施肥对油菜经济效益的影响

油菜种类	处理	产值/(元/hm^2)	肥料成本/(元/hm^2)	施肥经济效益/(元/hm^2)	与NPKB相比减收/(元/hm^2)
德油8号	NPKB	7 875	2 757	5 118	—
	—N	5 340	1 740	3 600	1 588
	—P	6 750	2 007	4 743	375
	—K	7 313	1 797	4 518	600
	—B	6 562	2 727	3 834	1 284
	习惯	6 560	2 706	3 854	1 264

（续）

油菜种类	处理	产值/（元/hm²）	肥料成本/（元/hm²）	施肥经济效益/（元/hm²）	与NPKB相比减收/（元/hm²）
中油821	NPKB	7 050	2 757	4 293	—
	—N	3 938	1 740	2 198	2 095
	—P	5 175	2 007	3 168	1 125
	—K	6 450	1 797	4 153	140
	—B	4 575	2 727	1 848	2 445
	习惯	4 800	2 706	2 094	2 199

注：2016年油菜籽5.0元/kg，尿素2.6元/kg，过磷酸钙1.0元/kg，氯化钾4.8元/kg，硼砂4.0元/kg。

个地区已经得到证明。硼在两个油菜品种中的经济效益均高于磷和钾，说明在土壤速效硼含量低的区域种植油菜施用硼肥不仅提高产量，同时提高施肥经济效益。

相同的肥料投入情况下，双低油菜德油8号的产值比双高油菜中油821高825～1 987元/hm²，施肥经济效益提高8.7%～107.5%。

2.3 不同施肥处理对油菜籽粒品质的影响

油菜作为一种油料作物，菜籽油是其籽粒主要加工产品，其大约80%的价值是通过榨取菜籽油来体现的，含油量每提高1%，相当于菜籽增产2.3%～2.5%。因此，通过施肥提高油菜籽含油量，将会大大提高油菜种植的投入产出比和生产效益。氮、磷、钾、硼全施的两个品种的菜籽含油量均显著高于习惯施肥。德油8号的含油量高于习惯施肥6.6%，中油821的含油量高于习惯施肥14.7%，说明平衡施肥对提高菜籽含油量起到非常重要的作用。两个品种习惯施肥处理蛋白质含量和NPKB处理没有显著差异，并且德油8号的习惯处理蛋白质含量比NPKB处理高4.7%。可能因为习惯施肥的氮肥用量比较高，氮促进蛋白质的形成，油菜籽粒中蛋白质含量较高。

本试验研究结果表明，氮、磷、钾、硼肥的施用均能提高含油量。德油8号的含油量分别提高了4.7%、10.5%、8.2%、11.0%，中油821的含油量分别提高了4.2%、11.6%、20.4%、4.3%。这与张辉等的研究结果一致，而邹娟等和武杰等研究结果表明氮对含油量有降低作用，磷、钾、硼对油菜含油量有提升作用，其原因可能是本试验地的土壤有效氮含量较低，施用氮肥具有较好的效果，同时油菜的生长及其品质的形成除了主要受品种的遗传特性决定，土壤性状、生长环境、栽培管理等因素也会对油菜的品质造成一定的影响。

表3结果表明，两个品种的NPKB处理的硫苷、芥酸含量均显著低于习惯施肥，缺素处理中，施用硼肥显著降低硫苷的含量。而双低油菜德油8号施氮降低硫苷含量，磷、钾肥则增加了硫苷的含量；与缺素处理相比，双高油菜品种中油821施用氮、磷、钾、硼均显著降低了硫苷和芥酸的含量。说明任何品种油菜合理施用硼肥对提高油菜品质都是有益的，而大量元素对不同品种油菜的品质影响不尽相同，因此在生产中，需要根据油菜品种进行合理施

用氮、磷、钾肥。对于两个品种油菜，中油821的硫苷和芥酸含量均显著高于德油8号，硼肥和大量营养元素的施用不能改变两个品种在品质上的差异，施肥的作用是维持品种的稳定性。

表3 施肥对油菜品质的影响

油菜种类	处理	含油量/%	蛋白质/%	硫苷/(μmol/g)	芥酸/%
德油8号	NPKB	41.04a	19.97a	15.57dc	1.96d
	−N	39.19b	18.67bc	21.04b	4.56a
	−P	37.13dc	18.29c	14.55d	1.89d
	−K	37.78d	19.89ab	13.10e	3.75b
	−B	36.95d	18.04c	22.73a	2.61c
	习惯	38.49bc	20.9a	16.05c	3.59b
中油821	NPKB	36.93a	23.89ab	87.47f	49.67e
	−N	35.44b	22.7dc	106.03e	55.71b
	−P	33.08c	22.03d	112.44c	53.22d
	−K	30.66d	24.56a	108.19d	57.01a
	−B	35.42b	23.19b	114.77b	54.31c
	习惯	32.19c	22.68dc	116.12a	57.16a

2.4 不同施肥处理对油菜籽粒脂肪酸组分的影响

油菜是世界重要的植物油脂来源，随着科学研究的进步和人们对脂肪酸品质要求的不断提高，脂肪酸品质的改良成为油菜品质改良的重要内容。目前食用上脂肪酸品质改良的目标是高油酸、高亚油酸、低亚麻酸。油菜的脂肪酸组分主要由遗传因素决定，但施肥通过养分丰缺影响植物体内酶的合成，对脂肪酸组分造成一定的影响。表4试验结果表明，两个品种的不同施肥处理对油菜籽粒脂肪酸组分比例有一定的影响，但成分变化没有显著的规律性。德油8号的棕榈酸、油酸、亚油酸含量显著高于中油821，其差异主要因为其品种遗传因素决定的。

表4 施肥对脂肪酸组分的影响

油菜品种	处理	棕榈酸/%	硬脂酸/%	油酸/%	亚油酸/%	亚麻酸/%	二十碳烯酸/%
德油8号	NPKB	4.27ab	1.64a	54.98e	22.14b	9.11a	4.8a
	−N	4.24b	1.78a	57.58d	21.82b	9.01abc	4.81a
	−P	4.7a	1.57a	59.94b	23.28a	8.54d	9.88a
	−K	4.21b	1.54ab	52.46f	21.69b	9.14a	3.61a
	−B	4.43ab	1.12c	58.92c	22.23b	8.78bdc	4.43a
	习惯	4.35ab	1.23bc	60.67a	20.38c	8.73dc	4.96a

（续）

油菜品种	处理	棕榈酸/%	硬脂酸/%	油酸/%	亚油酸/%	亚麻酸/%	二十碳烯酸/%
中油 821	NPKB	2.60b	1abc	15.76a	13.25e	9.20ab	10.96c
	－N	2.81ab	1.14a	9.135d	15.91c	9.26ab	13.58ab
	－P	2.96a	0.93b	12.985c	16.58b	9.10b	11.02c
	－K	2.76ab	0.97bc	13.32c	15.04d	9.41a	9.18d
	－B	2.79ab	1.08ab	14.2b	14.76d	9.01b	14.31a
	习惯	3.02a	0.94bc	13.23c	17.47a	9.25ab	12.80b

3　结果与讨论

油菜作为世界第二大植物性油脂来源的油料作物，其产量和品质一直备受关注。关于施肥对油菜产量的影响研究结果基本一致，前人众多的研究结果表明，施肥能够增加油菜产量。本研究针对豫南这一区域内油菜施肥的产量效益、经济效益和品质效益进行研究，为本区域内油菜生产提供更有针对性的栽培技术措施提供理论依据。本研究结果表明，两个品种的习惯施肥产量、产值和经济效益均低于 NPKB 处理，与 NPKB 处理相比德油 8 号的产量降低 28.6%，施肥经济效益减少 1 264 元/hm^2，施肥效益降低 25%；中油 821 的产量降低 31.9%，施肥经济效益减少 2 199 元/hm^2，施肥经济效益降低 51%，习惯施肥影响油菜产量，从而影响油菜的产值和收益。习惯施肥中氮肥用量是推荐施肥处理 NPKB 的 152%，磷、钾用量分别占推荐施肥用量的 77%、58%，其生产效益低于推荐施肥可能与其氮肥用量过高，磷、钾肥不足，养分比例不合理有关。氮肥过量会抑制作物生长，过量施用氮肥时油菜产量会下降。同时鲁剑巍等研究指出，相对于习惯施肥，推荐施肥能够大幅度提高油菜产量，对油菜产量的贡献率高于习惯施肥，因此在油菜生产中科学合理的施肥是油菜高产高效的保障。

在油菜生产中平衡施肥不但能够提高产量，而且增加施肥的经济效益。双低油菜品种德油 8 号的氮、磷、钾、硼缺素处理的产量分别降低了 32.2%、14.3%、19.8%、16.7%，施肥经济效益分别减少了 1 518 元/hm^2、375 元/hm^2、600 元/hm^2、1 284 元/hm^2；产量影响表现为 N＞K＞B＞P，施肥的经济效益表现为 N＞B＞K＞P；双高油菜品种中油 821 的氮、磷、钾、硼缺素处理的产量分别降低了 44.1%、26.6%、15.6%、35.1%，施肥经济效益分别减少了 2 092 元/hm^2、1 125 元/hm^2、140 元/hm^2、2 445 元/hm^2；产量影响表现为N＞P＞B＞K，施肥经济效益表现为 B＞N＞P＞K，氮对油菜产量和经济效益的影响均最大，与前人研究结果一致。硼对产量和施肥经济效益的影响超过磷和钾，这可能与本试验区域土壤有效硼含量低有关，说明在缺硼地区施用硼肥的重要性，施用硼肥不但能够提高产量，同时能够增加施肥的经济效益。本研究结果表明，施肥能够增加油菜产量，并且在试验区域内硼肥的增产效果超过磷、钾肥，说明在土壤有效硼含量不足的土壤上施用硼肥的必要性。

种植油菜的主要目的是获得菜籽油，在油菜较高产量的基础上提高油菜含油量是增加油菜种植收益的关键途径之一。菜籽油的主要脂肪酸组分油酸、亚油酸、亚麻酸、芥酸以及饱和脂肪酸、硬脂酸、棕榈酸等在营养品质、医药品质和加工品质上有着重要的作用，油菜品质改良的目标是高含油量和脂肪酸组分特征优化，主要是通过培育优势品种实现的。薛建明等、陈钢等和王利红等研究了微量元素对油菜脂肪酸组分的影响，研究指出微量元素可以通过改善脂肪酸组分配比从而改善油菜籽粒品质。而关于大量元素对油菜脂肪酸组分影响研究结论不太一致，杨玉爱等研究认为，施用硼、钾肥有降低芥酸的趋势；徐光壁等研究则指出钾肥施用对芥酸含量没有影响；鲁剑巍研究结果表明施用钾肥增加油菜芥酸含量。本研究结果表明，NPKB 配合施用提高油菜籽粒含油量，硼肥施用降低油菜籽粒硫苷和芥酸含量。大量元素对两个品种油菜籽粒品质影响则表现不同，双低油菜德油 8 号增施氮肥降低硫苷和芥酸含量，增施磷、钾肥则增加了硫苷和芥酸的含量；双高油菜品种中油 821 施用氮、磷、钾肥则表现为均降低了硫苷和芥酸的含量。所有处理中双低品种德油 8 号的硫苷和芥酸含量均显著低于双高品种中油 821，说明平衡施肥能够在一定程度上改善油菜籽品质，但不能改变品种间的差异。施肥对两个品种油菜籽脂肪酸组分的影响没有明显的规律性，两个品种间的脂肪酸组分特征差异明显，说明施肥等栽培手段是在维持品种特征稳定性的基础上更好的发挥品种优势特征。

相同的施肥条件下，两品种的产量、产值和经济效益有着明显的区别，双低油菜德油 8 号比双高油菜品种中油产量高 6.1%～43.4%，产值提高 825～1 987 元/hm^2，施肥经济效益提高 8%～52%。说明在相同的施肥及栽培条件下，双低油菜具有更高的产量。在生产中，同一生产管理条件下，油菜产量特征由其遗传特性决定，因此，在没有特殊要求时，生产中应推广双低油菜品种的种植。

南方菜地重金属污染状况及蔬菜安全生产调控措施

赵小虎

摘要： 随着工业的迅猛发展，南方菜地重金属污染日益严重，直接影响到蔬菜的安全生产。本文对我国南方菜地重金属污染状况做了概述，分析了造成污染的原因，并针对污染状况及南方蔬菜生产特点提出了蔬菜安全生产过程中的多种调控措施。

关键词： 菜地；重金属；安全生产；调控措施

我国南方地区因气候温暖、雨水充沛成为蔬菜的主产区之一，所产蔬菜不仅满足了当地的需求，而且大量远销海外。然而，随着工业的迅猛发展，工业“三废”的不合理排放，农药化肥的不合理使用，南方地区尤其是城市及市郊菜地土壤质量日益恶化。其中，近些年凸现的重金属污染问题日益严重。重金属对土壤的污染直接影响到蔬菜质量安全。同时，重金属在蔬菜中的富集又可通过食物链在人体内积累，从而危害人体健康。因此，做好菜地土壤维护工作，采取有效的改良措施控制蔬菜可食部分重金属含量，对于人们自身的健康和南方地区经济发展具有重要意义。本文正是在综述我国南方菜地重金属污染状况、分析造成污染原因的基础上提出了蔬菜安全生产过程中的多种调控措施。

1　南方菜地重金属污染状况

1.1　污染面积日益扩大，程度日益加深

由于近年来南方地区工业“三废”污染、汽车等交通工具的废气污染更加严重，加之农业污染及生活污染等，菜地环境日益恶化，土壤重金属污染呈现面积日益扩大、程度日益加深的趋势。

1999 年广东省监测了广州、韶关、茂名、梅州、湛江五市设定的基本农田 179 个点，结果显示，菜地重金属超标率为 20%，最高超标倍数达 5.1 倍。2004 年广东省地质勘查部门的初步调查证实，广东省耕地土壤质量与往年相比有恶化趋势。在珠江河口周边约 10 000 km^2 范围内，土壤高 F 异常区达 5 263 km^2，高 Cd 异常区逾 6 000 km^2，Cd、Hg、As、Cu、Pb、Ni、Cr 等 8 种元素污染面积达 5 500 km^2，污染率超过 50%，其中 Hg 的污染面积达到了 1 257 km^2，污染深度达到地下 40 cm。人为污染导致土壤中有毒有害重金属元素含量异常高。据近年报道，珠三角四成农田菜地重金属污染超标，其中严重超标的

占到一成左右。佛山的南海和顺德土壤 Hg 超标率分别达到了 69.1%和 37.5%，而东莞的土壤 Hg 超标率也达到了 23.9%。陈桂芬 2004 年调查监测南宁市菜地土壤重金属含量，结果显示，25 个样品中有 14 个受污染，并且有 9 个样品达到中度、重度污染水平，2005 年秦波报道了该地近 40%菜地重金属超标。其他地区，如云南、海南、福建等地，重金属污染也呈上升趋势。

1.2 污染元素和污染程度因地区而异

各污染区重金属元素及其污染程度差异显著，如西江流域重金属污染情况较东江流域严重，据评估，西江流域的重金属超标率达到了 60%，而东江流域较轻，只有 30%。一般工厂密集区、城郊、公路旁和矿区周边菜地污染明显高于其他地区。

从近几年有关菜地重金属污染调查结果来看：南方菜地 Cd 污染最为严重，其次是 Pb、Hg 和 As，但极少地区也有例外。何江华、魏秀国调查表明，广州菜地 Cd 污染最为严重，其次是 Pb 和 As。黄碧燕、张超兰、陈佩琼分别于 2000 年、2001 年、2003 年对南宁菜地重金属进行了调查，结果显示：污染最严重的是 Cd，其次是 As。陈桂芬、秦波的调查表明：近两年南宁菜地 Cd 污染依然最严重。祖艳群 2003 年调查指出昆明市菜地土壤 Pb、Cd、Cu、Zn 均存在一定程度上的污染，其中 Cd、Cu 为中度污染，Pb、Zn 为轻度污染。朱维晃 2004 年报道了海南省土壤中 Zn 总量低于全国平均值，而 Pb、Cu、Cd 总量高于全国平均值。黄功标指出，福建省土壤重金属含量超标污染因子依次为 Hg、Cr、Pb。最近的调查结果显示：珠三角土壤 Hg、Ni 污染最严重。

2 菜地重金属来源

南方菜地重金属除来源于成土母质本身外，大部分来源于人类工农业活动排放的污染物。

2.1 污水灌溉、污泥施肥

由于南方工业化的迅速发展，大量的工业废水涌入河道，其中的重金属离子随着污水灌溉而进入土壤；同样的，污泥中虽含有大量的有机质和氮、磷、钾等营养元素，但有些污泥重金属含量也相当高，采用污泥施肥，在其供肥的同时也带入了大量的重金属。

2.2 农药、化肥和塑料薄膜的不合理使用

某些农药、化肥含有重金属，如过磷酸盐中含有较多的 Hg、Cd、As、Zn、Pb，随意施用会污染菜地；农用塑料薄膜生产应用的热稳定剂中含有 Cd、Pb，在大量使用塑料大棚和地膜过程中都可能造成土壤重金属的污染。

2.3 大气中重金属沉降

大气中的重金属主要来源于工业生产、汽车尾气排放及汽车轮胎磨损产生的大量

含重金属的有害气体和粉尘等，大多数是经自然沉降和雨淋沉降进入土壤的，对分布在工矿周围和公路、铁路两侧的菜地影响较大，主要以Pb、Zn、Cd、Cr、Co、Cu的污染为主。这种影响呈条带状分布，以公路、铁路为轴向两侧重金属污染强度逐渐减弱。

2.4 金属矿山废水及尾矿的污染

金属矿山开采所产生的大量酸性矿山废水及尾矿堆风化和淋滤过程中流失也造成了重金属的污染，例如大宝山矿周边韶关境内有83个自然村、584.8 hm^2 农田、20.9 hm^2 鱼塘受到影响。

2.5 含重金属废弃物的堆积

废弃物种类繁多，结构复杂，其中大多含有重金属，例如工业废弃物和城市生活垃圾都含有不同量的重金属。长期堆放，重金属将会以废弃物堆为中心向四周扩散。

3 蔬菜安全生产调控措施

由于菜地重金属的污染具有长期性和不可逆性，一旦污染再去治理不仅十分困难、投资巨大，而且短期内难以治理，因此进行蔬菜安全生产应当立足防重于治的方针。保护好目前尚未污染的菜地，防止已中度、轻度污染的菜地进一步恶化，同时对已经污染的菜地立即采取措施进行改良，尽量减少土壤重金属进入蔬菜，确保蔬菜的安全生产。

3.1 切断污染源，防止土壤质量进一步恶化

环保立法，制定合理的排污质量标准，严禁工业“三废”任意排放；定期开展菜地环境监测工作，把农业环境监测与保护统筹管理；开采矿山应严防矿山废水任意流失，妥善处理尾矿堆；对于欲使用的生活垃圾、污泥采取有效的预处理；合理、科学地使用农药、化肥尤其是有机肥；尽量避开工业区和公路旁种植蔬菜，污染严重的地区可以考虑放弃蔬菜生产，进行工业和房地产开发。

3.2 采用生物修复进行改良

利用超积累植物将菜地中的重金属吸附在其茎叶部位，然后收割离地，连续种植可降低菜地重金属含量；或种植某些特殊的植物以增强土壤中微生物活性，微生物的活动一方面产生酶还原重金属，另一方面能够促进某些重金属向某种特定植物移动，例如假单胞杆菌能够降低镉的在土壤中的生物毒性，而且能够促进其在高粱属植物中的富集，从而降低土壤中镉含量；部分植物根部具有“过滤”的功能，将进入植物体的重金属富集在根部，减少重金属在土壤中的移动性；可利用某些植物吸收、积累和挥发来减少土壤中一些挥发性污染物（如Hg和Se）。

3.3 调整蔬菜种植布局，选择合适蔬菜品种

根据不同蔬菜对不同重金属具有不同的富集特性，针对菜地重金属污染状况选择相应的种植模式和蔬菜品种，例如在铅高污染区尽量避开种植叶菜，可选择种植瓜果类蔬菜。也可针对菜地重金属污染程度选择相应的抗（耐）性品种。汪雅谷等的蔬菜重金属富集试验表明，调整蔬菜品种与习惯种植相比，可使污染田块的蔬菜各重金属含量降低50%～80%，而且明显提高蔬菜的产量和品质。

3.4 选择适宜耕作制度

不同重金属的毒性形态不同，而其形态与土壤的氧化还原状况有关。因此，对于重金属中、轻度污染的菜地，可通过调整耕作制度、改变水分含量来降低重金属毒性。

通常，大多数菜地为旱田，土壤氧化还原电位较高，重金属活性较高，若是改为水田即可降低土壤的氧化还原电位，致使有机质不易分解，产生硫化氢，硫酸根被还原为硫离子，使Cu、Pb、Zn、Cd、Hg等重金属离子生成硫化物沉淀而降低其生物有效性。尤其是Cd和Hg等离子，当氧化还原电位降低至−150 mV以下时，开始生成硫化物沉淀。同时，降低氧化还原电位使六价的Cr还原为三价，大大降低了其毒性，因此，Cd、Hg和Cr污染严重的土壤适宜种植淹水植物。对于As污染的菜地宜作旱田种植，因为三价As的毒性高于五价As，水田旱作抑制三价As的形成，降低As的毒性，可降低As毒害。

3.5 土壤工程措施

采取一系列的工程措施减少菜地耕层土壤有效态重金属含量，如深翻、客土、换土、去表土、漫灌水洗、淋溶、电化或热处理等。汪雅谷实验结果表明：经客土处理，土壤表层重金属元素含量大大降低，同时可使青菜体内Cd等重金属残留量平均下降50%～80%；漫灌水洗可将表层土壤中的重金属带入深层土中，减少蔬菜生长层的重金属含量；淋溶可将土壤中重金属转化在溶液中随水带走，然后从提取液中回收重金属；电化法即利用电场的作用清除土壤重金属，特别适合于低渗透性的黏土和淤泥土，但对于渗透性高、传导性差的沙质土壤清除重金属的效果较差，对Cr的清除效果要优于其他几种重金属；热处理法适用于修复Hg污染土壤，即向Hg污染土壤通入热蒸汽或用低频加热的方法，促使Hg从土壤中挥发并回收再处理，此法的不足之处是易使土壤有机质和土壤水遭到破坏。这些措施效果好，不受土壤条件限制，但工作量大，投资高，且应用不慎易造成二次污染，因此，采用这些措施时当慎之又慎。

3.6 施用土壤改良剂

菜地施用改良剂可改变土壤的理化性质，如pH、阳离子交换量（CEC）、有机质含量等，而这些理化性质直接影响到重金属富集，例如pH提高使土壤重金属有效态含量降低，而pH降低会使土壤重金属有效态含量增加。土壤CEC过高会提高重金属在土壤中

的有效性，在一定程度上使蔬菜中重金属含量增加。例如腐殖酸能有效抑制 Hg 在植物体内的富集，使植物茎、叶中 Pb 的分配系数明显降低；硫化钠使植物茎中 Hg 的分配系数下降明显，能抑制土壤 Hg、Cd 进入蔬菜，减少土壤中 Hg、Cd 的残留量，增加 Hg、Cd 的植物可利用性，降低土壤 Pb 的活性，减少 Pb 的植物可利用性。石灰能显著降低大白菜中重金属 Cd、Pb、Zn 的含量。大白菜地上部分 Cd、Pb、Zn 的含量都随石灰用量升高而呈下降趋势。施用改良剂是改良土壤重金属污染最为明显、有效、使用最多的方法。

3.7 选择性施肥

一方面，肥料（如磷肥）中含有一定量的重金属，因此在施肥时应尽量选择不含重金属或重金属含量很少的肥料；另一方面，不同形态的肥料影响到土壤中重金属的形态，影响重金属在土壤中的溶解度。Cd 污染土壤中施用磷酸盐肥料可提高土壤的 pH，使 Cd 转化为难溶性磷酸盐而被固定，减少植物对 Cd 的吸收。丁园研究指出，能降低作物体内 Cd 浓度的氮、磷、钾肥的形态顺序分别为：氮肥是 $Ca(NO_3)_2 > (NH_4)_2CO_3 > NH_4NO_3$、$CO(NH_2)_2 >$ $(NH_4)_2SO_4$、NH_4Cl；磷肥是钙镁磷肥>磷酸二氢钙>磷矿粉、过磷酸钙；钾肥是 $K_2SO_4 > KCl$。在 Cd 污染的菜地施肥时，可根据土壤肥力依上述顺序做选择。

在遵循以上原则的同时，优先选择有机肥。有机肥能提高土壤有机质含量，利用有机质络合土壤中的重金属离子增强土壤对重金属的吸附，从而降低蔬菜作物对重金属的吸收与富集量。余贵芬研究指出，胡敏酸、堆肥、鸡粪等能够促进土壤对重金属的吸附、螯合、络合，也能将六价 Cr 还原为三价 Cr。然而有机质含量过高时可能会影响重金属的有效性，施用有机质时应注意把握施用量。

3.8 其他调控措施

利用土壤中各元素间的拮抗作用，向土壤中施入与土壤重金属相拮抗的元素以减少重金属向农作物中的移动量。例如在 Zn 含量低而 Cd 污染严重的菜地施用 Zn 可降低 Cd 的毒性；施用 Ca 以减少蔬菜对 Cu、Pb、Cd、Zn、Ni 的吸收。另外，施入沸石、斑脱土、钢铁废渣等重金属强吸附性物质也可降低土壤中重金属的植物可利用性。

工业飞速发展的同时，南方菜地重金属污染也日益严峻，因此，在蔬菜生产过程中应对菜地土壤重金属污染状况做定期监测，为蔬菜安全生产提供可参考的依据。在环保立法、重防工业“三废”的同时，针对各菜地土壤性质、重金属种类、污染程度及地理位置等采取相应的改良措施，尽可能选择省事省力、高效、速效、无二次污染、可持续发展的改良措施，确保蔬菜重金属含量低，食用安全。

Pb、Cd、Hg 复合污染对蕹菜生长和重金属累积规律的影响

何　舞

摘要： 通过大棚盆栽试验，研究在不同 pH 条件下，土壤中铅、镉、汞三种重金属的四个水平下蕹菜中重金属的累积特征。结果表明，在适宜的土壤酸度水平下，中低浓度的铅、镉、汞混合污染有利于蕹菜的生长；相反，在高浓度铅、镉、汞混合污染的碱性土壤中，种植的蕹菜生物量小，根茎短且易受病虫害；蕹菜是镉耐性植物，蕹菜中的镉含量最易受到土壤中重金属含量和土壤 pH 的影响。

关键词： pH；重金属 Pb、Cd、Hg；蕹菜；累积特征

不同重金属在蔬菜中的累积规律与土壤中重金属的浓度、土壤理化性质等有直接的关系。许多研究结果表明，蔬菜对重金属的吸收规律一般是叶菜类蔬菜的吸收大于根茎类和果类蔬菜。本研究通过大棚盆栽试验，以常见叶菜类蔬菜——蕹菜为研究对象，在四种不同 pH 条件下，人为添加铅、镉、汞三种重金属四个水平的土壤种植，研究 pH 和重金属浓度的变化对其生长和地上部分重金属累积规律的影响，为蔬菜的安全生产和基地土壤卫生质量的保护提供理论依据。

1　材料与方法

1.1　供试材料和盆栽试验

供试土壤采自东莞，沙壤，其基本性质和重金属含量见表 1。供试蔬菜蕹菜（*Ipomoea aquatica*，品种：台湾竹叶空心菜），购于广东省农科集团良种苗木中心。试验采用塑料盆，每盆装土 5 kg，供试土壤的 pH 为 7.0，试验设计四个 pH 水平，分别为 pH 5.0、pH 6.0、pH 7.0、pH 8.0，土壤 pH 处理编号分别为 P1、P2、P3、P4，按照设计添加石灰和硫黄，调节土壤 pH，平衡 7 d 左右。每盆添加 $HgSO_4$、$CdCl_2 \cdot 2.5H_2O$、$Pb(NO_3)_2$ 三种重金属混合物，重金属复合水平处理试验见表 2，每个处理 3 次重复，重金属水平处理编号为 CK、T1、T2、T3。将重金属以溶液的形式加入，并加水至饱和含水量的 60%，放置平衡 15 d，平衡期间定期加水维持土壤含水量。种植前施基肥，向每个盆中加入等量的基肥、1.09 g 尿素、0.39 g NaH_2PO_4、0.51 g K_2SO_4（分析纯）。在每盆中直播 50 粒蕹菜种子，在苗长出两片真叶后，选取长势良好的定植，间苗后每盆保留相同的株数。种植

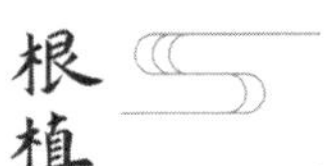

25 d后，整株采集。

表1 供试土壤基本性质和重金属含量

土壤基本性质	全氮/(g/kg)	全磷/(g/kg)	速效钾/(g/kg)	速效磷/(μg/kg)	有机质	pH	CEC/(cmol/kg)	总铅/(mg/kg)	总镉/(mg/kg)	总汞/(mg/kg)
东莞土壤	1.21	0.90	0.12	22.79	2.07%	7.10	10	33.10	0.11	0.25

表2 重金属复合水平处理试验

重金属	Hg/(mg/kg)	Cd/(mg/kg)	Pb/(mg/kg)
处理水平	CK；1.0；1.5；2.5	CK；1.5；3.0；4.5	CK；50；150；250

1.2 分析方法

将采集的蕹菜根部和地上部分分开，先用自来水洗去表面灰尘，再用蒸馏水冲洗，用吸水纸吸干表面水分，鲜样磨碎。本次盆栽试验中蕹菜分析项目和分析方法参照执行《食品中污染物限量》(GB 2762—2005) 中的规定方法，具体见表3。样品分析过程中采用国家标准物质样品 GSS-6 作为未知样品的测定以进行分析质量控制。

表3 盆栽试验中蕹菜分析项目和分析方法

序号	分析项目	分析方法	检出限/(μg/kg)	方法来源
1	全铅	石墨炉 原子吸收分光光度法	5	食品中铅的测定 GB/T 5009.12—2003
2	全镉	石墨炉 原子吸收分光光度法	0.1	食品中镉的测定 GB/T 5009.15—2003
3	总汞	氢化物发生原子荧光法	0.15	食品中总汞及有机汞的测定 GB/T 5009.17—2003
4	总砷	氢化物发生原子荧光法	10	食品中总砷及无机砷的测定 GB/T 5009.11—2003

1.3 数据处理

采用 Microsoft Excel 软件进行数据预处理，用 SAS 软件进行数据统计分析，检验处理间的差异显著性。

2　结果与分析

2.1　不同处理条件对蕹菜生长的影响

2.1.1　不同处理条件对蕹菜生物重的影响

研究表明，一般情况下适宜种植蔬菜的土壤 pH 为 5.5～7.0。由表 4 可以明显看出，P2 处理条件下蕹菜的生物重比其他 P 处理条件下的大。在相同的重金属处理水平条件下，P2 和 P3 处理的蕹菜生物重均比 P1 和 P4 处理的大，P2 和 P3 处理中土壤的pH分别为 6.0 和 7.0。在相同的 pH 处理条件下，随着土壤重金属处理浓度的增加，蕹菜的生物量总体变化趋势是先升高后下降。在四种不同 pH 水平的土壤中，中低浓度的重金属处理水平 T1 条件下种植的蕹菜的生物重均比其他处理水平的高，而且在蕹菜最适宜的土壤 pH（P2 处理，pH 为 6.0）条件下，该重金属处理水平的蕹菜生物重也比其他处理高。

表 4　不同处理条件对蕹菜生物重的影响

重金属处理水平	蕹菜生物重（根部和地上部分）			
	P1	P2	P3	P4
CK	65.11a	91.436 67a	76.356 67a	90.06a
T1	76.246 67a	96.303 33a	84.47a	94.87a
T2	75.873 33a	83.856 67b	82.156 67a	76.013 33b
T3	74.743 33a	96.06a	86.213 33a	63.53c

注：1. 生物量以根部和地上部分整体的鲜重计。

2. 同一列不同处理间字母相同表示无显著差异，字母不同表示差异显著（<0.05）。

2.1.2　不同处理条件对蕹菜根茎长的影响

根系是植物最早感应重金属的部位，也是重金属毒害反应最敏感的部位之一。几乎所有的重金属元素均能通过植物根系进入植物体内，土壤环境中重金属含量的多少能够直接或者间接地影响到植物根系的生长。由图 1 中可以看出，在实验设计的重金属浓度下，随着重金属浓度的增加，蕹菜的根系伸长。由图 2 可以看出，随着土壤中重金属含量增加，蕹菜茎长降低，正好与蕹菜根长的变化规律相反。由表 5 可以得出，随着土壤中重金属浓度的增加，蕹菜根茎比增加，pH 处理水平蕹菜根茎比的大小顺序为：T2 和 T3 处理中 P4>P3>P1>P2，T1 处理中 P2>P4>P3>P1，CK 处理中 P2=P3=P4=P1。在碱性土壤条件下（P4 处理，pH 为 8.0），高浓度的铅、镉、汞重金属处理，蕹菜的根茎比值最大。

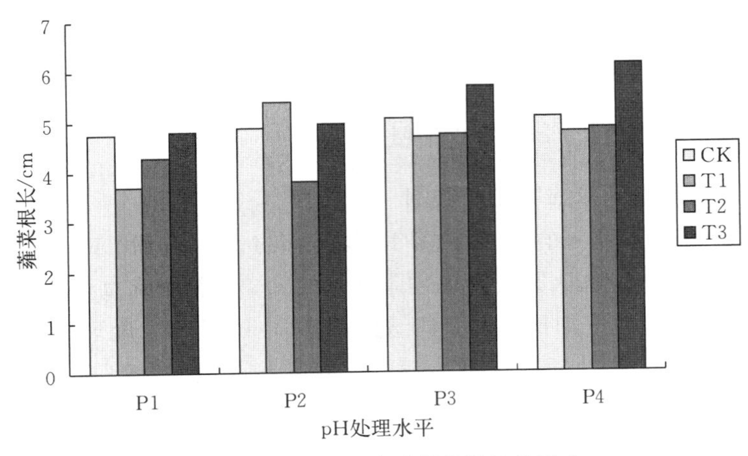

图 1　不同处理土壤对蕹菜根长的影响

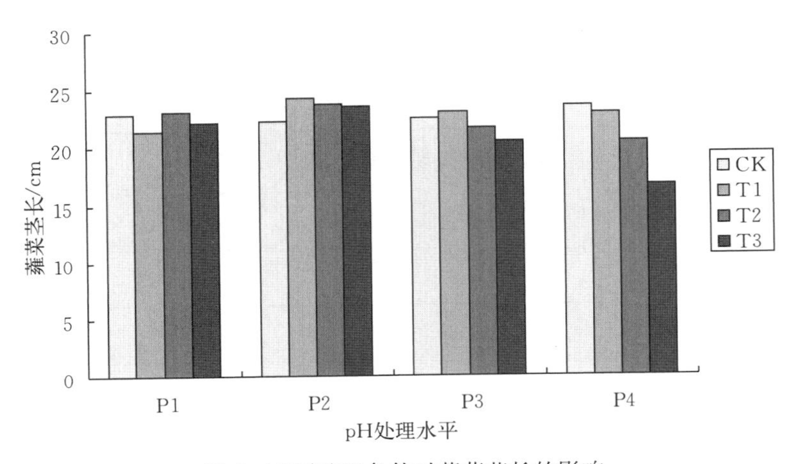

图 2　不同处理条件对蕹菜茎长的影响

表 5　不同处理土壤对蕹菜根茎比的影响

重金属处理水平	蕹菜根茎比			
	P1	P2	P3	P4
CK	0.21	0.22	0.22	0.22
T1	0.17	0.22	0.20	0.21
T2	0.19	0.16	0.22	0.24
T3	0.22	0.21	0.28	0.37

2.2　蕹菜地上部分重金属含量变化

各项研究均表明，影响蔬菜中重金属含量的因素很多。不同蔬菜种类品种及同一品种的不同器官，由于外部形态及内部结构不一，吸收重金属元素的生理生化机制各异，故其重金属元素的累积量差异较大。一般情况下，叶菜类蔬菜的吸收大于根茎类和果类蔬菜，蔬菜的根部吸收大于茎和叶。楼根林等对镉在成都壤土和几种蔬菜中累积规律的研究结果显示，供试品种一般以根部吸收富集镉的能力最强，而叶大于茎。同时，不同土壤类型，其有机质含量、孔隙度、酸碱度、CEC 等理化特性不同，直接影响重金属在土壤中的迁移和固定，从而影响蔬菜对其吸收与富集。本次试验主要研究土壤 pH 和铅、镉、汞重金属浓度的变化对蕹菜中重金属累积规律的影响。

2.2.1　不同处理对蕹菜地上部分重金属铅含量的影响

植物的正常含铅量为 0.05～3 mg/kg。植物对铅的吸收主要是通过根、茎、叶吸收土壤和大气中的可溶态铅。在盆栽试验中，酸性土壤（P1 处理，pH 为 5.0）条件中，高浓度的重金属处理 T3 中蕹菜的铅含量比其他处理高。从表 6 可以得出，随着土壤中重金属铅含量增加，蕹菜吸收铅含量增加，且在土壤中低水平铅含量添加条件下，增加率随着土壤中铅含量的增加而降低。在不同的酸度土壤下，蕹菜地上部分铅的累积有明显一致的规律，即土壤重金属处理 T2（土壤中铅的添加量为 150 mg/kg）中蕹菜地上部分铅含量均比土壤重金属处理 T1（土壤中铅的添加量为 50 mg/kg）的低。

在相同的重金属处理水平条件下，P1 处理（土壤 pH 为 5.0）的蕹菜地上部分铅的含量均比较高。这可能与在酸性条件下，土壤中有效性铅含量较高的缘故。由此可见，酸性土壤有利于促进蕹菜地上部分对铅的累积。尽管在碱性土壤中，蕹菜地上部分铅的累积量少，但是同时，在该条件下，蕹菜的长势差，且易受到病虫害。因此，土壤碱性化并不是降低蕹菜地上部分铅累积的有效措施。

表 6　不同处理土壤对蕹菜地上部分重金属铅含量的影响

重金属处理水平	蕹菜中重金属铅含量/(mg/kg)			
	P1	P2	P3	P4
CK	0.17Aa	0.06Ac	0.11Ab	0.14Aa
T1	0.75Ba	0.42BAb	0.27BAb	0.25Ab
T2	0.66Ba	0.40BCa	0.14BCb	0.16Ab
T3	0.77Ba	0.75Ca	0.29Cba	0.3Ab

注：1. 同一行小写字母若字母相同表示重金属处理水平中不同 pH 处理水平之间无显著差异；反之，若字母不同则表示差异显著。

2. 同一列大写字母若字母相同表示相同 pH 处理水平中不同重金属处理水平之间无显著差异；反之，若字母不同则表示差异显著（$P<0.05$）。

2.2.2　不同处理对蕹菜地上部分重金属镉含量的影响

蕹菜是重金属镉耐性植物。从表 7 可以看出，在相同的重金属处理条件下，土壤酸度处理 P1（土壤pH为 5.0）中蕹菜地上部分镉含量与其余几种酸度处理差异明显，土壤酸度处理 P4（土壤 pH 为 8.0）中蕹菜地上部分镉含量与其余几种酸度处理差异也明显，且酸性土壤中蕹菜地上部分累积镉的含量高，与铅的累积规律一致。植物吸收土壤中重金属的形态主要以水溶态、可交换态等有效态为主。有研究表明，土壤中水溶态和可交换态镉的含量随着土壤 pH 增大而降低，反之则增高。由此可见，偏酸或者偏碱性的土壤会显著影响蕹菜地上部分镉的累积。

在相同的土壤酸度条件下，蕹菜中的镉含量随着土壤中重金属镉含量的增加而增加，与铅和汞的累积规律相比，呈现出良好的线性正相关，相关系数 R^2 为 0.947 9～0.996 4。由此可见，蕹菜中重金属镉的含量容易受土壤中重金属镉含量和土壤 pH 的影响。

表 7 不同处理土壤对蕹菜地上部分重金属镉含量的影响

重金属处理水平	蕹菜中重金属镉含量/(mg/kg)			
	P1	P2	P3	P4
CK	0.1Aa	0.07Ab	0.05Abc	0.04Ac
T1	1.61Ba	1.06Bb	1.69Bb	0.65Bc
T2	2.76Ca	1.72Bb	1.34Bb	0.93BCb
T3	4.23Da	2.93Cb	2.1Ccb	1.27Cc

注：1. 同一行小写字母若字母相同表示重金属处理水平中不同 pH 处理水平之间无显著差异；反之，若字母不同则表示差异显著。

2. 同一列大写字母若字母相同表示相同 pH 处理水平中不同重金属处理水平之间无显著差异；反之，若字母不同则表示差异显著（$P<0.05$）。

2.2.3 不同处理对蕹菜地上部分重金属汞含量的影响

由表 8 可以看出，土壤酸度处理 P1（土壤 pH 为 5.0）中，蕹菜地上部分汞含量大小顺序为 T2＞T3＞T1＞CK，其余酸度处理条件下蕹菜地上部分汞含量的大小顺序均为 T3＞T2＞T1＞CK，且四个不同 T 处理之间均具有不同的差异性。随着土壤中汞的添加量增加，蕹菜地上部分吸收的汞含量增加，但是在偏酸和偏碱性条件下，汞的添加量达到 2.5 mg/kg 时，蕹菜地上部分汞的含量有降低的趋势，有可能与在该 pH 条件下的土壤中汞的活性比较低有关，而且汞是比较容易挥发的重金属元素，虽然在重金属汞的不同添加水平下，蕹菜地上部分吸收汞有一定的差异性，但是个别处理间差异性并不大。

相同重金属处理水平条件下，酸性土壤中蕹菜地上部分累积的汞含量高，但是差异不显著。在重金属汞处理水平不同的土壤中，pH 对蕹菜吸收汞的变化并没有太大的影响。除了在重金属汞添加水平为 1.5 mg/kg 的条件下，不同土壤酸度处理之间蕹菜地上部分吸收汞的含量具有一定的显著差异性外，其余处理之间并无差异性。

表 8 不同处理土壤对蕹菜地上部分重金属汞含量的影响

重金属处理水平	蕹菜中重金属汞含量/(mg/kg)			
	P1	P2	P3	P4
CK	2.08Aa	1.9Aa	1.46Aa	1.49Aa
T1	4.17BAa	3.09BAa	2.05Aa	3.46BAa
T2	6.17Ba	5.01CBba	2.64BAb	4.15Bba
T3	5.66Ba	6.9Ca	5.49Ba	4.18Ba

注：1. 同一行小写字母若字母相同表示重金属处理水平中不同 pH 处理水平之间无显著差异；反之，若字母不同则表示差异显著。

2. 同一列大写字母若字母相同表示相同 pH 处理水平中不同重金属处理水平之间无显著差异；反之，字母不同则表示差异显著（$P<0.05$）。

3 土壤 pH 与蕹菜吸收重金属含量的关系

大量研究表明，土壤重金属的活性与土壤 pH 呈负相关，当土壤 pH 在 6.5 以上时，土壤重金属活性会大大降低。因此提高土壤 pH，已经成为降低土壤中重金属含量，继而降低蔬菜中重金属镉含量的重要措施。盆栽试验发现，在土壤酸性条件下，蕹菜中三种重金属的吸收含量均较其他土壤 pH 条件下的高，这种现象在蕹菜中镉的含量表现最为突出。尽管在土壤偏碱性的条件下，蕹菜重金属含量较低，但是在盆栽的过程中，在该 pH 条件下，蕹菜生长较缓慢，植株矮小，抗病虫能力差。因此，土壤碱性化并不是降低蕹菜重金属累积的最有效方法。

4 结果与讨论

（1）在低水平的重金属污染条件下，随着土壤重金属含量的增加，生物量、根长先升高后降低，蕹菜的茎长则与之呈负相关。在碱性条件下，蕹菜的生物量、根长和茎长较其他处理均较低，而且容易受到虫害。

（2）蕹菜喜酸性，而且在酸性土壤中铅、镉、砷等重金属容易被蕹菜吸收累积。蕹菜是重金属耐性蔬菜，在超出国家规定的土壤环境中重金属铅、镉、汞、砷限量三倍的范围内，蕹菜均能够正常生长，而且均有不同程度的累积，但是都超出了国家规定的限量范围，若食用必将对人体造成伤害。因此，建议在重金属污染的环境中，一定不要种植蕹菜，以免重金属进入生物链造成危害。

（3）在低浓度土壤重金属污染水平下，土壤 pH 对蕹菜重金属的含量影响不显著，反之则表现为酸性土壤中蕹菜累积的重金属的含量高。对蕹菜中铅、镉、汞三种重金属的累积差异性分析发现，蕹菜中的镉容易受到土壤中重金属含量水平和土壤 pH 的影响。

珠三角典型区域蔬菜产地土壤Cd安全阈值研究

文 典

摘要：针对珠三角典型区域的蔬菜产地和主栽蔬菜品种，采集了16个种类的360个蔬菜样品，同时采集对应的产地土壤样品。通过分析蔬菜和土壤中镉（Cd）质量分数，研究了大田条件下土壤Cd在16种不同蔬菜种类的可食部分中的富集规律。另外，分别依据我国现行农用地土壤环境质量标准（GB 15618—2018）和食品中污染物限量标准（GB 2762—2017）对该区域菜地土壤和蔬菜Cd污染状况进行了评价，以期为特定区域的蔬菜产地土壤环境质量评价提供科学合理的理论依据和数据支撑。研究结果表明，土壤镉超标率（13.6%）高于蔬菜超标率（6.7%）。同时，分析不同蔬菜品种的Cd富集系数发现，根茎类蔬菜中的芋头和叶菜类蔬菜中的生菜、韭菜、小白菜等对土壤Cd的富集能力相对较强，冬瓜、节瓜、苦瓜等瓜类蔬菜的富集能力相对较弱。16种蔬菜及其产地土壤中镉含量的相关性分析表明，其中有14种蔬菜与土壤Cd之间存在显著正相关性，进一步建立回归方程。结合GB 2762—2017中各类蔬菜的Cd限量值推算出针对该区域产地土壤特性并能保障这14种蔬菜安全种植的土壤Cd阈值，所得阈值均高于现行土壤环境质量标准，且大部分在现行限量值的3倍以上。因此，以现行标准进行珠三角菜地土壤质量评价极可能将能安全种植蔬菜的土壤定为有污染风险的土壤，不利于目前日益紧张的耕地的有效利用。

关键词：珠三角；蔬菜；镉；安全种植；阈值

珠江三角洲（简称为珠三角）地区是我国经济最发达的区域之一，长期高强度的工业发展和城市化对当地土壤环境质量造成了严重影响，土壤重金属污染屡见报道，其中Cd污染尤为突出。近年来，对广东省480个行政村农田土壤Pb、Cd、Cr污染风险的调查发现，Cd生态风险指数最高。韩志轩等（2018）调查了珠三角冲积平原土壤重金属，结果表明表层土壤和深层土壤中Cd超标率均高于其他元素，且表层土壤超标率要高于深层土壤。广东省农业科学院产地环境团队于2012年对珠三角主要城市工业区周边蔬菜产地开展的采样调查结果显示，土壤受到较高程度的重金属污染，其中Cd最为严重。农田土壤中Cd通过蔬菜等作物向人体输送累积，易对肝、肾造成损害，还可导致骨质疏松和软化，对人类健康的危害不容忽视。因此，掌握珠三角区域主要种植蔬菜等农产品的Cd吸收规律，并开展科学合理的产地环境土壤质量评价，具有重要性和紧迫性。

大量研究表明，蔬菜对土壤重金属的吸收差异与蔬菜种类、土壤重金属质量分数、土壤理化性质等密切相关。通常，叶菜类、根茎类蔬菜对Cd的吸收能力要强于瓜类、豆类、茄果类。另外，土壤中重金属 Cd 生物有效性不仅与其总 Cd 质量分数有关，还与其有效态质量分数有更显著的相关性，且土壤 pH、有机质、阳离子交换量、质地等均会通过影响土壤 Cd 有效态质量分数来影响蔬菜 Cd 的吸收。我国现行《土壤环境质量农用地土壤污染风险管控标准（试行）》（GB 15618—2018）中农用地土壤污染风险筛选值，按照 pH 的 4 个不同范围分别对水田及其他土壤中 Cd 阈值进行了限定。但由于不同作物吸收重金属能力的差异，使用全国统一的标准，常常会出现土壤质量评价与农产品质量评价不一致的情况。针对这一问题，开展适用于不同作物或不同区域的土壤重金属安全阈值研究逐渐受到研究者和管理部门的重视，并颁布实施了一些专用的国家标准，如《水稻生产的土壤镉、铅、铬、汞、砷安全阈值》（GB/T 36869—2018）和《种植根茎类蔬菜的旱地土壤镉、铅、铬、汞、砷安全阈值》（GB/T 36783—2018）。针对华南地区及特定品种的菜地土壤重金属安全阈值研究近年来也时有报道，例如针对小白菜和菜心产地土壤中 5 种重金属，小白菜和胡萝卜 Hg，不同类别蔬菜 Cd，芸薹类蔬菜 Cd、Pb、As 等，菊科叶菜 5 种重金属，茄果类蔬菜 5 种重金属的安全阈值等，相关研究结果对促进该区域蔬菜产地环境质量评价和蔬菜安全生产水平提升具有重要意义。

本研究在佛山市三水区这一典型蔬菜产地进行田间采样，对当地 16 种主栽蔬菜及其对应土壤中 Cd 进行了检测，明确了田间自然条件下蔬菜对土壤中 Cd 的富集规律。同时，根据我国《食品安全国家标准　食品中污染物限量》（GB 2762—2017）中规定的蔬菜 Cd 限量值，推导出该地区不同蔬菜种植土壤 Cd 安全阈值，以期为保障当地蔬菜质量安全和耕地有效利用，以及制定基于蔬菜质量安全的土壤环境质量标准提供有力的数据支撑。

1　材料与方法

1.1　研究地概况

佛山地处广东省中部，毗邻港澳，东接广州，是珠三角城市之一、粤港澳大湾区重要节点城市。佛山是珠三角重要蔬菜产地，根据 2020 年广东统计年鉴，佛山蔬菜播种面积 3 313.5 hm^2，总产量 84.6 万 t。三水区位于佛山市西北部，北纬 22°58′～23°34′、东经 112°46′～113°02′，总面积 874.22 km^2，属亚热带季风气候，年平均气温 21.9 ℃，年平均降水量 1 682.8 mm，全年日照总时数 1 721.7 h。土壤母质为沙岩、砾岩、花岗岩、石灰石等，其余为泥沙冲积平原和河网地带，土地肥沃。

1.2　样品采集与制备

2019 年 9 月—2020 年 12 月，在佛山市三水区蔬菜产地同步采集蔬菜及对应土壤，共采集菜心、韭菜等 16 种蔬菜共计 360 个样品，蔬菜品种与样品采集数量见表 1。土壤样品采集于耕作层（0～20 cm），为保证样品具有代表性，同一样点采用多点混合采样（5 个点），样品取回后自然风干，剔除碎石、植物残体等杂物，经木槌碾碎，陶瓷研钵研磨，过

1.7 mm尼龙筛，用于测定土壤 pH；用四分法分取适量所得过 1.7 mm 筛的样品，经研钵研磨至全部通过 0.15 mm 尼龙筛，用于测定土壤 Cd 全量。收获期采集各土壤点位对应的蔬菜样品，取可食部分，洗净后捣碎成匀浆，于−20 ℃保存，用于测定 Cd。

表 1　蔬菜品种与样品采集数量

蔬菜品种	样品数量	蔬菜品种	样品数量
菜心（*B. parachinensis*）	26	番茄（*S. lycopersicum*）	23
韭菜（*A. tuberosum*）	27	辣椒（*C. annuum*）	24
生菜（*L. sativa*）	24	茄子（*S. melongena*）	20
小白菜（*B. chinensis*）	27	冬瓜（*B. hispida*）	23
小葱（*A. schoenoprasum*）	20	黄瓜（*C. sativus*）	20
白萝卜（*R. sativus*）	26	节瓜（*B. hispida*. Var. *chiehqua How*）	20
胡萝卜（*D. carota*）	20	苦瓜（*M. charantia*）	20
芋头（*C. esculenta*）	20	丝瓜（*L. cylindrica*）	20

1.3　样品分析测试

土壤 pH 测定采用玻璃电极法（水土比为 2.5∶1）；土壤镉测定采用石墨消解法；蔬菜镉测定采用石墨消解法。称样 1～3 g（精确至 0.001 g），加入体积比为 4∶1的硝酸-高氯酸混合酸 8 mL。加盖放入石墨消解仪，设置温度 100 ℃ 30 min，升温时间 10 min；180 ℃ 20 min，升温时间 10 min；210 ℃ 90 min，升温时间 10 min；开盖，沿管内壁加入 5 mL 超纯水，加盖继续焖煮 10 min。取下冷却，放入塑料比色管中，用超纯水定容至 25 mL，静置，取上清液，用 ICP－MS 测定，^{103}Rh 作为内标。

1.4　统计分析

采用 Microsoft Excel 进行数据预处理，SPSS 19.0 进行回归分析。

2　结果与分析

2.1　土壤 Cd 质量分数特征

对该地区采集的 360 个土壤样品 Cd 检测后发现，其质量分数范围为 0.04～2.07 mg/kg，平均值 0.257 mg/kg，变异系数 110.2%。土壤 pH 范围 4.23～7.37，平均值 5.84，变异系数 12.8%，整体呈酸性和中性。按照我国现行土壤环境质量标准 GB 15618—2018 中不同 pH 范围对应的土壤 Cd 阈值进行判定，由表 2 可知，所采集的 360 份土壤样品中存在部分 Cd 超标样品，超标率为 13.3%，为后续蔬菜-土壤重金属相关性分析提供较为充足的数据。另外，随着 pH 从酸性、弱酸性到中性的升高，土壤 Cd 平均值和超标率呈明显上升趋势。

表 2　土壤 Cd 质量分数特征（平均值±标准偏差）

土壤 pH	样品数/个	Cd 质量分数水平/(mg/kg)	变异系数/%	超标率/%
pH≤5.5	123	0.172±0.096	56.1	5.7
5.5< pH ≤6.5	156	0.259±0.271	105.0	13.5
6.5< pH ≤7.5	81	0.384±0.419	109.3	24.7
总计	360	0.257±0.283	110.2	13.3

2.2　蔬菜 Cd 质量分数特征

表 3 中列出了 16 种蔬菜的 Cd 质量分数特征，并按照其 Cd 平均值从高到低进行排序，可以看出该地区芋头、生菜、韭菜、小白菜、胡萝卜 Cd 质量分数相对较高，冬瓜、节瓜、苦瓜、黄瓜、丝瓜相对较低。按照《食品安全国家标准　食品中污染物限量》（GB 2762—2017）中对于蔬菜 Cd 的限量，对所采集的 16 种蔬菜 Cd 污染状况进行判定，总体超标率为 6.7%，其中韭菜、茄子超标最严重，超标率分别为 33.3%、25.0%，其他依次为小葱 15.0%、菜心 11.5%、芋头 5.0%、番茄 4.3%、辣椒 4.2%、小白菜 3.7%，生菜、胡萝卜、白萝卜、丝瓜、黄瓜、苦瓜、节瓜未出现超标情况。

表 3　蔬菜 Cd 质量分数特征（平均值±标准偏差）

蔬菜品种	$w_{(Cd)}$/(mg/kg)	变异系数/%	超标率/%
芋头（*C. esculenta*）	0.069±0.023	33.8	5.0
生菜（*L. sativa*）	0.057±0.037	64.8	—
韭菜（*A. tuberosum*）	0.051±0.064	125.4	33.3
小白菜（*B. chinensis*）	0.049±0.049	100.9	3.7
胡萝卜（*D. carota*）	0.045±0.020	44.7	—
茄子（*S. melongena*）	0.040±0.019	48.3	25.0
菜心（*B. parachinensis*）	0.034±0.028	82.1	11.5
小葱（*A. schoenoprasum*）	0.030±0.019	62.2	15.0
辣椒（*C. annuum*）	0.022±0.017	75.8	4.2
番茄（*S. lycopersicum*）	0.021±0.013	61.3	4.3
白萝卜（*R. sativus*）	0.019±0.013	68.6	—
丝瓜（*L. cylindrica*）	0.008±0.004	55.6	—
黄瓜（*C. sativus*）	0.007±0.004	65.2	—
苦瓜（*M. charantia*）	0.005±0.004	74.5	—
节瓜（*B. hispida*. Var. *chiehqua How*）	0.004±0.003	72.8	—
冬瓜（*B. hispida*）	0.002±0.001	49.5	—

2.3 蔬菜对土壤Cd吸收能力

为更好地评价不同蔬菜对Cd的吸收能力，本研究以富集系数（蔬菜与土壤Cd质量分数百分比）的大小表示蔬菜吸收Cd能力差异。由表4可知，不同种类蔬菜富集系数差异非常大，整体表现为：根茎类>叶菜类、茄果类>瓜类，最高的芋头和最低的冬瓜对Cd的吸收能力相差30倍左右。根茎类蔬菜芋头和胡萝卜富集系数最高，分别达到32.2%和31.8%，其次为生菜、茄子、小白菜、小葱，而瓜类蔬菜冬瓜、节瓜、苦瓜、黄瓜、丝瓜富集系数较低，平均值均低于5%。同为根茎类蔬菜的白萝卜，含水量高，富集系数相对较低，平均为6.8%。

表4 蔬菜对土壤Cd的富集系数

蔬菜名称	富集系数/%	变异系数/%	蔬菜名称	富集系数/%	变异系数/%
芋头（*C. esculenta*）	32.2±13.4	41.7	番茄（*S. lycopersicum*）	13.6±9.7	71.8
胡萝卜（*D. carota*）	31.8±13.5	42.3	辣椒（*C. annuum*）	9.9±5.3	53.8
生菜（*L. sativa*）	25.7±17.0	66.2	白萝卜（*R. sativus*）	6.8±3.9	56.5
茄子（*S. melongena*）	21.8±13.4	61.6	丝瓜（*L. cylindrica*）	4.0±2.5	60.8
小白菜（*B. chinensis*）	21.0±10.2	48.3	黄瓜（*C. sativus*）	3.3±1.6	47.6
小葱（*A. schoenoprasum*）	18.2±17.5	96.1	苦瓜（*M. charantia*）	2.3±1.3	58.8
菜心（*B. parachinensis*）	16.8±9.8	58.1	节瓜（*B. hispida*. Var. *chiehqua How*）	1.7±0.9	54.2
韭菜（*A. tuberosum*）	14.4±10.8	74.7	冬瓜（*B. hispida*）	1.1±0.4	36.6

2.4 蔬菜与土壤Cd质量分数的相关性分析

为明确该区域菜地土壤对其主栽蔬菜品种中可食部分重金属累积的影响，将蔬菜与产地土壤Cd质量分数进行了相关性分析（表5），结果表明，16种蔬菜中Cd质量分数与土壤Cd呈正相关，除芋头、茄子外，其余14种蔬菜均达到显著水平。回归分析结果显示，韭菜、小白菜、菜心中Cd与土壤Cd的线性关系较好，R^2 均达到0.8以上，丝瓜、胡萝卜、小葱相对较低。根据拟合的回归方程和蔬菜中Cd安全限量标准（叶菜类：0.2 mg/kg；根茎类：0.1 mg/kg；其他：0.05 mg/kg），分别推算出适合14种蔬菜种植的土壤Cd安全阈值。从结果来看，该地区菜地土壤Cd安全阈值均要大于我国土壤环境质量标准限量（0.3 mg/kg），除韭菜、胡萝卜、小葱、辣椒外，大部分蔬菜品种安全阈值均在限量值的3倍以上，而且不同蔬菜品种间差异明显，最高的白萝卜与最低的韭菜阈值相差12倍以上。

表 5　蔬菜-土壤 Cd 质量分数的回归分析及土壤 Cd 安全阈值

蔬菜品种	回归方程	R^2	土壤 Cd 安全阈值/(mg/kg)
韭菜（*A. tuberosum*）	$y=0.000\ 27+0.15x$	0.808**	0.33
胡萝卜（*D. carota*）	$y=0.008+0.25x$	0.387**	0.37
小葱（*A. schoenoprasum*）	$y=0.011+0.089x$	0.388**	0.44
辣椒（*C. annuum*）	$y=0.007\ 6+0.054x$	0.738**	0.78
番茄（*S. lycopersicum*）	$y=0.012+0.039x$	0.582**	0.98
丝瓜（*L. cylindrica*）	$y=-0.000\ 93+0.045x$	0.231*	1.13
黄瓜（*C. sativus*）	$y=-0.001\ 7+0.043x$	0.473**	1.20
苦瓜（*M. charantia*）	$y=-0.003\ 7+0.042x$	0.451**	1.28
小白菜（*B. chinensis*）	$y=0.016+0.107x$	0.843**	1.73
节瓜（*B. hispida*. Var. *chiehqua How*）	$y=-0.001\ 8+0.027x$	0.447**	1.92
生菜（*L. sativa*）	$y=0.036+0.061x$	0.507**	2.69
菜心（*B. parachinensis*）	$y=0.014+0.065x$	0.890**	2.87
冬瓜（*B. hispida*）	$y=-0.000\ 45+0.014x$	0.497**	3.60
白萝卜（*R. sativus*）	$y=0.01+0.021x$	0.692**	4.21

注：*表示显著相关（$P<0.05$），**表示极显著相关（$P<0.01$）

3　讨论

本研究区域土壤 Cd 平均值略低于我国现行土壤环境质量标准（0.3 mg/kg，pH≤7.5），是“七五”期间调查的我国土壤背景值 0.097 mg/kg 的 2.6 倍，是广东土壤 Cd 算数平均值 0.056 mg/kg 的 4.6 倍，表明该地区土壤受到一定程度 Cd 污染。土壤 Cd 质量分数随着 pH 升高而升高，与岳建华对长株潭城市群土壤 pH 和 Cd 的调查结果一致，其可能原因是随着 pH 升高，土壤中黏土矿物、水合氧化物和有机质表面的负电荷增加，对重金属离子的吸附力增强，Cd 等重金属在土壤黏土矿物、铁锰氧化物等固相上的吸附量逐渐增多。

本次采集的蔬菜中，根茎类与叶菜类蔬菜相对于瓜果类蔬菜而言存在较高的 Cd 污染风险，该结果与前人的研究结论一致。就具体蔬菜种类对 Cd 吸收能力而言，本研究结果与其他学者的结论类似，如刘香香等通过盆栽试验，得出 4 种常见蔬菜对 Cd 的富集能力从大到小排序为：胡萝卜＞小白菜＞辣椒＞豇豆。欧阳喜辉等在北京市规模化蔬菜生产基地采集了 16 种蔬菜，其对土壤 Cd 吸收能力差异表现为：叶菜类＞果菜类。高鑫在京津冀地区设施蔬菜产区调查了 6 类蔬菜，瓜果类对 Cd 的富集系数明显低于叶类蔬菜。不同蔬菜生长周期的长短，土壤向蔬菜可食部分的迁移距离的远近，不同蔬菜对 Cd 的生理生化相应及分子生物学过程差异，都是造成不同类别蔬菜Cd富集能力不同的重要原因。

菜地土壤重金属安全阈值近年来有较多研究，李富荣对珠三角某主要城市周边茄果类蔬菜土壤重金属安全阈值进行研究，得出番茄、辣椒、茄子Cd阈值分别为1.40 mg/kg、2.14 mg/kg、1.19 mg/kg，番茄和辣椒结果均高于本次试验，而本次试验茄子与土壤Cd相关性不显著，未能得出阈值。李想得出东北设施叶菜类蔬菜宜产区、限产区和禁产区土壤中Cd的质量分数分别为≤0.43 mg/kg、0.43～2.88 mg/kg和≥2.88 mg/kg，其中限产区建议值与本次结果契合。许芮以线性方程推导出土壤为pH≥7.5的壤土时，设施黄瓜土壤Cd风险阈值为2.13 mg/kg，并通过土壤脲酶指标验证了其准确性，与本次结果相比，符合pH越高，阈值越高的趋势。董明明对中国四个代表区域土壤Cd生态安全阈值进行研究，得出华南与西南热区冬春蔬菜优势区域在酸性、中性和碱性土壤情形下，叶菜类蔬菜产地Cd安全阈值分别为0.29 mg/kg、0.39 mg/kg和0.55 mg/kg，均低于本次结果。笔者通过盆栽试验得出种植菜心和小白菜土壤Cd安全阈值分别为1.18 mg/kg和1.74 mg/kg，其中小白菜较为接近，菜心要低于本次结果。造成这些差异的原因是多方面的，如地域间土壤质地、酸碱度、种植习惯及具体蔬菜品种的不同，大田调查和盆栽试验方法上的差异，样本量的多少以及拟合方式的不同等，而这些差异的存在也正好说明了在不同地域采用不同限量的必要性。在保证安全的情况下，在特定区域根据土壤Cd含量的高低，分类指导不同蔬菜生产，有区别、有选择地种植蔬菜，能在有效降低蔬菜Cd污染的同时，提高土地利用率。

当前许多国家和地区建立了基于风险评估的土壤环境标准体系，但不同国家和地区在标准名称和定位上有所区别（如英国的指导值以人体健康风险为主要目标制定，荷兰目标值、干预值和加拿大的指导值同时考虑了人体健康风险和生态风险，美国的土壤筛选值除考虑人体健康风险外，还以地下水保护为目标。我国现行的农用地土壤环境质量标准体系，主要由GB 15618—2018中的风险筛选值和风险管制值构成，一般以风险筛选值作为判断土壤是否超标的依据。限量值在制定时，以保护食用农产品质量安全为主要目标，同时兼顾保护作物生长和生态环境，取其中最小的阈值作为土壤筛选值。本文采用的大田调查数据回归模型法，是我国推导保护农产品质量安全的土壤阈值优先考虑的方法，但该方法需要大量的数据作为支撑。我国幅员辽阔，耕地分布广泛，不同地区土壤类型和作物种类差异较大，导致了不同地区所面临的潜在风险不同，我国现行标准以水稻和小麦为主要保护目标，一套标准不足以适用全国的耕地，建立不同地区针对不同作物的标准，有利于提高我国标准值体系的准确性和精细度。本文得出的珠三角典型区域菜地Cd安全阈值，是对我国土壤标准体系的有利补充，对于该地区乃至华南蔬菜安全生产具有重要的指导意义。

4　结论

（1）按照我国现行食品卫生标准和土壤污染风险管控标准发现，珠三角典型区域所采集的 360 个蔬菜-土壤对应样品中，土壤样品镉超标率要高于蔬菜超标率。

（2）根茎类蔬菜对土壤 Cd 富集能力最强，叶菜类、茄果类、鳞茎类蔬菜次之，瓜类蔬菜富集能力最弱。

（3）根据蔬菜-土壤镉质量分数建立回归方程，推算出的 14 种蔬菜产地土壤 Cd 安全阈值差异明显，且均高于我国现行农用地土壤环境质量标准（GB 15618—2018）筛选值，现行标准相对珠三角区域蔬菜而言可能过于严格。

种植业产品重金属污染防控管理体系探讨

刘香香

摘要： 在对我国种植业农产品重金属污染现状分析的基础上，结合当前重金属污染防治工作存在的问题与不足，提出建立防患未然、快速反馈的种植业产品重金属污染防控创新管理体系，通过构建体系框架优化农产品生产全过程，保障农产品质量安全，实现我国农业的健康可持续发展。

关键词： 种植业产品；重金属；污染防控；管理体系

近年来受“镉大米”“砷毒”“血铅”等事件影响，重金属污染引起全国上下的高度重视，人们在关注环境污染的同时更关心吃得是否安全，尤其是与人们餐桌密切相关的种植业产品，由于其生长的环境容易受到外界影响，重金属进入农业环境中，可以通过植物的吸收、积累而富集在可食部分，再通过食物链进入人体，威胁人类健康。重金属对人体的危害极大，可在人体器官中积累诱发病变，其中砷、铅、镉、汞、铬对人体健康危害最为突出。无机砷是一级致癌物，长期摄入会导致血管末梢坏死、皮肤癌和内部器官的癌症；铅进入人体会对人的中枢神经系统和周围神经造成损伤；镉能引起急慢性中毒，破坏人体骨骼和肝、肾；汞被食入后直接沉入肝，对大脑、神经、视力破坏极大；铬具有致癌变、致畸变、致突变的作用。20 世纪 60 年代日本爆发的“骨痛病”“水俣病”公害事件，就是人体受到 Cd、Hg 污染的毒害造成的。重金属污染具有隐蔽性、滞后性、积累性、不可逆性、难治理性等特点，要解决种植业产品重金属污染问题，需要找到标本兼治、兼顾发展的方法，既保证产量和品质，又保障安全，生产放心农产品，让消费者放心，农民安心。因此，建立一套农产品重金属污染防控管理体系对全面保障农产品质量安全具有重要意义。

1　我国重金属污染现状

1.1　农业环境重金属污染情况

据报道，我国耕地的土壤重金属污染面积达 2 000 万 hm^2，占全国总耕地面积的 1/6。2014 年 4 月，环境保护部和国土资源部共同公布了全国土壤污染状况调查公报，结果显示，全国土壤环境污染类型以无机型为主，特别是重金属污染，其中镉、汞、砷、铜、铅、铬、锌、镍 8 种污染物点位超标率分别为 7.0%、1.6%、2.7%、2.1%、1.5%、1.1%、0.9%、4.8%。土壤重金属污染的成因十分复杂，多数观点认为，除了地理地质因素以外，很大程度上受到人为活动影响，污染源主要分为农业污染源和工业污染源两大类。农业污染源主要包括污水灌溉，农药、化肥的不合理施用，固体废弃物的农业利用。污灌是农田重金属污染重要来源之一，全国首次土壤污染调查涉及的55个污水灌溉区中，有39个存在土壤污染。不仅农业投入品滥用形成的面源污染是土壤重金属污染的重要原因，农业投入品的长期使用也会导致重金属的积累，部分肥料存在重金属含量高的问题，如许多品质差的过磷酸钙和磷矿粉中往往含有微量的重金属As、Cd。此外，部分地区长期使用酸性肥料，使土壤酸化，造成重金属离子活性高也会引起重金属污染。目前全球每年进入土壤的镉总量为66万kg左右，由施用化肥进入的比例高达55%。工业污染源主要是点源污染，是由采矿、冶炼、电镀、化工、电子和制革染料等工业生产的工业废渣、城市生活产生的垃圾和污泥等固体废弃物施入农田，导致土壤中重金属含量明显高于原有含量，造成生态环境恶化。

1.2 种植业产品重金属污染现状

种植业产品受污染的原因多种多样，其中受环境重金属污染的影响较大，在大田作物中，农产品主要污染物为重金属类，其中以铅、镉、汞、铜最为突出，刘吉振等认为蔬菜中重金属污染受土壤重金属含量的影响。重金属对植物毒害的直接表现在于阻止植物生长，降低植物的产量和品质。除农业环境影响外，种植业产品的重金属污染也与农产品对重金属富集特性有关，例如易吸收重金属元素的水稻、叶菜类、茶叶、香菇和姬松茸等食用菌等，即使在重金属低度污染的土地上种植也容易在体内富集重金属。近年来种植业产品重金属污染越来越严重，国内已对北京、上海、天津、贵阳、成都、寿光、哈尔滨、福州、长沙等大中城市郊区菜园土壤及蔬菜重金属污染状况进行过系统的调查研究，发现我国各主要大中城市郊区的蔬菜都存在一定的重金属超标现象。袁思平等研究指出我国广州、洛阳、拉萨等10个大中城市蔬菜重金属综合污染指数范围为1.380～13.590，蔬菜受到不同程度的重金属污染。据环保部门统计，全国每年有高达1 200万t粮食受到重金属污染，造成的直接经济损失超过200亿元。

2 重金属污染防治工作现状

2.1 政策给予支持，现实治理成效缓慢

近年来政府高度重视重金属污染问题，并在政策上给予支持，资金上给予投入，国务院批复的《重金属污染综合防治“十二五”规划》要求到2015年关键地区铅、汞、铬、镉和类金属砷等重金属污染物的排放，要比2007年削减15%，用于全国污染土壤修复的资金中央财政资金达300亿元，从排放量、环境质量、重点项目、环境管理和风险防范五大方面实现重金属总量控制，通过淘汰落后项目、提高生产工艺、处理固体废弃物等手段，大力开展对重金属污染的防治工作。目前对重金属污染的治理重点是土壤污染的修复，据估算，如果对受重金属污染耕地进行修复，需求资金将要数万亿元。除成本高、耗

时长外，技术限制也加大了修复的难度，目前每种修复措施都存在或多或少的问题，应用具有局限性，因此污染防治工作进展缓慢，成效暂不明显，我国耕地重金属污染修复还任重道远。

2.2 监管主体不明，监管环节效率不高

目前我国农产品安全监管存在严重的工作交叉、管理分散、职能错位等现象，不能形成协调配合和高效运转的管理体制，因农产品流通的环节涉及多个管理部门，重金属污染防治工作管理主体不明确，在我国土壤污染监督管理工作中，环境保护部、农业部、建设部、国土资源部等部门都有一定的管理职能。一次普通的农业环境污染纠纷往往牵涉农业、环保、卫生、国土、水利、林业、民政等多个部门，经常可能出现管辖权限不清的情况。在部门内，也常会涉及种植业、畜牧业、渔业、农垦等不同行业。出现问题时难以确定责任主体，缺乏应急机制，管理效率较低，给重金属污染的防治工作带来巨大阻力。

2.3 缺乏立法约束，不能实施有效监督

目前针对土壤质量保护与重金属污染控制的专项法律法规还较缺乏，虽然现行法律如《水污染防治法》《大气污染防治法》《固体废弃物污染防治法》等均涉及重金属污染防治，但规定不够系统，比较零散，这些已经制定的法律已不适应当前日益严重的重金属污染形势，不能实现对重金属污染的有效防治。同时我国农产品的市场准入制度还处于探索阶段，农业投入品上缺乏管理，缺乏法律的约束，对污染企业的减排及治理工作不能实施有效的督促。

2.4 标准体系不完善，制约重金属污染防治

我国农产品及食品质量安全标准工作起步较晚，农产品技术标准体系还不够健全和完善，与重金属相关的标准问题较为突出，造成重金属污染防治工作的困境。目前适用于农田、蔬菜地、茶园、果园、牧场、林地、自然保护区等地土壤的标准仍是1995年颁布的《土壤环境质量标准》(GB 15618—1995)，已多年未修改，不能有效反映当前重金属污染现状；针对种植业产品生产，严重缺乏有关重金属污染的生产过程控制技术规范，不利于农产品质量安全的源头控制。同时，缺乏用于现场快速筛查的检测技术标准，获取重金属污染情况反馈时效性不强。尤其是近年来不断暴露的农产品和土壤中重金属含量的限量标准不适用，标准中相关指标制定不合理等问题，对我国农业生产和对外贸易的影响较大。例如大米镉的限量标准，目前国际现行大米镉限量标准是0.4 mg/kg，我国大米镉的限量标准维持在0.2 mg/kg，严于世界上其他国家，包括同样是以大米为主食的日本。我国南方水稻主产区的大米多为镉轻微超标大米，镉含量以0.2～0.3 mg/kg居多，依照现行国标，我国南方水稻主产区的大米销售产业受到的影响很大。同样我国也是世界上对茶叶中铅的限量规定最严的国家，现行国家茶叶卫生标准中规定铅的限量值≤2 mg/kg，而世界上一些茶叶主要生产国和进口国，例如日本规定茶叶中铅的限量为20 mg/kg，澳大利亚、加拿大

均规定茶叶中铅的限量为 10 mg/kg，要求比我国要宽得多，过严的标准削弱了我国茶叶产品在国际贸易中竞争优势，限制了茶叶产业的发展。

3 防控管理体系探讨

重金属污染的治理过程涉及多个环节、多个部门，应该形成一种创新的农产品重金属污染防控管理体系。体系建设的核心是统筹规划，需要成立一个由各部门组成的专业监管机构，接受国家宏观调控并协调治理工作，及时反馈治理情况，并由政府部门来担任，同时将科研院所、排污企业、生产主体、监测体系、执法部门联系起来，政府部门统筹规划，研究机构献计献策，质检部门保驾护航，企业、农民具体执行，这种集约型的管理体系通过整合资源，来实现重金属污染的高效防治。

珠三角主要工业区周边蔬菜产地土壤重金属污染调查分析

胡霓红

摘要： 采集珠三角地区主要工业区周边蔬菜产地土壤，研究土壤中铅（Pb）、镉（Cd）、汞（Hg）、砷（As）、铬（Cr）5 种重金属的含量与分布特征。参照国家土壤环境质量标准（GB 15618—1995）中的二级标准，采用单项污染指数法和综合污染指数法，对其重金属污染现状进行评价。结果表明：232 份土壤样品中，Cd、Hg、As、Cr 的超标率分别为 45.06％、7.73％、5.15％、1.29％，未见 Pb 超标；37.34％的土壤受到不同程度的污染，Cd 污染情况最为严重，Hg 污染次之；土壤污染以单一重金属污染为主，未出现 3 种及以上重金属复合污染。各地污染状况呈现区域差异，东莞地区受污染的样品比例较大，珠海和广州的污染情况相对较轻。该区域的土壤重金属污染形势不容乐观，其可能给农业生产带来的风险应引起重视。

关键词： 珠三角；工业区；菜地土壤；重金属；污染

随着我国经济的快速发展，工业“三废”、汽车尾气、城市垃圾等越来越多的污染物被排放到环境中，使土壤污染加剧，加上污水灌溉、大量化肥和农药的使用，土壤污染问题日益突出。据统计，全国受污染的耕地约有 1 000 hm^2，每年因重金属污染而损失的粮食超过 1 000 万 t，并且受重金属污染的粮食每年超过 1 200 万 t，经济损失高达 200 亿元。土壤重金属污染具有隐蔽性、潜在性和不可逆性的特点，并可通过食物链对人体健康造成潜在威胁。我国是蔬菜生产大国，蔬菜是人们日常生活中不可或缺的食物，而已有研究表明，蔬菜极易积累重金属。对蔬菜产地进行土壤重金属的污染调查评价有利于提供蔬菜种植建议，对提高蔬菜的安全性和保证人们健康有重要意义。

珠三角地区经济发达，工业化和城市化发展快速，随之产生的环境问题日益突出，在各个地区也出现过农业相关污染的报道，但这些报道大都以单个城市为研究对象，未对整个珠三角主要工业区周边农田重金属污染进行全面探讨。鉴于此，笔者对珠三角主要城市工业区周边农田蔬菜产地的土壤进行调查与检测，重点关注工业区周边菜地土壤的重金属污染状况，旨在为本地区菜地的合理利用和污染防治等工作提供参考。

1 材料与方法

1.1 采样

根据珠三角主要工业的布局情况和“三废”排放状况进行布点，采样点分布于5个区县主要工业企业（包括电子电器、化工、医药、五金、包装等）周边农田蔬菜产地的土壤。共采集土壤样品232份，土壤样品的采集方法参照NY/T 1121.1—2006。

1.2 检测项目与方法

土壤中总砷（As）测定参照NY/T 1121.11—2006，土壤中总汞（Hg）测定参照GB/T 22105—2008，土壤中总铅（Pb）和总镉（Cd）测定参照GB/T 17141—1997，土壤中总铬（Cr）测定参照NY/T 1121.12—2006，土壤pH的测定参照NY/T 1377—2007。

1.3 土壤重金属污染限量标准

以《土壤环境质量标准》（GB 15618—1995）中的二级标准作为评价标准。

1.4 土壤重金属污染评价方法及质量分级

1.4.1 单因子污染指数法和综合污染指数法

采用单因子污染指数和综合污染指数对土壤的污染程度进行评价，单因子污染指数用以衡量某一重金属 i 的污染程度，综合污染指数用以衡量多种重金属的整体污染程度。

（1）单因子污染指数（P_i）的计算：$P_i=C_i/S_i$，其中，P_i 为重金属元素 i 的污染指数，C_i 为重金属元素 i 的实测值浓度，S_i 为重金属元素 i 的限量标准值。当 $P_i\leqslant1$ 时，表示未受污染；当 $P_i>1$ 时，表示受到污染；且 P_i 值越大，表示受污染程度越严重。

（2）综合污染指数（$P_{综合}$）的计算：为全面反映各类重金属的不同作用，突出高浓度重金属对环境质量的影响，采用目前国内普遍采用的方法之一——内梅罗（N. L. Nemerow）综合污染指数法。其公式为：$P_{综合}=\sqrt{\frac{(C_i/S_i)_{max}^2+(C_i/S_i)_{ave}^2}{2}}$，其中，$(C_i/S_i)_{max}$ 为重金属元素中污染指数最大值，$(C_i/S_i)_{ave}$ 为各污染指数的平均值。

1.4.2 土壤环境质量和蔬菜质量分级

采用综合污染指数（内梅罗综合污染指数）对土壤环境质量和蔬菜质量进行综合评价，可按综合污染指数的最终评定划定质量等级。土壤环境质量和蔬菜质量分级标准可参考《绿色食品产地环境质量状况评价纲要（试行）》（1994）中的土壤污染等级划分标准（表1）。

表1 土壤环境质量和蔬菜质量分级标准

综合污染等级	综合污染指数	污染程度	污染水平
1	$P_{综合}\leqslant0.7$	安全	清洁
2	$0.7<P_{综合}\leqslant1.0$	警戒限	尚清洁

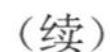

（续）

综合污染等级	综合污染指数	污染程度	污染水平
3	$1.0<P_{综合}\leqslant 2.0$	轻度污染	受轻度污染
4	$2.0<P_{综合}\leqslant 3.0$	中度污染	受中度污染
5	$P_{综合}>3.0$	重污染	受污染已相当严重

2 结果与分析

2.1 珠三角主要工业区周边蔬菜产地土壤重金属含量基本情况

采集样品中5种主要重金属（Pb、Cd、Hg、As、Cr）含量的测定结果见表2。该调查区域土壤中5种重金属的浓度范围分别为：Pb 0.01～163.77 mg/kg，Cd 0.01～1.25 mg/kg，Hg 0.01～1.15 mg/kg，As 1.97～72.81 mg/kg，Cr 3.90～228.84 mg/kg，均高于广东省的土壤重金属背景值，特别是Cd和Hg，分别为背景值的6.25倍和1.92倍。与国家土壤环境质量标准限量值相比，Hg、As、Cr的平均含量均未超出标准限量值，但出现了超标样品，其中Cd的平均含量较高，超出限量值的16.67%，超标率达到45.26%；调查区域中Pb含量未出现超标样品，平均含量是标准限量值的20.33%。5种重金属的超标率大小顺序为：Cd>Hg>As>Cr>Pb，表明镉的污染最普遍，其次是汞。

表2 珠三角主要工业区周边蔬菜产地土壤重金属含量

重金属类型	最大值/(mg/kg)	最小值/(mg/kg)	平均值/(mg/kg)	标准差	变异系数	超标率/%
Pb	163.77	0.01	50.82	24.85	0.49	0.00
Cd	1.25	0.01	0.35	0.25	0.72	45.26
Hg	1.15	0.01	0.15	0.17	1.12	7.76
As	72.81	1.97	14.29	11.09	0.78	5.17
Cr	228.84	3.90	58.14	37.44	0.64	1.23

2.2 珠三角主要工业区周边蔬菜产地土壤重金属污染指数

根据内梅罗综合污染指数的评价模式，以土壤质量Ⅱ级标准为评价标准，计算广东省菜地土壤重金属综合污染指数，结果见表3。结果表明：珠三角主要工业区周边蔬菜产地土壤重金属综合污染指数为0.936 5，在污染警戒限内。其中Cd的单因子污染指数较高，达到1.105 8；其他重金属污染指数均低于0.5，Pb的污染指数仅为0.184 7。5种重金属的污染指数高低顺序为：Cd>As>Hg>Cr>Pb。由此可知，造成珠三角主要工业区周边蔬菜产地土壤污染的主要重金属类型是Cd。与超标率大小顺序联系比较可知，汞的污染较砷普遍，超标率高于砷，但污染程度比砷小。

表 3　珠三角主要工业区周边蔬菜产地土壤重金属污染指数

污染类型	Pb	Cd	Hg	As	Cr	综合污染指数
污染指数数值	0.184 7	1.105 8	0.414 0	0.432 5	0.326 0	0.936 5

根据各个样品的综合污染指数大小，划分污染等级，并统计珠三角主要工业区周边蔬菜产地土壤重金属污染等级。统计显示：处于安全状态的样品为42.24%，20.26%土壤处于警戒限和安全值之间；有38.35%土壤受到不同程度的污染，其中大部分是轻度污染，占所有样品的33.19%，剩余污染样品为中度污染，占总数的9.01%，未出现重污染样品。由此可知，珠三角主要工业区周边蔬菜产地土壤重金属污染问题较为严重，但污染程度较集中在轻度污染，过半土壤在污染警戒限以下。

统计各个受污染土壤样品单因子污染指数，观察各个样品的污染因素，发现未出现同时受到3种或3种以上的重金属污染样品，受重金属污染的样品总数为123份，占采样总数的53.02%。其中受单一重金属污染的有106份，受2种重金属污染的有17份，详见表4。由统计结果可知，珠三角主要工业区周边蔬菜产地土壤以单一重金属污染为主，Cd为最主要的污染元素。

表 4　珠三角主要工业区周边菜地土壤重金属符合污染种类分布

重金属种类	Pb	Cd	Hg	As	Cr
Pb	0	0	0	0	0
Cd		89	10	7	0
Hg			9	0	0
As				6	0
Cr					2

2.3　珠三角主要工业区周边蔬菜产地土壤重金属

污染地区分布按照采样区域进行分区统计，各区菜地的重金属污染程度分布情况见表5。由表5可以看出，受重金属污染的区域主要集中在东莞，该区域的样品综合污染指数低于警戒限的不足30%，污染程度以轻度污染为主，有少数中度污染，未出现重污染程度样品。珠海和广州的污染情况较好，警戒限以下的土壤样品比例分别为83.33%和71.78%，但广州出现少数中度污染土壤样品。深圳和惠州的污染情况良好，过半样品在安全警戒限内，不过轻度污染还是占有一定比例，分别是39.29%和45.83%。另外，根据不同地区的污染程度可以看出，污染较严重的样品主要出现在工业发展较好的城市，如东莞、深圳和广州的工业相对发达，出现中度污染的比例相对较高。

表 5 珠三角主要工业区周边蔬菜产地土壤重金属污染程度分布

城市	污染程度					样品总数
	安全	警戒限	轻度污染	中度污染	重污染	
珠海	6 (33.33%)	9 (50.00%)	3 (16.67%)	0	0	18
深圳	28 (50.00%)	5 (8.93%)	22 (39.29%)	1 (1.79%)	0	56
惠州	10 (41.67%)	3 (12.50%)	11 (45.83%)	0	0	24
广州	52 (47.27%)	27 (24.55%)	26 (23.64%)	5 (4.55%)	0	110
东莞	2 (8.33%)	3 (12.50%)	15 (62.50%)	4 (16.67%)	0	24
合计	98	47	77	10	0	232

注：表中括号外的数据为样品数，括号内的数据为占该区抽样量的百分比。

2.4 珠三角主要工业区周边蔬菜产地不同蔬菜重金属污染情况

蔬菜中重金属超标情况较土壤超标少，蔬菜中 4 种重金属 Pb、Cd、Hg、Cr 的合格率均在 90%左右。不同种类蔬菜中重金属浓度差异较大，叶菜和根茎类蔬菜重金属含量较高，茄果类和豆类中重金属含量相对较低。具体每种蔬菜中重金属含量的统计结果见表 6 和表 7。从不同蔬菜品种看，叶菜类重金属吸收量最高，根茎类次之，果菜最低。这与前人的研究结果类似，表明不同蔬菜对重金属的吸收特性不同。罗晓梅等对成都地区蔬菜可食部分分析结果表明，对镉的富集能力顺序为：芹菜>大白菜>韭菜>油菜>番茄>甘蓝。段敏等也发现叶菜类蔬菜对镉具有较强的富集能力，而果菜类和瓜菜类的富集能力相对较差。

表 6 珠江三角洲 8 种蔬菜中 As 和 Hg 的含量/(mg/kg)

蔬菜	As			Hg		
	平均值	标准差	最大值	平均值	标准差	最大值
甘蓝	0.011	0.021	0.112	0.001	0.002	0.009
芹菜	0.039	0.039	0.197	0.002	0.002	0.007
油菜	0.032	0.030	0.174	0.001	0.002	0.012
莴苣	0.032	0.037	0.269	0.001	0.001	0.007
胡萝卜	0.017	0.015	0.080	0.001	0.001	0.004
辣椒	0.019	0.027	0.130	0.002	0.006	0.043
番茄	0.006	0.009	0.035	0.000	0.001	0.005
豇豆	0.010	0.014	0.097	0.001	0.002	0.013

表 7 珠江三角洲 8 种蔬菜中 Pb、Cd 和 Cr 的含量/(mg/kg)

蔬菜	Pb			Cd			Cr		
	平均值	标准差	最大值	平均值	标准差	最大值	平均值	标准差	最大值
甘蓝	0.175	0.534	3.104	0.023	0.041	0.253	0.034	0.066	0.361
芹菜	0.203	0.569	3.467	0.144	0.191	0.902	0.081	0.113	0.731
油菜	0.116	0.339	3.352	0.047	0.079	0.750	0.097	0.143	1.093
莴苣	0.175	0.442	4.028	0.084	0.120	0.599	0.080	0.079	0.376
胡萝卜	0.180	0.303	1.751	0.106	0.134	0.567	0.048	0.055	0.341
辣椒	0.147	0.398	2.399	0.046	0.075	0.402	0.043	0.065	0.393
番茄	0.026	0.039	0.182	0.026	0.041	0.287	0.012	0.016	0.075
豇豆	0.050	0.145	0.884	0.007	0.016	0.155	0.024	0.022	0.106

3 结论与讨论

3.1 珠三角主要工业区周边蔬菜产地土壤重金属污染情况较为严重

调查区域的菜地土壤中重金属的含量均高于广东省的土壤中重金属背景值，特别是 Cd 和 Hg，分别超出背景值的 6.25 倍和 1.92 倍。污染程度较集中在轻度污染，38.35% 的土壤受到不同程度污染，污染状况不容忽视。此结果与杨国义等的调查结果有所不同，可能是本调查选取区域较多，污染日益加重而调查数据更新等原因。

3.2 5 种重金属的污染程度出现明显差异

造成珠三角主要工业区菜地土壤污染的主要重金属类型是 Cd，其次是 Hg。这与宋启道等的调查结果相似。土壤中 5 种重金属的污染指数高低顺序为：Cd＞Hg＞Cr＞As＞Pb。珠三角主要工业区菜地土壤重金属污染主要是单因素污染，以 Cd 为主要污染元素，未出现 3 种或 3 种以上重金属复合污染的情况。

3.3 不同地区的重金属污染程度差异较大

重金属污染的区域主要集中在东莞，这可能是由于东莞的轻工业比较发达。跟珠三角其他城市相比，东莞的工业发展起步早，经历的时间长，且发展迅速，这些企业尤其是电子电器企业和五金家具企业在成长过程中向环境排出的“三废”加重了东莞周边农田土壤重金属污染的可能，对工业区周边的生态环境造成一定破坏。调查区域中，珠海和广州的污染情况较轻。

3.4 不同种类蔬菜中重金属浓度差异较大

蔬菜中重金属超标情况较土壤超标少，不同种类蔬菜中重金属浓度差异较大。从不同蔬菜品种看，叶菜类重金属吸收量也最高，根茎类次之，果菜最低。蔬菜除了可通过叶片从大气中吸收少量的气态 Pb、Hg 等元素外，主要还是通过根系从土壤中吸收重金属。土壤中重金属进入植物叶片主要受根-土界面和根-茎叶界面的阻碍，而要进入果实，除以上阻碍外，还要受到果实-茎叶界面的阻碍，因此，叶片相对蔬菜其他部位对重金属的富集能力更强。由于工业区周边土壤易受污染，建议种植瓜果类蔬菜以降低蔬菜对重金属的富集量，从而降低超标率。

广州市郊蔬菜重金属污染研究

赵　凯

摘要： 以广州5个郊区（县级市）为研究对象，通过对该地区大型蔬菜生产基地中5种蔬菜53个样品中重金属元素As、Hg、Pb、Cd、Cr的含量进行分析，初步摸清了广州郊区蔬菜中的重金属污染状况，并对不同郊区不同蔬菜品种之间的污染程度和综合污染指数进行了比较。结果表明，蔬菜中As、Hg、Pb、Cd、Cr的平均含量分别为0.020 8、0.001 0、0.040 9、0.027 3、0.076 3mg/kg，均未超出国家食品标准的允许量；5种重金属的综合污染指数由大到小为：As＞Pb＞Cd＞Cr＞Hg；As、Pb是广州市郊地区蔬菜中的主要污染元素。各类蔬菜的综合污染指数均小于1，表明绝大部分蔬菜可以放心食用。

关键词： 蔬菜；重金属污染；广州；郊区

蔬菜是人们食物的重要组成部分，其安全问题关系到人民身体健康。近年来，随着人民生活水平的提高，对蔬菜品质也提出了更高的要求。为此，广州大力推广无公害蔬菜的生产，以生产出品质高、无污染的蔬菜满足市场的需要。随着城市化的发展，作为城乡接合部的市郊，也是供应广州市农副产品的生产基地，但近年来随着广州城市化、工业化的快速发展，导致了大量工业“三废”产生，致使重金属污染物直接或间接地进入农田土壤，导致菜地土壤受到不同程度的重金属污染。这种污染如果波及蔬菜，不但会影响作物的正常生长，还会通过食物链进入人体，给人体健康带来潜在的危害。目前，广州市郊蔬菜田地的土壤重金属污染已引起各方面的重视，但对蔬菜的重金属污染研究鲜见报道。基于此，本研究调查广州市郊蔬菜重金属污染状况，并做出相应的评价，以期为广州市郊蔬菜安全生产和消费提供依据。

1　材料与方法

1.1　试验材料

根据广州市郊蔬菜的生产情况，按点面结合且分布均匀的原则，于2010年8月集中对广州5个郊区（县级市）53块主要菜地的具有代表性的蔬菜进行抽样，共获蔬菜样品53个，包括豇豆（17个）、油菜（22个）、茎用莴苣（9个）、辣椒（3个）、芹菜（2个）。

1.2　试验方法

参照国家标准对蔬菜中的重金属进行测定。

蔬菜中重金属污染评价标准参照（GB 2762—2005）中规定的蔬菜重金属限量标准。

其中，Cr、As、Hg的限量标准分别为0.50、0.05、0.01 mg/kg；Pb在叶菜类中的限量为0.3 mg/kg，在其他蔬菜中为0.1 mg/kg；Cd在叶菜类中的限量为0.2 mg/kg，在根茎蔬菜中为0.1 mg/kg，在其他蔬菜中为0.05 mg/kg。

2 结果与分析

2.1 蔬菜样品中重金属元素含量

由表1可知，广州5个郊区中白云区和增城区蔬菜样品的重金属含量均未超过国家标准的允许量，其他3个区均受到不同程度重金属污染。其中，Cr污染只出现在番禺区的个别蔬菜样品上，而其他区的所有蔬菜样品中的Cr含量均没有超标。花都区有13.33%的样品受到As污染，有6.67%的样品受到了Hg污染。南沙区蔬菜的Cd污染高达33.33%，同时有16.67%的样品受到Pb污染。

表1 广州市郊区蔬菜中As、Hg、Pb、Cd和Cr含量特征

样点	元素	均值/(mg/kg)	含量范围/(mg/kg)	超标率/%
番禺区(n=8)	As	0.017 4	0.001 5～0.040 9	0.00
	Hg	0.000 4	0.000 0～0.000 9	0.00
	Pb	0.032 0	0.006 0～0.078 3	0.00
	Cd	0.025 4	0.001 6～0.107 6	0.00
	Cr	0.138 2	0.012 0～0.869 0	12.50
花都区（n=15）	As	0.026 9	0.000 0～0.059 4	13.33
	Hg	0.002 0	0.000 0～0.011 5	6.67
	Pb	0.057 9	0.000 0～0.234 0	0.00
	Cd	0.028 0	0.002 7～0.072 7	0.00
	Cr	0.069 2	0.030 2～0.109 8	0.00
白云区（n=15）	As	0.022 4	0.006 8～0.039 3	0.00
	Hg	0.000 7	0.000 1～0.003 3	0.00
	Pb	0.019 4	0.001 4～0.056 5	0.00
	Cd	0.019 4	0.001 4～0.056 5	0.00
	Cr	0.057 2	0.016 6～0.108 9	0.00
增城区（n=9）	As	0.009 6	0.000 0～0.040 3	0.00
	Hg	0.001 1	0.000 0～0.001 9	0.00
	Pb	0.011 3	0.000 0～0.035 2	0.00
	Cd	0.013 4	0.002 0～0.031 0	0.00
	Cr	0.063 8	0.012 4～0.127 6	0.00
南沙区（n=6）	As	0.022 7	0.000 0～0.049 1	0.00
	Hg	0.000 3	0.000 0～0.001 2	0.00
	Pb	0.108 4	0.014 9～0.421 2	16.67
	Cd	0.068 9	0.009 5～0.191 4	33.33
	Cr	0.077 6	0.018 2～0.216 2	0.00

注：n为样本数。

本研究结果表明，2010年蔬菜中的Cr、Pb、Cd、Hg的平均含量水平分别为0.076 3、

0.040 9、0.027 3、0.001 0 mg/kg。何江华等对广州地区蔬菜中的重金属含量研究发现，1999 年广州地区蔬菜中的 Cr、Pb、Cd、Hg 含量分别是 0.040 4、0.048 0、0.007 1、0.001 9 mg/kg，本研究发现，2010 年广州地区的 Cr、Cd 平均含量明显高于 1999 年该地区蔬菜中的含量，其中 Cd 平均含量高了近 3 倍。虽然不同的蔬菜品种对重金属元素吸收水平之间的差异性与时间累积等因素均能影响蔬菜中重金属的平均含量水平，但广州市郊目前蔬菜中的重金属 Cd 污染现状仍应当引起相关部门的重视。

2.2 蔬菜重金属污染指数

从表 2 可以看出：①各类蔬菜中，As、Pb 污染指数普遍较高，说明蔬菜中 As、Pb 含量普遍较高，已接近危险级别。此外，芹菜中 Cd 污染指数达 1.605 4，远高于其他蔬菜。从污染指数整体来看，Pb 和 As 污染较其他重金属严重。②蔬菜的综合污染指数高低情况为：芹菜>辣椒>油菜>茎用莴苣>豇豆。研究表明，芹菜对重金属有较强的吸收，叶菜类的吸收能力强于根茎。③辣椒中 Pb 和芹菜中 Cd 的污染指数都大于 1，其他蔬菜的重金属综合污染指数均小于 1，说明除辣椒和芹菜外的大部分蔬菜比较安全。

表 2 各类蔬菜中重金属污染指数

蔬菜	As	Hg	Pb	Cd	Cr	综合污染指数
豇豆	0.149 7	0.061	0.127 7	0.098 2	0.077 7	0.102 8
油菜	0.618 6	0.167 9	0.185 3	0.18 1	0.232	0.276 9
茎用莴苣	0.355 5	0.056 8	0.202 4	0.222 1	0.100 5	0.187 4
辣椒	0.451 9	0.013 9	1.483 8	0.317 5	0.184 5	0.490 3
芹菜	0.664 1	0.081 5	0.494 3	1.605 4	0.100 3	0.589 1

2.3 不同地区蔬菜重金属污染指数

从表 3 可以看出：①5 个地区中重金属污染指数均较小，但南沙区 Cd、Pb 污染指数普遍较高，已接近危险级别。从污染指数整体来看，As 污染问题较其他重金属严重。②5 个地区的综合污染指数高低情况为：南沙区>花都区>番禺区>白云区>增城区。③5 个地区中重金属综合污染指数均小于 1，说明广州郊区的蔬菜比较安全。

表 3 不同地区蔬菜中重金属污染指数

地区	As	Hg	Pb	Cd	Cr	综合污染指数
番禺区	0.348 8	0.044 5	0.184 3	0.158 1	0.276 5	0.202 5
白云区	0.448 9	0.067 8	0.132 9	0.164 7	0.114 4	0.185 8
增城区	0.192 5	0.106 1	0.078 4	0.116 6	0.127 6	0.124 2
花都区	0.537 3	0.196 5	0.239 9	0.184 5	0.138 4	0.259 3
南沙区	0.453 1	0.028 4	0.955 9	0.708 7	0.155 3	0.460 3

3 结论与讨论

重金属是目前蔬菜安全生产的三大有毒有害物质之一，但因其隐蔽性、滞后性和长期性特点，导致人们对其应急性差，很难在污染之初发现。研究结果表明，广州市郊蔬菜土壤重金属污染即为长期污染所致，Cr、Cd 平均含量水平均明显高于 10 年前广州地区蔬菜中的含量，但广州市郊重金属污染程度相对较轻，蔬菜重金属超标率较低。此外，蔬菜生长期短，每次收获生物量相对较小，一次性富集的重金属量也较小。因此，绝大部分蔬菜安全，可放心食用。从整体来看，5 个地区重金属综合污染指数都比较低，整体情况良好，但花都区有 13.33%的样品受到 As 污染，6.67%的样品受到 Hg 污染。南沙区蔬菜的 Cd 污染高达 33.33%，同时有 16.67%的样品受到 Pb 污染。实地调查发现，广州市郊蔬菜受污染的原因主要有 4 个：①大量且频繁地使用含重金属的农药和化肥，是造成蔬菜污染的重要原因。②广州市郊近年来大力发展加工制造业，所排放的重金属污染物主要是以 Cr、Cd 为主，所以 Cr、Cd 平均含量均明显高于 10 年前广州地区蔬菜中含量。③广州市郊的蔬菜用地环境受周边企业工业“三废”排放所造成的环境污染与农村生活污水的污染较为严重。资料表明，南沙区和花都区的金属制品业、印染业、玻璃、颜料、原药、纸张和电镀企业排放的重金属污染物主要是以 As、Cd 为主，这是两个区蔬菜表现出明显的 As、Cd 平均含量偏高的重要原因。④花都区和南沙区均有一些大型的蔬菜基地位于交通繁忙地带或毗邻高速公路，含 Pb 汽油的使用导致环境污染，这是蔬菜中 Pb 含量较高的一个重要原因。

随着农村社会、经济的迅速发展，工业化、城市化进程的加快，农村生态问题特别是农业环境污染日益突出，已成为制约广州市郊农业可持续发展的重要因素。对此，针对广州市郊蔬菜中重金属污染的来源提出防治对策：①合理、科学地使用农药化肥，严禁使用未经处理的城市生活垃圾作为肥料与污水直接灌溉，大力提倡使用有机肥料。②合理进行蔬菜生产基地的规划与布局。随着工业与社会经济的快速发展，城镇范围迅速扩大，蔬菜生产基地应选择在清洁与远离工业“三废”污染的地区，并且与交通运输密集地带保持适当的距离，同时对基地环境质量进行动态监测与评价。③根据不同品种蔬菜对重金属元素富集能力的差异，合理布局，除根据实际情况调整生产布局外，还应严格在源头控制污染，控制工业“三废”在菜地周围的排放，选择合适的灌溉水源，严格控制含重金属污染物进入菜地的可能途径。在重金属污染较严重的区域，有针对性地种植不易富集金属元素的蔬菜品种或不直接食用的经济作物。本研究结果表明，在已受污染的土地上种植瓜果类和叶菜类蔬菜比根茎类蔬菜较为安全。

土壤改良剂修复铅、镉污染菜地土壤的研究进展

朱　娜

摘要：菜地铅、镉污染修复——化学措施对土壤扰动小、容易实施，且经济、方便，因此得到科学家的广泛关注。本文综合了近年来国内外相关研究，主要针对碱性无机改良剂、磷酸盐、有机物料、黏土矿物和碳质吸附剂等几类应用较多的化学改良剂，在修复重金属铅、镉污染菜地土壤方面的作用机理、研究现状及应用前景进行了综述，并对未来的研究趋势提出了一些看法，为进一步研究铅、镉污染菜地土壤的修复方法提供理论依据。

关键词：菜地土壤；铅、镉污染；化学改良剂；机理现状

近年来，重金属铅、镉带来严重的环境污染和食品安全问题，且其较难治理，受到国内外学者的普遍关注。我国首次全国土壤污染状况调查于 2014 年 4 月完成，调查结果显示，我国农田土壤受到多因素污染，总体情况不乐观，土壤的环境质量令人担忧。曾希柏等对我国蔬菜土壤重金属污染的相关研究资料做了系统分析，结果显示我国菜地土壤中重金属镉超标率较高，达 24.1%。近些年，蔬菜等农产品的质量安全检测中，铅、镉等重金属超标现象屡见不鲜。菜地土壤铅、镉污染日益严重，铅是一种重金属元素，对植物和动物的毒害作用较大，且严重危害了生态环境，镉因为其在土壤中的有效态含量所占比例高，活性强，所以很容易被作物吸收而进入食物链，影响蔬菜质量安全，危害人类身体健康。菜地铅、镉污染已经是全球性的问题，寻找经济、有效、稳定且对环境友好的修复方法迫在眉睫，国内外研究者应用各种方法展开了大量相关研究。

总体来说，土壤重金属污染修复的方向包括两种，稳定化和去除化。稳定化只是改变了土壤中重金属的形态，并未从土壤中去除，其活性降低，生物毒性降低；去除化是把重金属从土壤中去除来修复重金属污染土壤。土壤重金属污染修复方法有物理法、物理化学法、化学法和生物法。

化学法对土壤扰动小、容易实施，且经济、方便，因此得到科学家的广泛关注。常用的化学改良修复剂有碱性无机改良剂、磷酸盐、有机物料、黏土矿物、碳质吸附剂等。化学改良剂通过钝化作用，如离子沉淀、交换、吸附等改变重金属在土壤中的存在形态，使重金属的生物有效性和在土壤中的移动性降低，从而降低作物从土壤中吸收的某种重金属量。本文综合了国内外相关研究，主要针对碱性无机改良剂、磷酸盐、有机物料、黏土矿物、碳质吸附剂等几类应用较多的化学改良剂，在修复重金属铅、镉污染菜地土壤方面的作用机理、研究现状及应用前景进行了综述，并对未来的研究趋势提出了一些看法。

1 碱性无机改良剂

1.1 作用机理

目前常用的碱性无机改良剂有石灰、碳酸钙等。石灰可明显降低土壤中重金属的有效态含量，一方面，石灰提高土壤 pH，重金属生成氧化物或以碳酸盐的形态沉淀起作用；另一方面，石灰提高了土壤 pH，土壤表面的负电荷因此而增加，土壤对重金属的亲和性增强，土壤中重金属移动性减弱。此外，pH 升高使 MOH^{+} 的含量增加，从而使土壤中重金属铅、镉的吸附量增加，降低了铅、镉的生物毒性。

碳酸钙修复重金属铅、镉污染土壤，其作用机理包括两个方面：一方面，碳酸钙中包含钙离子，其可与铅、镉发生拮抗作用，从而抑制植物对铅、镉的吸收，降低铅、镉对植物的毒害作用；另一方面，碳酸钙的添加使土壤 pH 增大，土壤溶液中的 OH^{-} 因此而增加，使铅、镉形成氢氧化物沉淀，从而使铅、镉有效态含量降低，降低土壤中铅、镉的生物活性，降低其毒害作用。

1.2 研究现状

何飞飞等研究表明，石灰可显著提高土壤 pH，降低土壤中重金属镉的有效态含量和小白菜地上可食部分镉含量，但对小白菜生物量的影响不显著。郭利敏等研究发现，石灰能够显著降低土壤有效态镉含量和小白菜地上部镉含量，此结果与何飞飞等研究结果一致，且石灰降低小白菜地上部镉含量的作用大于碱渣和钙镁磷肥，但是其对镉污染处理下小白菜的生物量影响不明显。李建东等研究显示，施加石灰改良剂处理明显降低了玉米各部位铅含量，其原因是石灰的添加降低了铅污染土壤中铅的活性，使铅移动性降低，降低了玉米对铅的吸收量。此外，石灰的添加降低了土壤中交换吸附态和水溶态镉含量，降低了植物对镉的吸收量。石灰的作用效果亦受其施入土壤中的时间影响。Sparrow 等研究显示，施用石灰的最初几个月内，马铃薯的镉含量几乎无变化，而 2、3 或 5 年后马铃薯和胡萝卜的镉含量均下降，其原因可能是收获作物时，石灰更均匀地混合于土壤中，使石灰与土壤的接触面增加，因此石灰作用效果增强，降低了土壤中重金属镉的有效态含量，其生物毒性降低。

周航研究结果表明，随着土壤中改良剂碳酸钙用量的增加，土壤中重金属铅、镉的交换态含量逐渐降低，有效抑制了大豆对铅、镉的吸收。陈晓婷等研究亦显示，碳酸钙的添加使红壤中可溶态、交换态镉转化为难溶态化合物，如有机态、铁锰氧化物结合态和硫化物态等，从而显著降低了土壤中镉的有效态含量，降低镉生物活性。

2 磷酸盐

2.1 作用机理

大量研究表明磷酸盐可降低重金属铅、镉等的生物有效性，目前常用的磷酸盐类重金属改良剂有钙镁磷肥、羟基磷灰石等。

就目前研究来看，磷酸盐类改良剂修复重金属污染土壤，其修复机理可概括为三个方面：一是发生沉淀作用，磷酸盐可与二价重金属形成在自然环境中相当稳定的沉淀物，如磷氯铅矿等；二是表面吸附和阳离子交换作用，某些重金属可与磷酸盐晶格上的 Ca^{2+} 发生交换，形成了更为稳定的磷酸铅盐等；三是磷酸盐类改良剂可通过拮抗作用降低土壤中重金属的有效性，如在酸性土壤中施用钙镁磷肥，可使土壤 pH 提高，使土壤中镉有效态含量降低，且其丰富的 Ca^{2+} 、Mg^{2+} 可抑制植物对 Cd^{2+} 的吸收。

2.2 研究现状

磷酸盐对重金属污染土壤改良作用的相关研究表明，磷酸盐是一种比较好的重金属改良剂。Panwar 等研究结果表明植株的镉浓度随着磷施用量的增加而相应降低，这主要是由土壤中镉有效性的降低和植株干物质积累降低引起的。Chen 等研究显示，磷矿石处理可大大提高土壤中残留态镉和铅含量，且其对重金属污染改良效果与磷矿石粒径相关，粒径越小，作用面越大，改良效果越好。与对照相比，羟基磷灰石的施用使植物茎叶和根组织中的铅含量均有所降低，其中 5 000 mg/kg 的处理，茎叶中的铅含量降低了 52.2%，根组织中的铅含量降低了 73.1%。

邱静等研究结果显示，磷肥的施用可降低籽粒苋对镉的吸收量，同时降低土壤中镉的有效态含量，这与郭立敏等研究钙镁磷肥对小白菜吸收土壤中镉的影响结果一致。但何飞飞等研究结果显示，钙镁磷肥在降低小白菜地上部分镉含量和土壤 DTPA－Cd 含量方面没有作用，这可能是因为其对土壤 pH 的增加程度不够。

3 有机物料

3.1 作用机理

有机物料可以降低土壤中重金属的生物有效性，抑制植物对土壤中重金属的吸收，降低其对植物的毒害作用，且有机物料对土壤微生态环境系统的恢复和土壤肥力的提高具有十分重要的意义。常见的有机物料有禽畜粪便、绿肥、污泥和作物秸秆等。有机物料之所以能修复重金属铅、镉污染土壤，一方面，有机肥的施用使土壤 pH 升高，增加了土壤胶体负电荷总量，使 H^{+} 竞争作用减弱，从而使铁锰氧化物、有机质等与重金属的结合更加牢固，土壤中重金属的有效性降低；另一方面，是因为有机肥中含有较高的腐殖酸和有机质，可降低土壤中易溶态和碳酸盐结合态镉含量，使土壤中镉对蔬菜的生物毒性降低。

3.2 研究现状

大量研究表明，有机物料的施用可降低土壤中重金属的有效态含量，同时可改善土壤的理化性质。David 等研究显示，有机物料的施用使土壤理化性质得以改善，提高了土壤缓冲性能和 CEC，减少了作物体内重金属铅、镉含量。张亚丽等研究显示，有机肥料的施用降低了土壤中有效态镉含量，使有效态镉向有机结合态和氧化锰结合态镉转化。猪粪的堆肥化处理使小白菜中重金属铅、镉的含量明显降低；与对照处理相比，添加钝化剂的堆肥处理效果更好，堆肥过程可使土壤中重金属 铅、镉的生物有效性降低，抑制小白菜对铅、镉的吸收。Bolan 等研究亦发现，堆肥、厩肥等多种有机改良剂均使土壤中重金属的生物有效性降低，但降低幅度不同，说明有机改良剂的种类不同对同种或不同种类重金属的作用效果不一致。

4 黏土矿物

4.1 作用机理

黏土矿物因具有的特殊结构，可用来修复重金属污染土壤，如膨润土的荷结构负电荷使其可以进行阳离子交换吸附作用，海泡石具有丰富的孔隙和巨大的比表面积，这些特殊结构决定了膨润土、海泡石等黏土矿物在修复重金属污染土壤方面具有很大的潜力。改良剂黏土矿物修复重金属污染土壤，其作用机理可概括为三个方面：①离子交换作用，即土壤中的重金属离子与黏土矿物层间域的离子发生交换，使重金属离子被固定；②表面吸附作用，即黏土矿物可直接吸附土壤中的重金属离子，降低其有效态含量，此作用是由于黏土矿物具有较大的比表面积、较高的表面能、较多的孔隙以及层间域的存在形成的；③沉淀作用，是指重金属铅、镉等与黏土矿物自身溶解所产生的阴离子发生的沉淀作用，其可降低土壤中重金属有效态含量，降低其生物毒性，如磷灰石的自身溶解作用产生的阴离子与铅作用产生沉淀 $Pb(PO_4)_3(CO_3)_3$。

4.2 研究现状

多项研究显示，黏土矿物可降低土壤中重金属的有效性，控制重金属对作物的毒害作用。有研究表明，随着土壤 pH 的升高，土壤中重金属的有效态含量会下降，这主要是因为土壤 pH 升高有利于重金属碳酸盐、氢氧化物沉淀的生成，且会使土壤黏粒和有机、无机胶体对重金属离子的吸附能力提高，王林、朱奇宏、徐明岗、孙健等多人研究结果表明海泡石的添加可以显著提高土壤的 pH；但林大松等研究显示，海泡石可有效地降低土壤中重金属镉的活性，而黏土矿物海泡石的加入却使土壤的 pH 有所降低，因此土壤中重金属离子的活性是否是由 pH 变化引起的，各研究结果不一致。王琳等研究海泡石对铅、镉污染稻田土壤的修复效果显示，海泡石可通过生成沉淀、土壤 pH 提高以及物理化学吸附等作用，使土壤中重金属铅、镉的生物有效性和迁移能力降低。菌根*Glomus mosseae* 和 *Glomus intraradices* 可促进植株体内铅、镉的富集，海泡石的添加有利于菌根的侵染，因此可通过海泡石和菌根的联合施用，种植高吸收能力作物来去除土壤中的重金属铅、镉。此外，有研究显示海泡石可在不同程度上提高作物生物量。

5　碳质吸附剂

5.1　作用机理

碳质吸附剂可通过自身强大的吸附性能和改变土壤理化性状来影响重金属在土壤中的形态和生物累积性，降低其有效态含量，减少其在植物体内的累积。碳质吸附剂具有较好的土壤重金属污染修复潜力，其中活性炭和生物炭对重金属污染土壤的修复研究成为热点。活性炭是在一定高温和压力下，富含碳的有机物料在活化炉中通过热解作用转化而成的产物；生物炭是在缺氧或无氧条件下，有机材料经高温热裂解而生成的物质。二者具有类似性质，均是碳质有机物，呈碱性，稳定性高，具有大量的表面负电荷和较高的电荷密度，同时具有较大的比表面积和大量的微小孔隙，因此对土壤中的重金属污染物都有较好的吸附固定作用。

碳质吸附剂吸附重金属的机理包括：沉淀作用，即形成氢氧化物、磷酸盐或碳酸盐沉淀；离子交换，即带正电荷的金属离子与和碳质吸附剂表面带负电荷的含氧官能团发生交换作用；配键作用，碳质吸附剂中的 π 共轭芳香结构作为电子供体与重金属 Pb^{2+} 、Cd^{2+} 等的配键作用。

5.2　研究现状

碳质吸附剂具有较好的土壤重金属污染修复潜力，许多研究表明其可降低土壤中重金属有效态含量，降低蔬菜对重金属的转运能力，降低其可食部分重金属含量。生物炭可降低土壤容重，增强土壤的保水保肥能力，减少土壤养分的淋失，增强土壤中微生物的酶活性，因此生物炭的添加可以提高作物产量。生物炭的添加可显著降低土壤中重金属有效态含量，原因是其可提高土壤 pH、离子交换能力、孔隙度和表面积。刘阿梅等研究显示，生物炭的施用降低了萝卜、青菜体内重金属镉的富集系数，而且可以抑制其生物转运系数，降低植物可食部分镉含量。有研究显示，生物炭对偏酸性重金属污染土壤的修复效果更好，与对照相比，水稻秸秆生物炭的施用处理显著降低了油菜可食部分铅含量。刘莹莹等研究显示，生物炭吸附重金属的总量随着其投加量的增加而逐渐增加，不过其单位吸附重金属能力逐渐降低。并不是生物炭施加量越多越好，生物炭的过量施入可能会抑制作物的生长，且其对不同作物的限制性亦不同。有研究显示，竹炭的施用水平为 0.1%时，大豆的生物量高于空白处理，当竹炭的施用量增加时却抑制了大豆的生长。

6　讨论与展望

化学改良剂通过钝化作用，如离子沉淀、交换、吸附等改变重金属在土壤中的存在形态，使重金属的生物有效性和在土壤中的移动性降低，从而降低作物从土壤中吸收的重金属量。与其他修复措施相比，化学措施具有对土壤扰动小、容易实施，且经济、方便等优点，因此成为重金属污染土壤修复研究的热点，作为首选改良方法考虑，但是在实际应用中还存在一些问题，需要进一步的探索。

碱性无机改良剂可提高土壤 pH，从而增加土壤对重金属铅、镉的固定作用，降低土壤中铅、镉的活性，抑制作物对土壤中铅、镉的吸收，但过高的土壤 pH 会抑制作物根系的生长，降低其生物量。因此，根据不同的土壤条件调节作物所能耐受的最佳 pH，在保证作物产量不降低的前提下，通过降低土壤中镉的生物有效性来减少蔬菜对重金属的吸收累积才有应用推广价值。

钙镁磷肥自身含有一定量有毒重金属镉，大量施入土壤中可能会带入额外的镉等重金属元素以及土壤中磷素的大量累积。尽管有研究表明田间条件下钙镁磷肥修复效果明显，但其是否能大面积应用于田间修复有待商榷。

有机物料的施用可降低土壤中有效态重金属含量，但是禽畜粪肥或垃圾堆肥不同程度地含有镉等重金属元素，要避免这类有机肥施入农田中。

黏土矿物可降低重金属在土壤中的有效性，控制重金属对作物的毒害，但是不是所有黏土矿物都可修复重金属污染土壤，且其修复效果意见不一致。如沸石，有研究显示其可降低土壤中重金属有效性，可亦有研究显示其对重金属作用不显著，这可能与土壤种类、性质等因素有关。

碳质吸附剂的吸附能力受多种因素影响，如土壤 pH、吸附剂粒径大小、吸附剂裂解温度、吸附剂制作原料等，因此碳质吸附剂应用于土壤重金属修复的施用量、吸附剂种类选择等有待于进一步研究。当前碳质吸附剂对重金属的吸附性研究多集中在溶液中的重金属离子，或土壤添加生物炭的单因子实验，有关不同材料碳质吸附剂和施肥的双因子甚至多因子调查分析有待进一步研究。

因此，化学改良剂在修复菜地铅、镉污染的研究中，我们应该考虑改良剂对不同土壤、不同蔬菜的改良效果以及各种改良剂作用效果的耐久性。此外，改良剂的成本、可操作性、二次污染等问题亦应纳入研究范畴。当前的研究都是短暂性的，没有对其后期状况进行进一步研究，为此，建立长期定位试验研究改良剂对菜地铅、镉污染土壤改良的后期作用效果以及对土壤结构等的影响有着重要意义。

不同品种蔬菜重金属污染评价和富集特征研究

邹素敏

摘要： 本研究运用单因子污染指数法和综合污染指数法，通过因子分析和变异系数分析对17种不同的蔬菜品种进行了重金属污染评价和富集特征研究，以期在保证蔬菜安全生产的前提下能够为耕地资源的充分利用提供合理的建议。通过对该批蔬菜重金属污染状况进行评价，在这17个蔬菜品种中污染程度处于警戒限的有8种：四九31号油青甜菜心、70 d油菜心、31号甜菜心、玉兔5号青梗小白菜、如意快菜、北京小杂56、荷兰豆、短叶13号白萝卜；轻度污染的有2种：60 d油菜心、毛豆；中度污染的有2种：全年抗热油麦菜、特选青梗莙荙菜；安全的有4种：水东红灯笼脆甜芥菜、大坪铺大肉包心芥菜、大坪铺中迟熟包心芥菜、南畔洲迟萝卜；重度污染的有1种：芫荽；处于安全范围内的4种蔬菜品种可以作为该农田蔬菜安全生产的优选品种。因子分析表明，Cd是造成该批蔬菜重金属污染的主要因子。通过对该批蔬菜富集特征进行研究：不同品种蔬菜对Cr的富集差异较大，Cd的次之，Pb、Hg和As的则相对较小。在调查的这17种蔬菜品种中，对Cr、Cd、Pb的富集系数最小的都是萝卜1（南畔洲迟萝卜），对As富集系数最小的是芥菜1（精选水东红灯笼脆甜芥菜），对Hg富集系数最小的则有多种蔬菜，包括2种豆类（荷兰豆、毛豆）和2种萝卜（南畔迟萝卜、短叶13号白萝卜），以上这些蔬菜品种可以作为重金属低积累型蔬菜品种筛选的一个依据。

关键词： 蔬菜；重金属；污染评价；富集特征

《中国居民膳食指南（2016）》指出，蔬菜、水果是平衡膳食的重要组成部分，推荐餐餐有蔬菜，保证居民每天摄入300～500g蔬菜，深色蔬菜应占1/2。随着人们生活质量的提高以及对膳食营养的重视，蔬菜每年的消费量也在逐年增加。众所周知土壤环境质量与蔬菜安全生产密切相关，然而随着我国工业化、城市化进程的不断加快，目前的土壤环境状况并不乐观，尤其是耕地土壤重金属污染问题日益突出，因此蔬菜安全生产也越来越受到人们的重视。如何充分利用有限的耕地资源，在重金属含量达到国家相关土壤环境质量标准的临界值或者是处于超标状态的农田土壤上，选择性种植对重金属富集能力低的蔬菜种类，对保障蔬菜安全生产，扩大蔬菜的种植面积，具有重要意义。

为了确保蔬菜的安全生产，蔬菜对于重金属的吸收和积累一直都是国内外研究的热点问题。刘维涛等通过研究不同大白菜对铅积累与转运的品种差异，发现15种大白菜地上部Pb含量存在显著品种差异（$P<0.05$），根据地上部Pb含量、转运系数、耐性等指标评价，筛选出第一春宝作为Pb低积累潜力大的白菜品种。韩峰等通过对Cd、Hg、Pb、

As超标的土壤上12种蔬菜品种中的重金属含量进行分析，发现在As、Pb含量超标的耕地上，这12类蔬菜均可种植；在Cd含量超标的耕地上，建议种植胡萝卜、芹菜、茄子、豇豆、莴苣和丝瓜；在Hg含量超标的土壤上，建议种植豇豆、棒豆和辣椒。Liu等通过盆栽实验发现，在不同含量Cd添加情况下，40种大白菜地上部Cd含量存在显著差异（$P<0.05$），并以此筛选出了重金属低积累型的大白菜品种。以上这些研究都表明了在重金属含量超标的土壤上筛选出安全型蔬菜品种的可行性。本研究选取具有代表性的重金属污染地块来开展试验，并根据当地人的消费习惯选取17种不同的蔬菜品种来进行研究，同时为了更好地反映复合重金属对蔬菜重金属污染和富集差异的影响，特选取砷（As）、汞（Hg）、铅（Pb）、镉（Cd）和铬（Cr）来作为分析对象，旨在不超出蔬菜重金属污染安全阈值的前提下，筛选出重金属低积累型的蔬菜品种，这对于充分利用耕地资源和从源头上来保障蔬菜安全生产具有重要意义。

1 材料与方法

1.1 试验设计和样品采集

大宝山矿区位于广东省北部，地处广东曲江、翁源两县交界处，长年的开采使得矿区生态环境严重恶化，重金属污染问题尤为突出。在对大宝山矿区周边农田土壤重金属污染调查和风险评估基础之上，选取代表该区域重金属污染水平的农田，开展试验。于2015年9月种植1种莙荙菜（*Beta vulgaris* L.）：特选青梗莙荙菜；1种油麦菜（*Lactuca sativa* var *longifolia f.* Lam）：全年抗热油麦菜；1种芫荽（*Coriandrum sativum* L.）：芫荽；4种菜心（*Brassica campestris* L. ssp. *chinensis* var. *utilis Tsen* et Lee）：四九31号油青甜菜心、60 d油菜心、31号甜菜心、70 d油菜心；3种芥菜［*Brassica juncea*（L.）*Czern.* et Coss.］：精选水东灯笼脆甜芥菜、大坪铺大肉包心芥菜、大坪铺中迟熟包心芥菜；2种豆类：荷兰豆（*Pisum sativum*）、毛豆（*Glycine max*）；2种白萝卜（*Raphanus sativus*）：南畔洲迟萝卜、短叶13号白萝卜；3种白菜（*Brassica pekinensis* Rupr.）：玉兔5号青梗小白菜、如意快菜、北京小杂56。每个小区面积为2 m×1 m，小区间隔1 m，各品种按完全随机排列，每个小区3个重复。施肥及田间管理完全按照当地的种植习惯，并于11月上旬用5点采样法采集土壤和蔬菜样品。土壤样品采集深度为0～20 cm，混合后装于塑料袋中；蔬菜样品主要采集其可食性部分，混合后装入塑料袋中，整个采样过程没有与金属工具接触。

1.2 样品处理与分析

采集的土壤样品置于干燥通风处自然晾干，混匀后过20目筛和100目筛保存待测。蔬菜样品先以自来水冲洗干净，再用去离子水洗3次，然后用滤纸吸干表面多余水分，最后用打样机均匀打碎，装入自封袋保存于冰箱待测。

分析测试的重金属元素主要包括As、Hg、Pb、Cd、Cr五种重金属元素，As、Hg

全量的测定采用原子荧光光度法，分别参照《食品卫生检验方法理化部分》中的GB/T 5009.11—2003和GB/T 5009.17—2003；Pb、Cd和Cr全量的测定采用电感耦合等离子体质谱法，参照标准为中华人民共和国出入境检验检疫行业标准SN/T 0448—2011。Pb和Cd有效态的测定参照《土壤质量　有效态铅和镉的测定　原子吸收法》（GB/T 23739—2009），Cr和Hg有效态的测定参照《福建省农业土壤重金属污染分类标准》（DB 35/T 859—2008）附录B土壤有效铬的测定；As的测定参照《福建省农业土壤重金属污染分类标准》（DB 35/T 859—2008）附录C土壤有效砷的测定。土壤分析过程中用国家标准土壤样品GBW07453（GSS-24）进行分析质量控制。蔬菜分析过程中用国家标准菠菜样品GBW10015（GSB-6）进行分析质量控制。

1.3 数据处理

用Microsoft Excel 2007和SPSS 18.0软件对实验数据进行处理。

1.4 蔬菜重金属污染评价

蔬菜重金属污染评价方法采用单因子污染指数法和综合污染指数法。

单因子污染指数法计算公式如下所示：

$$P_i = \frac{C_i}{S_i}$$

式中，P_i为单因子污染指数；C_i为蔬菜中重金属含量（mg/kg），以鲜重计；S_i为重金属污染物限量标准（mg/kg），每种重金属在不同蔬菜中的限量标准参照食品安全国家标准《食品中污染物限量》（GB 2762—2012）。

综合污染指数法计算公式如下所示：

$$P_{综合} = \sqrt{\frac{(C_i/S_i)_{max}^2 + (C_i/S_i)_{ave}^2}{2}}$$

式中，$P_{综合}$为重金属污染综合指数；$(C_i/S_i)_{max}$为单因子污染指数最大的值；$(C_i/S_i)_{ave}$为各单因子污染指数的平均值。

2 结果

2.1 土壤重金属含量

每个小区分别采样，测定结果表明各小区土壤重金属全量及有效态差异不显著（$P>0.05$），则该区域土壤重金属含量值以各小区土壤重金属含量的平均值表示。如表1所示，以国家土壤环境质量二级标准（GB 15618—1995）作为参照，土壤中五种重金属As、Hg、Cr、Cd、Pb全量值分别是国家土壤环境质量二级标准（GB 15618—1995）的0.875倍、0.900倍、0.373倍、2.863倍、0.305倍，只有Cd的含量超过了国家土壤环境质量二级标准，这与许多前人对大宝山矿区土壤重金属污染调查结果基本一致，均表现出 Cd 污染比较突出。曾希柏等对当前中国菜地土壤重金属含量的一项调查统计结果也表明了中国菜地土壤中重金属含量以 Cd 的超标率较高，所有样本中超标率达 24.1%，由此可见菜地土壤重金属 Cd 污染成了蔬菜安全生产的最大威胁。

表 1　土壤中重金属含量

项目	As/(mg/kg)	Hg/(mg/kg)	Cr/(mg/kg)	Cd/(mg/kg)	Pb/(mg/kg)
土壤重金属含量	35.003	0.270	56.000	0.859	76.195
土壤可提取态重金属含量	4.431	0.000 32	0.203	0.524	14.974
国家土壤环境质量二级标准，pH＜6.5	40	0.30	150	0.30	250
重金属可提取态系数	0.126	0.001	0.004	0.610	0.196

注：重金属可提取态系数为土壤可提取态重金属与相应土壤重金属全量之比。

目前多用化学浸提法得到的可提取态来表征土壤重金属有效性，由于土壤中有效态的重金属元素易于转化和迁移，因此最容易被农作物吸收利用而进入食物链。由于同一土壤中不同种类重金属可提取态可能会存在数量级上的差异，因此一些研究采用土壤重金属可提取态系数来表征不同种类土壤重金属“有效性”的强弱。从表 1 可以看出，在本试验土壤中 Cd 的可提取态系数比较大，Pb 和 As 的可提取态系数其次，Hg 和 Cr 的可提取态系数则相对比较小。研究表明，土壤重金属有效性除与重金属全量有关外，土壤 pH、氧化还原电位、土壤有机质含量、土壤微生物类群、作物种类和耕作方式等也会对土壤重金属有效性产生影响，该区农田土壤 pH 为 4.67，呈酸性；土壤有机质含量为 30.19 g/kg，由于土壤有机质能与重金属形成具有不同化学和生物学稳定性的物质，因此它能影响重金属在土壤中的迁移和转化，进而影响重金属生物有效性。

2.2　蔬菜重金属污染评价

蔬菜品种名称见表 2，蔬菜中各重金属限量标准见表 3，蔬菜重金属污染评价见表 4。以《食品安全国家标准　食品中污染物限量》（GB 2762—2012）作为参照，根据单因子污染指数法和综合污染指数法的判定标准：当 $P_i \leqslant 1$ 时，表示蔬菜未受污染；$P_i > 1$ 时，表示蔬菜受到污染。$P_{综合} \leqslant 0.7$ 为安全等级，$0.7 < P_{综合} \leqslant 1.0$ 为警戒限，$1.0 < P_{综合} \leqslant 2.0$ 为轻度污染，$P_{综合} \leqslant 3.0$ 为中度污染，$P_{综合} > 3.0$ 为重度污染。从表 4 可以看出同种蔬菜的不同重金属单因子污染指数不同，不同种蔬菜品种对同种重金属的单因子污染指数也不同，这是由土壤污染状况和蔬菜本身的品种差异共同决定的。根据单因子污染指数法的判定标准，各蔬菜品种均未受到重金属 As、Hg、Cr 的污染，然而受到重金属 Cd 污染的蔬菜品种达到了 64.7%，受重金属 Pb 污染的蔬菜品种为 11.8%，出现这种结果的原因可能与土壤中各重金属含量分布有一定的联系。表 1 表明土壤 Pb 未超标，但是在表 4 中受重金属 Pb 污染的蔬菜品种却达到了 11.8%，这是由于不同蔬菜品种对重金属的选择性吸收和积累作用引起的，此外也反映了安全的土壤并不一定会生产出安全的蔬菜，为了确保蔬菜的安全生产，找到各个蔬菜品种的重金属污染安全阈值才是关键。根据综合污染指数法的判定标准，除了芥菜 1（水东红灯笼脆甜芥菜）、芥菜 2（大坪铺大肉包心芥菜）、芥菜 3（大坪铺中迟熟包心芥菜）、萝卜 1（南畔洲迟萝卜）在安全线以内，所检测的其他品种蔬菜均受到不同程度的重金属污染。在这 17 个蔬菜品种中，污染程度处于警戒限的有 8 种（四九 31 号油青甜菜心、70 d 油菜心、31 号甜菜心、玉兔 5 号青梗小白菜、如意快菜、北京小杂 56、荷兰豆、短叶 13 号白萝卜），轻度污染的有 2 种（油菜 60 d 菜心种、毛豆），中度污染的有 2 种（全年抗热油麦菜、特选青梗莙荙菜），安全的有 4 种（水东红灯笼脆甜芥菜、大坪铺大肉包心芥菜、大坪铺中迟熟包心芥菜、南畔洲迟萝卜），重度污染的有 1 种（芫荽）。其中芫荽受污染程度最为严重，综合污染指数为 3.339，单因子污染指数排序为：$P_{Cd}>P_{Pb}>P_{Hg}>P_{As}>P_{Cr}$，且 P_{Cd} 为 4.609，大于 1，因此芫荽主要受到 Cd 污染，且其 P_{Cd}、P_{As}、P_{Hg} 都要明显大于其他蔬菜品种。

表 2 蔬菜品种名称

蔬菜种类名	蔬菜变种名	拉丁名
油麦菜	全年抗热油麦菜	*Lactuca sativa* var *longifoliaf* Lam.
莙荙菜	特选青梗莙荙菜	*Beta vulgaris* L.
芫荽	芫荽	*Coriandrum sativum* L.
菜心 1	四九 31 号油青甜菜心	*Brassica campestris* L. ssp. *chinensis* var. *utilis* Tsen et Lee
菜心 2	60 d 油菜心	*Brassica campestris* L. ssp. *chinensis* var. *utilis* Tsen et Lee
菜心 3	70 d 油菜心	*Brassica campestris* L. ssp. *chinensis* var. *utilis* Tsen et Lee
菜心 4	31 号甜菜心	*Brassica campestris* L. ssp. *chinensis* var. *utilis* Tsen et Lee
白菜 1	玉兔 5 号青梗小白菜	*Brassica pekinensis* Rupr.
白菜 2	如意快菜	*Brassica pekinensis* Rupr.
白菜 3	北京小杂 56	*Brassica pekinensis* Rupr.
芥菜 1	精选水东灯笼脆甜芥菜	*Brassica juncea* （L.） Czern. et Coss.
芥菜 2	大坪铺大肉包心芥菜	*Brassica juncea* （L.） Czern. et Coss.
芥菜 3	大坪铺中迟熟包心芥菜	*Brassica juncea* （L.） Czern. et Coss.
荷兰豆	荷兰豆	*Pisum sativum*
毛豆	毛豆	*Glycine max*
白萝卜 1	南畔洲迟萝卜	*Raphanus sativus*
白萝卜 2	短叶 13 号白萝卜	*Raphanus sativus*

表 3　蔬菜中各重金属限量标准

As 限值/(mg/kg)	Hg 限值/(mg/kg)	Cr 限值/(mg/kg)	Cd 限值/(mg/kg)	Pb 限值/(mg/kg)
新鲜蔬菜 0.5	新鲜蔬菜 0.01	新鲜蔬菜 0.5	新鲜蔬菜（叶菜蔬菜、豆类蔬菜、块根和块茎蔬菜、茎类蔬菜除外）0.05	新鲜蔬菜（芸薹类蔬菜、叶菜蔬菜、豆类蔬菜、薯类除外）0.1
			叶菜蔬菜　0.2	芸薹类蔬菜、叶菜蔬菜 0.3
			豆类蔬菜、块根和块茎蔬菜、茎类蔬菜（芹菜除外）0.1	豆类蔬菜、薯类 0.2

注：蔬菜中各重金属限量标准参照《食品中污染物限量》(GB 2762—2012)。

表 4　蔬菜重金属污染评价

蔬菜种类	单因子污染指数					综合污染指数	污染水平
	As	Hg	Cr	Cd	Pb		
油麦菜	0.027	0.069	0.033	3.023	0.160	2.189	中度污染
茼蒿菜	0.024	0.100	0.175	3.571	0.266	2.592	中度污染
芫荽	0.085	0.154	0.042	4.609	0.246	3.339	重度污染
菜心 1	0.020	0.118	0.010	1.162	0.128	0.846	警戒限
菜心 2	0.033	0.111	0.104	1.489	0.354	1.094	轻度污染
菜心 3	0.017	0.128	0.229	1.133	0.349	0.843	警戒限
菜心 4	0.022	0.091	0.044	1.072	0.151	0.782	警戒限
白菜 1	0.022	0.099	0.059	1.033	0.304	0.761	警戒限
白菜 2	0.039	0.120	0.079	1.157	0.382	0.856	警戒限
白菜 3	0.024	0.066	0.027	1.174	0.242	0.858	警戒限
芥菜 1	0.013	0.060	0.014	0.563	0.105	0.412	安全
芥菜 2	0.028	0.083	0.108	0.820	0.154	0.604	安全
芥菜 3	0.024	0.092	0.019	0.576	0.163	0.425	安全
荷兰豆	0.017	—	0.360	0.846	1.255	0.954	警戒限
毛豆	0.042	—	0.115	2.338	0.185	1.696	轻度污染
白萝卜 1	0.029	—	0.008	0.742	0.283	0.546	安全
白萝卜 2	0.036	—	0.127	0.813	1.105	0.835	警戒限

注：荷兰豆、毛豆、萝卜 1、萝卜 2 中 Hg 的含量在检出限以下。

为了更好地说明这五种重金属元素对该批蔬菜重金属污染的贡献率水平，从而进一步反映该批蔬菜各重金属污染程度的高低，采用因子分析法对该批蔬菜各重金属单因子污染指数进行分析。具体分析过程为：首先尽可能地提取各项统计指标来较全面地反映各重金属元素污染信息，从表 4 的重金属污染评价结果中选取重金属单项污染指数的均值、均值的标准误、标准差、最小值、最大值、25％分位点、50％分位点和 75％分位点组成蔬菜各重金属污染程度比较的原始分析矩阵，然后运用 SPSS 对所筛选的原始分析矩阵进行因子分析。在因子分析过程中，先通过主成分法抽取公因子，然后通过回归方法最终得出各种金属元素的因子得分状况。由于第一主因子的贡献率就达到了 99.76%，代表原始指标 99.76%的信息，因此只用各重金属元素在第一主因子中的得分状况就能反映各重金属元素对该批蔬菜样品污染的贡献水平。具体结果如表 5 所示，由此可以看出各重金属元素在该批蔬菜样品重金属污染中的贡献水平为：Cd>Pb>Cr>Hg>As，则五种重金属对该批蔬菜重金属影响中 Cd 的污染程度较高，贡献率也大；Pb 的贡献率次之；Cr、Hg 和 As 的贡献率相对比较小，污染程度也低。

表 5　蔬菜中各重金属元素污染程度

项目	均值	均值的标准误	标准差	最小值	最大值	25%分位点	50%分位点	75%分位点	因子得分	污染级别
P_{As}	0.029 53	0.003 96	0.016 33	0.013	0.085	0.021	0.024	0.035	−0.602 0	5
P_{Hg}	0.075 94	0.011 95	0.049 28	0.000	0.154	0.030	0.091	0.115	−0.544 2	4
P_{Cr}	0.091 35	0.022 57	0.093 07	0.008	0.360	0.023	0.059	0.121	−0.510 8	3
P_{Cd}	1.536 53	0.281 13	1.159 11	0.563	4.609	0.817	1.133	1.914	1.752 5	1
P_{Pb}	0.343 06	0.079 31	0.327 02	0.105	1.255	0.157	0.246	0.352	−0.095 5	2

2.3　不同品种蔬菜对重金属的富集特征

富集系数是植物体内某种重金属元素含量与土壤中同种重金属元素含量的比值，它反映了植物对土壤重金属元素富集能力的大小，在与重金属污染相关的一些研究中一般都会用富集系数来作为品种筛选的依据。表 6 表明该批蔬菜可食用部位对所生长土壤中五种重金属的富集情况，从均值结果来看该批蔬菜对不同种重金属富集能力的大体趋势是：Cd>Hg>Pb>Cr>As，但如果想要反映各重金属生物活性情况还需要在保证土壤各种重金属有效态含量基本一致的情况下对该批蔬菜富集系数展开进一步的深入研究。从变异系数来看不同种蔬菜对同种重金属富集的差异性为对 Cr 的富集差异较大，Cd 的次之，Pb、Hg 和 As 的则相对较小，这是由各个重金属在土壤-植物系统中迁移转化特性来决定的。在该批蔬菜中，芫荽对重金属 As、Hg、Cd 的富集系数都是最大的，其中对 Cd 的富集系数达到了 1.073 11；而对 Cr 和 Pb 富集系数最大的是荷兰豆；萝卜 1（南畔洲迟萝卜）对 Cr、Cd、Pb 的富集系数都是最小的；对 As 富集系数最小的是芥菜 1（精选水东红灯笼脆甜芥菜）；对 Hg 富集系数最小的则有多种蔬菜，包括 2 种豆类（荷兰豆、毛豆）和 2 种萝卜（南畔迟萝卜、短叶 13 号白萝卜）。研究表明蔬菜中各重金属含量的多少除了与蔬菜本身的生理特性和遗传因素有关外，还与各重金属在土壤-作物系统中的迁移转化特点有关，因此不同种蔬菜品种对同种重金属的富集状况不同，同种蔬菜品种对不同种重金属的富集状况也有可能不同。

表 6　蔬菜对于各重金属的富集系数

蔬菜种类	富集因子				
	As	Hg	Cr	Cd	Pb
油麦菜	0.000 39	0.002 57	0.000 29	0.703 92	0.000 63
莙荙菜	0.000 35	0.003 69	0.001 56	0.831 36	0.001 05
芫荽	0.001 21	0.005 72	0.000 37	1.073 11	0.000 97
菜心 1	0.000 29	0.004 35	0.000 09	0.270 45	0.000 50
菜心 2	0.000 48	0.004 13	0.000 93	0.346 76	0.001 39
菜心 3	0.000 25	0.004 74	0.002 04	0.263 83	0.001 37
菜心 4	0.000 31	0.003 37	0.000 40	0.249 48	0.000 59
白菜 1	0.000 31	0.003 67	0.000 53	0.240 50	0.001 20
白菜 2	0.000 56	0.004 46	0.000 71	0.269 33	0.001 51
白菜 3	0.000 35	0.002 46	0.000 24	0.273 32	0.000 95
芥菜 1	0.000 18	0.002 23	0.000 12	0.131 06	0.000 41
芥菜 2	0.000 40	0.003 06	0.000 96	0.190 87	0.000 60
芥菜 3	0.000 34	0.003 40	0.000 17	0.134 04	0.000 64
荷兰豆	0.000 24	0.000 00	0.003 22	0.098 54	0.003 29
毛豆	0.000 60	0.000 00	0.001 03	0.272 18	0.000 48
白萝卜 1	0.000 42	0.000 00	0.000 08	0.086 41	0.000 37
白萝卜 2	0.000 51	0.000 00	0.001 13	0.094 59	0.001 45
最大值	0.001 21	0.005 72	0.003 22	1.073 11	0.003 29
最小值	0.000 18	0.000 00	0.000 08	0.086 41	0.000 37
均值	0.000 42	0.002 81	0.000 82	0.325 28	0.001 03
标准差	0.000 23	0.001 83	0.000 83	0.278 57	0.000 70
变异系数	54.98%	64.88%	101.87%	85.64%	68.62%

3　讨论

在研究的 17 种蔬菜品种中芫荽受污染程度最为严重，且 P_{Cd}、P_{As}、P_{Hg} 都要明显大于其他蔬菜品种，从马建军等对秦皇岛市售叶菜类蔬菜中重金属含量状况分析来看，芫荽的重金属超标率达到了 100%，由此可以看出芫荽对重金属的积累特性是有别于其他蔬菜品种的，然而其机理有待进一步研究。芥菜 1（水东红灯笼脆甜芥菜）、芥菜 2（大坪铺大肉包心芥菜）、芥菜 3（大坪铺中迟熟包心芥菜）、萝卜 1（南畔洲迟萝卜）这四个蔬菜品种在安全范围之内，因此针对该农田土壤污染情况，在保证蔬菜安全生产并发挥土壤最大利用价值的前提下，建议种植这四个蔬菜品种。对该批蔬菜单因子污染指数进行因子分析来反映该批蔬菜各重金属污染程度的高低，结果表明该批蔬菜中 Cd 的污染程度较高，Pb

的污染程度次之；Cr、Hg 和 As 的污染程度相对低，因此 Cd 是造成该批蔬菜重金属污染的主要因子。一些研究表明叶菜类蔬菜对重金属 Cd 具有较强的吸收积累能力，即使在土壤 Cd 含量不超标的前提下，某些叶菜品种也有可能出现 Cd 含量超标情况。由于在这 17 种蔬菜品种中叶菜类就有 13 种，推测这有可能是该批蔬菜 Cd 污染程度高的原因之一。

通过对该批蔬菜富集特征进行研究，结果表明同种蔬菜对不同种重金属的富集能力不同，不同种蔬菜对同种重金属的富集能力也不同，这是由于蔬菜本身的生理特性和各重金属在土壤-蔬菜系统中的迁移转化规律共同决定的。在调查的这 17 种蔬菜中，对 Cr、Cd、Pb 的富集系数最小的都是萝卜 1（南畔洲迟萝卜），对 As 富集系数最小的是芥菜 1（精选水东红灯笼脆甜芥菜）；对 Hg 富集系数最小的则有多种蔬菜，包括 2 种豆类（荷兰豆、毛豆）和 2 种萝卜（南畔迟萝卜、短叶 13 号白萝卜），以上可作为筛选重金属低积累型蔬菜品种的一个依据，然而对于这几种蔬菜品种安全生产的土壤重金属含量阈值还要展开进一步的研究，可以通过分析其与土壤重金含量的相关性，并拟合方程来确定这几种蔬菜安全生产的土壤重金属含量阈值。

4　结论

（1）农田土壤中只有 Cd 的含量超过了国家土壤环境质量二级标准，在该批蔬菜中也只有重金属 Cd 含量的平均值超过了食品中污染物的限量标准，其他重金属含量平均值及含量范围均在限量标准可接受范围内。

（2）在 17 种蔬菜中，污染程度处于警戒线的有 8 种（四九 31 号油青甜菜心、70 d油菜心、31 号甜菜心、玉兔 5 号青梗小白菜、如意快菜、北京小杂 56、荷兰豆、短叶 13 号白萝卜），轻度污染的有 2 种（油菜 60 d 菜心种、毛豆），中度污染的有 2 种（全年抗热油麦菜、特选青梗莙荙菜），安全的有 4 种（水东红灯笼脆甜芥菜、大坪铺大肉包心芥菜、大坪铺中迟熟包心芥菜、南畔洲迟萝卜），重度污染的有 1 种（芫荽），建议在发挥该区域农田土壤最大利用价值的基础之上种植这四种在安全范围内的蔬菜品种，从而最大限度地降低人体所面临的潜在健康风险。

（3）该批蔬菜中 Cd 的污染程度较高，Pb 的污染程度次之；Cr、Hg 和 As 的污染程度相对低，因此 Cd 是造成该批蔬菜重金属污染的主要因子。

（4）该批蔬菜对不同种重金属富集能力的大体趋势是：Cd＞Hg＞Pb＞Cr＞As。不同种蔬菜对同种重金属富集差异表现为 Cr 的富集差异较大，Cd 的次之，Pb、Hg 和 As 的则相对较小。在调查的这 17 种蔬菜品种中，对 Cr、Cd、Pb 的富集系数最小的都是萝卜 1（南畔洲迟萝卜），对 As 富集系数最小的是芥菜 1（精选水东红灯笼脆甜芥菜）；对 Hg 富集系数最小的则有多种蔬菜包括 2 种豆类（荷兰豆、毛豆）和 2 种萝卜（南畔迟萝卜、短叶 13 号白萝卜），以上可作为筛选重金属低积累型蔬菜品种的一个依据，然而对于这几种蔬菜品种安全生产的土壤重金属含量阈值还需要进一步的研究。

水稻根茬还田对土壤及稻米中镉累积的影响

江 棋

摘要：当前中国红壤地区 Cd 污染严重。水稻根茬还田一方面可以提高土壤肥力，另一方面会对土壤及作物中 Cd 产生影响。然而不同剂量根茬还田对土壤 Cd 有效性及水稻 Cd 吸收的影响尚不清楚。选取中国南方地区典型地带性土壤——红壤，通过水稻盆栽试验，对比了 $CaCl_2$ 提取法和薄膜梯度扩散技术（DGT）法两种土壤有效态 Cd 的测定方法，研究了不同剂量水稻根茬还田（质量分数分别为 0.24%、0.48%、0.72%）下土壤及水稻中 Cd 质量分数的变化及其影响因素。水稻根茬还田后，0.48%、0.72%处理中土壤有效态 Cd 质量分数较对照显著增加，增幅为 8.2%～88.2%；3 种剂量根茬还田，稻根 Cd 含量显著增加 2.0～4.0 倍；稻米中 Cd 含量随着根茬还田量的增加而呈现先降低后增加的趋势，根茬还田量为 0.24%时，稻米 Cd 含量较对照降低 30.6%，根茬还田量为 0.72%时，稻米 Cd 含量显著增加 54.2%（$P<0.05$）。根茬还田量高于 0.48%会加剧稻米 Cd 污染风险。相关性分析显示，DGT 法和 $CaCl_2$ 提取法测定的土壤有效态 Cd 含量呈极显著正相关（$R=0.904$，$P<0.01$），且两种方法测定的土壤有效态 Cd 与稻米 Cd 均呈极显著正相关，表明 DGT 法能较好地预测 Cd 的生物有效性。土壤有机碳与稻米 Cd 呈显著负相关，稻米 Cd 均与土壤有效态 Fe 呈显著负相关，说明有机碳对 Cd 的吸附作用大于其还原溶解作用。该研究揭示了水稻根茬还田对土壤及稻米中 Cd 的影响因素，确定了根茬还田量的临界值，对实际生产中根茬还田处理具有指导意义。

关键词：镉；水稻；累积；根茬还田；薄膜梯度扩散技术（DGT）

最新的全国污染状况调查公报显示，Cd 是中国耕地重金属污染元素之首，超标率高达 7.0%。红壤主要分布在中国南方地区，受成土母质及南方工业发展的影响，Cd 污染问题尤为突出。

根茬还田是秸秆还田的常见方式之一。根茬还田可以改善土壤的透气性，提高土壤的团粒结构，并增加土壤有机质等养分含量，但水稻根茬还田会对土壤中 Cd 形态及作物中 Cd 积累造成影响。已有研究显示，水稻根茬还田促进了土壤中 Cd 向稳定形态的转化，降低了 Cd 生物有效性，从而减少了作物对 Cd 的累积。但也有研究发现，根茬还田有可能提高作物对 Cd 的吸收富集。水稻吸收的 Cd，绝大部分集中在根部，根部 Cd 含量一般为土壤 Cd 含量的 5～10 倍。在中国很多地区，人们在种植下一季水稻时，并不会把上季的水稻根茬挖出。这表明将 Cd 污染的根茬还田时，存在二次污染的风险。然而，不同剂量的水稻根茬还田对土壤-植物体系中造成的 Cd 污染风险尚不清楚。

土壤中 Cd 的生物有效性、毒性及可迁移性不是由其总量决定，而是由其形态决定。各形态中，有效态 Cd 活性高，可被植物及微生物直接吸收利用。常见的土壤有效态重金属含量测定方法有 $CaCl_2$ 提取法，此法因操作简单且能很好地评价土壤重金属有效性而广受关注，但此法易受土壤理化性质如 pH、铁/锰氧化物等的影响，同时缺乏对提取过程中重金属再吸附与再分配问题的考虑。薄膜梯度扩散技术（DGT）是近年发展起来的一种快速评价重金属生物有效性的技术。该技术通过模拟金属离子在土壤中的扩散与固液界面的再释放过程，能较真实地反映土壤中重金属的有效性。有研究表明，与传统的 Cd 有效态提取法相比，DGT 法能更好地评估土壤中 Cd 的生物有效性。然而也有研究发现，DGT 法提取的有效态 Cd 含量与植物体内 Cd 含量无显著相关性。因此，DGT 法在评价土壤中 Cd 有效性的适用性上还有待进一步探讨。

基于此，本研究选取中国南方地区典型的地带性土壤——红壤，设计不同添加量的含 Cd 水稻根茬，采用盆栽试验方式，研究不同剂量的水稻根茬还田对土壤有效态 Cd、水稻 Cd 的影响，比较 $CaCl_2$ 提取法和 DGT 法两种土壤有效态 Cd 的提取方法，探讨红壤中有效态 Cd、稻米 Cd 的影响因素。本研究可为调控红壤中有效态 Cd 含量及指导实际生产中水稻根茬还田量提供理论支撑。

1 材料与方法

1.1 供试材料

供试植物为水稻，品种为粤香占。供试土壤为红壤，采自广东省英德市董塘镇的 Cd 污染农田。供试土壤的基本理化性质如表 1 所示，土壤 pH 为 6.06，总镉质量分数为0.47 mg/kg，超出《土壤环境质量农用地土壤污染风险管控标准》（GB 15618—2018）中 Cd⩽0.3 mg/kg 的规定。DGT 膜购置于农业农村部环境保护科研监测所，水稻根采自广东韶关 Cd 污染农田，水稻根中 Cd 质量分数为 10.8 mg/kg。

表 1　供试土壤的基本理化性质

土壤 pH	土壤总镉/(mg/kg)	有机质/(g/kg)	有效磷/(mg/kg)	速效钾/(mg/kg)	碱解氮/(mg/kg)
6.06	0.47	20.5	13.7	78.5	115.3

1.2 试验设计及样品采集

水稻盆栽试验于 2020 年 8—12 月在广东省农业科学院农业质量标准与监测技术研究所盆栽场进行。试验共设置 4 个处理，分别为：①CK，不添加水稻根茬；②RT-1，水稻根茬添加量为 0.24%（水稻根茬与土壤质量比，下同）；③RT-2，水稻根茬添加量为 0.48%；④RT-3，水稻根茬添加量为 0.72%。每个处理设置 3 个重复。供试土壤经自然风干、过 2 mm 筛后，装于 PVC 盆中（长 25 cm，宽 20 cm，高 28 cm），每个盆中放置 5 kg 土壤。水稻根系剪碎至 0.5 cm 后，加入土壤并搅拌均匀，调节土壤含水量至田间持水量的 60%。土壤平衡一个月后，8 月底选取长势一致的水稻幼苗进行移栽，每个盆中种植两棵水稻。种植过程中的管理方式与当地种植及管理方式保持一致。

2020 年 12 月中旬采集土壤及水稻样品。水稻成熟后，采用土钻按五点取样法分别在每个盆中采集表层 0～20 cm 深土样，混匀风干后分别过 1.00 mm 和 0.15 mm 尼龙筛，保存备用。水稻植株连根部整株取出，再采集水稻根及其籽粒。用自来水将水稻根部、籽粒冲洗干净，放入 90 ℃烘箱中杀青 20 min，再于 60 ℃下烘干至恒定质量。干燥后的植物样品，磨后过 0.15 mm 尼龙筛，用塑料封口袋保存。

1.3 测定指标与方法

按照水土比 2.5：1的比例，在土壤中加入去二氧化碳的超纯水，振荡 2 h，静置 0.5 h，用 pH 计测定土壤 pH。土壤总有机质含量采用硫酸-重铬酸钾外加热法测定。土壤及植物样品中总 Cd 含量的测定：土壤使用 HNO_3、$HClO_4$、HF 混合酸进行消解；稻米、稻根采用浓 HNO_3、$HClO_4$ 混合酸进行消解。用 ICP－MS 测定土壤及植物样品中 Cd 含量。分别采用 $CaCl_2$ 提取法和 DGT 法提取土壤中有效态元素，用 ICP－MS 测定浸提液中 Cd、Fe、Mn 含量。

土壤重金属测定选用国家标准物质 GBW07405（GSS－5）进行质量控制。水稻根、稻米测定选用国家标准物质 GBW10010a（GSB－1a）进行质量控制。

1.4 数据分析

应用 SPSS22 对所有测得的数据进行显著差异性分析及 Pearson 相关性分析；用 SigmaPlot12.010 进行绘图。

2 结果与分析

2.1 水稻根茬还田对土壤有效态 Cd 的影响

不同剂量水稻根茬还田，土壤 $CaCl_2$－Cd 质量分数先降低后增加。RT－1、RT－2 处理与对照间差异不显著。RT－3 处理中，土壤有效态 Cd 质量分数较对照显著增加 88.2%（$P<0.05$）。DGT－Cd 质量分数的变化趋势与 $CaCl_2$－Cd 质量分数的变化趋势一致。RT－1 处理下 DGT－Cd 质量分数与对照间无显著性差异。RT－2、RT－3 处理中 DGT－Cd 质量分数较对照分别显著增加 8.2%、14.4%（$P<0.05$）。试验结果

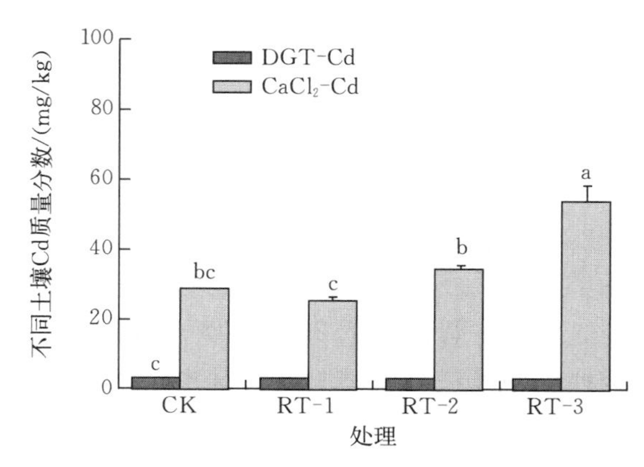

图 1 不同处理对土壤有效态 Cd 的影响

表明，当根茬还田量大于或等于 0.48%时，土壤有效态 Cd 质量分数较对照显著提高，导致土壤中 Cd 污染风险增加。

2.2 水稻根茬还田对稻根、稻米中 Cd 含量的影响

不同处理下稻根与稻米中 Cd 含量变化如图 2 所示。RT－1、RT－2 和 RT－3 中稻根 Cd 含量较对照分别显著提高 2.0 倍、2.5 倍和 4.0 倍。稻米 Cd 含量随根茬还田量增加呈现先降低后增加的现象。其中，RT－1 处理下稻米中 Cd 含量显著降低，降幅为 30.6%（$P<0.05$）；RT－2 处理下稻米中 Cd 含量与对照间无显著性差异；RT－3 处理下稻米 Cd 含量较对照显著增加，增幅为 54.2%（$P<0.05$）。各处理下稻米中 Cd 含量均明显超过《食品安全国家标准　食品中污染物限量》（GB 2762—2017）要求的 2.0～5.0 倍。

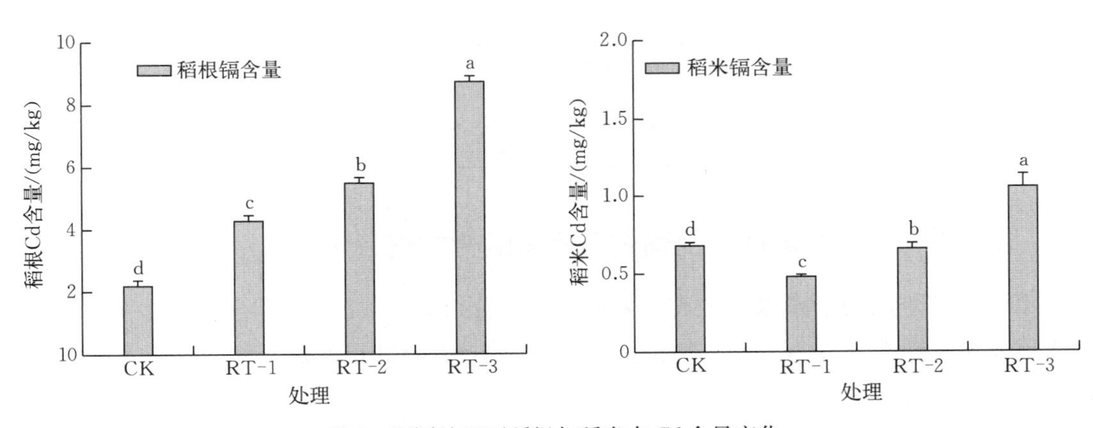

图 2　不同处理下稻根与稻米中 Cd 含量变化

2.3 水稻根茬还田对土壤 pH、有机质含量影响

不同处理中对土壤 pH、有机质含量影响如表 2 所示。随水稻根茬还田量的增加，土壤 pH 呈现先增加后降低的趋势，但各处理中土壤 pH 均与 CK 无显著性差异。RT－3处理下土壤 pH 较 RT－1 处理下土壤 pH 显著降低（$P<0.05$）。对照及添加水稻根茬的各处理中，土壤有机质含量无显著差异。

表 2　不同处理对土壤 pH、有机质影响

处理	土壤 pH	有机质含量/(g/kg)
CK	6.08±0.03ab	19.27±0.19a
RT－1	6.16±0.06a	21.1±0.25a
RT－2	6.12±0.07ab	19.92±0.18a
RT－3	6.05±0.06b	19.33±0.40a

注：不同小写字母代表同一测定方法下处理间存在显著性差异（$P<0.05$），下同。

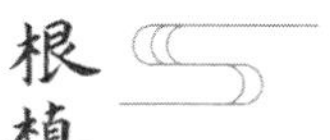

2.4 水稻根茬还田对土壤总 Cd 及有效态 Fe、Mn 有效性的影响

不同剂量水稻根茬还田下，土壤总 Cd 及有效态 Fe、Mn 的影响如表 3 所示。与 CK 相比，土壤中总 Cd 含量随稻根添加量的增加均略有增加。除 RT－1 处理中，DGT 法提取的土壤有效态 Fe 与对照无显著差异；其余处理中，两种方法提取的土壤有效态 Fe 含量较对照均显著降低，降幅为 4.6%～29.9%。仅 $CaCl_2$ 提取法的 RT－1 处理中，土壤有效态 Mn 含量较对照显著下降 22.4%，其余处理间有效态 Mn 含量与对照间无显著性差异。

表 3　不同处理对土壤总 Cd 及有效态 Fe、Mn 的影响

处理	总镉含量/(mg/kg)	$CaCl_2$ 提取法有效态 Fe 含量/(mg/kg)	DGT 法有效态铁含量/(mg/kg)	$CaCl_2$ 提取法有效锰含量/(mg/kg)	DGT 法有效态锰含量/(mg/kg)
CK	0.46±0.02a	5.35±0.11a	0.22±0.00a	16.1±0.49a	0.21±0.03a
RT－1	0.47±0.04a	3.75±0.46b	0.20±0.01ab	12.5±1.06b	0.22±0.02a
RT－2	0.49±0.03a	4.28±0.14b	0.20±0.01b	14.4±1.93ab	0.20±0.00a
RT－3	0.52±0.04a	4.50±0.45ab	0.16±0.00c	13.8±1.18ab	0.20±0.03a

2.5 水稻中 Cd 与土壤性质及有效态元素的相关性分析

水稻中 Cd 与土壤性质及有效态元素的相关性分析如表 4 所示。DGT－Cd、$CaCl_2$－Cd 与水稻根部及稻米 Cd 呈极显著正相关，DGT－Cd 与稻根 Cd 相关系数为 0.878（$P<0.01$）、$CaCl_2$－Cd 与稻根 Cd 相关系数为 0.862（$P<0.01$）、DGT－Cd 与稻米 Cd 相关系数为 0.848（$P<0.01$）、$CaCl_2$－Cd 与稻米 Cd 相关系数为 0.904（$P<0.01$）。DGT 法与 $CaCl_2$ 提取法提取的土壤有效态 Cd 间呈极显著正相关（$r=0.904$，$P<0.01$），且 DGT 法和 $CaCl_2$ 提取法提取的土壤有效态 Cd 与稻米 Cd 相关性系数接近，分别为 0.848（$P<0.01$）和 0.904（$P<0.01$），表明 DGT 法是预测 Cd 生物有效性的理想方法。稻米 Cd 与土壤 pH、有机质呈显著负相关，表明土壤 pH、有机质会影响稻米 Cd 的富集；DGT－Fe 与 DGT－Cd、$CaCl_2$－Cd、稻根 Cd 呈极显著负相关，DGT－Fe 与 DGT－Cd 相关系数为=0.896（$P<0.01$）、DGT－Fe 与 $CaCl_2$－Cd 相关系数为 0.901（$P<0.01$）、DGT－Fe 与稻根 Cd 相关系数为 0.968（$P<0.01$），与稻米 Cd 含量均呈显著负相关，表明土壤有效态 Fe 可通过影响土壤 Cd 有效性而影响水稻对 Cd 的吸收。

表 4　稻米、稻根 Cd 含量与土壤 pH、有机质及有效态元素相关性

类型 Type	DGT－Cd	$CaCl_2$－Cd	稻根 Cd (Root－Cd)	稻米 Cd (Rice－Cd)	pH	有机质 (SOM)	DGT－Fe	DGT－Mn	$CaCl_2$－Fe	$CaCl_2$－Mn
DGT－Cd	1									
$CaCl_2$－Cd	0.904**	1								

（续）

类型 Type	DGT－Cd	$CaCl_2$－Cd	稻根 Cd (Root－Cd)	稻米 Cd (Rice－Cd)	pH	有机质 (SOM)	DGT－Fe	DGT－Mn	$CaCl_2$－Fe	$CaCl_2$－Mn
稻根 Cd (Root－Cd)	0.878**	0.862**								
稻米 Cd (Rice－Cd)	0.848**	0.904**	0.738*	1						
pH	0.526	0.589	0.352	0.723*	1					
有机质（SOM）	0.491	0.510	0.162	0.742*	0.759*	1				
DGT－Fe	0.896**	0.901**	0.968**	0.817*	0.520	0.285	1			
DGT－Mn	0.234	0.118	0.056	0.103	0.035	0.155	0.002	1		
$CaCl_2$－Fe	0.080	0.157	0.331	0.271	0.462	0.675	0.165	0.201	1	
$CaCl_2$－Mn	0.041	0.021	0.349	0.262	0.199	0.674	0.283	0.068	0.740*	1

注：* 表示在 $P<0.05$ 水平下相关性显著；** 表示在 $P<0.01$ 水平下相关性显著。

3　讨论

不同添加量水稻还田对土壤有效态 Cd、稻米 Cd 的影响不同。以往研究表明，秸秆还田会显著增加土壤和水稻植株中 Cd 含量。Baietal（2013）发现施用 0.5%的麦草秸秆后，水稻植株中 Cd 的含量对应增加了 120%。汤文光等发现长期秸秆还田后糙米 Cd 含量和 Cd 累积量分别显著提高了 20.8%和 38.7%。本研究结果显示，当根茬还田量为2.4 g/kg 时，稻米中 Cd 含量低于对照处理；当根茬还田量为 4.8 g/kg 时，稻米中 Cd 含量与对照处理无显著差异；当还田量为 7.2 g/kg 时，稻米中 Cd 含量显著高于对照处理。说明在本研究区土壤中，根茬还田量 4.8 g/kg 是临界值，当根茬还田量高于临界值时，会加剧稻米 Cd 污染。因此，在 Cd 污染农田进行根茬还田时，应考虑根茬中的 Cd 带来的二次污染。

本研究结果表明，DGT 法和 $CaCl_2$ 提取法提取的土壤有效态 Cd 与稻米 Cd 相关性系数接近，分别为 0.848 和 0.904（$P<0.01$）。鄂倩等（2020）的研究结果显示，DGT 法和 $CaCl_2$ 提取法提取的土壤有效态 Cd 含量与稻米 Cd 含量呈显著相关，相关系数分别为 0.765 和 0.692。与本研究结果稍有不同的是，本研究发现 $CaCl_2$ 提取法提取的土壤有效态 Cd 与稻米 Cd 的相关系数略高于 DGT 法，可能由田间水分管理模式、水稻品种、土壤性质等差异造成。$CaCl_2$ 提取法提取土壤有效态 Cd 是当前认可度较高的一种方法（Maetal，2020；Luoetal，2021）。本研究结果显示，DGT 法与 $CaCl_2$ 提取法提取的土壤有效态 Cd 间呈极显著正相关，$r=0.904$（$P<0.01$），且均与稻米 Cd 之间存在极显著正相关关系，说明 DGT 法也是红壤中有效态 Cd 测定的较理想方法。

稻米 Cd 含量与土壤中 pH 和有机质含量呈显著负相关（$r=0.723$，$P<0.05$；$r=$

0.742，$P<0.05$）。土壤 pH 与有机质是影响土壤重金属有效性的重要因子。土壤 pH 升高，羟基和 Cd 离子共沉淀，降低土壤溶液中 Cd 的浓度（Tahervandetal，2016；李志涛等，2017）。有机质含有羟基、羧基等官能团，可以吸附土壤溶液中的 Cd，降低 Cd 的生物有效性（Guoetal，2006）。本研究结果显示 pH、有机质与土壤有效态 Cd 均无相关性，但与稻米中 Cd 呈极显著正相关。可能原因是，pH 和有机质的变化并未对土壤有效态 Cd 产生直接影响，可能通过影响土壤中其他形态 Cd，进而影响 Cd 在稻米中的富集。

稻米 Cd 含量与土壤中有效态 Fe 含量呈显著负相关（$r=0.817$，$P<0.05$），与土壤有效态 Mn 含量之间无相关性。已有研究表明，土壤有效态 Fe、Mn 含量与稻米 Cd 含量无显著相关性（李慧敏等，2018）。根茬在土壤中分解产生有机酸，可还原溶解土壤中的铁氧化物，结合在铁氧化物上的 Cd 会释放到土壤中（Keiluweitetal，2015）。本研究结果显示，稻米 Cd 含量与土壤有效态 Fe 含量呈显著负相关。本研究结果显示，随根茬还田量逐渐增加，土壤中有效态铁的质量分数逐渐下降。土壤中有机质与铁氧化物存在复杂的相互作用。一方面，有机物可以防止铁氧化物由晶型结构向非晶型转变；另一方面，铁氧化物可以保持有机质不被分解（Noellemeyeretal，2008；Fernandezetal，2010）。本试验结果显示，随根茬量逐渐增加，土壤有效态 Fe 含量下降的幅度逐渐增加，说明有机质的加入提高了铁氧化物的稳定性，铁氧化物向非晶型结构的转化降低。同时，有机质含量与稻米 Cd 含量呈负相关，说明有机物络合土壤中 Cd，从而降低水稻对 Cd 的吸收。综上，外源有机质在土壤中对 Cd 的吸附作用大于其还原溶解铁氧化物释放 Cd 的作用。

4 结论

（1）在中轻度 Cd 污染土壤中，当水稻根茬还田量高于 4.8 g/kg 时，会增加土壤及稻米 Cd 污染风险。

（2）影响稻米 Cd 的因素有 pH、有机质、土壤有效态 Cd 及有效态 Fe 含量。pH、有机质通过影响土壤中其他形态的 Cd，进而影响稻米中 Cd 累积；有机质对土壤中 Cd 的吸附作用，大于其还原溶解土壤中金属氧化物的作用。

（3）DGT 法提取的土壤有效态 Cd 分别与 $CaCl_2$ 提取法提取的土壤有效态 Cd、稻米 Cd 含量呈极显著正相关，表明 DGT 法是预测红壤中 Cd 生物有效性的理想方法。

水稻砷吸收的分子机制与矿质元素调控研究

鄢　韬

摘要：结合稻田砷污染现状和已发现水稻砷吸收的分子机制，本文阐述了不同矿质元素对水稻砷吸收影响及其调控机制的研究进展，为水稻砷的污染防控以及降低稻米中砷积累提供参考依据。

关键词：砷；水稻；吸收；矿质元素；肥料

砷（As）是有毒类金属元素，是一种在环境中广泛分布的Ⅰ类致癌物。人类主要通过饮用水和食物接触砷。砷暴露对人类健康存在严重的威胁，无机砷已被证实是一种可以诱发皮肤癌、肺癌和膀胱癌的致癌物质。饮用水中砷的暴露对肝、皮肤、肾、心血管系统和肺有毒害作用。含砷矿石的开采与冶炼，杀虫剂、除草剂、磷酸盐肥料等含砷农药和肥料的使用，半导体工业、煤炭燃烧、木材防腐剂等的应用都是砷暴露的主要途径。在亚洲、南美洲等地区普遍存在慢性砷中毒现象，以南亚和东南亚人口稠密的平原和三角洲地区情况最为严重，主要是该地区饮用水地质性含砷较高所致。全球有超过30亿人主食大米，食用大米是砷进入人体最常见的途径之一，稻米中砷含量直接影响了人类的生理健康。砷暴露地区水资源被用于灌溉水稻可提高稻田土壤砷的积累，不利于农业的安全生产，因此水稻砷污染问题越来越受到重视。本文在学者们研究水稻砷吸收机理的基础上，总结不同矿质养分元素对水稻砷的调控机制，为有效控制砷在农作物中的积累以减轻其对人类健康的危害提供理论基础。

1　稻田砷污染现状

砷是一种广泛存在于环境中的类金属，地壳中的砷含量在1.5～3.0 mg/kg，主要通过母岩、灰岩、海洋沉积岩、地热水和化石燃料的风化作用而分布在环境中。砷主要分为无机砷和有机砷，无机砷有砷酸盐［As（Ⅴ）］、亚砷酸盐［As（Ⅲ）］、As_2O_3，有机砷主要有一甲基砷（MMA）、二甲基砷（DMA）、三甲基砷（TMA）、砷胆碱（AsC）和甜菜碱（AsB）。在水稻土中以无机砷为主，其中As（Ⅲ）和As（Ⅴ）化合物都易溶于水，其价态随着pH和氧化还原条件而改变。当pH为6～8时，土壤中As（Ⅴ）通常以$H_2AsO_4^-$/$HAsO_4^{2-}$的形式存在，由于带负电荷，As（Ⅴ）对稻田土壤中的铁锰氧化物、氢氧化物等矿物有很强的亲和性。在淹水稻田的还原条件下，As（Ⅲ）占主导地位，微生物种类及活动促进了土壤中甲基砷的形成。进入稻田的重金属由于迁移性小，难以被生物降解，在土壤中富集被农作物吸收利用，导致农产品中砷和某些重金属的积累而影响农产品质量，通过食物链传递进入动物和人体内，使人类的健康存在潜在隐患。因此，如何降低砷在水稻土中的迁移、稻米中砷总量的控制和形态转化对人类的健康意义重大，而通过添加矿质养分、合理施肥以降低水稻对砷的吸收和转运是目前阻控稻米中砷积累的一种有效途径。

2 水稻砷吸收的分子机制

植物生长发育需要矿质营养，营养物质通过特定的运输蛋白被植物吸收，再分配利用。土壤溶液中以 As（Ⅲ）为主，其占总砷比例的 70%～90%。在稻田淹水情况下，土壤中的砷能被水稻根系吸收，不同形态砷的化学性质不同，水稻根系对其吸收机理也不同。

2.1 对 As（Ⅲ）的吸收

在淹水稻田厌氧条件下，水稻以 As（Ⅲ）的吸收占主导地位，As（Ⅲ）主要是利用 *OsNIP2*;1（即 Lsi1）水通道蛋白进入水稻根系。Lsi1 是一种对硅（Si）和 As（Ⅲ）在内的多种底物具有渗透性的被动水通道蛋白，主要表达在根系外皮层和内皮层细胞膜的向外一侧，是吸收 As（Ⅲ）的主要途径。Lsi2 是一种介导底物外溢的水通道蛋白，表达于外皮层和内皮层细胞膜向内的一侧，主要负责将 As（Ⅲ）向木质部装载，Lsi2 突变对亚砷酸盐向木质部的转运和在芽中的积累有显著影响。*OsLsi1* 定位于质膜远端，*OsLsi2* 定位于质膜近端，这种极性定位的模式确保硅被吸收并以放射状的方式运送到中柱上。水稻属于硅的超积累植物，吸收硅的能力很强，由于这两类蛋白的主要功能是运输硅，而 As（Ⅲ）的结构与硅酸相似，因此能被 Lsi1 和 Lsi2 非专性吸收进入水稻根系，Su 等表示水稻比小麦和大麦具有更高的 As（Ⅲ）吸收和转运能力。有实验表明 *OsNIP3*;2 参与了侧根对 As（Ⅲ）的吸收，但对地上部砷的积累贡献不大。水稻根系内的 As（Ⅲ）可经木质部向地上部转运，也可通过外排作用到根系外，能与植物螯合素（PC）结合成螯合物被隔离于根细胞液泡内。As（Ⅲ）植物螯合肽是如何通过液泡膜进入根细胞液泡内的机制目前尚不清楚，螯合物在水稻木质部的转运还需进一步研究，揭示螯合物的转运机制更有利于使用对策以降低水稻砷的危害。

2.2 对 As（Ⅴ）的吸收

As（Ⅴ）是磷酸盐的化学类似物，具有与磷酸盐相似的理化性质，主要通过磷酸盐转运体（Pht）的运输进入水稻。Ye 等研究表明 *OsPT4* 参与了 As（Ⅴ）的吸收和转运，当水稻在 5 μm 的 As（Ⅴ）溶液中生长 7 d 后，*OsPT4* 高表达植株砷积累量在根和芽中增加了两倍。与野生型相比，*OsPT4* 高表达株系对砷的摄取率更高，较日本晴对 As（Ⅴ）的吸收提高了 23%～45%。*OsPT8* 能使水稻对 As（Ⅴ）的吸收下降 33%～57%，且对 As（Ⅴ）的耐受性提高了 100 倍，消除了对 As（Ⅴ）吸收和耐受性上的品种差异，*OsPT8* 在 As（Ⅴ）吸收中起着关键作用。*OsNLA1* 通过调节磷酸盐转运蛋白的数量可以提高水稻对砷的耐性，将 *OsNLA1* 突变基因与 *OsPT8* 过度表达植株结合，将引起水稻 As（Ⅴ）的超敏反应，提高水稻砷的转运系数。与野生型相比，过表达 *OsPT1* 水稻地上部 As（Ⅴ）积累较高，通过绿色荧光蛋白（GFP）定位，发现 *OsPT1* 定位于质膜上，表明 *OsPT1* 参与了从土壤或原生质体吸收 As（Ⅴ）的过程。通过抑制水稻的高亲和力磷酸盐转运系统，可限制水稻根系对 As（Ⅴ）的吸收来适应高砷含量的土壤，提高水稻对砷的耐受性。*WRKY6* 是一种砷酸盐反转录因子，介导磷酸转运蛋白基因表达并限制砷酸盐诱导转座子的激活。当拟南芥暴露于 As（Ⅴ）时，As（Ⅴ）能迅速诱导转录因子 *AtWRKY6* 的表达，通过抑制磷酸盐转运基因的表达以降低磷酸盐转运蛋白对 As（Ⅴ）的摄取。*OsWRKY28* 可能通过影响茉莉酸（JA）或其他植物激素的动态平衡而影响水稻幼苗期 As（Ⅴ）的积累、根系发育和生殖期的育性。在水稻叶细胞中，As（Ⅴ）如何转化为 As（Ⅲ）的研究鲜有报道，水稻砷向地上部运输过程中，砷酸盐还原酶（AR）如何将 As（Ⅴ）还原成 As（Ⅲ）将直接影响砷毒性的高低。

2.3 对甲基砷的吸收

砷甲基化在砷的生物地球化学循环过程中起着很重要的作用，甲基化在细菌、真菌、藻类、动物和人类新陈代谢中普遍存在，是一种有效的解毒机制。植物本身不能将砷甲基化，植物体内甲基砷主要来源于土壤或根系中的微生物进行的砷甲基化。与野生型相比，水稻 Lsi1 突变体对 MMA 和 DMA 的吸收分别下降了 80%和 50%，而 Lsi2 突变对 MMA 和 DMA 的吸收无显著影响。MMA 和 DMA 的解离常数（pK_a）较低，分别为 4.2 和 6.1，在酸性到中性的 pH 范围内会发生显著的解离。水通道蛋白只能渗透不带电的分子，pH 通过改变质子化和离解之间的平衡来影响 MMA 和 DMA 的吸收。野生型水稻对 MMA 和 DMA 的吸收随 pH 的降低而增加，Lsi1 介导水稻根系对未解离甲基砷的吸收，对 MMA 的吸收速率远高于 DMA。DMA 在水稻韧皮部和木质部的迁移率比亚砷酸盐高，在植物中可能通过硫醇的络合作用而发生变化，主要分布在水稻籽粒的胚乳中。水培试验中，植物组织中只含有少量的甲基砷，通常少于总砷的 1%。在营养液中添加无机砷培养的水稻甲基砷含量低于总砷的 3%，可能是营养液中具有砷甲基化的微生物作用形成的。在无菌水培条件的试验中，植物中没有检测到甲基砷。在土壤中，硫酸盐还原菌（SRB）对 DMA 的产生起着很重要的作用，根际三价铁还原菌（FeRB）和硫酸盐还原菌种群的减少导致砷的生物利用度降低，在氧化条件下降低了甲基砷类化合物的产量。在盆栽实验中，添加钼酸盐的水稻土砷挥发量显著增加，可能是钼酸盐改变了土壤的微生物群落结构，甲基砷还原微生物的丰度得到提高，上调了砷还原酶基因的表达，促进了甲基砷酸盐向 TMA 气体的转变，降低了无机砷在土壤中的积累。

3 矿质元素对水稻砷的调控机制

目前大量的研究主要通过使用各种改良剂来改良土壤的理化性质，用以减轻土壤中重金属的污染，降低植物对重金属的吸收。矿质养分硅（Si）、磷（P）、硫（S）以及钙（Ca）、铁（Fe）等元素的合理施用能调控水稻对砷的吸收与转运，降低砷暴露带来的风险，促进农作物健康生长，提高农业经济效益。

3.1 硅对水稻砷的影响

硅在地壳中的含量位居第二，在多种作物中表现出较强的抗逆性。水稻低硅通道蛋白 Lsi1 对 As（Ⅲ）具有渗透作用，是 As（Ⅲ）内流转运体。Lsi2 是一种硅的外排转运体，将硅、砷从作物外皮层转运到内胚层，并向根细胞的中柱迁移，在高硅条件下 Lsi1 和 Lsi2 表达下调，由于硅酸的竞争性抑制会导致 As（Ⅲ）吸收减少。水稻是一种喜硅作物，对硅有很强的蓄积能力，含有高达 100g/kg 的组织硅。研究发现硅营养是限制砷暴露植株光合功能受损的核心因子，能通过调节砷吸收和易位的基因表达来限制水稻对砷的吸收。稻谷中以 As（Ⅲ）和 DMA 为主，其中 DMA 占总砷的 90%，硅的添加增加了水稻籽粒生物量，显著提高了基因型铁斑块中铁的含量，降低了晶粒中无机砷和 DMA 浓度。在添加 As（Ⅲ）的水培试验中，施硅能显著降低水稻营养组织和生殖组织中无机砷（主要为亚砷酸盐）的含量，同时提高了 DMA 的浓度，加硅处理明显降低了水稻根系砷的含量，当硅/砷比为 10∶1 时，根系中砷的亚细胞分布显著降低。与对照相比，富硅改良剂增加了菌斑上植物硅和铁水化合物的比例，降低了水稻根系对砷的吸收。硅的施用增加了稻田土壤中 As（Ⅲ）甲基转移酶（ArsM）的表达，促进了水稻砷的甲基化，使籽粒中砷形态由无机向有机转化，降低了砷的毒性。在水稻种子的萌芽试验中，砷胁迫实验组的发芽率降低了 40%～50%，显著降低了幼苗的长度，而施硅则显著提高了幼苗的长度，其中 3 mmol/L 硅添加处理的苗长最大，硅主要通过降低水稻对砷的吸收来促进其生长发育。在 As（Ⅴ）胁迫下，叶面施硅可降低水稻地上部与根系中不同形态砷的含量，且水稻地上部 As（Ⅲ）含量与对照相比显著降低了 32%。施硅通过调控水通道蛋白的表达能在一定程度上抑制水稻对不同形态砷的吸收与累积，降低水稻砷暴露引起的毒害。硅的添加可能会对土壤中微生物群落丰度产生影响，通过促进微生物对砷甲基化是一条调控水稻砷解毒的有效途径。

3.2 磷对水稻砷的影响

磷是植物生长过程中不可缺少的大量元素，能促进植物生长，提高作物产量，在植物体内有毒元素存在拮抗作用。磷和砷的离子大小、对称性和解离常数等化学特性具有相似性，植物主要利用磷酸盐转运蛋白吸收 As（Ⅴ），两者在植物体内相互作用，存在竞争性抑制。通过合理施用磷肥可以降低 As（Ⅴ）在水稻中的积累，减轻水稻砷的毒害。拟南芥磷酸盐转运蛋白（Pht1；1 和 Pht1；4）的突变对砷酸盐的抗性比野生型更强，说明植物中磷酸盐转运蛋白（Pht1；1 和 Pht1；4）对砷酸盐的吸收具有调控作用。在 As（Ⅴ）浓度为 3.75mg/L 的水培试验中，磷素的添加提高了磷/砷比，降低了水稻根系对砷的吸收。土壤溶液中 $H_2PO_4^-$/HPO_4^{2-} 的交换会引起水稻根系铁斑的数量和矿物组成的变化，水稻根系上形成的大量铁斑可导致砷的固存，随着磷肥施用量的增加，铁斑块数量减少，促进了砷从水稻根到茎、叶的转运，提高了砷在水稻地上部的积累。在富含有机质和非晶态铁铝氧化物的细粒酸性土壤中，施磷能在一定程度上改善植物砷中毒所造成的损伤效应，改善植物在逆境条件下的生理特性。不同植物种类对砷和磷的吸收动力学随植物种类不同而有所差异，在鹰嘴豆幼苗上观察到，砷暴露下施用磷酸盐提高了植物抗氧化损伤的能力。磷酸盐通过影响细胞的 pH，限制了砷酸盐向亚砷酸盐的转化，降低了活性氧（ROS）的生成。品种、溶液 pH 和磷对小麦植株抗 As（Ⅴ）有显著影响，在水培条件下，As（Ⅴ）毒性随着 pH 和外部溶液中磷酸盐浓度的降低而增加，早期 As（Ⅴ）流入速率的降低和植物组织中磷浓度的增加对耐砷品种的 As（Ⅴ）耐受性有重要影响。磷肥的施用能在一定程度上促进土壤砷的释放，提高砷的有效性，这可能与水稻的生长特征有关，应根据不同时期水稻的生长特征及需肥特点进行磷素的合理添加，用以降低土壤砷的生物有效性。

3.3 硫对水稻砷的影响

硫以无机和有机两种形态存在于植物中，主要以 SO_4^{2-} 的形态被植物根系吸收，进入细胞的 SO_4^{2-} 大部分储存在液泡中。硫素被用于合成谷胱甘肽（GSH）和含硫氨基酸（如半胱氨酸，Cys）、维生素、葡萄糖苷等，参与植物中的氧化还原反应。这些有机硫化物是植物细胞的重要组分，能与被吸入植物中的重金属形成螯合物，对植物起到保护作用。植物体内的谷胱甘肽和以谷胱甘肽为前体的植物螯合肽（PCs）对 As（Ⅲ）具有很高的亲和性，拟南芥中 96%的砷和向日葵中 40%的砷是与巯基多肽结合形成络合物的形式存在的。籽粒发育过程中，植物螯合肽与砷结合形成有机砷，这种结合态的砷约占水稻籽粒有机砷的 50%，有机砷的形成降低了砷的毒性。土壤中硫化物氧化会导致土壤 pH 下降，影响水稻砷的吸收。厌氧条件下，土壤中根际微生物群落可以将 SO_4^{2-} 还原为 S^{2-}，与砷结合形成 AsS、As_2S_3、FeAsS 等金属硫化物沉淀，降低砷的移动性。硫素的添加可降低根际土壤中砷的生物有效性，使土壤溶液中溶解态砷的浓度下降 24%，促进水稻的生长和水稻根表铁膜的形成，但硫素的过量施用可能会增加稻米中砷的累积，相同硫含量的处理中，硫酸钠降低水稻砷有效性的效率比单质硫更显著，说明不同形态的硫对降低水稻砷的吸收效果不同。杨世杰等发现水稻根表胶膜砷吸附量与铁锰胶膜形成厚度一致，施用硫肥能提高水稻根表胶膜对砷的吸附量，将砷阻隔在根部。高硫介导下，砷引起的氧化应激通过降低过氧化氢浓度和提高抗氧化酶活性来平衡，高硫浓度导致 Lsi2 转录水平的降低是水稻地上部砷累积量较低的主要原因之一。砷暴露下，砷的亚细胞分布随硫浓度的变化而变化，当硫浓度从正常水平下降到零时，硫酸盐转运蛋白逐渐上调，而水通道蛋白 Lsi1 和 Lsi2 的表达逐渐降低。硫的添加对其他水通道蛋白影响水稻砷吸收的研究较少，不同硫酸盐转运蛋白对水稻砷的吸收调控机制还需进一步研究。

3.4 钙对水稻砷的影响

钙是植物生长发育的必需营养元素，是细胞壁和细胞膜等结构的必要组成成分，钙离子作为第二信使，在调节植物生长发育以及响应外界各种胁迫中发挥着重要作用，能提高植物的抗病害能力。钟倩云等研究表明，在土壤中添加碳酸钙对水稻根、稻谷干重和总生物量没有显著影响，能有效降低土壤中交换态砷的含量，但过量施用会降低水稻分蘖数和茎叶干重，对水稻生长发育产生不利影响。在拟南芥中钙依赖蛋白激酶（CPK31）对As（Ⅲ）耐受性的响应研究中发现，CPK31 的功能缺失突变体植株提高了对 As（Ⅲ）的耐受性，但没有提高对 As（Ⅴ）的耐受性，且根系积累的 As（Ⅲ）比野生型少，CPK31 过表达降低了转基因拟南芥 As（Ⅲ）耐受性，表明 CPK31 是植物吸收 As（Ⅲ）的关键因子。营养液中添加砷可破坏水稻抗氧化防御和乙醛酶系统产生过量的活性氧引起氧化应激，抑制水稻幼苗的生长，使叶片黄化、相对含水量（RWC）减少以及砷积累的增加。在砷暴露水稻幼苗中添加钙可降低活性氧生成，增加抗坏血酸（ASA）含量，提高单脱氢抗坏血酸还原酶（MDHAR）、脱氢抗坏血酸还原酶（DHAR）、过氧化氢酶（CAT）、谷胱甘肽过氧化物酶（GPX）、超氧化物歧化酶（SOD）、乙醛酶Ⅰ（GlyⅠ）和乙醛酶Ⅱ（GlyⅡ）的活性。表明钙的补充通过降低水稻对砷的吸收，增强其抗氧化防御和乙醛酶系统，提高幼苗对砷诱导氧化胁迫的耐受性。过氧化钙（CaO_2）能有效地固定土壤中的砷，保持富砷土壤中蔬菜的养分平衡，其中钙在土壤中生物有效性的降低可能与 As-Ca 复合物的形成有关。使用土壤改良剂来降低砷的生物利用度，可实现砷在受污染场地中的化学固定，碳酸钙等含钙土壤改良剂在重金属污染土壤的修复过程中被广泛地研究和应用，了解钙对水稻砷的吸收与调控机制对土壤重金属污染的修复具有很大的实践意义。

3.5 铁对水稻砷的影响

含铁改良剂是目前应用最广泛的一类有效土壤改良剂，对土壤重金属具有吸附性。水稻根系可以向根际释放氧气和氧化剂，将运输到根系的亚铁离子氧化为铁离子，形成铁氧化物或氢氧化物沉淀，在稻田中，铁对水稻的毒性可以通过在根表面形成铁斑来降低。铁斑是具有非晶态和晶态的铁（水）氧化物，以氧化铁为主，由铁氧化物（81%～100%）和少量针铁矿（19%）组成。铁斑的存在降低了磷酸盐对砷的吸收作用，主要是通过砷酸盐从铁斑中解吸的联合效应来实现的。淹水条件下铁氧化物被还原和溶解，易导致被吸附的砷释放到土壤溶液中，氧化铁的加入降低了砷的溶解度和有效性，这主要是由于吸附和共沉淀过程所致。水稻根表形成的铁斑数量是影响水稻吸收砷的主要因素，厌氧环境下水稻土壤无定型铁矿物能有效地截留和储存无定型铁结合态砷，无定型铁矿物可固定土壤溶液中的砷，在低 pH 和高氧化条件下易形成难溶性砷酸亚铁盐［$Fe_3(AsO_4)_2$］，降低了砷的迁移率。土壤中添加乙二胺四乙酸铁钠盐（EDTA-Fe）改良剂能有效降低蔬菜对砷的吸收，主要是形成的铁铝氧化物与砷结合被固定，降低了土壤中的活性组分。在水稻生长期间，施用金属铁粉和以铁为主要成分的氧化铁材料改良剂的应用显著降低了土壤中有效砷的含量，稻米中 As（Ⅲ）、DMA 和总砷的浓度均显著低于对照组，说明金属铁粉和氧化铁材料的应用能有效地减少水稻籽粒中的积累。通过大田实验研究了铁改性生物炭（Fe-BC）和硅溶胶单独或联合施用对水稻籽粒中砷积累的影响，不同处理的粮食产量表现为：铁改性生物炭＋硅溶胶＞硅溶胶＞铁改性生物炭＞对照，表明铁改性生物炭与硅溶胶的联合应用可以减少水稻籽粒中砷含量。铁改性生物炭能够显著降低小白菜可食部位和根系中砷的质量分数，显著抑制了根系对砷的吸收，降低了砷对小白菜的生理毒害。土壤中微生物铁氧化过程也能将 As（Ⅲ）氧化成 As（Ⅴ），其氧化产物被新生成的铁氧化物吸附或共沉淀，抑制土壤砷的迁移，降低砷暴露对人体健康的风险。

4 结论

农田土壤砷污染是我国产稻地区普遍存在的环境问题。过多砷暴露对水稻的生长发育有很大危害，通过食物链直接或间接影响着人类的健康。水稻砷污染是一个亟须解决的迫切环境问题。近年来，国内外在降低水稻砷的积累方面取得了大量进展，报道了水通道蛋白、磷酸盐转运蛋白等对砷的吸收与转运机制，利用基因工程及分子育种技术等手段可筛选低砷积累、耐受性高的水稻品种。在水稻生长期间合理施用矿质营养元素，可以有效降低水稻籽粒中砷的积累，减轻水稻砷的毒害。在中性至酸性土壤条件下应用含铁改良剂对砷的抑制效果更好，由于土壤胶体上吸附位点的竞争和土壤溶液中砷浓度的增加，过量施用磷肥会导致水稻籽粒中砷含量增加。硫的添加增加了根表面砷和铁斑的形成，减少植物对砷的吸收。与土壤施硅肥相比，叶面施硅肥可能是一种提高水稻生长、降低砷积累和毒性的有效途径。但是，添加矿质元素降低水稻砷吸收与转运的机制尚不明确，相关研究较少。可以研究矿质元素调控不同形态砷胁迫水稻，了解砷在水稻亚细胞结构的存在形态及分配特征、参与砷转运关键酶及其基因的表达、不同形态砷转运相关基因表达以及砷在水稻中长距离运输的关键功能基因的表达，分析矿质元素对水稻砷转运的调控作用，揭示施用矿质肥料影响水稻砷转运的可能机制，为合理施肥降低水稻砷富集及毒性提供科学依据，以阻控砷在水稻中的运输来降低砷暴露对人类健康的威胁。

我国稻米重金属污染现状分析

张寒煜

摘要：随着我国工业化进程的不断加快，粮食重金属污染问题越来越明显，进而引发一系列人类身体健康问题。稻米作为全球最主要的粮食作物之一，是人类膳食结构中的主要口粮，我国约 2/3 的人口均以稻米为主食。本文结合重金属安全标准与危害，对我国重金属污染现状进行分析研究。

关键词：稻米；重金属；污染现状

农田系统中重金属污染与食品安全关系重大，已受到全球广大学者的关注。农业肥料等的大量使用提高了作物的产量，同时也造成了农田系统的重金属污染。重金属元素在较低摄入量的情况下对人体即可产生明显的毒性作用，特别是铅、镉、汞等，常被称为有害金属。土壤中的重金属被作物积累吸收后，通过食物链进入人体内，由于大部分重金属的生物半衰期很长，能与体内有机大分子结合，影响人体正常代谢水平，从而严重危害居民的健康，甚至造成人体慢性中毒效应的发生。

稻米作为全球最主要的粮食作物之一，是人类膳食结构中的主要口粮。水稻在我国的经济作物中占有重要的地位，我国约 2/3 的人口均以稻米为主食。近年来，稻米重金属污染问题一直是各界讨论研究的焦点。水稻植株的自身特性与种植模式导致水稻容易吸收、富集环境中的重金属，并通过迁移转化最终蓄积到稻米中，对稻米的质量安全产生了巨大威胁，也对食用该稻米的居民存在潜在的健康危害。

1　稻米重金属污染研究现状分析

1.1　我国水稻生产及安全问题

水稻是我国第一大粮食作物，我国约有 2/3 的人口以稻米为主食，稻米占据着居民日常膳食消费最重要的位置。国家粮油信息中心的统计数据显示，2014 年我国稻谷播种面积 4.97 亿亩*，总产量 1.72 亿 t，播种面积和产量均约占总粮食的 30%。从 20 世纪 60 年代日本“痛痛病”事件开始，全世界对稻米重金属污染问题的关注持续提升。近三十年来，随着我国工农业发展的突飞猛进，稻米重金属超标的现象日益增多，镉米、汞米、铅米等恶性事件时有报道。相关研究表明，稻米重金属污染程度主要受环境因

* 亩为非法定计量单位，1 亩≈667 m^2。

素和水稻生产过程两方面的影响，主要包括土壤、水、空气的质量，以及品种、栽植、收割、加工等因素。

相关研究指出，湖南西部一铅锌矿区粮食中存在高铅污染风险，矿区稻米中铅含量平均超出对照区 2.4 倍，汞、镉等其他重金属也表现出不同程度的富集。对上海和安徽芜湖两地郊区的跟踪调查表明，自 20 世纪 80 年代以来，粮食中镉、铅、铜的含量持续升高，污染严重区域，稻米重金属超标达 3 倍。浙江省丽水、温州两地糙米中镉含量均超标 6 倍以上，相继出现镉中毒事件。根据对太湖地区某冶炼厂周边重金属调查报告，该地区稻米中的砷、铅、镉含量超出国家食品卫生标准。对陕西省富平县农业土壤的最新调查结果表明，有一半左右的样点受铬、铜重度污染。运用标准化方法对贵州遵义东南部地区农业土壤的检测表明，铬、铅、镉、汞的污染比例均超过 40%。辽宁省盘山县大荒农场的重金属调查结果显示，镉超标率达 100%。对江苏北部水稻重金属分析显示，调查区工业相对落后，部分地区大米中砷、铅、镉、镍等重金属的安全风险也不容乐观。

1.2 稻米重金属污染现状

稻米是我国居民的主要粮食作物之一，全国约有 2/3 的人口以稻米为主食，稻米质量安全与否在很大程度上反映了我国粮食安全的总体情况。近年来，随着工业的发展，大量工业重金属废弃物排入环境中，导致大气、土壤和灌溉用水等污染越来越严重，稻米重金属污染已经成为影响稻米安全的主要因素之一。居住区、农田区、蔬菜种植区的汞、镍、钴含量普遍偏高。当前，水稻粮食重金属污染情况较为严重的区域主要包括了东北稻作区、华南稻作区以及长江三角洲稻作区。2002 年我国农业部稻米及制品质量监督检验测试中心对市售稻米进行抽检，结果显示铅的超标率达 28.4%，镉的超标率为 10.3%，汞的超标率为 3.4%，砷的超标率为 2.8%。近年来，农田土壤重金属污染情况加剧，“镉米”问题也逐渐凸显。早在 2002 年，我国农业部相关部门就针对水稻中的重金属含量进行了抽检，结果显示，其中含量最多的为铅离子，其次为镉离子。

付善明等发现，广东省大宝山矿区污染严重，镉污染总量已经超出国家标准的 16.9 倍。朱崇岭发现珠三角作为电子产品的主要产地，大量的电子垃圾造成了镉的大幅污染。陈若虹等以广州市海珠区饭店餐馆等 2009 年售卖的稻米粒里的三种重金属（包含镉、砷）为研究对象，对它们当时的污染范围以及部分其他情况评估之后，得出以下结论：虽然镉和砷的量没有超过食品安全范围，但是海珠区大米中镉的污染情况明显大于砷。胡霓红等 2012 年对珠三角周边工业区农田土壤进行调查发现，Pb、Cd、Hg、As、Cr 等 5 种重金属中，Cd 污染最为严重，以单一重金属污染最为严重，东莞地区的污染情况远大于广州和珠海地区，存在局部污染差异。毛扬彬等选取金华 18 个乡镇，对其稻田土壤和稻米中镉、铅、铬污染状况进行潜在风险评估，发现金华市采样区稻田与稻米存在不同程度重金属污染，Cd 是主要健康风险因素。黄锐敏等对福建省宁化县稻米样品中的镉污染状况进行调查，同时对宁化县范围内水稻中镉的膳食暴露风险进行评估，结果表明宁化县水稻镉含量均值为 0.068 5 mg/kg，稻米样品总体镉污染程度很轻。消费人群食用宁化县种植水稻引起的镉暴露水平较低，风险较小。

2 稻米重金属污染来源

目前，我国工业处于飞速发展过程中，而工业所排放出来的各种废水、废气、废物等污染着人们赖以生存的空气、水源和土壤。这些污染物不仅对生态环境造成了极大破坏，而且能通过生物链和食物链进入人体内，严重威胁人们的身体健康。就当前而言，我国受到重金属污染的耕地面积已经超过了 2 000 万 hm^2，粮食污染达到了 1 200 万 t，造成了严重的经济损失，进而严重阻碍我国农业的发展。重金属污染粮食的途径主要有以下几种。

第一，工业“三废”的污染。例如重金属铅在矿采、焊接、冶炼当中应用十分频繁，而这些行业在生产过程中所产生的废水、废气以及废弃物中不可避免地也会含有重金属，被不当排放之后会严重污染土壤、水源，进而影响相关区域的种植农作物。中国镉的污染大多数是由采矿、冶炼、废水排放到农田灌溉、污泥携带造成的。

第二，种植过程中被污染。在种植农作物的过程中，农民会使用大量的农药和化肥确保农作物的正常生长，但农药和化肥当中的重金属会或多或少地残留在农作物和土壤中。例如，磷肥就含有大量重金属，包括铅、汞、砷等，而氮肥中的铅含量也很高，因此由化肥造成的污染十分严重。此外，农作物种植过程中使用的塑料薄膜中含有的热稳定剂也含有一定的铅元素和镉元素，大量使用塑料薄膜进行农作物种植也会带来重金属污染。

第三，生产加工过程中的污染。在生产和加工过程中，粮食也容易受到重金属污染。例如，生产加工过程中所使用的各种器械、管道、容器等，都可能含有重金属。此外，食品添加剂中也会含有一定量的重金属元素，这都会在一定程度上对粮食造成重金属污染。

3 作物重金属安全标准与危害

3.1 稻米重金属安全标准

环境标准的建立和实施，一定程度上反映出国家的发展水平，食品重金属含量指标已成为国际国内贸易中的强制参数。自 20 世纪环境污染公害事件的暴发开始，国际上便在不断探索环境标准问题，其中也包括“土壤环境质量标准”。例如，1970 年前后，日本和美国多州先后出台《土壤污染防治法》(含标准)、《土壤中有毒元素的最高容许量》。我国自 20 世纪 80 年代以来，先后系统地建立了与土壤密切相关的标准，包括《农用污泥中污染物控制标准》(GB 4284—1984) 和《城镇垃圾农用控制标准》(GB 8172—1987) 等，并于 1994 年 10 月颁布了主要涉及重金属的《土壤环境质量标准》(GB 15618—1995)。但这些标准距今较为久远，无法满足当下环保工作需要，亟待进一步完善。在实践中，有时虽然土壤重金属总量超标，但是植物却未表现出任何异常，这种矛盾现象司空见惯。

就稻米而言，我国《食品安全国家标准》(GB 2762—2012) 规定大米中镉、铅、砷(无机) 的最大允许值为 0.2 mg/kg，汞的最大允许值为 0.02 mg/kg，铬的最大允许值为

1.0 mg/kg。相较于国际上其他国家或地区的标准而言，各有差异。例如世界卫生组织和联合国粮食及农业组织规定谷物中的镉、铬含量最大允许值为 0.1 mg/kg，砷为 0.4 mg/kg，铅为 0.2 mg/kg，而日本稻米镉最大允许值建议设为 0.4 mg/kg，美国环境保护署规定成人最大允许摄入量分别为：镉，0.1 μg/(kg・d)；汞，0.3 μg/(kg・d)；铅、砷，3.5 μg/(kg・d)；铬，3.0 μg/(kg・d)。

3.2 农作物重金属污染对人体的危害

重金属是指密度大于 4.5 g/cm^3 的金属，包括 Fe、Cr、Hg、Mn、Ni、Cu、Zn、Cd 和 Pb 等，在人体中积累到一定程度，会对人体造成慢性毒性。在生物体重金属污染评价方面，主要指 Cr、Cd、Pb 和 As（类金属）等具有显著生物毒性的重元素。Cd、As、Hg、Cu 和 Pb 属于五大危险重金属，毒性很强，广泛分布于全国各地，重金属作为持续性污染物，对生态环境存在很大潜在危害。

被重金属污染的农作物，经膳食进入人体，与之而来的各种重金属在人体内长期蓄积富集，会影响人体的健康安全，最终导致各种疾病的发生。不同的重金属元素对人体的影响有所区别，包括营养所需的微量元素和有毒有害的重金属元素两种，但即便是微量元素，过量摄入时，也有可能产生毒害作用。有毒重金属进入人体后，往往会引起慢性中毒，严重者也可导致急性中毒症状。不同的重金属元素对人体具有不同的危害性，现概述如下：

（1）铜（Cu）虽然是人体必需的微量元素，但过量会引发肝硬化、糖尿病恶化、抑制肠对 Zn 和 Fe 的吸收等。

（2）铅（Pb）具有很强的亲神经性，进入人体后很难被排解，人体摄入过量铅后，铅不断蓄积在骨骼中，当人体血液含铅量超过 0.2 mg 时，极易引发急性中毒，直接导致人体神经、血液、消化、内分泌等系统的一系列异常表现，对人体的大脑细胞（尤其对婴儿和儿童）损害严重，损害人体免疫系统，影响生理机能，引发胚胎发育畸形及智力低下。科学实践证明，儿童对铅的毒性尤为敏感，吸收率及在体内滞留时间高出成人 4 倍以上，其智能发育、体格生长、听力视力等方面均会受到消极影响。临床上容易导致儿童慢性脑病综合征的病发，表现为呕吐、昏迷、活动过度、运动失调等症状。成年人会出现抑郁、烦闷的症状。老年人吸收过量可导致反应迟钝，甚至痴呆。铅还可以通过遏制血红细胞的合成，降低红细胞寿命，从而引发贫血。

（3）汞（Hg）也是一种对人体健康较容易带来危害的元素，被汞污染的地区，各种农作物中的汞比较明显地富集和超标。当人们长期食用这些农产品时，汞会进入血液，破坏神经系统，临床常表现为语言、行动、意识障碍。

（4）砷（As）的危害与汞类似，除此之外，砷化物具有强毒性，中毒症状表现为气管炎、神经受损和肺部功能障碍，且具有致癌性，还可能引发皮肤斑、人体器官退化等症状。

（5）铬（Cr）在自然环境中主要存在两种价形态：三价（Ⅲ）和六价（Ⅵ），研究表

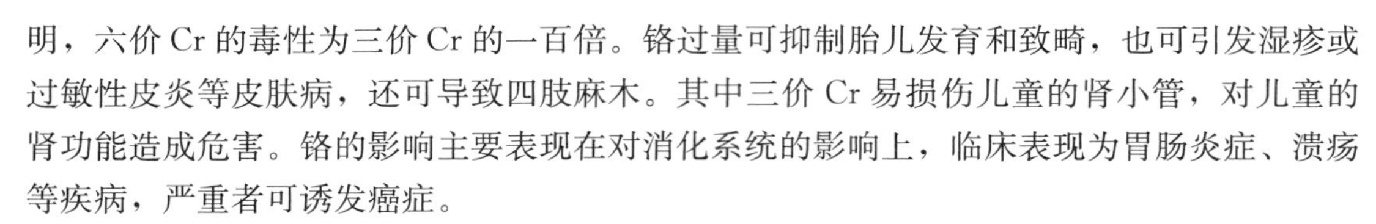

明，六价 Cr 的毒性为三价 Cr 的一百倍。铬过量可抑制胎儿发育和致畸，也可引发湿疹或过敏性皮炎等皮肤病，还可导致四肢麻木。其中三价 Cr 易损伤儿童的肾小管，对儿童的肾功能造成危害。铬的影响主要表现在对消化系统的影响上，临床表现为胃肠炎症、溃疡等疾病，严重者可诱发癌症。

（6）锰（Mn）可以亲和细胞中的线粒体，从而影响神经突触在神经细胞间的传导能力，引发神经系统障碍，症状表现为肌肉紧张、神经情绪改变等。

（7）锌（Zn）是人体必需元素，但摄入过量可导致贫血，影响胆固醇代谢，引发高胆固醇血症和冠心病等。

（8）镉（Cd）进入机体，可损坏呼吸器官，引起肾功能障碍，导致骨胶原代谢障碍，抑制机体免疫功能，对人体有一定的“三致”作用。Cd 在人体内的半衰期达 10～30 年之久，组织器官深受其害，临床表现为肺气肿、肾炎、糖尿病、骨质疏松、神经痛、内分泌失调和牙齿黄色斑等病症，Cd 中毒导致心血管疾病，如心脏病、高血压等，还可破坏骨钙，引发“骨痛病”。因此国内及国外对食品中 Cd 含量有严格的限量标准。另外，有报道指出，过量 Cd 有可能导致男性前列腺癌的发病概率升高。据对南方某矿区重金属污染研究表明，污染区内稻米 Cd 含量为对照区的 10～20 倍，对当地居民的尿液和头发进一步检测发现，Cd 含量及尿蛋白阳性率等指标均比对照区高出很多。据湖南某矿区一劳动职业病防治所的调查，污染区内土壤和稻谷 Cd 含量分别平均超标 15 倍、6 倍，致使近 40%的当地居民罹患高血压。

（9）镍（Ni）为人体必需生命元素，但摄入过多可导致皮肤病、呼吸系统功能性障碍，严重可导致呼吸道癌症。

（10）汞（Hg）也是一种对人体健康较容易带来危害的元素，被汞污染的地区，各种农作物中的汞比较明显地富集和超标。当人们长期食用这些农产品时，汞会进入血液，破坏神经系统，临床常表现为语言、行动、意识障碍，还可能引发皮肤斑、人体器官退化等症状。铬的影响主要表现在消化系统上，临床表现为胃肠炎症、溃疡等疾病，严重者可诱发癌症。

4 结论

综上所述，伴随城市化与工业化进程的加快，中国稻米重金属污染已经不再是新闻，对民众集体健康形成了负面效应。根据以人为本的治国方略，需要强化粮食尤其是稻米重金属污染的整治，确保安全。从稻米生产的来源预防重金属向农作物与其商品转嫁，方可以从本质上解决粮食重金属污染的难题，让民众放心、让商家安心。

不同保存温度对辣椒素、二氢辣椒素含量的影响

万　凯

摘要： 本研究以辣椒绿熟果（果实绿熟时期采摘）和红熟果（果实红熟时期采摘）为对象，研究将其保存在不同温度条件下辣椒素和二氢辣椒素含量的变化规律。结果表明：不同的温度保存下，胎座或果肉的辣椒素含量变化趋势均与二氢辣椒素一致。短时期低温（0 ℃）保存有利于保持采后辣椒果实辣椒素（二氢辣椒素）高含量，长时间保存时常温（4～25 ℃）保存有利于保持辣椒素（二氢辣椒素）高含量。同一保存温度下，果肉辣椒素（二氢辣椒素）含量变化趋势与胎座相反。同一温度处理下，不同熟期果实辣椒素（二氢辣椒素）含量变化规律基本一致。

关键字： 保存温度；果肉；胎座；辣椒素；二氢辣椒素

辣椒素，又名辣椒碱、辣椒辣素，属酰胺类化合物，化学名称为 8 -甲基- 6 -癸烯香草基胺，分子式为 $C_{18}H_{27}O_3N$，其含量是评估辣椒品种风味品质的重要指标。迄今为止，已发现有 19 种以上结构和性质与辣椒素非常相似的辛辣物质，统称为辣椒素类物质。其中辣味最强的辣椒素与二氢辣椒素含量最高，共占辣椒所含辣味物质的 90%以上。发达国家已将辣椒种提取的辣椒素等物质作为添加剂在食品和饲料工业中广泛应用。我国辣椒消费仍以鲜食为主，经济价值低，而且对辣椒胎座（辣椒素、二氢辣椒素含量极高）利用率不高。针对目前国内外关于保存温度对辣椒素和二氢辣椒素含量影响的研究报道甚少，本研究以含量最高、辣味最强的辣椒素和二氢辣椒素为对象，探索其在不同保存温度下的变化规律，以期促进辣椒的综合利用，为提高其经济价值做参考。

1　材料与方法

1.1　供试辣椒品种

供试辣椒品种为金田 3 号。

1.2　试验地点

广东省农业科学院白云实验基地。

1.3　试验设置

2008 年 7 月 20 日按 1 粒/杯密度播种，育苗 100 株。8 月 20 日，选择外观基本一致

的辣椒苗移栽定植，设三次重复，每小区种植30株（株距30 cm×40 cm）。定植前按600 kg/hm²氮磷钾复合肥（15-15-15）的量给试验地施基肥。于花蕾期和花果期各追复合肥一次，每次300 kg/hm²。选择四门果位开花时间相对集中的花朵挂牌标记。挂牌40 d后采摘绿熟果，50 d采摘红熟果。每次采40个果，均分为3份，在其他条件（不包装、避光保存）一致情况下，分别置于0 ℃、4 ℃、25 ℃温度下保存，每间隔6 d（共4次）随机取样，测定辣椒素、二氢辣椒素含量。

1.4 含量测定方法

辣椒素和二氢辣椒素含量的测定方法参照《辣椒素的测定 高效液相色谱法》（NY/T 1381—2007）。

1.5 数据统计分析方法

取3次重复测定的辣椒素、二氢辣椒素含量数据的平均值为横坐标，以保存时间为纵坐标，采用Excel作图，并采用DPS软件做差异性分析。

2 结果与分析

2.1 温度对绿熟果辣椒素含量的影响

如图1所示，4 ℃和25 ℃处理，绿熟果果肉辣椒素含量变化趋势相同，显著不同于0 ℃处理。在0 ℃条件保存下，辣椒素含量随保存时间的延长，含量大幅降低，至18 d时其含量显著低于其他两个温度处理。而4 ℃和25 ℃处理，初期辣椒素含量显著降低，中后期其含量大幅回升，至18 d时接近处理初期值。不同温度下保存，前期0 ℃处理果肉辣椒素含量高，后期4 ℃和25 ℃处理含量高。

如图2所示，不同温度处理，绿熟果胎座辣椒素含量变化趋势基本一致。各处理前期，胎座辣椒素含量变化显著；中期，辣椒胎座辣椒素含量显著升高；后期，各处理辣椒素含量分别降低，但仍显著高于处理初期辣椒素含量。整个保存过程中4 ℃和25 ℃处理绿熟果胎座辣椒素含量变化趋势最为接近。不同温度下保存，前期0 ℃处理胎座辣椒素含

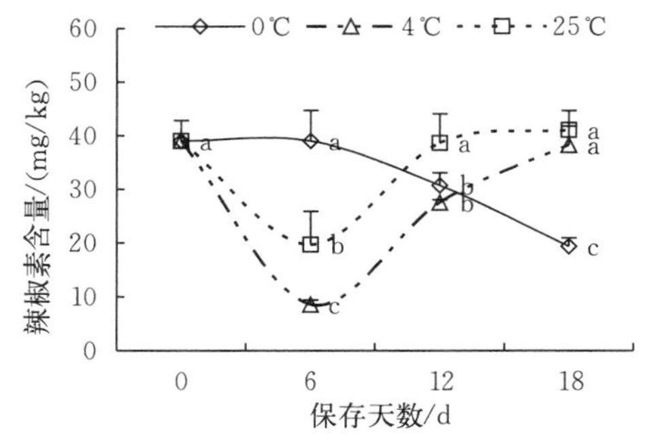

图1 绿熟果果肉辣椒素含量

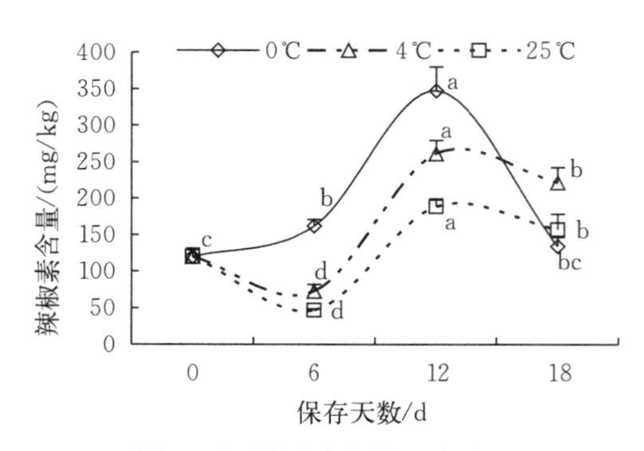

图2 绿熟果胎座辣椒素含量

量高，后期 4 ℃和 25 ℃处理含量高。

2.2 温度对红熟果辣椒素含量的影响

如图 3 所示，不同温度处理前期，红熟果果肉辣椒素含量变化趋势相同，中后期 0 ℃和 25 ℃处理果肉辣椒素含量变化变幅不大，而 4 ℃处理辣椒素含量大幅回升至处理初期值，并显著高于其他两处理。整个保存过程中 0 ℃和 25 ℃处理果肉辣椒素含量变化趋势相近。不同温度下保存，前期 0 ℃处理果肉辣椒素含量高，后期 4 ℃处理含量高。

如图 4 所示，各处理前期，红熟果胎座辣椒素含量均有不同程度升高，其中 0 ℃处理显著升高；12 d 时，4 ℃处理胎座辣椒素含量达最高值，25 ℃处理辣椒素含量接近处理初期值；后期，25 ℃处理辣椒素含量大幅升高，显著高于其他两处理。整个保存过程中0 ℃和 4 ℃处理红熟果胎座中辣椒素含量变化趋势相近。不同温度下保存，前期 0 ℃处理胎座辣椒素含量高，后期 25 ℃处理含量高。

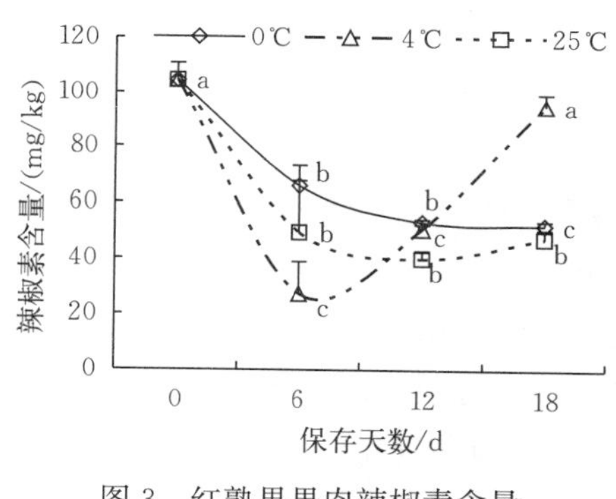

图 3　红熟果果肉辣椒素含量

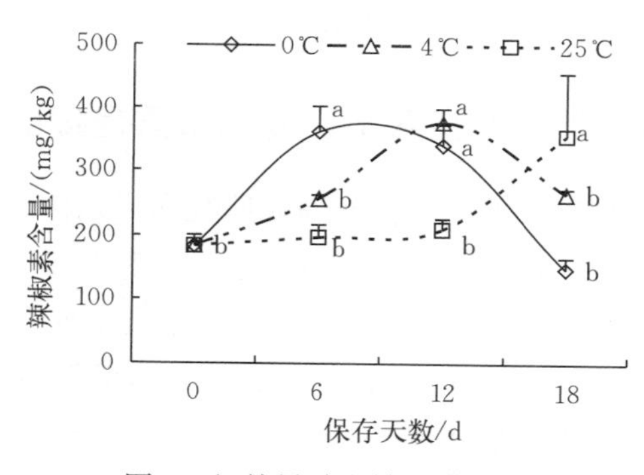

图 4　红熟果胎座辣椒素含量

由图 1～图 4 可知：①绿熟果和红熟果的果肉辣椒素含量变化趋势，均不同于各自胎座。②在同一处理条件下，不同熟期辣椒果实果肉辣椒素含量变化趋势相近，含量基本是先降低后回升。不同处理间，0 ℃处理前期辣椒素含量高于 4 ℃和 25 ℃处理，后期低于 4 ℃和25 ℃处理。③在同一处理条件下，不同熟期辣椒果实胎座辣椒素含量变化趋势相近，含量基本是前期变化缓慢，中期大幅升高，后期显著降低。不同处理间，前期 0 ℃处理胎座辣椒素含量高于 4 ℃和 25 ℃处理，后期低于 4 ℃和 25 ℃处理。

2.3 温度对绿熟果二氢辣椒素含量的影响

如图 5 所示，4 ℃和 25 ℃处理，绿熟果果肉二氢辣椒素含量变化趋势基本相同，显著不同于 0 ℃处理。在 0 ℃条件保存下，二氢辣椒素含量随保存时间的延长而大幅降低，至 18 d 时其含量显著低于其他两个处理。4 ℃和 25 ℃处理初期，果肉二氢辣椒素含量显著降低，中后期其含量回升，至 18 d 时其含量值接近处理初期。不同温度下保存，前期 0 ℃处理果肉二氢辣椒素含量高，后期 4 ℃和 25 ℃处理含量高。

如图 6 所示，4 ℃和 25 ℃处理，绿熟果胎座二氢辣椒素含量变化趋势基本一致，处理前期胎座二氢辣椒素含量显著降低；中期含量显著升高；后期含量小幅降低。0 ℃处理胎座二氢辣椒素含量中期显著升高，后期显著降低并接近处理初期值。整个保存过程中4 ℃和 25 ℃处理绿熟果胎座二氢辣椒素含量变化趋势最为相近。不同温度下保存，前期0 ℃处理胎座二氢辣椒素含量高，后期 4 ℃和 25 ℃处理含量高。

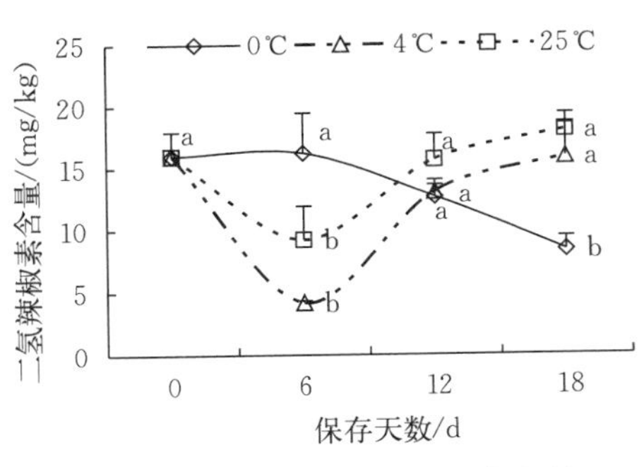

图 5 绿熟果果肉二氢辣椒素含量

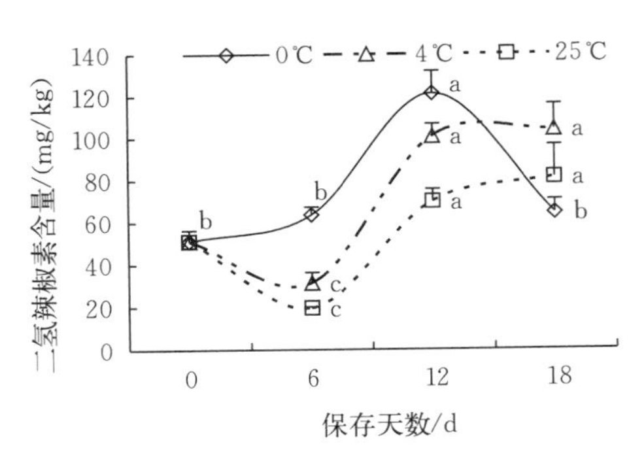

图 6 绿熟果胎座二氢辣椒素含量

2.4 温度对红熟果二氢辣椒素含量的影响

如图 7 所示，各处理前期红熟果果肉二氢辣椒素含量变化趋势相同，后期 4 ℃处理二氢辣椒素含量变化显著不同于 0 ℃和 25 ℃处理。处理后期，0 ℃和 25 ℃处理果肉二氢辣椒素含量变幅不大，4 ℃处理含量大幅回升至接近处理初期值，并显著高于前两处理。整个保存过程中 0 ℃和 25 ℃处理红熟果果肉二氢辣椒素含量变化趋势相近。不同温度下保存，前期 0 ℃处理果肉二氢辣椒素含量高，后期 4 ℃处理含量高。

如图 8 所示，0 ℃和 4 ℃处理前期红熟果胎座二氢辣椒素含量均升高，其中 0 ℃处理含量显著升高；后期，25 ℃处理二氢辣椒素含量大幅升高，其他两处理含量则均大幅下降。整个保存过程中 0 ℃和 4 ℃处理红熟果胎座中二氢辣椒素含量变化趋势相近。前期0 ℃处理胎座二氢辣椒素含量高，后期 25 ℃处理含量高。

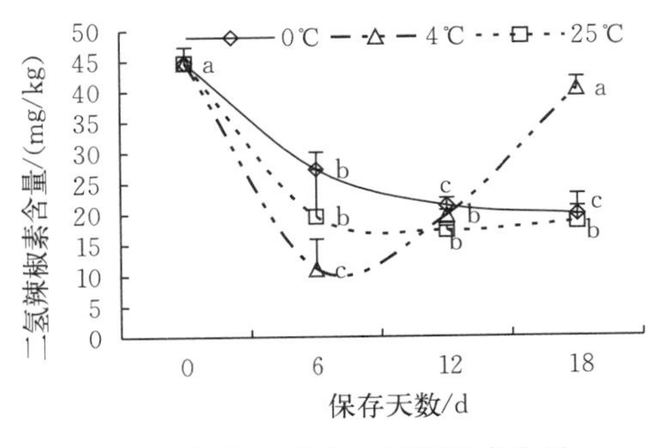

图 7 红熟果果肉二氢辣椒素含量

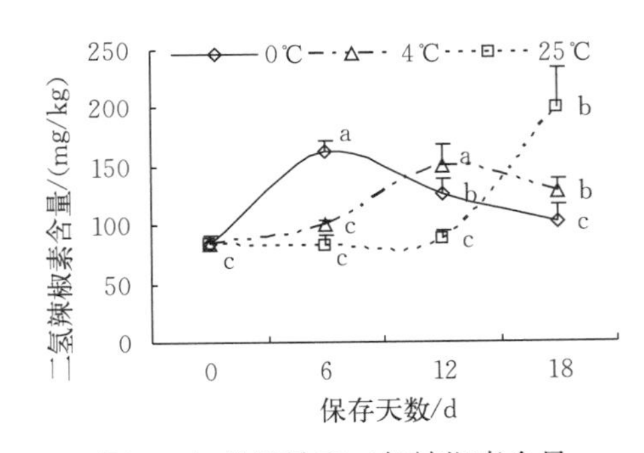

图 8 红熟果胎座二氢辣椒素含量

由图 5～图 8 可知：①绿熟果和红熟果果肉二氢辣椒素含量变化趋势均与各自胎座不尽相同。②在同一处理条件下，不同熟期辣椒果实果肉二氢辣椒素含量变化趋势相近，基本是先降低后回升。不同处理间，前期 0 ℃处理二氢辣椒素含量高于 4 ℃和 25 ℃处理，后期低于 4 ℃和 25 ℃处理。③在同一处理条件下，不同熟期辣椒果实胎座二氢辣椒素含量变化趋势相近，含量基本是前期变化缓慢，中期大幅升高，后期降低。不同处理间，0 ℃处理前期胎座二氢辣椒素含量高于 4 ℃和 25 ℃处理，后期则相反。

3 讨论与结论

（1）本研究表明：不同温度保存下，胎座或果肉的辣椒素含量变化趋势均与二氢辣椒素一致。短时期 0 ℃保存采后辣椒果实有利于保持辣椒素（二氢辣椒素）高含量，长时间保存时 4～25 ℃有利于保持辣椒素（二氢辣椒素）高含量。不同于王燕等的研究：随着储藏时间的延长，辣椒粉中辣椒素类物质的含量呈下降趋势，低温贮藏有利于保存辣椒素类物质。

（2）0 ℃条件下长时间保存，果肉辣椒素含量降幅较大。不同熟期的辣椒果肉，各处理前期辣椒素含量均降低，0 ℃处理下果肉辣椒素含量降低幅度最小；中后期辣椒素含量继续大幅降低，而 4～25 ℃处理含量大幅回升，接近处理初期含量值。0 ℃条件下长时间保存，胎座辣椒素含量变幅较大，前期含量升高幅度最大，中后期含量降低幅度显著加大；而 4～25 ℃处理前期辣椒素含量升高幅度不大，但末期辣椒素含量接近处理初期含量值，并高于 0 ℃处理含量值。综合表明，0 ℃条件下长时间保存，不利于辣椒果实保持辣椒素高含量。

（3）同一温度处理下，同一果实的果肉辣椒素（二氢辣椒素）含量变化趋势与胎座相反。果肉中辣椒素（二氢辣椒素）含量先降低后升高，胎座中辣椒素（二氢辣椒素）含量均是先升高后降低。究其原因，很可能是因为辣椒素类物质主要是在胎座中生成和积累，由于辣椒果实采后植株对其养分供给中断，采后储存期中物质之间发生相互转移，逐渐由胎座转移到果肉。也可能是由于辣椒素合成前体物在适宜条件下转化成辣椒素的结果。有关辣椒果实辣椒素类物质在保存过程中的变化机理，仍需进一步研究。

（4）同一温度处理下，不同熟期果实辣椒素（二氢辣椒素）含量变化规律基本一致。不同成熟度的辣椒果实辣椒素（二氢辣椒素）含量差异很大。保存过程中，不同成熟度辣椒果实辣椒素（二氢辣椒素）的变化趋势差异不大。加工利用过程中，为提取更多的辣椒素类物质，应根据辣椒生长过程中辣椒素类物质含量的高低变化规律，确定最佳的采摘时期以及相应的保存时间、保存条件。

常见浆果类水果中农药残留调查研究

李　丽

摘要：调查研究浆果类水果主要病虫害及其防治措施、农药使用情况、国内外现行污染物的限量标准及检测方法，并对近年来浆果类水果主要污染物的检测结果进行分析。提出浆果类水果质量安全控制主要污染物的检测项目和限量值，为该类水果的质量安全日常监测提供一定的依据。

关键词：浆果类水果；污染物；监控项目；限量值；检测方法

随着现代人们物质生活水平的提高，在满足基本的温饱后，优质营养的水果已成为日常生活中不可或缺的部分。我国是水果生产大国，浆果类水果占整个水果的比例很高，浆果类果品芳香味美，极富营养价值，除果汁丰富、酸甜适中、芳香可口外，还含有丰富的糖类、有机酸、矿物质、纤维素、蛋白质、氨基酸和多种维生素，特别是维生素 C 含量较其他水果高，是人们消费的主要水果品种。浆果类果品主要包括草莓、葡萄、桑椹、无花果、树莓、木莓、黑莓、罗干莓、醋栗、穗醋栗、鹅莓、石榴、猕猴桃、越橘、酸浆、沙棘、柿子、火龙果、阳桃、枇杷、西番莲、黄皮、莲雾、蛋黄果、蒲桃、番木瓜、人心果、番石榴、香蕉和芭蕉等。近年来，由于人们的食品安全意识越来越强，在强调水果优质营养的同时，对水果的安全卫生也提出了更高的要求，特别是一系列食品安全事件出现后，消费者对水果的食用安全也更加关注。我国浆果类水果种类多、种植范围广、种植模式差异大，导致质量安全水平相差大、污染物的种类各不相同。在日常检测中要将所有污染物都进行检测，在时间和技术等方面都存在很大困难，本研究的目的是在收集分析该类水果主要病虫害及其防治措施、农药使用情况、国内外现行污染物的限量标准及检测方法等的基础上，对近年来浆果类水果主要污染物的检测结果进行综合分析，提出浆果类水果质量安全控制主要污染物的检测项目和限量值，并对相应检测方法进行验证，研究结果已转化为无公害农业行业标准。对该类水果质量安全进行日常监测具有重要的指导作用，给各级政府部门开展农产品例行监测和市场监督抽查提供一定的依据，为无公害农产品认证和监管提供重要的技术支持。

1　研究内容与方法

1.1　研究内容

收集分析浆果类水果主要病虫害及其防治措施、农药使用情况，确定各类农药使用的频度；开展浆果类水果主要污染物的检测，对结果进行综合分析，确定影响该类水果安全的重要因子；进行国内外浆果类水果相关标准的查询，开展国内外现行污染物的限量标准对比研究，确定浆果类水果主要污染物的限量值及检测方法，并进行验证试验；提出浆果类水果质量安全控制主要污染物的检测项目和限量值，同时该研究结果已转化为无公害农业行业标准。

1.2 研究方法

（1）收集分析浆果类水果在近几年农业生产中病虫害和动物疫病的发生及防治情况，结合认证现场检查、证后监管及农产品质量安全突发事件反映出的农药使用情况及其他有毒有害物质污染情况，进行统计排序，摸清病虫害及其防治措施、农药使用规律，确定各类农药使用的频度。

（2）开展浆果类水果主要污染物的检测，对近几年抽样检测结果进行综合分析，将检出及超标率高的农药残留进行排列，将登记使用量大的和未登记的高毒、高残留及违规使用的农药残留作为重点，从而确定影响该类水果质量安全的重要因子。

（3）进行国内外浆果类水果相关标准的查询，开展国内外现行农药残留的限量标准对比研究，得出哪些是我国规定有的，哪些是没有的，与对比国家规定的限量值进行比较。确定浆果类水果主要污染物的限量值及检测方法，并进行验证试验。

（4）依据风险程度列出重点监控的检测项目，如：国家明令禁止使用的农药，明确限用的农药以及在日常检测中超标率比较高的农药残留检测项目，提出浆果类水果质量安全控制主要农药残留的检测项目和限量值，将该研究结果转化为无公害农业行业标准。

（5）对已有的国家、行业或国际组织标准，确定推荐重点检测项目的检测方法进行验证，推荐检测方法。采用目前国内外公认、准确、高效、便捷的检测方法。优先采用已发布的国家、行业标准。

2 浆果类果品主要病虫害及农药使用情况

2.1 常见浆果中登记允许使用的农药

我国浆果类果品种类很多，本研究收集了常见的 8 种浆果类果品登记允许使用农药，分析结果表明，在浆果类果品中登记使用最常见的有草甘膦、苯醚甲环唑、甲基硫菌灵、多菌灵、百草枯、百菌清、异菌脲和氯吡脲等农药；使用频次少的有烟酰胺·醚菌酯、醚菌酯、四氟醚唑、醚菌·啶酰菌、氯化苦、溴甲烷、嘧菌环胺、枯草芽孢杆菌等农药。在常用农药中，甲基硫菌灵大多用于治疗白粉病，草甘膦用于除杂草，百菌清用于黑痘病，异菌脲用于灰霉病，苯醚甲环唑用于炭疽病、黑星病。通过对常用农药的毒理学分析表明，百草枯、氯吡脲、草甘膦等农药毒性不高，对人类的健康威胁性风险小。因此，建议监测中主要对苯醚甲环唑、甲基硫菌灵、多菌灵、百菌清和异菌脲 5 种农药重点关注。

2.2 常见浆果中主要禁用/限用农药

本研究重点对阳桃、草莓、猕猴桃、香蕉和葡萄5种浆果类水果的主要禁用农药情况进行分析研究，结果得出我国常见浆果类果品主要禁用/限用的农药种类有：六六六、滴滴涕、毒杀芬、二溴氯丙烷、杀虫脒、甲胺磷、甲拌磷、对硫磷、久效磷、磷胺、克百威、涕灭威、灭多威、甲基异硫磷、特丁硫磷、水胺硫磷、甲基硫环磷、氧乐果等。这些属于高毒、高残留类农药，但由于其价格低、药效好而有可能被缺乏安全使用农药知识的生产者使用。建议日常监管时应严格控制禁用农药的使用情况，大力宣传禁用农药使用的危害性。

2.3 常见浆果类果品病虫害及防治方法

对生产基地使用农药情况调查研究得知：在防治病虫害措施中常用甲基托布津、多菌灵、百菌清、氧化乐果、敌敌畏、乐果、辛硫磷、吡虫啉、灭幼脲、代森锰锌、三氯杀螨醇和菊酯类等农药，使用较多且频率较高的是甲基托布津、多菌灵、百菌清、氧化乐果、敌敌畏和菊酯类农药。其中，甲基托布津的内吸性比多菌灵强，按其化学结构属取代苯类杀菌剂，一旦被植物吸收后即转化为多菌灵。因此，建议甲基托布津可不作为重点监控对象，多菌灵、百菌清、氧化乐果、敌敌畏和菊酯类农药列为重点监控因子。

3 浆果类样品农药残留抽检结果

农业部蔬菜水果质量监督检验测试中心（广州）在2007—2009年监测水果质量安全记录中显示，抽取的水果种类有葡萄、猕猴桃、柿子、番石榴、黑莓、草莓、香蕉等共309个样品，其农药残留抽样检测结果表明，不合格率较高的有草莓（12%）、葡萄（5.9%）、香蕉（4%）等，其他浆果类水果有检出，但没超标。所检测的乙酰甲胺磷、氧乐果、水胺硫磷、溴氰菊酯、氰戊菊酯、三唑磷等21个农药残留检测项目结果表明：氧乐果被检出12次，有10次超标，超标率3.24%；溴氰菊酯被检出6次，有2次超标，超标率为0.65%；氯氟氰菊酯被检出4次，超标3次，超标率为0.97%；三唑酮被检出5次，超标2次，超标率为0.65%。而乙酰甲胺磷、甲胺磷、对硫磷、克百威、多菌灵、马拉硫磷、氯氰菊酯等农药残留项目都有不同程度检出，特别是禁用农药甲胺磷等，因此在关注非禁用农药的时候，更不能忽视禁用农药。

2010年抽查了草莓、香蕉等浆果类水果，共抽检样品58个。检测了甲胺磷、氧乐果等10种禁用农药和乐果、敌敌畏、毒死蜱等40种登记使用的农药残留项目，检验结果为：禁用农药均未检出，甲氰菊酯、氯氰菊酯、灭多威、氟虫腈、苯醚甲环唑、三唑酮、多菌灵、百菌清等农药残留分别检出1次，联苯菊酯、灭幼脲、吡虫啉农药残留分别检出2次，毒死蜱、苯醚甲环唑农药残留各检出3次，氯氟氰菊酯、异菌脲、多菌灵6次，腐霉利7次，哒螨灵9次，但均未超标，根据检出结果风险分析，建议监管中多关注那些检出率比较高的农药残留项目，如哒螨灵、多菌灵、腐霉利、苯醚甲环唑、氯氟氰菊酯等农药。

4 国内外浆果中农药残留限量值对比分析研究

4.1 我国标准与 CAC 标准比较

我国在制定农药残留限量标准时通常会参考国际食品法典委员会（CAC）限量标准，其次参考我国主要出口国日本、韩国等国家农药残留限量标准。为了使本研究更严谨、科学，对我国与这几个国家的浆果类农药残留限量值进行对比分析研究，与 CAC 相比，我国《食品安全国家标准　食品中农药最大残留限量》（GB 2763）中明确规定了对某些浆果类水果的农药残留限量指标，主要表现在葡萄和香蕉几种常食用浆果中，CAC 不仅在香蕉中明确了残留限量指标，还规定了黑莓、猕猴桃和柿子等浆果类水果残留限量指标。另外，CAC 在香蕉中规定了 31 种农药残留限量指标，我国在香蕉中只规定了 5 种残留限量指标（CAC 有，而我国没有的为 26 种；我国有，而 CAC 没有的 1 种，为咪酰胺，限量值为 5 mg/kg），我国规定的香蕉残留限量指标与 CAC 一致的是马拉硫磷、腐霉利、腈苯唑、丙环唑、戊唑醇、噻菌灵。

4.2 我国标准与日本标准比较

日本规定了 316 种农药的最大残留限量，主要涉及的浆果类水果为黑莓、越橘、番石榴、柿子、猕猴桃和枇杷。其中，中国和日本都有限量要求的有 23 种，分别为乙酰甲胺磷、多菌灵、百菌清、敌敌畏、腈苯唑、杀螟硫磷、甲氰菊酯、倍硫磷、氰戊菊酯、草甘膦、六六六、代森锰锌、马拉硫磷、甲霜灵、对硫磷、氯菊酯、辛硫磷、咪酰胺、腐霉利、丙环唑、戊唑醇、噻菌灵、敌百虫。日本有限量要求而中国没有的为 293 种。中国有而日本没有的有 2 种，分别为代森锰锌、戊唑醇。在中国和日本均规定的农药最大残留限量中，中国比日本严格的有多菌灵、腈苯唑 2 种，其中多菌灵比日本严 6 倍，腈苯唑 100 倍。

4.3 我国标准与韩国标准比较

韩国规定了 190 种农药的最大残留限量，主要涉及的浆果类水果为柿子、猕猴桃、香蕉。其中，中国和韩国都有限量要求的有 23 种，韩国有限量要求而中国没有的为 167 种。在中国和韩国均规定的农药最大残留限量中，中国比韩国严格的有乙酰甲胺磷、敌敌畏、腈苯唑、甲氰菊酯、氰戊菊酯、草甘膦、甲霜灵、对硫磷、氯菊酯、敌百虫等 10 种。其中乙酰甲胺磷比韩国严 2 倍，腈苯唑 60 倍、氰戊菊酯 15 倍、草甘膦 2 倍、氯菊酯 2.5 倍、敌百虫 5 倍；与韩国一致的有丙环唑、戊唑醇、腐霉利（葡萄）3 种，比韩国限量值高的有噻菌灵（香蕉），高出 2 mg/kg。建议严格控制噻菌灵的使用。

5 结语

我国果品农药残留限量标准比较笼统，一种农药对所有水果规定统一最大残留限量的情况十分普遍，既不科学，也不利于实施。一些国际组织和先进国家标准则具体得多，分别对不同种类果品规定最大残留限量标准。我国果品农药残留限量标准涉及农药品种较少，许多果树生产中常用农药和新投产农药均未涉及。我国应加快步伐，争取在较短时间内予以完善。同时，还应充分运用技术壁垒政策，根据国际贸易形势，适时制定合理的进出口果品农药残留限量标准，努力扩大我国果品出口市场。

通过研究，建议目前我国浆果类水果中污染物应该重点监控的项目及限量值为：对硫磷（不得检出）、甲胺磷（不得检出）、甲基对硫磷（不得检出）、氧乐果（不得检出）、哒螨灵（2 mg/kg）、氯氟氰菊酯（0.2 mg/kg）、三唑酮（0.5 mg/kg）、溴氰菊酯（0.05 mg/kg）、铅（0.2 mg/kg）、镉（0.05 mg/kg）。下列品种还应增测：葡萄中，百菌清（0.5 mg/kg）、腐霉利（5 mg/kg）、甲霜灵（1 mg/kg）、马拉硫磷（8 mg/kg）；香蕉和芭蕉中，苯醚甲环唑（1 mg/kg）；经验证建议有关项目可采用的检测方法为：对硫磷可用《食品中有机磷农药残留量的测定》（GB/T 5009.20—2003），甲胺磷、甲基对硫磷、氧乐果、氯氟氰菊酯、三唑酮、溴氰菊酯、百菌清、腐霉利、马拉硫磷可用《蔬菜和水果中有机磷、有机氯、拟除虫菊酯和氨基甲酸酯类农药多残留的测定》（NY/T 761—2008），哒螨灵、甲霜灵、苯醚甲环唑可用《水果和蔬菜中500种农药及相关化学品残留的测定 气相色谱-质谱法》（GB/T 19648—2006），铅用《食品中铅的测定》（GB 5009.12—2010），镉用《食品中镉的测定》（GB/T 5009.15—2003）。

哒螨灵在西红柿中的残留量检测方法及消解动态

王有成

摘要：本文建立了用高效液相色谱串联质谱检测西红柿*中残留量的分析方法，并在广州、武汉、北京三地进行了40%哒螨灵可湿性粉剂在西红柿上的田间残留试验，研究了哒螨灵在西红柿的消解动态和最终残留。西红柿样品采用乙腈提取，采用高效液相色谱串联四级杆质谱仪进行检测，哒螨灵在添加浓度为0.01 mg/kg、0.1 mg/kg、0.5 mg/kg时，在西红柿中的平均回收率为90.29%～95.00%，相对标准偏差（RSD）分别为6.39%、1.72%、3.93%。哒螨灵在广州、武汉、北京三地西红柿上的消解行为符合一级动力学模型，半衰期分别是2.3 d、2.7 d、3.2 d。40%哒螨灵可湿性粉剂的施用建议如下：施药剂量90～135 g a. i.**/hm^2，施药3次，施药间隔期为7 d，最后一次施药距采收间隔期为5 d。建议我国哒螨灵在西红柿中的MRL定为1 mg/kg。

哒螨灵的英文通用名为：pyridaben，中文名又称：牵牛星、速螨酮、哒螨酮，化学名称：2-叔丁基-5-（4-叔丁基苄硫基）-4-氯哒嗪-3-（2H）酮。其相对分子质量为：364.9，分子式：$C_{19}H_{25}ClN_2OS$。哒螨灵属于哒嗪酮类杀虫、杀螨剂，它触杀性极强，但是没有熏蒸、内吸和传导作用。它主要是抑制肌肉组织、神经组织和电子传递系统染色体Ⅰ中谷氨酸脱氢酶的合成，从而发挥杀虫作用。对所有食植性害螨都具有明显的防治效果，如全爪螨、叶螨、合瘿螨、小爪螨等，而且在螨的不同生长期都有效。虽然关于哒螨灵在苹果、柑橘和茶叶上残留的文献有过报道，但哒螨灵在西红柿上的残留还尚未见到过报道。

1 材料与方法

1.1 仪器与试剂

仪器：液相色谱-质谱联用仪，液相色谱仪为LC-20A（Shimadzu Japan），三重四极杆串联质谱仪（API4000，Applied Biosystems，美国），配有电喷雾离子源（ESI）。色谱工作站软件为Analyst；电子天平（梅特勒ME155DU型电子天平）；超声波清洗器

* 西红柿学名番茄。

** a. i. 为有效成分。

（XWDS－1018ST，鑫万德盛仪器有限公司）；离心机（SC－3612，安徽中科中佳科学仪器有限公司）。

试剂：供试农药为40%哒螨灵可湿性粉剂，由青岛泰生生物科技有限公司提供；哒螨灵标准品（pyridaben≥99.5%）由农业部环境保护科研监督所提供；乙腈（色谱纯）；氯化钠（分析纯）。

1.2 田间试验设计

本试验设计依据农业部《农药残留试验准则》（NY/T 788—2004）和《农药登记残留田间试验标准操作规程》进行，分别在广州、武汉、北京三地进行最终残留及消解动态试验。在西红柿结果期开始施用，施药方式为喷施，用水量750 L/hm^2。每个地区均设6个处理，即空白对照区、消解动态区、最终残留高剂量区2个（喷药3次和4次）、最终残留低剂量区2个（喷药3次和4次），每处理3个重复，每个小区面积30 m^2。

消解动态试验：施用剂量为推荐最高剂量的1.5倍，即202.5 g a.i./hm^2，喷药后分别按2 h、1 d、3 d、5 d、7 d、10 d、14 d、21 d在小区中按棋盘式分布，剪取西红柿样品，每小区每次采样量大于2 kg。将取好的西红柿样品切碎，混匀后用四分法分取200 g，用组织捣碎机捣碎成匀浆，放入聚乙烯瓶中，贴好标签后放置于－18 ℃冰箱中保存待测。

最终残留试验：以厂家推荐施用最高剂量作为最终残留的低剂量，即135 g a.i./hm^2，以厂家推荐施用最高剂量的1.5倍作为高剂量，即202.5 g a.i./hm^2，最低剂量和最高剂量分别施用3次、4次，施药间隔期为7 d，距最后一次施药后3 d、5 d、7 d在小区中按棋盘式分布，剪取西红柿样品，每小区每次采样量大于2 kg。将取好的西红柿样品切碎，混匀后用四分法分取200 g，用组织捣碎机捣碎成匀浆，放入聚乙烯瓶中，贴好标签后放置于－18 ℃冰箱中保存待测。

1.3 分析方法

1.3.1 样品的提取

准确称取西红柿样本10 g（精确至0.1 g）于50 mL离心管中，加入10 mL乙腈，涡旋振荡2 min，然后加入1.0 g NaCl和4 g $MgSO_4$，立马用手使劲摇晃（防止$MgSO_4$结块而包裹了提取溶剂导致误差），立刻用冰水浴冷却至室温（为避免加入$MgSO_4$后，产生大量的热，使溶剂温度升高从而导致农药降解），涡旋振荡2 min，3 800 r/min离心5 min，等待净化。

1.3.2 样品的净化

用一次性注射器，取上述离心后的上层清液1 mL于2 mL的小离心管中（离心管提前称取5 mg *N*-丙基乙二胺和5 mg石墨化炭黑），涡旋半分钟，离心3 min，取上清液过0.22 μm滤膜到自动进样瓶中，待测。

1.3.3 仪器条件

液相条件：Agilent Zorbax SB－C_{18}色谱柱（3.0 mm×50 mm，2.7 μm），柱温30 ℃，进样量：10 μL，流动相A为0.1%甲酸水溶液，流动相B为乙腈，梯度洗脱条件见表1。

质谱条件：电喷雾离子源（ESI），正离子扫描，离子监测模式（MRM），电喷雾电压 5 500 V，离子源温度 500，雾化气压力 0.345 MPa，气帘气压力 0.138 MPa，辅助加热气压力 0.379 MPa，去簇电压 110 V，入口电压 10 V，碰撞室电压 12 V，定量离子对：364.8/147.1（碰撞能为 34 eV），定性离子对：364.8/309.2（碰撞能为 18 eV）。

表 1　梯度洗脱条件

时间/min	流速/(mL/min)	A 相/%	B 相/%
0.2	0.35	95	5
3	0.35	5	95
3.5	0.35	5	95
3.7	0.35	95	5
5.5	0.35	95	5

2　结果与讨论

2.1　方法的线性相关性

量取空白西红柿提取液，加入一定量的哒螨灵标准溶液，准确配成 0.001、0.005、0.01、0.1、0.5、1.0 mg/L 的基质匹配标样溶液，在 1.3.3 的仪器条件下进样进行测定，以哒螨灵基质标准溶液的浓度为 X 轴，相应的峰面积为 Y 轴，得到西红柿基质标准曲线方程为 $y=2e^6x+32\ 192$，相关系数 $R^2=0.999\ 7$，线性关系良好。

2.2　方法准确度及精密度

取西红柿空白样品，按照上述试验方法做添加回收，添加浓度分别为 0.01、0.1、0.5 mg/kg，每个浓度水平重复 5 次。哒螨灵的平均回收率分别是 90.29%、91.02%、95.00%，相对标准偏差（RSD）分别为 6.39%、1.72%、3.93%，说明该方法的准确度及精密度符合《农作物中农药残留试验准则》（NY/T 788—2018）。

2.3　最终残留量

按照上述中的 1.2 进行最终残留试验，哒螨灵在西红柿上的最终残留量见表 2。哒螨灵在喷施浓度为 135 g a.i./hm^2 和 202.5 g a.i./hm^2，喷药 3～4 次的情况下，在距最后一次施药后 3 d 在西红柿中的残留量为 1.41～3.95 mg/kg，施药后 5 d 在西红柿中的残留量为 0.42～1.41 mg/kg，施药后 7 d 在西红柿中的残留量为 0.37～0.61 mg/kg。目前我国还没有明确制定哒螨灵在西红柿上的 MRL（最大残留限量）值，但在《食品中农药最大残留限量》（GB 2763—2021）中规定了哒螨灵在辣椒、西红柿、大白菜中的 MRL 为 2 mg/kg，假如我们把哒螨灵在西红柿中的 MRL 值定为 2 mg/kg，我们发现喷药后5 d，哒螨灵在西红柿中的残留量就能达到这个标准。

表 2 哒螨灵在西红柿上的最终残留

施药剂量/(g a.i./hm²)	施药次数	采样时间/d	最终残留量/(mg/kg)		
			广州	武汉	北京
135	3	3	1.48	2.64	1.41
		5	0.42	1.11	0.21
		7	0.37	0.85	0.11
	4	3	1.76	2.93	1.62
		5	0.81	0.76	0.32
		7	0.45	0.12	0.08
202.5	3	3	1.93	2.97	1.71
		5	0.63	1.18	0.32
		7	0.45	0.81	0.11
	4	3	2.01	3.95	2.84
		5	1.76	1.33	1.41
		7	0.88	0.81	0.63

2.4 哒螨灵在西红柿中的消解动态

在广州、武汉、北京三地，哒螨灵按照 202.5 g/hm² 浓度喷施，在喷药一次后 2 h、1 d、3 d、5 d、7 d、10 d、14 d 取样，测定哒螨灵在西红柿中的残留量，并根据一级动力学方程式模拟出哒螨灵的消解方程，计算出半衰期，如表 3 所示。在广州、武汉、北京的半衰期分别是 2.3、2.7、3.2 d。

表 3 哒螨灵在西红柿中的消解动态

地点	采样时间/d	残留量/(mg/kg)	消解率/%	消解方程	相关系数	半衰期/d
广州	0	5.22		$y=5.1305e^{-0.296x}$	0.9954	2.3
	1	4.25	18.6			
	3	1.99	61.9			
	5	1.05	79.9			
	7	0.69	86.8			
	10	0.23	95.6			
	14	0.09	98.3			
武汉	0	6.16		$y=7.5267e^{-0.33x}$	0.9431	2.7
	1	5.17	16.1			
	3	3.59	41.7			
	5	1.24	79.9			
	7	1.21	80.4			
	10	0.2	96.8			
	14	0.01	99.8			

（续）

地点	采样时间/d	残留量/(mg/kg)	消解率/%	消解方程	相关系数	半衰期/d
北京	0	4.92		$y=6.59e^{-0.307x}$	0.9280	3.2
	1	4.26	13.4			
	3	3.05	38.0			
	5	1.73	64.8			
	7	0.7	85.8			
	10	0.66	86.6			
	14	0.05	99.0			

3 结论

本研究建立了西红柿中哒螨灵的高效液相色谱串联质谱仪联用检测方法，该方法前处理步骤简单、灵敏度高，而且方法精密度和准确度均符合标准要求。农药在西红柿中的消解，不仅仅是一个简单的降解过程，它包括了诸多降解行为，例如，水解、光解、微生物降解等行为，还有作物在生产过程中对农药的稀释作用，在自然环境中还有升华和蒸发。另外，由于受到降雨的影响，农药会随着雨水被带走，从而导致损失。

依据《农药残留试验准则》（NY/T 788—2018），哒螨灵在西红柿上取得的残留实验室数据表明，根据距最后一次施药后 3 d、5 d、7 d 的哒螨灵监管残留中值（STMR）来计算哒螨灵的国家估计每日摄入量（ENDI），然后算出 ENDI 占哒螨灵 ADI 的百分比。结果显示，我国不同年龄段人群的 ENDI 在 2.182～4.736 μg/(kg・d)，占哒螨灵 ADI 的百分比为 21.82%～47.36%，表明哒螨灵的施用只要按照良好的农业操作规范，对我国居民的膳食安全是不会造成影响。因此，建议我国哒螨灵在西红柿中的 MRL 值定为 1 mg/kg。40%哒螨灵可湿性粉剂的施用建议如下：施药剂量 90～135 g a.i./hm^2，施药 3 次，施药间隔期为 7 d，最后一次施药距采收间隔期为 5 d，本研究结果为科学合理用药及国家制定哒螨灵在西红柿中的 MRL 值提供基础数据。

二氯喹啉酸在水稻田环境中的消解动态研究

刘春梅

摘要：为了明确二氯喹啉酸在保持水层和水层自然沉降两种处理下的稻田环境中的消解趋势，于2012年在广州市进行田间试验，利用液相色谱串联质谱法检测二氯喹啉酸在水稻田环境中的消解动态。结果显示，二氯喹啉酸在稻田水和稻田土壤样品中的检出限（LOD）分别为0.001 mg/L和0.001 mg/kg。当添加水平为0.01、0.1和1.00 mg/L（或mg/kg）时，二氯喹啉酸在稻田水中的回收率范围为83.93%～106.75%，相对标准偏差（RSD）为2.3%～6.3%，在稻田土壤中的回收率范围为83.23%～113.50%，RSD为2.6%～4.4%；二氯喹啉酸在稻田水和稻田土中的降解符合一级化学反应动力学方程$C=C_o e^{-kt}$；在保持水层的稻田中，二氯喹啉酸在田水和土壤中的半衰期分别为8.7 d和14.1 d，在自然沉降的稻田中，二氯喹啉酸在土壤中的半衰期为10.8 d；该研究为二氯喹啉酸在水稻田中的合理利用提供了依据。

关键词：二氯喹啉酸；水稻田；消解动态；液相色谱串联质谱；半衰期

二氯喹啉酸又名快杀稗，化学名称3,7-二氯-8-喹啉羧酸，是由德国巴斯夫公司首先开发的一种内吸性激素型水田除草剂。二氯喹啉酸是防治稻田稗草的特效选择性除草剂，对4～7叶期稗草效果突出，选择性强，施药时期的幅度宽，一次施药能控制整个水稻生育期的稗草，还能有效防除鸭舌草、水芹等，但对莎草科杂草的防治效果差。该化合物能被萌发的种子、根部及叶部吸收，具有激素型除草剂的特点，与生长素类物质的作用症状相似。关于二氯喹啉酸的研究已有很多报道，李丽春利用高效液相色谱法对二氯喹啉酸在土壤、畸形烟叶和烤烟中的残留量进行了比较分析。王一茹研究发现在天津和吉林试验地处理区相邻的稻田水中未检出二氯喹啉酸，而在土壤里检测出二氯喹啉酸；灌溉支渠水和土壤中均检测到残留，表明二氯喹啉酸在水和土壤中有水平移动的现象。然而在实际生产中，一些农民存在“越多越好”的施药心态以及盲目滥用药的行为，这可能会对地表水和地下水造成潜在危害，因此应注意二氯喹啉酸在稻田中的合理使用。

本文针对华南生态区一年多熟制的典型作物栽培模式，以保持水层的稻田和水层自然沉降的稻田作为研究对象，对比研究了二氯喹啉酸在两种情况下的残留降解动态，为二氯喹啉酸在水稻田中的合理利用提供了依据。

1 材料与方法

1.1 主要仪器和供试药剂

三重四极杆液质联用仪 API 4000^{+}，美国 AB SCIEX 公司；QL－866 涡旋仪，江苏海门市其林贝尔有限公司；KQ－500D 智能数字超声仪器，东莞市科桥超声波设备有限公司；HH－8 数显恒温水浴锅，常州澳华仪器有限公司。

二氯喹啉酸标准品，纯度 98.3%，购自迪马科技有限公司；50%二氯喹啉酸可湿性粉剂，由江苏省新沂中凯农用化工公司生产。甲醇为色谱纯，其余为分析纯。

1.2 田间试验和样品采集

试验于 2012 年在广东省广州市白云基地进行，按照《农药残留试验准则》和《农药登记残留田间试验标准操作规程》的要求设置试验小区，每个小区面积 32 m^2，随机排列，小区之间设保护行。设置两个处理，A 处理是保持稻田水层，适时补充灌水；B 处理是稻田灌水之后，让其水层自然沉降，不再补充灌水。以推荐剂量的高剂量的 2 倍即 1 500 g/hm^2（二氯喹啉酸有效成分 750 g/hm^2）作为施药处理，每个处理重复 3 次。

5 月 21 日进行田间处理，并分别于施药后 2 h、1 d、3 d、7 d、10 d、14 d、21 d、30 d、45 d、60 d 于每小区内 8 个以上采样点取土样，土壤深度 0～10 cm，混匀后装入双层塑料袋中，其中 A 处理小区，用水杯在随机 10 个以上的采样点取水，混匀后装入样品瓶，置于－20 ℃冰柜中贮存待测。

1.3 样品前处理

土壤样品前处理：称取 10.00 g 土壤样品于 50 mL 的离心管中，加入 30 mL 0.1 mg/L 氢氧化钾提取液充分振荡，超声 20 min；3 500 r/min 离心 15 min，取上清液 5 mL 于50 mL离心管中，加入几滴硫酸调节 pH 小于 2.0。于酸化的溶液中加入二氯甲烷 5 mL，涡旋振荡 1 min 后，以 3 000 r/min 离心 3 min，取二氯甲烷层转移至烧杯中，重复3 次，将二氯甲烷提取液浓缩近干，加入 2 mL 甲醇，涡旋 15 s，过 0.45 μm 微孔滤膜后上样。

田水样品前处理：取 5 mL 水样于 50 mL 离心管中，加入几滴硫酸调节 pH 小于 2.0。于酸化的溶液中加入二氯甲烷 5 mL，涡旋振荡 1 min 后，以 3 000 r/min 离心 3 min，取二氯甲烷层转移至烧杯中，重复 3 次，将二氯甲烷提取液浓缩近干，加入 2 mL 甲醇，涡旋 15 s，过 0.45 μm 微孔滤膜后上样。

1.4 HPLC－MS/MS 条件

色谱柱：Agilent Zorbax SB－C_{18}柱，100 mm×1.8 mm，3 μm；柱温：40 ℃；进样体积：10 μL；流速：0.2 mL/min；流动相：10 mmol/L 醋酸铵（含体积分数为 0.1%的甲酸）-甲醇。

离子化模式：大气压电喷雾离子源（ESI）；扫描模式：正离子模式；监测模式：多反应监测（MRM）；干燥气：N_2；干燥气流速：8 L/min；干燥气温度：600 ℃；去簇电压：50 V；入口电压：10 V；碰撞室电压：12 V；碰撞能量：20/54；定量离子对：242.1/224.0；定性离子对：242.1/161.1；保留时间：1.6 min。

1.5 残留量计算方法

用外标法（两点校准曲线法）定量，则二氯喹啉酸含量计算公式如下：

$$R=\frac{C_{标}\times V_{标}\times S_{样}\times V_{终}}{V_{样}\times S_{标}\times W}$$

式中：R 表示样本中农药残留量（mg/kg 或 mg/L）；$C_{标}$ 表示标准溶液质量浓度（μg/mL）；$V_{标}$ 表示标准溶液进样体积（μL）；$S_{样}$ 表示注入样本溶液的峰面积；$V_{终}$ 表示样本最终定容体积（mL）；$V_{样}$ 表示样本溶液进样体积（μL）；$S_{标}$ 表示注入标准溶液的峰面积；W 表示称样量（g 或 mL）。

2 结果与分析

2.1 线性范围和检出限

用空白稻田水提取液，配成质量浓度为 0.01 mg/L、0.05 mg/L、0.1 mg/L、0.5 mg/L、1 mg/L 的二氯喹啉酸基质匹配标样溶液，用空白稻田土壤提取液，配成质量分数为 0.01 mg/kg、0.05 mg/kg、0.1 mg/kg、0.5 mg/kg、1 mg/kg的二氯喹啉酸基质匹配标样溶液，分别取 10 μL 在选定的色谱条件下进样测定。以峰面积对浓度作线性回归曲线。结果表明，二氯喹啉酸在稻田水中的线性方程为 $y=5\times10^6x+37\ 110$，相关系数 R^2 为 0.999 9，在稻田土壤中的线性方程为 $y=4\times10^6x+22\ 885$，相关系数 R^2 为 0.999 8。以基质标样色谱图按照信噪比（S/N）等于3 确定方法的检出限，得出稻田水和稻田土的检出限为 0.001 mg/L 和 0.001 mg/kg。以最小添加浓度作为方法的定量限（LOQ），稻田水为 0.01 mg/L，稻田土壤为 0.01 mg/kg。

2.2 方法的准确度和精密度

取空白稻田水样品 5 mL 添加 0.01 mg/L、0.1 mg/L、1 mg/L 三个浓度水平的二氯喹啉酸标准品，每个浓度重复 3 次，取空白稻田土壤样品 10.00 g 添加 0.01 mg/kg、0.1 mg/kg、1 mg/kg 三个浓度水平的二氯喹啉酸标准品，每个浓度重复 3 次，按前述前处理步骤进行添加回收试验。二氯喹啉酸在稻田水和稻田土壤中的添加回收率和相对标准偏差如表 1 所示。结果表明，当添加水平为 0.01、0.1 和 1 mg/L（或 mg/kg）时，二氯喹啉酸在稻田水中的平均回收率为 83.93%～106.75%，相对标准偏差（RSD）为 2.3%～6.3%，在稻田土壤中的平均回收率为 83.23%～113.50%，相对标准偏差为 2.6%～4.4%。该分析方法准确性和精密度均符合残留分析检测要求。

表 1　二氯喹啉酸在稻田水和土壤中的添加回收率和相对标准偏差

样品	添加水平/(mg/L 或 mg/kg)	平均回收率/%	相对标准偏差 RSD/%
稻田水	0.01	83.93	2.3
	0.1	106.75	6.3
	1	94.73	4.2
稻田土	0.01	83.23	4.4
	0.1	85.37	3.6
	1	113.50	2.6

2.3　二氯喹啉酸在稻田水和土壤中的消解动态

二氯喹啉酸在广州白云基地稻田水和稻田土壤中的残留消解动态如表 2 所示。施药 45 d 后，二氯喹啉酸在 A 处理的稻田水、稻田土以及 B 处理的稻田土消解率分别达到 95.45%、93.63%、96.27%。施药 60 d 后，二氯喹啉酸在 A 处理的稻田水、稻田土以及 B 处理的稻田土中含量均低于 LOQ 值。

表 2　二氯喹啉酸在稻田水和土壤中的残留消解动态

施药后间隔天数/d	A 处理稻田水		A 处理稻田土		B 处理稻田土	
	残留量/(mg/L)	消解率/%	残留量/(mg/kg)	消解率/%	残留量/(mg/kg)	消解率/%
2h	0.66	—	0.14	—	0.56	—
1	0.62	6.06	0.08	43.10	0.41	27.19
3	0.72	—	0.07	51.82	0.25	54.92
7	0.60	9.09	0.08	40.71	0.16	71.00
10	0.21	68.18	0.13	9.35	0.50	10.43
14	0.20	69.70	0.04	71.31	0.16	70.40
21	0.06	90.91	0.03	78.26	0.06	88.34
30	0.04	93.94	0.04	72.60	0.08	85.74
45	0.03	95.45	0.01	93.63	0.02	96.27
60	<LOQ	—	<LOQ	—	<LOQ	—
消解方程	$C=0.645e^{-0.08t}$		$C=0.0993e^{-0.0492t}$		$C=0.3717e^{-0.0639t}$	
相关系数 r	0.9426		0.9355		0.9559	
半衰期/d	8.7		14.1		10.8	

二氯喹啉酸在两种处理下的稻田水和土壤中的消解动态趋势如图 1 所示。其消解符合化学反应一级动力学方程 $C=C_{oe}^{-kt}$，其中 C 为二氯喹啉酸残留量，mg/kg 或者mg/L；t 为施药后时间，d。二氯喹啉酸在 A 处理的稻田水和稻田土中的半衰期分别为 8.7 d 和 14.1 d，在 B 处理的稻田土中的半衰期为 10.8 d。研究表明二氯喹啉酸在环境中的残留活性、

降解速度主要由其自身结构决定，但与光照、环境 pH、温湿度、土壤类型、微生物活性和施药量等也密切相关。稻田水比稻田土壤更容易受到外界因素的影响，所以二氯喹啉酸在稻田水中的半衰期要短于在土壤中的半衰期。二氯喹啉酸在两种处理下的稻田土中的半衰期比较，B 处理要略短于 A 处理。可能是因为 A 处理的土壤一直处于淹水状态下，影响了土壤中相关微生物活性的缘故。由于施药时二氯喹啉酸首先溶解于稻田水中，稻田水中二氯喹啉酸的原始沉积量相对较高，随时间推移开始沉降落到土壤中，相比较而言，二氯喹啉酸更多地落在 B 处理的稻田土壤中，所以 B 处理的稻田土壤中二氯喹啉酸原始沉积量比 A 处理要略高一些。

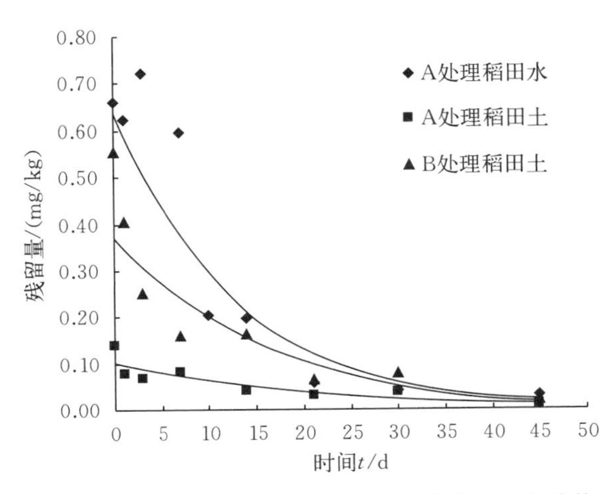

图 1　二氯喹啉酸在稻田水和土壤中的消解动态趋势

王一茹研究发现二氯喹啉酸在天津和吉林两地的稻田水中消解比较快，半衰期分别为 0.8 d 和 2 d，在土壤中残留较低，消解较快，半衰期约为 6 d。本实验是在华南地区开展的，相比而言，华南地区稻田水和土壤偏酸性，而天津和吉林地区偏碱性，土壤 pH 较高，二氯喹啉酸在水中的溶解度较大，随着稻田水的淋溶，水和土壤中残留消解都较快。

由结果可以看出，二氯喹啉酸在广州白云基地稻田水和稻田土壤中的持留时间都较短，对环境污染的危险性较小。按照《化学农药环境安全评价试验准则》中划分的标准，根据 $T_{1/2}$ 值可将农药残留性划分为三个等级，即土壤中的 $T_{1/2}$ 小于 3 个月的为易降解性农药，3～12 个月的为中等残留性农药，大于 12 个月的为长残留性农药。二氯喹啉酸在稻田水和稻田土壤中属易降解性农药，是一种环境友好农药。

3　结论

二氯喹啉酸是一种内吸性激素型除草剂，在两种稻田处理中的残留量均较低，对后茬作物无较大影响。其消解较快，在保持水层的稻田水和稻田土中的半衰期分别为 8.7 d 和 14.1 d，在水层自然沉降的稻田土中的半衰期为 10.8 d，属易降解性农药。二氯喹啉酸在土壤中有较大的移动性，盲目滥用可能对环境造成潜在危害，应注意二氯喹啉酸的合理使用。另外，农药的残留消解与土壤类型和气候等因素密切相关，本试验仅在广州开展，二氯喹啉酸在其他地区相同处理的水稻田环境中的消解动态还有待进一步研究。

广东省主栽水稻品种稻米重金属含量差异研究

李　波

摘要：以广东省主要种植的27个水稻品种为研究对象，通过对243份稻米样品中Cd、Pb、Cr、As、Hg 5种重金属含量的测定，分析不同品种和类型的水稻对5种重金属吸收能力的差异。研究结果表明，对广东省稻米影响最大的重金属是Cd，超标率为11.11%，Pb超标率是7.41%，Cr超标率是3.70%，As和Hg的检出量都低于国家标准。重金属对广东省稻米质量安全的影响严重程度依次为：Cd>Pb>Cr>Hg>As，3种类型品种重金属综合污染严重程度顺序是：籼型常规稻>两系杂交稻>三系杂交稻。

关键词：水稻；品种；重金属

中国作为农业大国，水稻是最主要的粮食作物，稻米在我国居民尤其是我国南方居民的膳食结构中占主要份额。广东省是我国水稻的生产、贸易和消费大省，据统计，广东省2011年稻谷产量达到1 096.90万t。广东省同时也是一个经济强省，工业和经济发展处于全国前列，工业促进经济发展的同时也给周边的环境带来重金属等污染。2013年2月的"镉大米"事件将稻米重金属污染的严重性摆在了公众面前。目前已经有相关研究发现，水稻对于重金属的吸收和积累有明显的品种差异，不同品种稻米中重金属含量可相差数倍。如何能合理地指导农业生产，筛选出重金属低累积品种显得尤为重要。本研究拟通过调查广东省27个主要种植的水稻品种稻米中5种常见重金属（镉、铅、铬、砷、汞）含量状况，筛选出对重金属积累能力相对较低的水稻品种。

1　材料与方法

1.1　材料

抽取广东省主要种植的27个品种（表1）的243份稻谷样品。27个水稻品种中，三系杂交稻品种12个，两系杂交稻品种6个，常规稻品种9个。

表1　供试水稻品种

系列	品种	亲本来源	类型
天优系列	天优998	天丰A（♀）　广恢998（♂）	三系杂交稻
	天优华占	天丰A（♀）　华占（♂）	三系杂交稻
	天优3618	天丰A（♀）　广恢3618（♂）	三系杂交稻
	天优122	天丰A（♀）　广恢122（♂）	三系杂交稻

（续）

系列	品种	亲本来源	类型
五优系列	五优 308 五优 613	五丰 A（♀） 广恢 308（♂） 五丰 A（♀） 粤恢 613（♂）	三系杂交稻 三系杂交稻
特优系列	特优 524 特优 998 特优 816	龙特甫 A（♀） R524（♂） 龙特甫 A（♀） 广恢 998（♂） 龙特甫 A（♀） FR816（♂）	三系杂交稻 三系杂交稻 三系杂交稻
深优系列	深优 9516 深优 9786 深优 9798	深 95A（♀） R7116（♂） 深 97A（♀） R8086（♂） 深 97A（♀） R5398（♂）	三系杂交稻 三系杂交稻 三系杂交稻
深两优系列	深两优 5814 深两优 5183	Y58S（♀） 丙 4114（♂） 深 51S（♀） R7183（♂）	两系杂交稻 两系杂交稻
Y 两优系类	Y 两优 1 号 Y 两优 7 号 Y 两优 101 Y 两优 143	Y58S（♀） 93－11（♂） Y58S（♀） R163（♂） Y58S（♀） R101（♂） Y58S（♀） P143（♂）	两系杂交稻 两系杂交稻 两系杂交稻 两系杂交稻
丝苗系列	金农丝苗 粤农丝苗 粤晶丝苗 五山丝苗	金华软占（♀） 桂农占（♂） 黄华占（♀） 粤泰 13（♂） 粤香占（♀） 锦超丝苗（♂） 茉莉丝苗（♀） 五山油占（♂）	籼型常规稻 籼型常规稻 籼型常规稻 籼型常规稻
油占系列	五山油占 马坝油占 黄壳油占	广青占/丰八占（♀） 五丰占 2 号（♂）	籼型常规稻 籼型常规稻 籼型常规稻
珍桂系列	珍桂占 珍桂矮 1 号	珍桂矮 1 号（♀） 桂毕 2 号（♂） 珍叶矮（♀） 桂青 3 号（♂）	籼型常规稻 籼型常规稻

1.2 方法

1.2.1 采样区域

为了全面了解广东省主要种植水稻品种受重金属污染的状况，根据 2012 年《广东农村统计年鉴》稻米播种面积，对广东省主要水稻种植区进行采样，采样范围覆盖珠三角、粤东、粤西、粤北等地区 10 个市 27 个县，共采集 243 份稻米样品。

1.2.2 样品处理

将采回的水稻籽粒样品置于烘箱 70 ℃烘干至恒重，使用小型脱壳机将水稻籽粒进行脱壳，得到糙米样品，再用小型精米机将糙米碾成精米，收集精米，碾磨成精米粉，过 100 目尼龙筛，每份样品磨 2 份米粉，贴好标签，用塑料封口袋保存待测。

1.2.3 测试方法

准确称取 0.20 g（精确至 0.000 1 g）样品，样品用湿式消解法消解后，用石墨炉原子吸收光谱法测定镉、铅、铬；样品中总砷测定，用湿式消解法消解后，用原子荧光光度法测定；样品中汞测定，用微波消解法消解后，用原子荧光光度法测定。在测定稻米样品的同时，使用国家标准物质——四川大米 GBW10044（GSB-22）和湖南大米 GBW10045（GSB-23），进行质量控制。

1.2.4 数据分析

采用 Excel 和 SPSS 软件对各品种稻米的重金属污染进行统计分析。

2 结果与分析

2.1 不同品种稻米样品中 Cd、Pb、Cr、As、Hg 的含量差异

由表 2 可以看出，不同品种稻米样品中 Cd、Pb、Cr、As、Hg 的含量差异很大。27 个水稻样品中 Cd 的含量范围为 0.02～0.26 mg/kg，变异系数为 59.61%，最大值是最小值的 13 倍，其中 Cd 含量最高的品种是珍桂占（常规稻），Cd 含量最低的品种是 Y 两优 143（两系杂交稻）。在 27 个水稻品种中，有 3 个常规稻品种（黄壳油占、珍桂占、珍桂矮 1 号）稻米中 Cd 含量超过国家规定的稻米中 Cd 的限量值标准 0.2 mg/kg（GB 2762—2012），其余 24 个水稻品种 Cd 含量均低于国家限量值标准，超标率为 11.11%。

27 个水稻样品中 Pb 的含量范围为 0.01～0.22 mg/kg，变异系数为 62.08%，最大值是最小值的 22 倍，其中 Pb 含量最高的品种是 Y 两优 7 号（两系杂交稻），Pb 含量最低的品种是特优 998、特优 816（三系杂交稻）以及深两优 5183（两系杂交稻）。27 个水稻品种中有两个水稻品种（Y 两优 7 号和天优 998）稻米中 Pb 含量超过国家规定的稻米中 Pb 的限量值标准 0.2 mg/kg（GB 2762—2012），其余品种 Pb 含量低于国家限量值标准，超标率为 7.41%。

27 个水稻样品中 Cr 的含量范围为 0.08～1.04 mg/kg，变异系数为 52.46%，最大值是最小值的 13 倍，其中 Cr 含量最高的品种是特优 816（三系杂交稻），Cr 含量最低的品种是特优 524（三系杂交稻）。27 个水稻品种中有 1 个水稻品种（特优 816）稻米中 Cr 含量超过国家规定的稻米中 Cr 的限量值标准 1.0 mg/kg（GB 2762—2012），其余品种 Cr 含量低于国家限量值标准，超标率为 3.70%。

27 个水稻样品中 As 的含量范围为 0.04～0.15 mg/kg，变异系数为 28.77%，最大值是最小值的 3.75 倍，其中 As 含量最高的品种是粤农丝苗（常规稻），As 含量最低的品种是特优 998（三系杂交稻）。27 个水稻品种稻米中 As 含量全部没有超过国家规定的稻米中 As 的限量值标准 0.7 mg/kg（NY 861—2004），超标率为 0%。

27 个水稻样品中 Hg 的含量范围为 0.002～0.008 mg/kg，变异系数为 43.61%，最大值是最小值的 4 倍，其中 Hg 含量最高的品种是珍桂占（常规稻），Hg 含量最低的品种是天优 122、五优 613（三系杂交稻）以及深两优 5183、Y 两优 101（两系杂交稻）。27

个水稻品种稻米中 Hg 含量全部没有超过国家规定的稻米中 As 的限量值标准 0.02 mg/kg (GB 2762—2012)，超标率为 0%。

表 2 不同品种稻米重金属的含量

项目		Cd/(mg/kg)	Pb/(mg/kg)	Cr/(mg/kg)	As/(mg/kg)	Hg/(mg/kg)
天优系	天优 998	0.09±0.02	0.20±0.06	0.53±0.06	0.09±0.02	0.005±0.001
	天优华占	0.04±0.02	0.13±0.04	0.50±0.14	0.08±0.03	0.006±0.002
	天优 3618	0.05±0.02	0.06±0.03	0.44±0.09	0.12±0.02	0.003±0.001
	天优 122	0.05±0.02	0.06±0.03	0.25±0.08	0.08±0.03	0.002±0.001
五优系	五优 308	0.13±0.03	0.08±0.02	0.50±0.06	0.13±0.01	0.003±0.001
	五优 613	0.12±0.05	0.06±0.01	0.59±0.13	0.12±0.01	0.002±0.001
特优系	特优 524	0.08±0.02	0.07±0.02	0.08±0.03	0.08±0.03	0.004±0.001
	特优 998	0.03±0.02	0.01±0.01	0.15±0.13	0.04±0.01	0.005±0.003
	特优 816	0.14±0.04	0.01±0.01	1.04±0.09	0.08±0.01	0.003±0.001
深优系	深优 9516	0.11±0.02	0.11±0.03	0.33±0.05	0.09±0.01	0.004±0.001
	深优 9786	0.06±0.02	0.10±0.02	0.41±0.07	0.12±0.01	0.003±0.001
	深优 9798	0.09±0.04	0.17±0.05	0.34±0.13	0.14±0.01	0.003±0.001
深两优系	深两优 5814	0.14±0.04	0.19±0.14	0.50±0.13	0.09±0.02	0.004±0.001
	深两优 5183	0.06±0.03	0.01±0.01	0.32±0.18	0.07±0.01	0.002±0.001
Y 两优系	Y 两优 1 号	0.09±0.33	0.05±0.04	0.43±0.17	0.07±0.01	0.003±0.001
	Y 两优 7 号	0.10±0.04	0.22±0.02	0.51±0.04	0.06±0.01	0.003±0.002
	Y 两优 101	0.04±0.02	0.06±0.04	0.41±0.03	0.06±0.04	0.002±0.001
	Y 两优 143	0.02±0.01	0.14±0.11	0.41±0.22	0.12±0.05	0.004±0.002
丝苗系	金农丝苗	0.08±0.02	0.13±0.04	0.11±0.02	0.14±0.02	0.003±0.001
	粤农丝苗	0.09±0.02	0.04±0.01	0.11±0.01	0.15±0.01	0.007±0.001
	粤晶丝苗	0.07±0.06	0.10±0.04	0.31±0.25	0.06±0.04	0.003±0.001
	五山丝苗	0.15±0.07	0.06±0.01	0.15±0.09	0.11±0.01	0.003±0.001
油占系	五山油占	0.07±0.04	0.12±0.08	0.20±0.10	0.10±0.03	0.003±0.001
	马坝油占	0.12±0.03	0.06±0.03	0.45±0.11	0.11±0.02	0.005±0.001
	黄壳油占	0.22±0.06	0.07±0.02	0.24±0.05	0.11±0.01	0.004±0.001
珍桂系	珍桂占	0.26±0.18	0.14±0.06	0.33±0.12	0.13±0.03	0.008±0.005
	珍桂矮 1 号	0.22±0.03	0.04±0.01	0.56±0.04	0.12±0.01	0.005±0.001
含量范围		0.02～0.26	0.01～0.22	0.08～1.04	0.04～0.15	0.002～0.008
全距		0.24	0.21	0.95	0.11	0.006

（续）

项目	Cd/(mg/kg)	Pb/(mg/kg)	Cr/(mg/kg)	As/(mg/kg)	Hg/(mg/kg)
中值	0.09	0.07	0.41	0.10	0.003
平均值	0.10	0.09	0.38	0.10	0.004
几何平均值	0.08	0.07	0.33	0.10	0.003
标准差	0.06	0.06	0.20	0.03	0.002
变异系数	59.61%	62.08%	52.46%	28.77%	43.61%
国家标准限值	0.20	0.20	1.00	0.70	0.020

2.2 不同品种稻米样品的重金属污染指数分析

对不同水稻品种中的重金属污染情况采用单因子指数和内梅罗综合污染指数来进行评价（重金属污染指数分级标准见表3），单因子指数用来衡量某一重金属 i 的污染程度，内梅罗综合污染指数用来衡量多种重金属的整体污染程度。

表3　重金属污染指数分级标准

级别	单因子污染指数	污染等级	综合污染指数	污染等级
1	$P_i<1$	清洁	$P_{综合}<0.7$	安全，清洁
2	$1<P_i<2$	轻污染	$0.7<P_{综合}<1$	警戒线，尚清洁
3	$2<P_i<3$	中污染	$1<P_{综合}<2$	轻度污染，开始受污染
4	$P_i>3$	重污染	$2<P_{综合}<3$	中度污染，受到重度污染
5			$P_{综合}>3$	重污染，受到严重污染

从单因子污染指数来看（表4），黄壳油占、珍桂占、珍桂矮1号的 P_{Cd} 大于1小于2，其余品种的 P_{Cd} 均小于1；Y两优7号的 P_{Pb} 大于1小于2，其余品种的 P_{Pb} 均小于1；特优816的 P_{Cr} 大于1小于2，其余品种的 P_{Cr} 均小于1；所有品种水稻的 P_{As} 与 P_{Hg} 均小于1。从各单因子污染指数的平均值来看，$P_{Cd}>P_{Pb}>P_{Cr}>P_{Hg}>P_{As}$，Cd的污染指数最高，Pb的其次，Cr第三，Hg和As都很小，这说明了广东省Cd对水稻的影响是5种重金属中最严重的。

从综合污染指数来看（表4），珍桂占的综合污染指数 $P_{综合}$ 为1.01，受污染程度较轻；特优816、深两优5814、Y两优7号、黄壳油占、珍桂矮1号这5个品种的水稻的综合污染指数 $P_{综合}$ 为0.7～1，存在被污染的可能性，其余所有品种的综合污染指数 $P_{综合}$ 均小于0.7，属于安全等级。

表 4 水稻重金属污染指数

品种	P_{Cd}	P_{Pb}	P_{Cr}	P_{As}	P_{Hg}	$P_{综合}$
天优 998	0.46	0.20	0.53	0.13	0.27	0.43
天优华占	0.19	0.65	0.50	0.12	0.31	0.52
天优 3618	0.23	0.30	0.44	0.18	0.14	0.36
天优 122	0.26	0.27	0.25	0.12	0.08	0.24
五优 308	0.64	0.39	0.50	0.18	0.15	0.52
五优 613	0.59	0.30	0.59	0.17	0.08	0.48
特优 524	0.40	0.36	0.08	0.12	0.18	0.33
特优 998	0.13	0.05	0.15	0.06	0.23	0.18
特优 816	0.71	0.07	1.04	0.11	0.14	0.79
深优 9516	0.57	0.57	0.33	0.13	0.21	0.48
深优 9786	0.29	0.50	0.41	0.17	0.16	0.41
深优 9798	0.44	0.85	0.34	0.20	0.13	0.66
深两优 5814	0.71	0.94	0.50	0.13	0.18	0.75
深两优 5183	0.32	0.07	0.32	0.09	0.09	0.26
Y 两优 1 号	0.47	0.24	0.43	0.10	0.17	0.39
Y 两优 7 号	0.51	1.09	0.51	0.09	0.17	0.84
Y 两优 101	0.18	0.29	0.41	0.08	0.12	0.33
Y 两优 143	0.12	0.71	0.41	0.16	0.18	0.55
金农丝苗	0.39	0.67	0.11	0.20	0.14	0.52
粤农丝苗	0.47	0.21	0.11	0.22	0.34	0.38
粤晶丝苗	0.34	0.48	0.31	0.09	0.13	0.39
五山丝苗	0.75	0.27	0.15	0.16	0.13	0.57
五山油占	0.33	0.58	0.20	0.15	0.17	0.46
马坝油占	0.58	0.31	0.45	0.16	0.25	0.48
黄壳油占	1.10	0.37	0.24	0.16	0.19	0.83
珍桂占	1.30	0.71	0.33	0.18	0.40	1.01
珍桂矮 1 号	1.12	0.22	0.56	0.17	0.25	0.85
均值	0.50	0.43	0.38	0.14	0.18	0.52

2.3 不同品种类型稻米样品污染指数分析

从图 1 可以看出，不同类型的水稻受重金属污染差异显著，5 种重金属的污染指数中，籼型常规稻 Cd 的污染指数最高，超过 0.7，籼型常规稻与两种杂交稻的差异较为显著，三系杂交稻和两系杂交稻差异不显著。其中 Cd 的污染指数排序为：籼型常规稻>三系杂交稻>两系杂交稻，Pb 的污染指数排序为：两系杂交稻>三系杂交稻>籼型常规稻，Cr 的污染指数排序为：两系杂交稻>三系杂交稻>籼型常规稻，As 的污染指数排序为：籼型常规稻>三系杂交稻>两系杂交稻，Hg 的污染指数排序为：籼型常规稻>三系杂交稻>两系杂交稻。

从图 2 可以得知，籼型常规稻的综合污染指数明显高于两系杂交稻和三系杂交稻，这说明籼型常规稻对重金属的污染比杂交稻严重，两系杂交稻的综合污染指数略高于三系杂交稻。

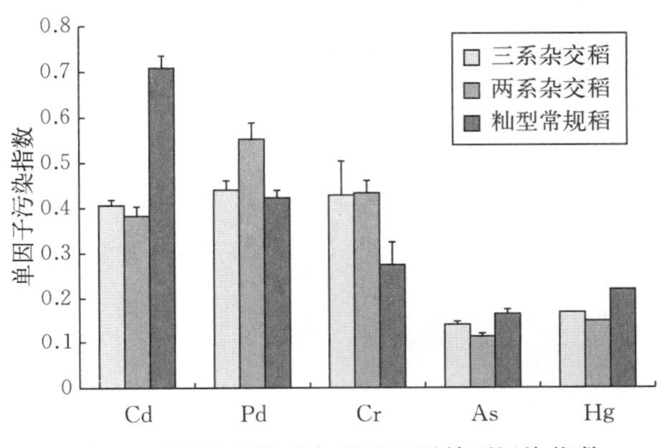

图 1　不同品种类型水稻重金属单项污染指数

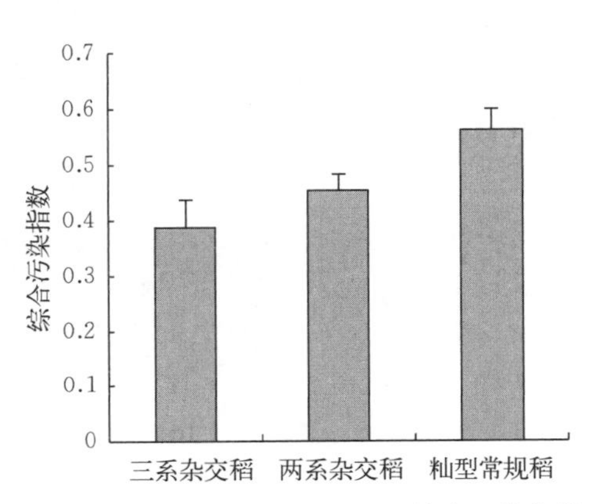

图 2　不同品种类型水稻重金属综合污染指数

3　结果与讨论

3.1　广东省水稻重金属污染的总体概况

广东省稻米中 Cd 污染是最严重的，超标率是 11.11%，Pb 超标率是 7.41%，Cr 超标率是 3.70%，As 和 Hg 的超标率都是 0%。5 种重金属 Cd、Pb、Cr、As、Hg 的含量范围分别是 0.02～0.26 mg/kg、0.01～0.22 mg/kg、0.08～1.04 mg/kg、0.04～0.15 mg/kg、0.002～0.008 mg/kg。广东省稻米中镉和铅超标较高，重金属来源主要是工业的污染以及汽车尾气的排放。

不同品种之间的各种重金属的含量差异也非常显著，27 个品种之间 Cd 含量的最高值是最低值的 13 倍，Pb 含量的最高值是最低值的 22 倍，Cr 含量的最高值是最低值的 13 倍，As 含量的最高值是最低值的 3.75 倍，Hg 含量的最高值是最低值的 4 倍。关于品种间重金属含量差异显著的研究前人做过很多，曾翔等报道 46 个品种稻米 Cd 含量最高值与最低值相差 6 倍，刘建国研究报道不同品种稻米 Cd 含量最高值与最低值相差 10 倍多，稻米 Pb 含量最高值与最低值相差 3 倍左右，殷敬峰等报道称 21 个品种稻米中 Cd 含量最高值与最低值相差 15 倍多。

3.2　不同品种类型水稻重金属污染

本实验通过对三系杂交稻、两系杂交稻、籼型常规稻这三种广东省主要类型的部分品种（系类）的5种重金属的测定，结果显示对广东省稻米重金属污染影响严重程度的顺序是：Cd＞Pb＞Cr＞Hg＞As，三种类型品种重金属综合污染严重程度顺序是：籼型常规稻＞两系杂交稻＞三系杂交稻。

三个类型的品种中，两系杂交稻对Cd的吸收积累最低，籼型常规稻对Cd的吸收积累最高，三系杂交稻居中，与仲维功等报道的籼型常规稻的Cd积累大于杂交稻一致，然而王凯荣等则认为杂交稻比常规稻对Cd有更强的吸收能力，与本研究结果不一致。三个类型品种对Pb的吸收积累顺序是：两系杂交稻＞三系杂交稻＞籼型常规稻；对Cr的吸收积累顺序是：两系杂交稻＞三系杂交稻＞籼型常规稻；对As的吸收积累顺序是：籼型常规稻＞三系杂交稻＞两系杂交稻；对Hg的吸收积累顺序是：籼型常规稻＞三系杂交稻＞两系杂交稻。

种子处理对 PEG6000 模拟渗透胁迫下棉花发芽的影响

张卫杰

摘要：为探讨干旱胁迫下不同处理剂对包衣棉花种子萌发的影响，以不同药种比例二次拌种处理，用 10%和 20%的 PEG6000 溶液模拟土壤干旱进行发芽试验。对干旱胁迫下种子萌发期的相对发芽率、相对幼芽含水率、相对发芽指数、相对活力指数、萌发抗旱指数、相对平均发芽速率等指标进行测定，应用多元统计分析方法进行抗旱性综合评价，以确定不同处理剂的作用效果以及棉花萌芽期简单易用的抗旱鉴定指标。结果表明：①随着 PEG6000 浓度的升高，各处理的发芽指数相对值、活力指数相对值、萌发抗旱指数相对值和综合抗旱评价值（*D* 值）总体上呈下降态势。②处理剂Ⅰ提高种子萌发抗旱性的作用效果明显优于处理剂Ⅱ。③用与抗旱综合评价相关的相对发芽指数、相对幼芽含水率、相对鲜质量和相对平均发芽率 4 个指标可有效鉴定不同处理的种子萌发抗旱性。

关键词：棉花；PEG 胁迫；萌发期；抗旱性

水资源短缺是目前公认的全球性环境焦点问题之一，中国干旱及半干旱地区面积占全国总耕地面积的 48%，干旱胁迫对农作物造成的损失在所有非生物胁迫中占首位，已经成为限制农业发展的重要障碍。棉花作为我国重要的经济作物多分布于盐碱干旱地区，而且其生长的主要季节为高温干旱的夏季，水分匮缺成为棉花播种期或其他关键生育期生长发育的限制性因素。随着生物技术的飞速发展，提高农作物的抗旱性已经成为农业研究领域的热点之一。γ-聚谷氨酸（γ-PGA）是由微生物发酵产生的一种 γ-谷氨酸链状高聚物，它富含侧链羧基，具有无毒、无害、无残留等特性，还具有高吸水保水性，在农业上常用作保水剂和种子包衣剂。用电子束轰击 γ-PGA 制成的树脂对种子进行包埋后，种子能够在沙漠和缺水地区顺利发芽。施用 γ-PGA 水浸液或直接拌种，可提高小麦出苗率。在用聚乙二醇（PEG6000）模拟干旱胁迫下，使用外源 γ-PGA 后，可提高小麦和黑麦草的发芽率，增强水稻幼苗的耐旱性。迄今为止，γ-PGA 用于抗干旱的研究大多集中于小麦、水稻、玉米等作物，在棉花上的相关研究较为滞后。本研究将 γ-PGA 与其他成分复配后配合种衣剂处理棉花种子，并利用高分子渗透剂 PEG6000 模拟干旱胁迫，通过分析不同处理棉花种子的发芽特性，对与种子萌发期抗旱性相关的多个指标进行系统分析与鉴选，初步建立抗旱性评价指标体系，并对不同处理的种子进行萌发抗旱性综合评价，为种子处理技术在干旱条件下的棉花生产提供科学依据。

1 材料与方法

1.1 供试材料

供试品种为中棉所 42（已用 20%拌种灵・福美双・锌包衣），由中国农业科学院棉花研究所选育，种子处理剂Ⅰ、Ⅱ由河南奈安生物科技股份有限公司农药副作用及药害防控技术河南省工程实验室自主研发。处理剂Ⅰ主要有效成分：γ-聚谷氨酸、水溶性腐殖酸和无机盐；处理剂Ⅱ主要有效成分：γ-聚谷氨酸、生化黄腐酸和聚阴离子纤维素。

1.2 试验方法

1.2.1 种子处理

不同处理的设置条件见表 1。选取颗粒饱满、大小一致的棉花种子置于 40 ℃恒温箱中干燥 24 h，分别用处理剂样品处理后自然晾干，拌种比为 1∶50、1∶75 和 1∶100。然后置于浓度为 0 g/L、10 g/L 和 20 g/L（对应的渗透势分别为 0 MPa、−0.15 MPa 和−0.46 MPa）的 PEG6000 溶液中，于 25 ℃培养箱中光暗交替恒温培养 12 d，每 24 h 补充一次水分使渗透势维持不变，以芽长超过 0.5 cm 且无腐烂变质的种子为正常发芽，每天开始统计发芽数和芽长。共设置 15 个处理，每个处理设 2 个培养皿，每皿 100 粒，重复 2 次。培养皿（直径 9 cm）和滤纸事先用 121 ℃高温灭菌消毒 30 min，每个培养皿垫 2 层风干的滤纸。

表 1 不同处理的设置条件

处理编号	处理剂	PEG6000 处理浓度/(g/L)	拌种比
CK	无	0	无
1	无	10	无
2	无	20	无
3	Ⅰ	10	1∶50
4	Ⅰ	20	1∶50
5	Ⅰ	10	1∶75
6	Ⅰ	20	1∶75
7	Ⅰ	10	1∶100
8	Ⅰ	20	1∶100
9	Ⅱ	10	1∶50
10	Ⅱ	20	1∶50
11	Ⅱ	10	1∶75
12	Ⅱ	20	1∶75
13	Ⅱ	10	1∶100
14	Ⅱ	20	1∶100

1.2.2 测定指标及方法

种子开始培养后每天观察并记录种子发芽情况；培养至第 8 天调查种子发芽情况（发芽数、鲜质量、干质量），计算发芽指数、平均发芽速率、活力指数、幼芽含水率、种子萌发抗旱指数、干物质胁迫指数等指标。

$$\text{发芽指数}\ G_\mathrm{I}=\sum(G_t/D_t)\text{；}$$

$$\text{平均发芽速率}\ G_\mathrm{a}=\sum(G_t\times D_t)\Big/\sum D_t\text{；}$$

$$\text{活力指数}\ V_\mathrm{I}=G_\mathrm{I}\times S$$

其中，G_t 表示在 t 日的发芽数；D_t 表示与 G_t 相对应种子出芽经历时间；S 表示规定时间（7 d）内单株幼苗的生物量（干质量）。

幼芽含水率＝1－幼芽干质量/幼芽鲜质量；种子萌发抗旱指数＝水分胁迫下种子萌发指数（P_IS）/对照种子萌发指数（P_IC），其中 $P_I=1.00\ n_{d2}+0.75\ n_{d4}+0.5\ n_{d6}+0.25\ n_{d8}$（$n_{d2}$、$n_{d4}$、$n_{d6}$、$n_{d8}$分别是 2 d、4 d、6 d、8 d 的种子萌发率）；干物质胁迫指数＝干旱下幼苗干质量/对照幼苗干质量。

1.2.3 数据统计与分析

数据整理与分析采用 Excel 2007 软件。参照周广生等方法将各指标的原始数据转化为相对值，运用 SPSS 18.0 软件对各指标的相对值进行主成分分析，并利用隶属函数值对不同处理的棉花种子萌芽期的耐渗透胁迫进行综合评价。运用的主要公式如下：

隶属函数值：$u(X_j)=(X_j-X_{\min})/(X_{\max}-X_{\min})\quad j=1,2,\cdots,n$　　(1)

各综合指标权重：$W_j=P_j\Big/\sum_{j=1}^{n}P_j\quad j=1,2,\cdots,n$　　(2)

耐渗透胁迫综合评价：$D=\sum_{j=1}^{n}[u(X_j)\times w_j]\quad j=1,2,\cdots,n$　　(3)

式中，X_j 表示第 j 个综合指标；$X_{\min}$表示第 j 个综合指标的最小值；$X_{\max}$表示第 j 个综合指标的最大值；W_j 表示第 j 个综合指标在所有综合指标中的重要程度即权重；P_j 为各处理第 j 个综合指标的贡献率；D 为各处理的综合指标评价所得的耐渗透胁迫度量值。

2 结果与分析

2.1 测定指标相对值的分析

由表 2 可见，在 PEG6000 模拟渗透胁迫下，各处理的指标与正常对照相比（相对值）均受到了不同程度的影响，不同处理经模拟渗透胁迫后其发芽率、发芽指数、活力指数、萌发抗旱指数基本上均有所下降（相对值 ＜ 1），而鲜质量和幼芽含水率大部分都有所上升（相对值＞1）。PEG6000 浓度为 20 g/L 的各处理的发芽指数相对值、活力指数相对值和萌发抗旱指数相对值均小于 PEG6000 浓度为 10 g/L 的各处理，但不同处理各单项指标的变化幅度不尽相同，各有差异。各指标的相对值在一些文献中又称为抗胁迫系数或抗旱系数，仅指示该指标下的耐冷性强弱。由于各处理的抗旱性和各指标所提供的信息均有较大差异，若仅根据单一指标的测定值得出结论难免有一定的片面性，所以需要将这些指标综合起来进行抗旱性评价。

表 2　各测定指标相关数据

处理	相对发芽率	相对鲜质量	相对幼芽含水率	相对发芽指数	相对活力指数	萌发抗旱指数	干物质胁迫指数	相对平均发芽速率
1	0.422	1.469	1.322	0.339	0.261	0.360	0.771	0.760
2	0.141	1.819	1.302	0.159	0.161	0.193	1.007	0.123
3	0.477	1.389	1.173	0.515	0.533	0.608	1.035	0.366
4	0.57	1.305	1.243	0.411	0.344	0.419	0.837	0.495
5	0.547	1.355	1.208	0.588	0.552	0.756	0.938	0.748
6	0.484	1.126	1.096	0.367	0.355	0.413	0.965	0.395
7	0.531	0.900	1.084	0.393	0.310	0.421	0.788	0.435
8	0.25	1.296	1.237	0.235	0.198	0.307	0.844	0.150
9	0.289	1.139	1.153	0.276	0.244	0.339	0.882	0.201
10	0.178	1.229	1.183	0.151	0.135	0.190	0.896	0.147
11	0.109	1.399	0.416	0.138	0.118	0.181	0.858	0.129
12	0.203	0.705	0.839	0.260	0.226	0.344	0.872	0.245
13	0.578	1.166	1.143	0.462	0.425	0.520	0.920	0.506
14	0.438	1.206	1.221	0.337	0.273	0.374	0.813	0.376

注：萌发抗旱指数即萌发指数的相对值，干物质胁迫指数即干质量的相对值。

2.2　萌发期抗旱指标的主成分分析

Bouslama 等提出，根据种子在高渗溶液或在不同渗透势土壤中的发芽率和发芽势来评价萌发期抗旱性，并提出用种子萌发抗旱指数来反映种子在高渗溶液中的发芽势和发芽率，在一定程度上能间接反映作物萌发期的抗旱性。本试验将种子萌发抗旱指数作为代表各处理抗旱性强弱的指标与测定的各项指标进行相关性分析（表 3），并将表 2 提供的数据作为主成分分析的原数据矩阵，利用软件进一步分析得到各项指标的相关系数矩阵，根据相关系数矩阵，得出各综合指标的特征值，筛选特征值>1 的主成分并计算得到各指标的主成分特征向量及其贡献率（表 4）。

表 3 相关性分析显示：相对发芽率、相对发芽指数和相对活力指数与种子萌发抗旱指数的相关系数明显高于其他指标，差异极显著（$P<0.01$），即以上 3 个指标在一定程度上与各处理棉花种子萌发的抗旱性密切相关，这与表 4 中主成分 CI－1 传递的信息一致。由表 4 可知第一主成分（CI－1）、第二主成分（CI－2）和第三主成分（CI－3）的贡献率

分别是57.364%、18.905%和13.643%，三者累计贡献率达89.894%，代表了所测指标的绝大部分信息，其他主成分可忽略不计。从特征向量上各个独立指标在综合指标中的贡献率来看，第一主成分（CI－1）中种子萌发抗旱指数、发芽指数、活力指数、平均发芽速率所占的比重较大，说明这些指标可以较好地反映种子萌发的抗旱性；第二主成分（CI－2）中鲜质量、干物质胁迫指数、幼芽含水率所占的比重较大；第三主成分（CI－3）中幼芽含水率、干物质胁迫指数和鲜质量所占比重较大，说明这些指标与种子萌发的抗旱性也存在一定关系。

表3　所测指标与种子萌发抗旱指数的相关系数

指标	γ（相关系数）
相对发芽率	0.820**
相对鲜质量	−0.125
相对幼芽含水率	0.271
相对发芽指数	0.975**
相对活力指数	0.972**
干物质胁迫指数	0.246
相对平均发芽速率	0.729*

注：* 表示差异显著（$P < 0.05$），** 表示差异极显著（$P < 0.01$）。表6同。

表4　主成分特征向量及其贡献率

主成分	发芽率	鲜质量	幼芽含水率	发芽指数	活力指数	萌发抗旱指数	干物质胁迫指数	平均发芽速率	贡献率/%
CI－1	0.431	−0.037	0.204	0.463	0.447	0.446	0.072	0.390	57.346
CI－2	−0.151	0.655	0.301	−0.023	0.107	0.009	0.650	−0.155	18.905
CI－3	0.098	0.365	0.619	−0.102	−0.230	−0.203	−0.520	0.316	13.643

2.3　抗旱性综合评价

在各主成分的特征向量（表4）及各指标的相对值（表2）基础上，可分别求出每个处理的3个综合指标值（表5）。在干旱胁迫下，同一综合指标数值越大，说明该处理在这一综合指标上的抗旱性越强，反之越差。但各处理的抗旱性由这3个综合指标值所共同决定，单独用任何一个综合指标都无法准确评价出不同处理种子萌发的抗旱性。因此在综合指标基础上结合权重利用隶属函数计算各处理综合抗旱评价值（*D*值）更具科学性，结果见表5。

从表5中不同处理的*D*值和排序对比发现：相同排序位次下，所有Ⅰ类*D*值＞Ⅱ类*D*值，说明模拟渗透胁迫压力越大（PEG6000处理浓度越高），对棉花种子萌发的影响越大，抗旱能力越弱；抗旱剂处理后在轻度模拟渗透胁迫下（PEG6000处理浓度为10 g/L）

棉花包衣种子萌芽期的抗旱性（D 值）基本上要优于高浓度模拟渗透胁迫（PEG6000 处理浓度为 20 g/L）的抗旱性。事实上，处理 1 是Ⅰ类的对照，处理 2 是Ⅱ类的对照，在Ⅰ类中超过处理 1 排序位次的是处理 5（第 1 位）、处理 3（第 2 位）和处理 13（第 3 位），在Ⅱ类中超过处理 2 排序位次的是处理 4（第 1 位）、处理 6（第 2 位）和处理 14（第 3 位）。在表 1 中处理 3 至处理 6 均采用处理剂Ⅰ，拌种比 1∶50～1∶75，处理 13、处理 14 采用处理剂Ⅱ，拌种比 1∶100，处理剂Ⅱ的各处理排序位次均在处理剂Ⅰ之下，说明使用处理剂Ⅰ提高种子萌发抗旱性的作用效果明显优于处理剂Ⅱ，其最佳拌种比为 1∶50 和 1∶75。处理 13、处理 14 的排序在Ⅰ类和Ⅱ类的对照之上，说明处理剂Ⅱ使用拌种比 1∶100也具有提高种子萌发抗旱性的效果。

表 5　各处理的综合指标值 C（X）、隶属函数值 u（X）、综合评价值（D 值）及排序

处理	C（CI－1）	C（CI－2）	C（CI－3）	u（CI－1）	u（CI－2）	u（CI－3）	D 值	排序
1	0.754	－0.509	2.320	0.569	0.292	1.000	0.576	Ⅰ4
2	－2.309	2.927	0.612	0.157	1.000	0.546	0.393	Ⅱ4
3	2.444	1.715	－1.375	0.796	0.750	0.017	0.668	Ⅰ2
4	1.333	－0.353	0.867	0.644	0.324	0.614	0.572	Ⅱ1
5	3.956	0.550	－0.354	1.000	0.510	0.289	0.789	Ⅰ1
6	0.812	0.224	－0.790	0.577	0.443	0.173	0.487	Ⅱ2
7	0.816	－1.926	0.161	0.577	0.000	0.426	0.433	Ⅰ5
8	－1.452	0.074	0.645	0.272	0.412	0.555	0.344	Ⅱ5
9	－0.906	－0.128	－0.119	0.345	0.370	0.351	0.351	Ⅰ6
10	－2.819	0.390	0.331	0.088	0.477	0.471	0.228	Ⅱ6
11	－3.472	－0.508	－1.254	0.000	0.292	0.049	0.069	Ⅰ7
12	－1.352	－1.676	－1.440	0.242	0.052	0.000	0.165	Ⅱ7
13	2.069	－0.100	－0.417	0.746	0.376	0.272	0.596	Ⅰ3
14	0.150	－0.678	0.812	0.488	0.257	0.599	0.456	Ⅱ3
权重				0.638	0.210	0.152		

2.4　回归分析

从上述分析结果（表 4）可以看出，不同指标对棉花抗旱性贡献大小不同。进一步以抗旱性综合评价值（D 值）作因变量，各单项指标相对值作自变量，通过逐步回归分析建立多元线性逐步回归方程，并获取对抗旱性评价最重要的指标。回归方程见表 6，回归模型经回归系数测验和决定系数验证，都达到极显著水平，而且回归方程（4）的相关系数达 0.998，高于回归方程（5）的相关系数（0.845），说明前者的拟合度更好，模型更准确，而且说明该模型涉及的指标——发芽指数、幼芽含水率、鲜质量和平均发芽速率是种子萌发抗旱性的关键指标，可有效鉴定棉花种子萌发的抗旱性。在模拟渗透胁迫下，这些指标与萌发抗旱性存在线性关系，而回归方程（6）表明直接决定萌发抗旱指数的仅有发芽指数和发芽率这 2 个指标，而且方程（5）的相关系数小于方程（4）的相关系数，因此用萌发抗旱指数直接衡量萌发抗旱性存在偏差。

表 6　种子萌发抗旱性鉴定模型

因变量	多元逐步回归方程	相关系数	R^2	F
D 值	D 值＝1.078×相对发芽指数＋0.237×相对幼芽含水率＋0.201×相对鲜质量＋0.101×相对平均发芽速率－0.470（4）	0.998**	0.996	582.944**
D 值	D 值＝1.006×萌发抗旱指数＋0.052（5）	0.845**	0.714	29.936**
萌发抗旱指数	萌发抗旱指数＝1.589×相对发芽指数－0.337×相对发芽率－0.020（6）	0.987**	0.975	213.890**

3　结论与讨论

作物在生长发育过程中对缺水最敏感，水分欠缺能使生长减缓或停止。因此在干旱条件下作物生长状况的差异可用来评定不同处理抗旱性的差异，而形态指标具有简单易测的优点，其反映了作物在遭受干旱胁迫后植株的整体表现，在鉴定中经常采用，成为简便有效的抗旱性鉴定方法。

一般采用种子萌发试验，即用不同浓度的 PEG6000 或甘露醇对种子发芽进行渗透胁迫处理，可以揭示作物在萌发期的抗旱能力。种子在高渗溶液或在不同渗透势的土壤中萌发，可根据其发芽势和发芽率来评价抗旱性。一般在渗透胁迫条件下发芽率降低，胚根与胚芽的生长受到不同程度的抑制，使贮藏物质转运效率降低。其中发芽率和胚根干质量与萌发抗旱指数呈极显著正相关。作物干旱一段时间后测定幼苗的株高、含水率和干质量，并与对照比较（株高胁迫指数、相对含水率和干物质胁迫指数），由此鉴定相关的抗旱性，该方法简单有效，已在大豆、棉花、小麦等作物上得到应用。本研究通过主成分分析和多元回归分析显示发芽率、萌发抗旱指数、发芽指数和含水率等指标能够明确地反映萌发抗旱性，与前人的研究结果基本一致。

在主成分分析（表 4）中种子萌发抗旱指数、发芽指数、活力指数、发芽率可以较好地反映种子萌发的抗旱性，而在回归分析（表 6）中发芽指数、鲜质量、幼芽含水率、平均发芽速率直接影响各处理种子萌发的综合抗旱性，各指标与后者的关系呈线性。说明萌发抗旱指数和活力指数并不是直接影响种子萌发抗旱性，与后者的关系呈非线性。发芽指数几乎直接决定萌发抗旱指数，两者的相关系数 γ 高达 0.975（表 3、表 6），两者仅反映干旱时的发芽率和发芽势，代表的是种子发芽力。直接决定各处理萌发抗旱性相关的指标不仅有发芽指数，还有反映种子萌发吸水能力的幼芽含水率和不属于种子发芽力范围之外的幼芽鲜质量，因此，种子处理对模拟干旱环境下棉花发芽的作用不仅在于影响种子自身的发芽力，还影响种子萌发生长过程中对水分的吸收和自身的生长发育，所以萌发抗旱指数明确反映的是种子萌发力抗旱性，虽然在一定程度上能够间接反映种子萌发抗旱性，但若要全面体现这种抗旱性则具有片面性和局限性。

由于主成分分析可以把单一的关系错综复杂的指标转换成新的个数较少的且彼此独立或不相关的综合指标，比较准确地了解各性状的综合表现，因此对于萌发抗旱性相关指标的分析比较全面详细，而直线回归分析筛选相关指标则更加直接简单。本研究综合利用这2种分析方法分辨不同指标与萌发抗旱性的关系，并结合隶属函数和综合评价方法判定不同处理的种子萌发抗旱性，以此区分不同处理剂的作用效果更加科学合理。

利用外源物质提高作物抗旱性的研究比较普遍，目前已报道的主要有冠菌素、茉莉酸或茉莉酸甲酯、乙烯利、赤霉素、吲哚乙酸·萘乙酸等激素及其类似物质、黄腐酸类光谱植物生长调节剂以及聚丙烯酰胺、γ-聚谷氨酸等高分子有机保水剂。茉莉酸类物质是广泛存在于植物体内的一类生长调节物质，包括茉莉酸、茉莉酸甲酯及其结构类似物冠菌素等，此类物质具有应答外界刺激、传导逆境信号及启动抗逆基因表达等生理效应，调节作物幼苗体内的激素平衡来诱导其形态的改变，增强其抗旱性。黄腐酸能控制作物叶面气孔的开放度，减少蒸腾，增强根系发育和根系活力，促进植物的生长，从而增强植物的抗旱性及抗逆能力，提高作物产量和品质。γ-PGA作为一种具有极强亲水性的高分子聚合物处理种子，在种子表面形成一层膜，能阻止水分流失，为种子发芽提供了所需要的水分，而且还可以调节植物内源激素水平及其稳态平衡，促进种子萌发和幼苗生长发育。部分激素及其类似物如使用不当易在土壤和作物体内残留，不仅影响作物生长发育，而且引发食品安全问题，因此本文选取无毒无害、绿色环保的腐殖酸类（黄腐酸）、γ-PGA作为主要成分复配处理剂，研究发现该处理剂提高了干旱胁迫下种子的发芽率、发芽指数、活力指数和萌发抗旱指数，增强包衣棉花种子萌发时的抗旱性，具有一定的应用价值。

综上所述，应用不同处理剂对包衣棉花种子二次拌种后各处理种子萌发抗旱性存在差异，与不同处理剂的有效成分不同以及拌种比例不同有关，也可能与种衣剂和处理剂之间的互作有关。在适当范围内，种子处理后的萌发抗旱性明显优于对照，但其在大田中的效果如何尚待进一步研究。

大蜡螟嗅觉受体基因的筛选与初步分析

范瑞瑞

摘要： 大蜡螟取食蜂巢，危害巢脾，是蜜蜂产业的大害虫，其防控主要依赖于杀虫剂。利用信息化学物质控制大蜡螟具有用量少、无残留的优点，但大蜡螟感知信息化学物质的机制仍有待深入研究。本研究根据已递交到公共数据库的大蜡螟基因组信息，应用生物信息学方法详细研究了大蜡螟感知信息化学物质时最关键的气味受体OR和离子型受体IR的性质，通过序列比对、结构域筛选、蛋白基本性质分析、信号肽预测、跨膜域分析、蛋白二级结构分析及同源建模，预测了大蜡螟气味受体和离子型受体的结构和其相应功能，为进一步研究这些受体的功能验证提供理论基础，为深入了解大蜡螟嗅觉识别机制提供支撑。结果表明：大蜡螟嗅觉相关蛋白包括63个OR、4个ORCO、16个IR、9个GR、16个OBP、2个PBP、14个GOBP以及其他嗅觉相关蛋白（CSP、ODE、PDE数目均为0）。以嗅觉相关蛋白IR和OR序列构建系统树，IR与OR分别聚为一类。IR的结构域有11种类型，而OR的结构域相对比较单一。经过序列比对，OR92、OR4与已报道的家蚕OR29、棉铃虫OR40的气味受体具有较高的相似性，相似比分别为54.57%、58.49%；OR92和OR4的保守结构均为典型的7个跨膜结构域，存在信号肽；其三维结构都形成了口袋状结构，可能和气味分子的结合有关。本研究为进一步探究大蜡螟关键气味受体的功能，阐释大蜡螟的嗅觉识别机制奠定了基础。

关键词： 大蜡螟；嗅觉受体基因；生物信息学分析；序列比对

蜜蜂作为资源昆虫，不仅能够为植物授粉，提高农作物的质量及产量，还可以提供对人体免疫有一定的促进作用的蜂产品，如蜂胶、蜂蜜、蜂王浆等。养蜂业作为“农业之翼”，是一项集生态、经济、发展及社会于一体的行业，对我国经济起到了不容小觑的作用。而大蜡螟作为蜂群中典型的害虫，给世界各国养蜂业都带来了极大的危害。大蜡螟危害中华蜜蜂和西方蜜蜂尤为明显，它主要通过幼虫蛀食巢脾，在巢脾上吐丝作茧，破坏蜜蜂生长、发育、繁衍的场所。目前对于大蜡螟的防控，通常采用饲养强群、处理巢脾、安装阻隔器、人工保持蜂箱卫生等措施，虽然可以起到一定的防控作用，但耗费人力、物力，也通过生物源农药、冰乙酸、硫黄、氯化钙等化学药剂来对大蜡螟进行防治处理，对生态环境及蜂产品造成了一定污染。化学信息物质具有微量、高效、无毒无害、无污染、能够与农药兼存的特点，能对成虫进行行为调控以减小虫口密度，成为防治的新方向。

目前，在同样属于鳞翅目的沙棘木蠹蛾的防治过程中，性引诱剂已经成为其重要防治措施之一，其中的信息素分子，经由空气传播，通过极孔进入淋巴液中，与OBPs（气味结合蛋白）或CSPs（化学感受蛋白）结合将气味分子运输到嗅觉神经元膜周围。此时气味分子激活神经元膜上的ORs（气味受体）或IRs（离子型受体）将化学信号转化为电信号，激活中枢神经系统，进而产生行为反应，以达到诱集的效果。性信息素具有无毒无害、环境友好、简便易行、微量高效等优点，采用化学信息物质也同样可以运用到对大蜡螟的防控中，对于有效防控大蜡螟、提升蜂产品质量、增加蜂产业产值以及提高授粉效率具有重大意义。

在嗅觉识别过程中，嗅觉受体发挥着至关重要的作用。本研究以大蜡螟自身的外周嗅觉系统为出发点，以嗅觉受体为切入点，应用生物信息学技术对大蜡螟嗅觉受体基因进行筛选，进行较为详细的生物信息学分析，预测其受体功能，了解关键嗅觉相关蛋白质的性质、与其他物种的相似性以及与配体化合物的结合特性，通过追踪大蜡螟关键嗅觉受体基因，在适宜情况下对其进行嗅觉行为调节，为大蜡螟的防治提供新的思路和方法。有效判断大蜡螟偏爱或者厌恶的气味以及食物，为开发大蜡螟行为调节技术提供理论依据，为养蜂业提供一定的帮助。

1 材料与方法

1.1 数据来源

本试验所采用的大蜡螟有关基因数据来源于NCBI（National Center for Biotechnology Information）数据库。

1.2 主要软件

利用NCBI分析主要嗅觉受体基因IR、OR的结构域并进行序列相似检索，找出经功能验证的相似序列，寻求与其匹配的配体化合物；Protparam分析蛋白的相对分子质量、分子式、亲水性、正负电荷残基数等基本理化性质；分别利用SignalP. 4.1、NetOGlyc 4.0 Server、NetNGlyc 1.0 Server、NetPhos 3.1 Server和TMHMM2.0蛋白跨膜结构预测软件分析蛋白中是否具有信号肽，是否存在*O*-糖基化位点，有无*N*-糖基化位点、磷酸化位点和跨膜区；运用PDB数据库分析蛋白二级结构，获得蛋白的二级结构相关信息；运用Swiss-model构建蛋白三维结构模型。

2 结果与分析

在大蜡螟嗅觉受体基因数据库中包含核酸序列和氨基酸序列，核酸序列中存在读码框问题。在核酸序列的编码上，每相邻的三个核苷酸决定一个氨基酸，但从何种核苷酸开始编码存在一定的问题，研究容易出现偏差及不确定性，故本文采用氨基酸序列进行相关分析，以此避免读码框的问题。

2.1　嗅觉受体基因的筛选及分析

从大蜡螟氨基酸序列中筛选 10 种相关嗅觉受体基因，其中在大蜡螟基因组中气味受体的数目最多，离子型受体和气味结合蛋白数目相当，而化学感受蛋白、气味降解酶和触角酯酶的数目均为 0（表 1）。

表 1　大蜡螟嗅觉受体基因筛选结果

受体类型	数据库所含数目
离子型受体 IR	16
气味受体 OR	63
味觉受体 GR	9
气味结合蛋白 OBP	16
性信息素结合蛋白 PBP	2
普通气味结合蛋白 GOBP	14
化学感受蛋白 CSP	0
非典型气味受体 ORCO	4
气味降解酶 ODE	0
触角酯酶 PDE	0

2.1.1　系统树的构建

通过 MEGA 软件对大蜡螟的 16 个离子型受体和 63 个气味受体构建系统发育树，分析可发现该系统发育树中 IR 与 OR 大致聚为一类，这说明了 IR 与 OR 均属于同一个祖先。在系统树中，IR 大致聚在一起，但 OR4 - like - 4、OR67c - like - 2、OR22、OR22 - like 和 ORCO - 3 在 IR 大分支中。

2.1.2　离子型受体 IR 氨基酸序列分析

序列比对是通过序列之间的相似性判断两者之间是否存在同源性，进一步推测两者在功能、结构以及发育上的联系，是生物信息学的重要基础。序列比对主要包括双序列比对和多序列比对。本文主要应用 NCBI 进行双序列比对，以寻求大蜡螟相关序列与其余昆虫基因序列的相似性。结构域是一种存在于生物大分子中的区域，它具有独立的功能和特殊的结构。同时结构域与蛋白质的生理功能紧密相关，一个结构域可以单独完成一项生理行为，多个结构域也能够共同完成一项生理行为。

在大蜡螟数据库检索中得到氨基酸序列 IR 中存在的结构域复杂多样，不含有结构域的受体有 1 个，占比 7.7%；仅具有 1 个结构域的受体有 2 个，占比 15.4%；有 2 个结构域共同发挥作用的受体有 2 个，占比 15.4%；含有 3 个结构域的受体有 4 个，占比 30.8%；3 个或者 3 个以上结构域共同发挥作用的受体具有 5 个，占比 38.5%（表 2），故 IR 通常是多个结构域，可能是需要共同发挥功能以维持大蜡螟的正常生理活动。

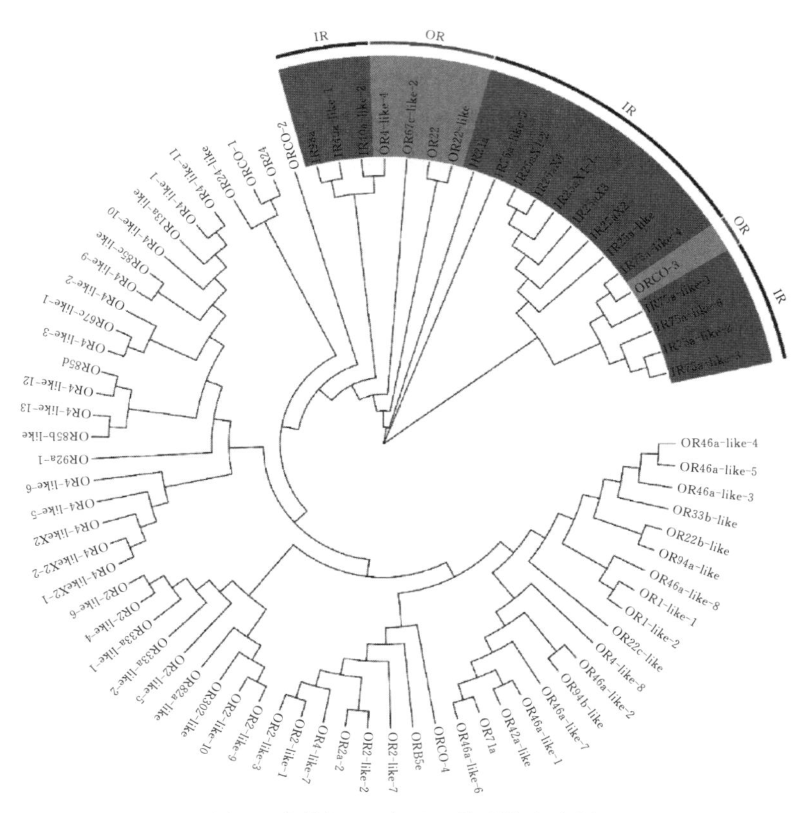

图 1　大蜡螟 IR 与 OR 的系统发育树

表 2　蛋白质——IR 结构域分析

结构域类型	受体数目
无	1
N	1
O	1
CL	1
ADH	1
AHM	1
CHK	1
HIJ	1
ACCDHI	1
ABCDEFG	2
ABDEFGH	2

A：PBP2 - iGluR - putative；B：PBP1 - iGluR - AMPA - Like；C：Lig - chan - Glu - bd；D：PBPe；E：HisJ；F：glnH；G：3A103s03R；H：Lig - chan；I：PBP2 _ iGluR _ Kainate _ GluR7；J：PBP2 _ iGluR _ kainate _ KA1；K：PBP2 _ iGluR _ ligand _ binding；L：PBP2 _ iGluR _ AMPA；M：PBP2 _ iGluR _ delta _ like；N：TST _ Repeat _ 1；O：PBP2 _ iGluR _ non _ NMDA _ like。

2.1.3 气味受体 OR 氨基酸序列分析

经 OR 氨基酸序列的结构域分析，大蜡螟的气味受体多数由单个结构域 7tm _ 6 发挥作用，少数由单个 7tm _ 7、两个 7tm _ 6 或两者共同维持一定的生理功能（表 3）。

表 3 蛋白质——OR 结构域分析

结构域类型	受体数目
无	3
一个 7tm _ 6	49
一个 7tm _ 7	3
一个 7tm _ 6；一个 7tm _ 6superfamily	5
一个 7tm _ 7；一个 7tm _ 7superfamily	1
两个 7tm _ 6	1

注：经过一系列筛选，未发现氨基酸序列中的离子型受体 IR 有经过功能验证的相似序列，而气味受体 OR 的相似序列中有 5 个经过功能验证，分别为 XP _ 026754605.1、XP _ 026755579.1、XP _ 026756772.1、XP _ 026757509.1、XP _ 026759988.1。一般 OR 的氨基酸序列长度在 350 左右，但 XP _ 026754605.1、XP _ 026757509.1、XP _ 026759988.1 的序列长度分别为 117、144、136，其序列仅为全长的一部分，不将其作为分析对象，故本论文主要分析 XP _ 026755579.1、XP _ 026756772.1。

2.2 大蜡螟典型 OR 受体基因的生物信息学分析

2.2.1 OR92（XP _ 026755579.1）基本性质、跨膜域、同源建模结果及分析

在 NCBI 检索可得到该序列长度是 398，结构域为 7tm _ 6（图 2），与之相似的序列为 XP _ 026755491，两者比对的序列覆盖度（Query Cover）为 100%，两序列一致性（Per. Identity）为 100%。在 OR92 相似序列中经过功能验证的序列为 olfactory receptor 29（Bombyx mori）（NP _ 001166894.1），此昆虫为家蚕，其对醛类、脂类均较为敏感，根据家蚕对两种配体化合物的敏感程度，可知家蚕 OR29 最适宜的配体化合物为醛类，其中柠檬醛（citral）配合度最佳。

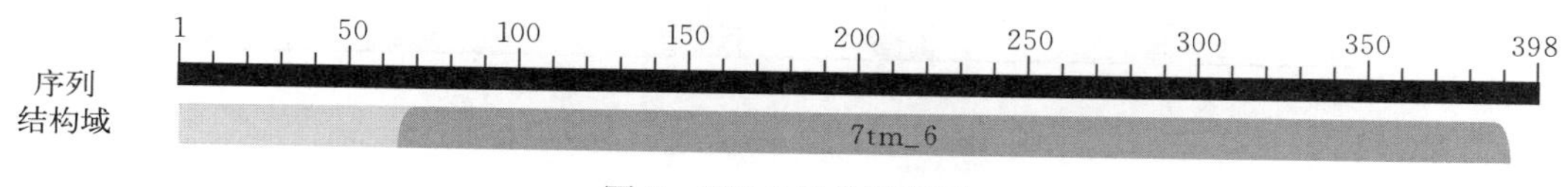

图 2 OR92 结构域预测

运用 Protparam 分析得到该序列氨基酸数目为 398，分子质量为 46 572.74 ku，正电荷残基数为 33，负电荷残基数为 39，其分子式组成为 C2156H3290N522O570S29，不稳定系数 45.73，为不稳定蛋白，脂肪系数为 97.71，总平均亲水性 0.235，为疏水性蛋白。总原子数为 6 567，分别由 2 156 个 C（carbon）、3 290 个 H（hydrogen）、522 个 N（ni-

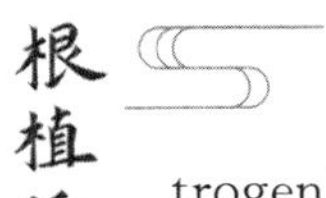

trogen）、570 个 O（oxygen）、29 个 S（sulfur）构成。

利用 SignalP. 4.1 可预测出该序列有信号肽；通过 NetOGlyc 1.0 Server 得出该序列无 *O*-糖基化位点；通过 NetNGlyc 1.0 Server 分析得到该蛋白在第 167 和第 376 个氨基酸位置上各有 *N*-糖基化位点（图 3）；运用 NetPhos 3.1 Server，分析得出该蛋白具有 64 个磷酸化位点，且每个氨基酸的磷酸化位点数目不同。

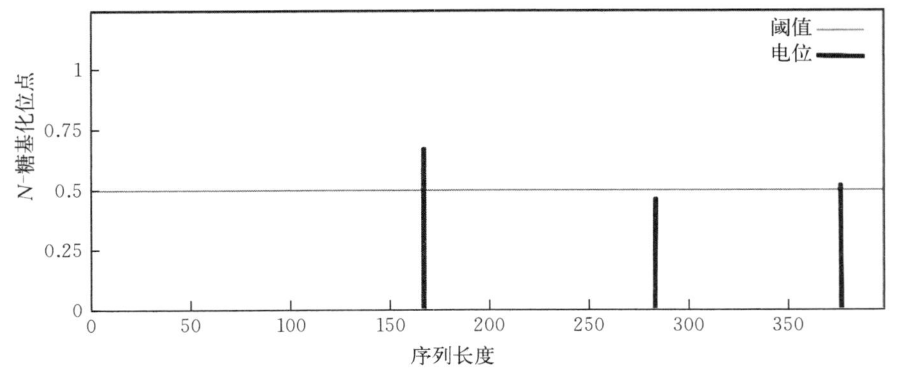

图 3　*N*-糖基化位点

运用 TMHMM Severver 2.0 蛋白跨膜结构预测软件对大蜡螟的嗅觉受体基因进行跨膜区预测，分析可知该嗅觉受体基因（*OR92*）序列长度为 398，跨膜区有 6 个（图 4），氨基酸所在位置分别为 40～62、134～156、189～211、269～291、36～324、374～396，在膜外的氨基酸所在位置分别为 1～39、157～188、292～305、397～398，在膜内的氨基酸所在位置分别为 63～133、212～268、325～373。

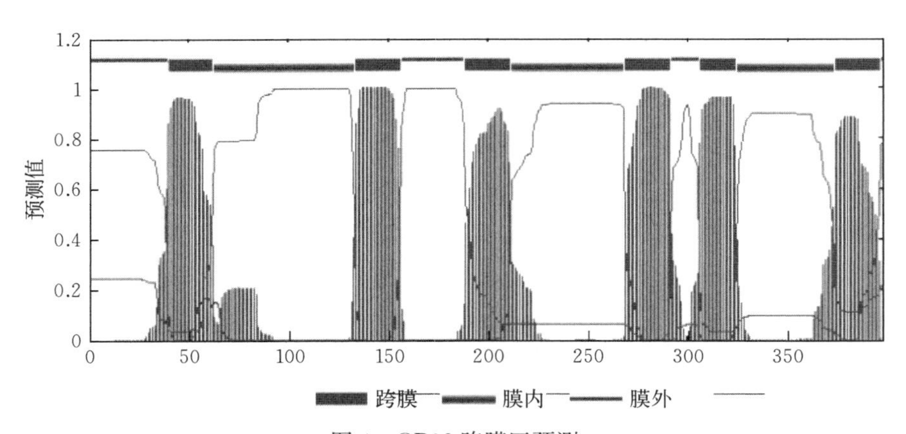

图 4　OR92 跨膜区预测

利用 PDB 数据库可分析得出蛋白二级结构信息（图 5），此 OR4 具有 18 个 α 螺旋，分别由 8～10（α1）、13～22（α2）、32～56（α3）、57～62（α4）、67～92（α5）、95～101（α6）、114～116（α7）、117～150（α8）、189～232（α9）、234～236（α10）、237～238（α11）、315～346（α12）、348～356（α13）、357～370（α14）、379～416 (α15)、419～420（α16）、424～238（α17）、453～470（α18）组成；具有 2 个 β 折叠，分别为444～445（β1）、449～450（β2）；同时还包含了 7 个 β 转角，其所在序列为 79～81、112～113、150～152、239～241、376～378、445～449、471～474。

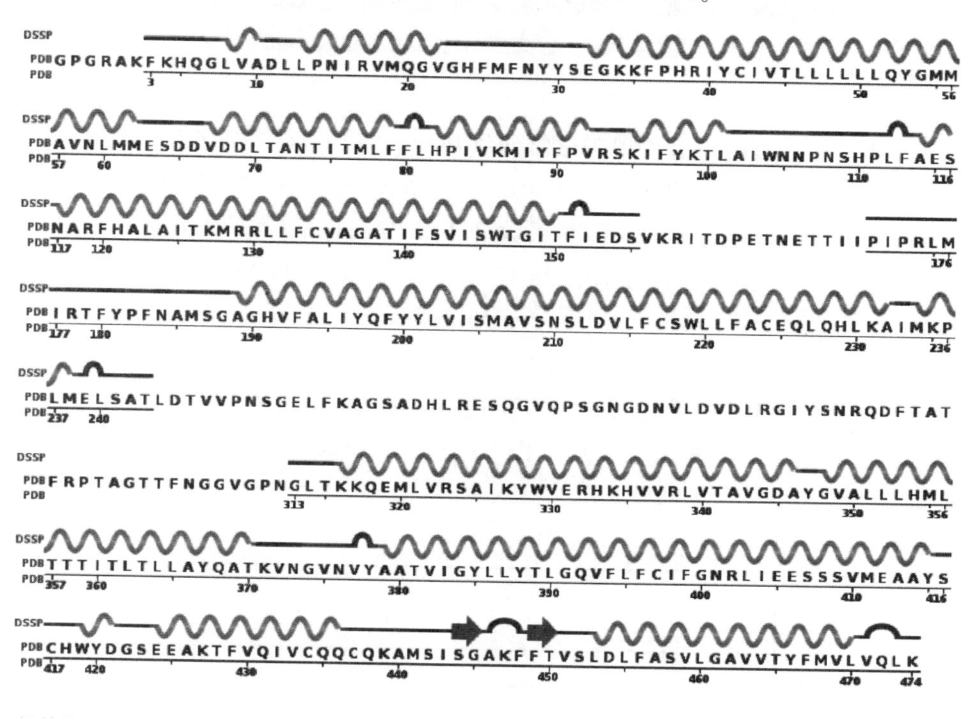

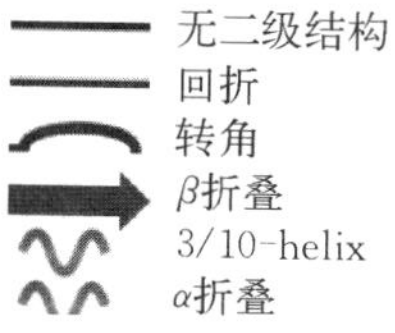

图 5　OR492 蛋白二级结构

通过 Swiss - model 预测蛋白的三维结构，可见 18 个螺旋组成了一个口袋状的结构（图 6），可能和气味配体的结合有关。

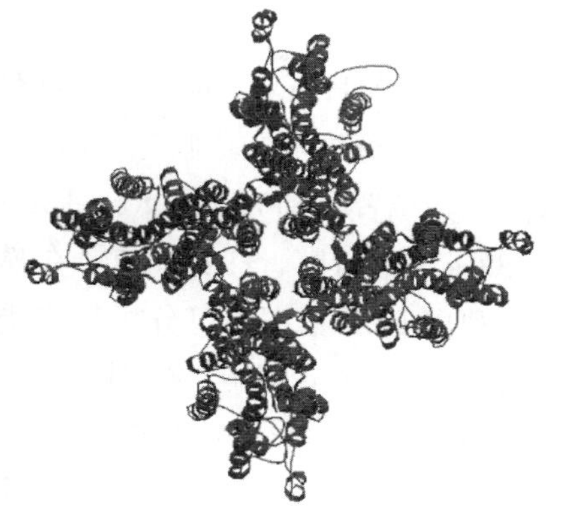

图 6　蛋白高级结构预测

2.2.2　OR4（XP _ 026756772.1）基本性质、跨膜域、同源建模结果及分析

在 NCBI 检索可得到该序列长度是 381，结构域为 7tm _ 6（图 7），与之最为相似的序列为 XP _ 026756772.1，序列覆盖度 Query Cover 为 100%，差异性 Per. Identity 为 100%。在 OR4 相似序列中经过功能验证的序列为 odorant receptor（Helicoverpa armigera）（AIG51886.1），此昆虫为棉铃虫。

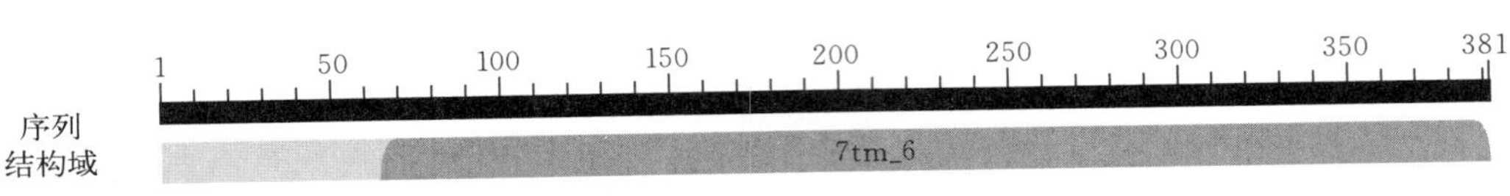

图 7 OR4 结构域预测

运用 Protparam 可分析得到该序列氨基酸数目为 381，分子质量为 44 136.73 ku，正电荷残基数为 26，负电荷残基数为 40，其分子式组成为 C2042H3151 N513O540S1，不稳定系数 34.72，为稳定蛋白，脂肪系数为 103.07，总平均亲水性 0.177，为疏水性蛋白。此序列总原子数为 6 256，分别由 2 042 个 C、3 151 个 H、513 个 N、540 个 O、10 个 S 组成。

利用 SignalP. 4.0 可预测出该序列有信号肽；通过 NetOGlyc 4.0 Server 分析得出该序列无 *O*-糖化基点；通过分析 NetNGlyc 1.0 Server 中得知该蛋白在第 70 位和第 165 位分别具有一个 *N*-糖基化位点（图 8）；在 NetPhos 3.1 Server 中得知有 67 个磷酸化位点。

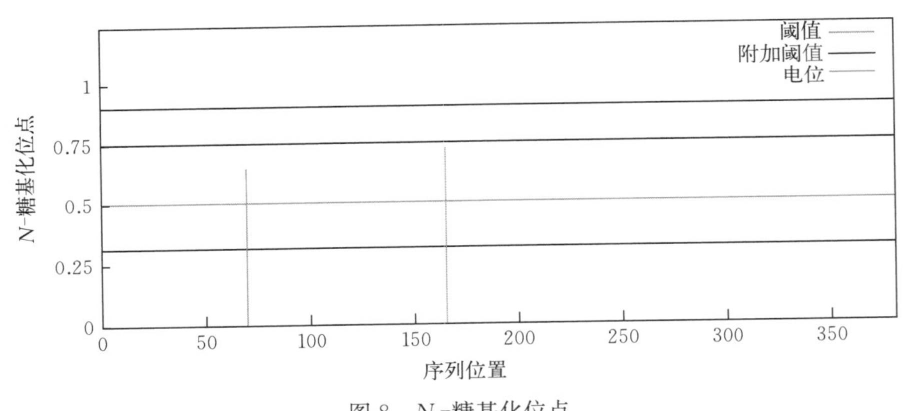

图 8 *N*-糖基化位点

运用 TMHMM Severver 2.0 蛋白跨膜结构预测软件对大蜡螟的嗅觉受体基因进行跨膜区预测，分析可知该嗅觉受体基因（OR）序列长度为 400，跨膜区有 4 个（图 9），氨基酸所在位置分别为 29～51、132～154、185～207、269～291，在膜外的氨基酸分别为 1～28、155～184、292～381，在膜内的氨基酸分别为 52～131、208～268。

利用 PDB 数据库可分析得出蛋白二级结构信息（图 10），此 OR4 存在 286 个残基，同时具有 18 个 α 螺旋，分别由 8～10（α1）、13～22（α2）、34～56（α3）、56～62（α4）、67～79（α5）、82～92（α6）、95～101（α7）、114～116（α8）、117～150（α9）、189～232（α10）、234～236（α11）、237～238（α12）、315～346（α13）、348～356（α14）、357～370（α15）、379～415（α16）、424～436（α17）、453～470（α18）组成；具有 2 个 β 折叠，分别为 444～445（β1）、449～450（β2）；同时还包含了 7 个 β 转角，其所在序列

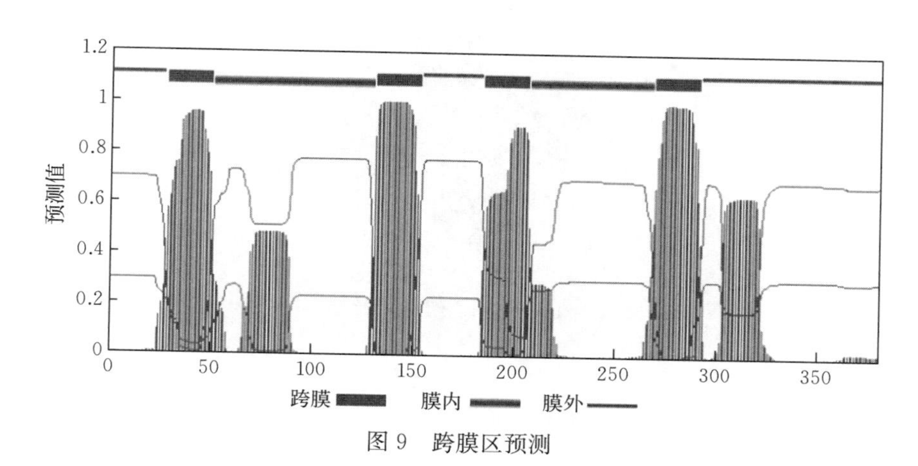

图 9　跨膜区预测

为 79～81、112～113、150～152、239～241、376～378、445～449、471～474。

通过 Swiss-model 预测蛋白的三维结构，可见 18 个螺旋组成了一个口袋状的结构（图 11），可能和气味配体的结合有关。

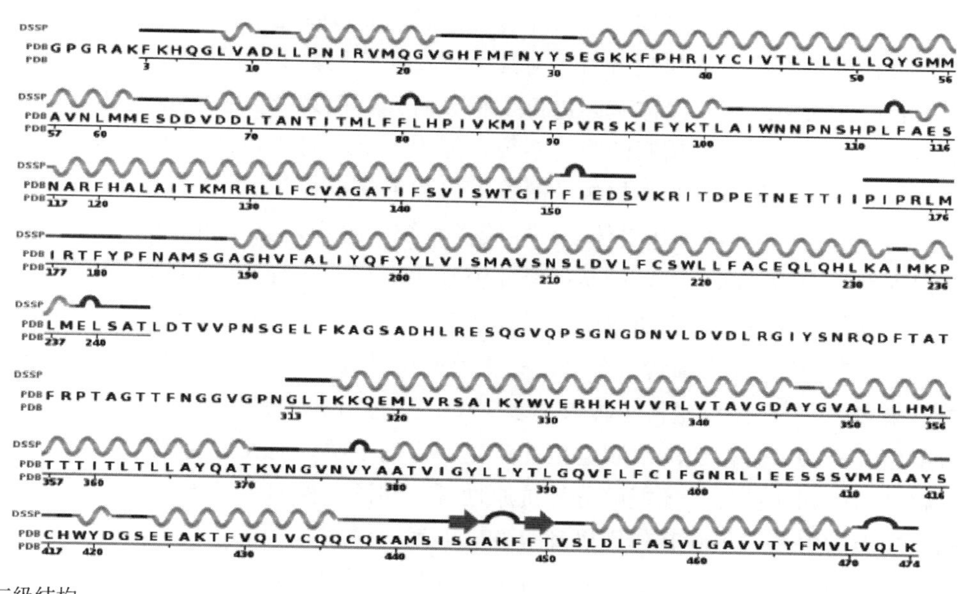

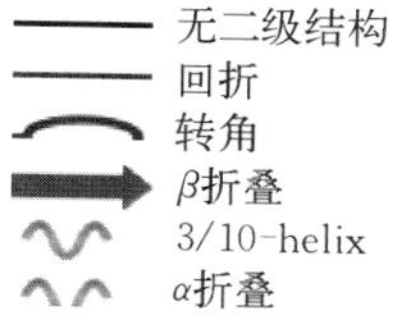

图 10　OR4 蛋白二级信息

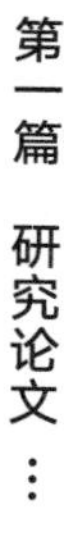

图 11 蛋白高级结构预测

3 讨论与结论

为深入了解大蜡螟的嗅觉系统，寻求防控大蜡螟的新方向，促进养蜂业发展，本论文对大蜡螟的嗅觉受体基因进行筛选与分析，主要对关键气味受体和离子型受体进行生物信息学分析，分析内容主要包括结构域分析、序列比对、基本性质分析、跨膜区预测、糖基化位点分析、信号肽预测以及蛋白二级结构信息和构建三维结构。

大蜡螟生存在复杂多变的气味环境中，需要通过嗅觉系统识别空气中的气味分子，在识别过程中，有几十种嗅觉蛋白参与其中，发挥着至关重要的作用。目前，王桂荣、杨爽等学者已对大蜡螟嗅觉受体基因进行了相关研究，但系统分析嗅觉受体基因的并不多见。从系统角度出发分析大蜡螟的嗅觉系统，能为大蜡螟的功能验证奠定基础，同时能够极大地减少后续的工作量，为大蜡螟的防控提供相关信息。

离子型受体 IR 和气味受体 OR 在嗅觉系统中扮演着必不可少的角色，它们能够感受并识别空气中的气味分子，刺激神经元膜发生电位差，导致大蜡螟发生相应的行为反应。经过生物信息学分析，大蜡螟嗅觉受体中有 16 个 IR，远远小于双翅目果蝇的离子型受体（66 个 IR）；比鳞翅目棉铃虫多 3 个；大蜡螟中共有 63 个 OR，比鳞翅目家蚕少 3 个，比棉铃虫多 16 个，比双翅目黑腹果蝇多 1 个。通过分析关键受体的基本性质，不仅能加深对蛋白性质的了解，还能对嗅觉机能产生一定的了解；对关键受体进行跨膜区预测，除了了解受体的归属性外，还能够分析抗原性等；同源建模对了解蛋白立体结构、探讨蛋白结构与功能的关系、了解其作用机理等意义匪浅。

在 NCBI 数据库中筛选与嗅觉有关的受体，可以发现，化学感受蛋白 CSPs、气味降解酶 ODEs 和触角酯酶 PDEs 个数均为 0，可能是因为 NCBI 中关于大蜡螟的序列数据有待更新，主要原因需要进一步考证。经过对 IR 和 OR 受体氨基酸序列构建系统树，结果中 16 个 IR 并未严格聚为一支，与原先所有 IR 聚为一支，所有 OR 聚为一支的设想不同。计算机可能注释存有一定的偏差，需要进一步的更新与完善。

IR 经序列比对，未检索到与大蜡螟离子型受体具有相似性并经过功能验证的序列，而 OR 经过序列比对，得到了 5 个经过功能验证的相似序列。但在这 5 个序列中，有三个可能不是序列全长，无法将其进行一系列的性质分析，这可能是由于数据库数据上传出现偏差或者是检测数据存在一定的失误而导致序列长度不完善。2 个关键气味受体通过分析基本性质、信号肽、切割位点、跨膜域、蛋白二级结构信息及预测蛋白的高级结构来为功能验证打下基础。经过分析可以发现，OR92 与 OR4 均由单个结构域 7tm _ 6 发挥功能，以维持蛋白的生理功能。OR92、OR4 分别与已报道的家蚕 OR29、棉铃虫 OR 具有相似性，印证了本论文的可靠性，能够利用家蚕和棉铃虫所对应的配体化合物与大蜡螟的受体进行结合，以此为大蜡螟进行功能验证提供方便。

典型的 G 蛋白偶联受体具有 7 个跨膜域，序列 N 端在细胞膜内，序列 C 端在细胞膜外。本论文所探究的 2 个 OR 并不符合 7 个跨膜域的特性，经预测 OR92 有 6 个跨膜域，OR4 具有 4 个跨膜域，因此可以判断此预测结果存在偏差或者是所输入序列不为全长，需要进行进一步的验证和分析。

针对大蜡螟 IR 与 OR 有关的氨基酸序列，分析其序列的一级结构、二级结构及高级结构，从中了解 IR 与 OR 的基本性质，筛选出敏感配体化合物，以便判断出其偏爱的气味，同时能够深入了解大蜡螟的行为反应机制，有效切断大蜡螟嗅觉基因的踪迹来达到防控的效果，促进养蜂业的发展，提高我国经济发展水平。

华南家禽饲料样品中的赭曲霉毒素 A 和玉米赤霉烯酮的污染情况

王琼珊

摘要：目前，华南家禽饲料样品中的赭曲霉素 A（OTA）和玉米赤霉烯酮（ZEA）污染情况的检测数据较为有限。因此，我们对来自华南地区的 514 份家禽饲料样品进行了测定。我们用到一种优化的 QuEChERS 高效液相色谱串联质谱方法对真菌毒素进行定量分析。在这些饲料样品中，OTA 和 ZEA 的检出率分别为 2.92%和 100%。海南省、广东省和广西壮族自治区饲料样品中 OTA 污染率分别为 0%、0.68%和 7.0%，其平均浓度分别为 0.00 μg/kg、1.14 μg/kg 和 0.88 μg/kg。所有样品都被测出 ZEA 污染，来自海南省、广东省和广西壮族自治区饲料样品的 ZEA 平均浓度分别是 2 094.1 μg/kg、14.3 μg/kg 和 8.73 μg/kg。本研究指出，加强对饲料中真菌毒素监测的需求是迫切的，特别是对 ZEA 污染的监测。

1 概述

真菌毒素是真菌在有利环境条件下产生的低分子质量物质。真菌毒素出现在农业产品中，特别是坚果、油料种子、谷物和干果中，是田间和贮藏过程中常见的问题。在动物产品中也发现了真菌毒素，如牛奶、鸡蛋和奶制品，这些动物食用的饲料中含有受污染的原料，最终将影响人类健康。近年来，对饲料中霉菌毒素污染的研究越来越多。

赭曲霉毒素是曲霉和青霉菌产生的一组在结构上相似的有毒次级代谢物。迄今为止，四种类型的赭曲霉毒素，即赭曲霉毒素 A（OTA）、赭曲霉毒素 B（OTB）、赭曲霉毒素 C（OTC）和赭曲霉毒素 D（OTD），已被频繁报道，其中 OTA 是最广泛和毒性最强的。OTA 具有致癌性、诱变性和致畸性，并具有免疫抑制活性。OTA 已在多种产品中被检测到，如谷物和谷物类产品、葡萄及其产品、香料、坚果、可可和咖啡。这些毒素对人类和动物都同样有害。此外，它已被国际癌症研究机构（IARC）认定为潜在的人类致癌物，并被归类为 2B 类。近年来，OTA 也被发现存在于动物性产品中，包括可食用的组织、牛奶和鸡蛋，这是由于动物食用被 OTA 污染的饲料会产生携带效应。

玉米赤霉烯酮（ZEA）是一种雌激素型真菌毒素，主要由小麦赤霉病菌（*Fusarium graminearum*）、镰孢镰刀菌（*F. culmorum*）、谷物赤霉病菌（*F. cereal*）、玉米赤霉病菌

（*F. equiseti*）和念珠菌赤霉病菌（*F. moniliforme*）等霉菌产生。玉米和玉米制品中普遍存在 ZEA，在适宜的环境条件下，它也可能存在于其他谷物中，如小麦、燕麦、水稻、大麦和高粱（EFSA，2004）。因此，ZEA 是谷物和谷物制品中最常见和最有效的污染物之一，对食品安全构成严重威胁。迄今为止，国际癌症研究机构（IARC）尚未将 ZEA 分类。

虽然已经有一些关于 OTA 和 ZEA 在饲料中存在和浓度的数据发表，但华南地区的相关数据有限。本研究的目的是用一种优化的 QuEChERS 方法和高效液相色谱串联质谱（HPLC－MS/MS）检测中国南方动物饲料中 OTA 和 ZEA 的污染情况。

2 材料和方法

2.1 样品的收集

从 2019 年 7 月到 10 月，从中国南方三个省共采集 514 份饲料样品（广东 147 份，广西 200 份，海南 167 份）。所有样品均采自饲料厂，属于以玉米为基础的混合饲料。在分析之前，所有样品用研磨机研磨，并在 4 ℃下储存 7 d，以备分析。

2.2 试剂和药品

OTA 和 ZEA 标准品（纯度≥99.0%，中国上海安谱）；甲醇和乙腈（HPLC 级，德国 Merck 公司）；用于质谱分析的甲酸和甲酸铵（纯度≥99.0%，美国 Sigma 公司）；*N*－丙基乙二胺（primary secondary amine，PSA）（天津博纳艾杰尔公司）；氯化钠、无水硫酸镁（分析纯、国药集团化学试剂有限公司）。在整个研究过程中，使用 Milli－Q 去离子水发生器（美国 Millipore 公司）对水进行超净化。

2.3 标准品的前处理

将 OTA 和 ZEA 固体标准品溶解在乙腈中制备原液，并在－20 ℃保存。将适量的 OTA 和 ZEA 原液与乙腈混合稀释至所需体积，得到混合标准溶液，用于回收试验中饲料的检测。

2.4 样品的制备

样品粉末通过 0.84 mm 的筛网进行筛分。具体来说，每个重复样品是由 5g 样品和 20 mL甲醇水溶液混合加入 50 mL 离心管中。涡旋 30 min，超声 30 min，加入 1 g 氯化钠和 4 g 无水硫酸镁。此后，将混合物涡旋 1 min，然后以 4 500 r/min 离心 5 min。随后，将 2 L 上清液转移到装有 150 mg PSA 和 150 mg C_{18} 的 10 mL 离心管中。涡旋 1 min，4 500 r/min离心 5 min 后，取 1 mL 上清液用 0.22 μm 滤膜过滤后，进行高效液相色谱串联质谱（HPLC－MS/ MS）分析。采用与样品制备的相同方法，在空白中加入标准品来制备校准溶液。

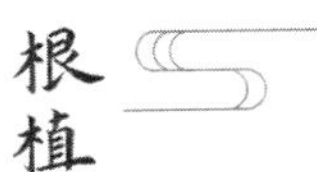

2.5 高效液相色谱串联质谱

使用 LCMS-8060 系统，UFLC 连接到带有电喷雾电离接口（ESI）的三重四极质谱分析仪（日本岛津）。用电喷雾电离探针在负极和正极模式下分别对 OTA 和 ZEA 进行了分析。样品在日本岛津公司 XR-ODSⅢ（75 mm×2.0 mm×16 μm）柱上运行，保持 40 ℃；流速为 300 μL/min，注射量为 2 μL。质谱检测采用多反应监测（MRM）模式，条件为：脱溶剂温度，250 ℃；加热块温度，400 ℃；雾化气体流速，3 L/min；干燥气体和加热气体流速，10 L/min。检测 OTA 和 ZEA 的最佳质谱参数如表 1 所示。

表 1 检测 OTA 和 ZEA 的最佳质谱参数

毒素	前体（*m/z*）	产物（*m/z*）	停留时间/ms	Q1 预偏置/V	CE/eV	Q3 预偏置/V
OTA	404.00	239.00*	100	−28	−25	−26
		221.00	100	−27	−34	−27
ZEA	317.10	131.05*	63	30	30	12
		175.10	63	14	24	11

注：*为定量离子。

2.5.1 校准，线性，检测限和定量限

在 HPLC-MS/ MS 分析中，由于基质成分干扰了待测物质的电离，基质经常干扰响应。由于基质效应，校准剂总是在空白基质中制备。基质在线性模式下校准，OTA 从 1 μg/kg 到 50 μg/kg，ZEA 从 2 μg/kg 到 100 μg/kg。以 3 倍信噪比（*S/N*）和 10 倍信噪比（*S/N*）确定 OTA 和 ZEA 的检出限（LOD）和定量限（LOQ）。R2 均大于 0.999。OTA 和 ZEA 的定量限分别为 0.18 μg/kg 和 0.1 μg/kg，OTA 和 ZEA 的定量限分别为 0.59 pg/kg 和 0.34 pg/kg。

2.5.2 准确度和精密度

将 200、400 和 800 μL 的混合标准溶液（150 μg/mL OTA+500 μg/mL ZEA）加入 50 mL 离心管中，每个样品加入 5 g。离心管在环境温度下保存至少 1 h，不时搅拌以蒸发 MeCN。这些标准体积分别相当于 10 μg/kg、20 μg/kg、40 μg/kg 的 OTA 和 20 μg/kg、40 μg/kg、80 μg/kg 的 ZEA。从饲料样品中每个浓度准备 5 个重复，用于回收试验。OTA 和 ZEA 在饲料样品中的添加浓度、回收率和精密度如表 2 所示。

表 2 OTA 和 ZEA 在饲料样品中的添加浓度、回收率和精密度

对象	添加浓度/（μg/kg）	回收率/%	相对标准差/%	日内精密度（*n*=15）	日间精密度（*n*=9）
OTA	10	86.86	2.17	10.12	9.19
	20	84.99	4.22	6.02	6.14
	40	83.04	2.00	6.34	16.22

（续）

对象	添加浓度/(μg/kg)	回收率/%	相对标准差/%	日内精密度(n=15)	日间精密度(n=9)
ZEA	20	87.06	4.96	10.94	8.32
	40	84.11	5.09	9.30	10.57
	80	97.78	5.95	9.15	19.14

2.5.3 重复性

该方法的可重复性在同一日和几日内的日间差得到验证。在分析的同一日，将3种浓度的真菌毒素添加到基质中，通过比较每种真菌毒素的回收率来评估一日内的重复性。通过比较上述加标的5个样品来评估日间重复性，并在3 d内进行分析。

3 讨论与结果

514个样品中OTA和ZEA的浓度汇总见表3。结果表明，广东0.68%和广西7.00%的饲料样品被OTA污染，平均浓度分别为1.14 μg/kg和0.88 μg/kg。海南的饲料样品中未检出。饲料样品中OTA的浓度大大低于饲料中可接受的最高限值（<100 μg/kg）（GB 13078—2017）。本研究中记录的OTA的最高浓度为1.55 μg/kg。

表3 514个样品中OTA和ZEA的浓度汇总

地区	样品数目	OTA				ZEA			
		阳性率/%	平均值/(μg/kg)	最低值/(μg/kg)	最高值/(μg/kg)	阳性率/%	平均值/(μg/kg)	最低值/(μg/kg)	最高值/(μg/kg)
海南	167	0.00	0.00	0.00	0.00	100	2 094.1	1.45	38 247.9
广东	147	0.68	1.14	1.14	1.14	100	14.3	0.55	157.2
广西	200	7.00	0.88	0.62	1.55	100	8.73	1.06	53.6

结果表明，所有样品均有ZEA污染。这说明ZEA在本次研究的饲料样品中广泛存在。海南、广东和广西饲料样品中ZEA的平均浓度分别为2 094.1 μg/kg、14.3 μg/kg和8.73 μg/kg。其中，海南和广东的样品已被严重污染。在来自海南的167份样品中，有95份（56.9%）饲料中该毒素超标（≤500 μg/kg）（GB 13078—2017），最高浓度为38 247.9 μg/kg。

在所有被检测的家禽饲料样品中，平均浓度数据显示ZEA是最普遍存在的真菌毒素。广东样品仅有1份被OTA污染，浓度为1.14 μg/kg。广西样品中OTA的检出率为7%，平均浓度为0.88 μg/kg。海南样品中ZEA含量较高，其次为广东和广西样品。56.9%的样品中ZEA浓度超过最大限度，需要加强安全指导。

一般来说，小麦、玉米、大麦、燕麦等谷物被广泛用于动物饲料。我们的家禽饲料样品中主要成分是玉米，玉米和玉米制品中常见的ZEA检出率较高。此前对OTA和ZEA

污染的研究集中在所有类型的动物饲料上。这些研究描述了真菌毒素对人类和动物健康的许多不利影响。

Tima 等人调查了来自三家主要的匈牙利猪饲料制造商的 45 份饲料样本，并在所有测试样本中检测出 ZEA，与本研究的结果相似。2018 年，Hassan 等人在卡塔尔市场上用于动物饲料的谷物中检测出真菌毒素；在 44%的混合谷物、40%的玉米样本、60%的小麦和麦麸样本中检测到 OTA。在这些 OTA 呈阳性的样本中，14%的混合谷物和 50%的玉米被 OTA 污染，其水平高于欧盟允许的 OTA 限量。此前的研究报告称，鱼类饲料中 OTA 的浓度范围为 0.10～2.1 μg/kg，鱼类饲料中包括 OTA 和 ZEA 在内的真菌毒素的浓度应确定已进行风险评估。对巴基斯坦饲料和饲料成分中黄曲霉毒素 B_1 和 ZEA 的有限调查表明，105 份样本中 75 份为 ZEA 阳性，在家禽饲料样本中发现最高平均浓度为 19.45 μg/kg。ZEA 的平均浓度为 0.15～145.30 μg/kg。在中国，2012—2014 年共采集的中部地区 2 528 份饲料原料和完整饲料样品中，黄曲霉毒素 B_1、玉米赤霉烯酮和脱氧雪腐镰刀菌烯醇（DON）含量较高。对 255 份样品进行 ZEA 检测，饲料原料和全饲料的 ZEA 污染率为 90.2%。

真菌毒素污染一直困扰着饲料工业，需要加强对饲料进行监测。2014—2016 年，OTA 的波兰官方监测污染的动物饲料表明，大约有 9%的动物饲料中污染的 OTA 浓度高于 0.3 μg/kg 的定量限，2%的饲料污染的 OTA 浓度> 50 μg/kg。2015 年 1 月至 2017 年 12 月间，对台湾饲料和动物生产商提供的 820 份玉米粉和玉米基猪饲料样本进行了分析，以确定真菌毒素的存在。结果表明，91.4%的样品被 DON 污染，70.2%的样品被 ZEA 污染。这表明 DON 是台湾玉米粉和玉米制猪饲料中最常见的霉菌毒素。本研究结果表明，ZEA 是以玉米为主要成分的家禽饲料中主要的真菌毒素。采样位置、存储条件和样品的营养成分影响真菌的生长和真菌毒素的产生，随着采集样品的地理位置不同，温度和降水量相差很大。Ndemera 等人从马绍那兰西部和马尼卡兰省收集了 158 个玉米样本，以及 2014 年和 2015 年农业季节的气候数据，结果表明，日温度是影响伏马菌素（FB1）发病率的关键因素，降雨水平与 FB1 污染呈正相关。据报道，保持较低的湿度水平可能会防止青咖啡在储存期间的 OTA 污染。在本研究中，所有样品均来自华南地区，在高温和降雨增加的条件下，最适合真菌生长且易在饲料中产生真菌毒素。在将来的研究中，应当评估饲料中营养成分（如蛋白质、氨基酸和无机盐）含量对这些家禽饲料中真菌毒素浓度的影响。

综上所述，本研究结果表明，38.3%的样品被 OTA 污染，100%的样品被 ZEA 污染。所有饲料样品中 OTA 的浓度明显低于该毒素的最高可接受限度，海南 56.9%的饲料样品超过了 ZEA 的最高可接受限度。总的来说，本研究的结果明确指出，有必要加强对华南地区以玉米为主要原料的家禽饲料中 ZEA 监测。

90～100 日龄慢速型黄羽肉鸡常规能量和糠麸类饲料原料代谢能评定

张　赛

摘要： 试验旨在测定 90 日龄清远麻鸡能量和糠麸类饲料原料的代谢能（metabolizable energy，AME）。（方法）试验选用 90 日龄清远麻鸡 168 只，按体重随机均分成 7 组，每组 6 个重复，每个重复 4 只鸡。试验预饲 3 d，全收粪 3 d。7 组分别饲喂基础日粮、30%玉米替代日粮、30%大麦替代日粮、30%小麦替代日粮、30%高粱替代日粮、25%麦麸替代日粮、30%米糠替代日粮。采用全收粪和套算法测定总能（GE）代谢率，表观代谢能（AME）和氮校正代谢能（AMEn）。结果表明：玉米、大麦、小麦、高粱、麦麸和米糠的总能代谢率分别为 83.01%、82.50%、83.30%、83.90%、39.46%、65.91%，AME 分别为 13.56 MJ/kg、12.98 MJ/kg、13.10 MJ/kg、13.61 MJ/kg、6.99 MJ/kg、11.92 MJ/kg，AMEn分别为 13.41 MJ/kg、12.61 MJ/kg、12.93 MJ/kg、13.41 MJ/kg、6.54 MJ/kg、11.52 MJ/kg。试验结果为慢速型黄羽肉鸡日粮配制提供数据参考并有助于完善我国黄羽肉鸡饲料原料基础数据库。

关键词： 代谢能；玉米；大麦；小麦；高粱；麦麸；米糠

黄羽肉鸡是我国优良特色品种，在南方尤其是广东地区消费率高。慢速型黄羽肉鸡，一般饲养至 100 日龄后上市，风味物质沉积时间长、口感更鲜美，市场售价也较高，往往用于中高档肉类消费品。能量原料占黄羽肉鸡饲料成本 60%以上，生长肥育期甚至能达到 80%。目前肉鸡饲养多采用代谢能体系配制日粮，目前我国黄羽肉鸡饲料代谢能值和营养需要量多参考白羽肉鸡标准，然而白羽肉鸡一般 42 d 出栏，远远快于慢速型黄羽肉鸡 100 d 以上出栏时间，肉鸡代谢水平与饲料代谢能值很可能存在差异，因此丰富黄羽肉鸡饲料原料代谢能参数，是实现黄羽肉鸡精准饲喂的重要前提。

肉鸡代谢能方面的研究绝大多数集中在代谢能需要量的摸索，而饲料原料代谢能值的测定非常稀少，尤其相对于白羽肉鸡，黄羽肉鸡饲料原料代谢能评定的文献及其稀缺，大部分黄羽肉鸡原料代谢能值仍然使用白羽肉鸡代谢能数据库。此外，国内黄羽肉鸡由于地方品种繁多，生长速率不一，导致黄羽肉鸡饲料原料数据库很不完善。

本试验以 90 日龄慢速型清远麻鸡为试验对象，在正常生产条件下进行代谢试验，分别测定 4 种常规能量原料（玉米、大麦、小麦和高粱），2 种常规糠麸类原料（麦麸和米糠）的能量代谢率、表观代谢能（AME）和氮校正代谢能（AMEn），为慢速型黄羽肉鸡

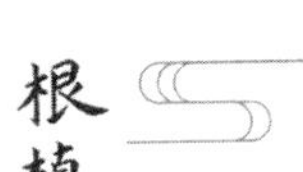

日粮配制提供参考并完善我国黄羽肉鸡饲料原料基础数据库。

1 材料与方法

1.1 试验动物与分组

11 月份挑选体重均匀的 90 日龄慢速型清远麻鸡母鸡 168 只，随机分成 7 组，每组 6 个重复，每个重复 4 只鸡。每个重复组初始平均体重（1 150±120）g。

1.2 饲料原料和试验处理

试验用能量原料品种分别是中国东北玉米、乌克兰大麦、美国小麦和美国高粱（图 1），其中中国东北玉米从河南采购，大麦、小麦和高粱由中粮集团（广东）提供；广东麦麸和越南米糠（图 2）均采自广东。6 种试验能量原料均检测常规营养成分。试验组分别饲喂基础日粮、玉米日粮、高粱日粮、小麦日粮、大麦日粮、麦麸日粮、米糠日粮，试验日粮组成与营养水平见表 1。所有日粮处理添加适量维生素与微量元素预混料。

中国东北玉米

乌克兰大麦

美国小麦
美国高粱

图 1 试验能量类饲料原料外观照片

广东麦麸
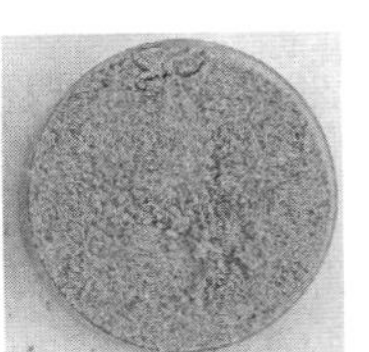
越南米糠

图 2 试验糠麸类饲料原料外观照片

表 1 试验日粮组成与营养水平（风干基础）（%）

项目	基础饲粮	30%玉米替代基础日粮	30%高粱替代基础日粮	30%小麦替代基础日粮	30%大麦替代基础日粮	25%麦麸替代基础日粮	30%米糠替代基础日粮
玉米	69.55	78.69	48.69	48.69	48.69	52.16	48.69
高粱	—	—	30	—	—	—	—
小麦	—	—	—	30	—	—	—
大麦	—	—	—	—	30	—	—
麦麸	—	—	—	—	—	25	—
米糠	—	—	—	—	—	—	30
豆粕	25.00	17.50	17.50	17.50	17.50	18.75	17.50
大豆油	2.00	1.40	1.40	1.40	1.40	1.50	1.40
赖氨酸	0.15	0.11	0.11	0.11	0.11	0.11	0.11
蛋氨酸	0.10	0.07	0.07	0.07	0.07	0.08	0.07
石粉	1.20	0.84	0.84	0.84	0.84	0.90	0.84
磷酸氢钙	0.70	0.49	0.49	0.49	0.49	0.53	0.49

（续）

项目	基础饲粮	30%玉米替代基础日粮	30%高粱替代基础日粮	30%小麦替代基础日粮	30%大麦替代基础日粮	25%麦麸替代基础日粮	30%米糠替代基础日粮
食盐	0.30	0.21	0.21	0.21	0.21	0.23	0.21
预混料	1.00	0.70	0.70	0.70	0.70	0.75	0.70
合计	100	100	100	100	100	100	100
营养水平							
干物质	87.32	87.94	88.27	87.73	88.58	87.04	88.87
总能（GE）/（MJ/kg）	16.05	15.97	16.15	16.10	16.06	16.14	16.86
氮校正代谢能（AMEn）/（MJ/kg）	12.02	12.41	12.49	12.05	11.69	10.69	11.69
粗脂肪（EE）/%	4.98	4.57	4.51	4.03	3.49	4.58	6.01
粗蛋白质（CP）/%	16.89	14.22	14.58	16.17	15.72	16.37	15.66
真可利用赖氨酸（SID Lys）	0.89	0.69	0.68	0.72	0.73	0.78	0.80
真可利用蛋氨酸（SID Met）	0.35	0.30	0.29	0.31	0.28	0.31	0.31
钙（Ca）/%	0.67	0.47	0.47	0.49	0.48	0.54	0.49
非植酸磷（Non-phytate-P）/%	0.21	0.16	0.17	0.19	0.21	0.20	0.21

注：预混料为每千克饲粮提供：维生素A 6 000 IU，维生素D_3 500 IU，维生素E 25 IU，维生素K 1.7 mg，硫胺素1.0 mg，核黄素4 mg，烟酸20 mg，泛酸8 mg，吡哆醇0.6 mg，生物素0.02 mg，叶酸0.3 mg，维生素B_{12} 8 μg，胆碱750 mg，铁80 mg，铜7 mg，锰55 mg，锌75 mg，碘0.50 mg，硒0.15 mg。

常规能量饲料原料与麸糠类原料常规养分参数见表2。

表2　常规能量饲料原料与麸糠类原料常规养分参数

项目	玉米	大麦	小麦	高粱	麦麸	米糠
干物质/%	87.9	88.59	88.06	89.73	89.07	89.84
粗蛋白质/%	7.41	12.32	11.4	9.6	15.79	11.27
粗脂肪/%	3.40	2.30	1.60	3.10	3.50	8.40
粗灰分/%	1.38	2.24	1.8	1.6	5.40	3.33
钙/%	0.02	0.06	0.08	0.04	0.12	0.06
总磷/%	0.23	0.34	0.33	0.27	0.83	0.37
总能/（MJ/kg）	16.34	15.98	16.11	16.33	16.46	18.06

1.3　饲养管理

试验鸡用代谢笼饲养，两只一笼。试验前进行鸡舍和收粪设备的清洗和消毒工作，鸡舍彻底清洁干燥后，用高锰酸钾和甲醛熏蒸消毒。按《黄羽肉鸡饲养管理手册》进行管理。

1.4 样品采集与制备

试验分 3 d 预饲期和 3 d 全收粪期。一天分 2 次饲喂试验日粮，并统计每天采食量。全收粪期以重复为单位每天 2 次准确收集排泄物，清除羽毛、皮屑和饲料，并加入少量 10%盐酸以固定挥发氮。全收粪期结束后，称量排泄物鲜重，混合均匀后采样 500 g 放入 65 ℃烘箱烘 2～3 d。在空气中回潮 24 h 后称干重。粉碎机粉碎过 40 目筛，装袋放常温保存，分析备用。

1.5 检测项目与计算

待测饲料原料（玉米、小麦、大麦、麦麸和米糠）检测干物质（GB/T 6435—2006）、总能（氧弹式测热仪 Parr Instruments，Moline，IL）、粗蛋白质（GB/T 6432—1994）、粗脂肪（GB/T 6433—1994）、粗灰分（GB/T 6438—2007）、钙（GB/T 6436—2002）、总磷（GB/T 6437—2002）含量。测定基础日粮、试验日粮、烘干排泄物样品的干物质、总能和粗蛋白质含量。

本试验用套算法计算饲料原料总能代谢率和代谢能（AME 和 AMEn）。

（1）总能代谢率计算。

试验日粮总能消化率（%）=[食入日粮总能（MJ）－排泄物总能（MJ）] / 食入日粮总能（MJ）×100%

待测原料总能消化率（%）={试验日粮总能消化率（%）－基础日粮总能消化率（%）×[1－替代比例（%）]}/ 替代比例（%）

（2）表观代谢能（AME）计算。

食入基础日粮总能（MJ）=基础日粮总能（MJ/kg）×基础日粮组肉鸡采食量（kg）

基础日粮组排泄物总能（MJ）=基础固氮、干燥后饲粮排泄物总能（MJ/kg）×基础日粮组收集的排泄物经固氮、干燥后的重量（kg）

基础日粮 AME（MJ/kg）=[食入基础日粮总能（MJ）－基础日粮组排泄物总能（MJ）] / 基础日粮组采食量（kg）

试验日粮 AME（MJ/kg）=[食入试验日粮总能（MJ）－试验日粮组排泄物总能（MJ）] / 试验日粮组采食量（kg）

待测原料 AME（MJ/kg）={试验日粮 AME（MJ/kg）－基础日粮 AME（MJ/kg）×[1－替代比例（%）]}/ 替代比例（%）

（3）氮校正代谢能（AMEn）计算。

试验日粮或基础日粮 AMEn（MJ/kg）=试验日粮或基础日粮 AME（MJ/kg）－[日沉积氮（g/d）×34.39（MJ/g）] /日采食量（kg/d）

待测原料 AMEn（MJ/kg）={试验日粮 AMEn（MJ/kg）－基础日粮 AMEn（MJ/kg）×[1－替代比例（%）]}/替代比例（%）

2 结果与讨论

90 日龄慢速型黄羽肉鸡常规能量原料代谢能值和总能代谢率见表 3。

表 3 90 日龄慢速型黄羽肉鸡常规能量原料代谢能值和总能代谢率

项目	玉米	大麦	小麦	高粱	麦麸	米糠
表观代谢能，AME/(MJ/kg)①	13.56±0.78	12.98±0.26	13.10±0.60	13.61±0.48	6.99±0.61	11.92±0.53
氮校正代谢能，AMEn/(MJ/kg)②	13.41±0.53	12.61±0.33	12.93±0.53	13.41±0.30	6.54±0.65	11.52±0.33
总能代谢率，GE utilization/%③	83.01±4.71	82.50±1.59	83.30±3.67	83.90±2.90	39.46±3.66	65.91±3.13

注：①基础日粮的表观代谢能为（12.32±0.24）MJ/kg。

②基础日粮的氮校正代谢能为（9.71±0.21）MJ/kg。

③基础日粮的总能代谢率为（74.1±1.9）%。

90 日龄慢速型黄羽肉鸡玉米、大麦、小麦、高粱、麦麸、米糠的总能代谢率分别为 83.01%、82.50%、83.30%、83.90%、39.46%、65.91%，表观代谢能（AME）分别为 13.56 MJ/kg、12.98 MJ/kg、13.10 MJ/kg、13.61 MJ/kg、6.99 MJ/kg、11.92 MJ/kg，氮校正代谢能（AMEn）分别为 13.41 MJ/kg、12.61 MJ/kg、12.93 MJ/kg、13.41 MJ/kg、6.54 MJ/kg、11.52 MJ/kg。本试验用全收粪法结合套算法测定了 90 日龄慢速型黄羽肉鸡（清远麻鸡）能量类饲料原料和糠麸类饲料原料的能量代谢率、表观代谢能、氮校正代谢能。本试验测定的能量类和糠麸类饲料营养成分和代谢能与国内外标准具有一定可比性，但是也存在差异。

通过比较欧美和国内肉鸡饲养标准发现，四种常规饲料原料玉米、大麦、小麦、高粱的代谢能值，美国 NRC（1994）标准普遍高于法国 INRA（2004）和国内标准（鸡饲养标准，2004；黄羽肉鸡营养需要量，2020），这可能与原料的地域差异以及美国肉鸡选育品种对玉米、大麦、小麦和高粱的利用率更高有关。本试验所用玉米、小麦和高粱 AME 值均介于美国 NRC 和国内标准之间，具有很强的可比性。谭权等报道甘肃玉米饲喂 19～22 日龄 AA 肉公鸡的 AME 为 13.24 MJ/kg，与本试验结果接近。班志彬等报道干物质基础的玉米吉粳 511、吉农 823 对于 Ross 308 雄鸡（25～28 日龄）的 AME 分别为 13.79 MJ/kg 和 13.64 MJ/kg，与本试验饲喂基础的结果（13.56 MJ/kg）相近。谭权等用全收粪法测定甘肃小麦饲喂 19～22 日龄 AA 肉公鸡的 AME 为 12.09 MJ/kg，低于本试验 90 日龄黄羽肉鸡的 AME（13.10 MJ/kg）。王永伟等用全收粪法测得 14 种小麦饲喂 26～31 日龄 AA 肉仔鸡 AME 和 AMEn 的平均值分别为 13.27 MJ/kg 和 12.95 MJ/kg，与本试验全收粪法所测结果（13.10 MJ/kg 和 12.93 MJ/kg）接近，然而王永伟等用指示剂法测相同 14 种小麦的 AME 和 AMEn 平均值分别为 12.64 MJ/kg 和 12.01 MJ/kg，低于全收粪法所得结果，说明方法学差异有可能对代谢能结果产生显著影响。本试验所测大麦 AME（12.98 MJ/kg）高于国内外标准和林厦菁等所测结果，可能与本试验清远麻鸡日龄（90日龄）较大有关，林厦菁等使用35日龄快大型黄羽肉公鸡，而欧美标准基于白羽肉鸡平均值，国内标准也多参考白羽肉鸡平均值，肉鸡品种和日龄可能是导致大麦 AME 结果差异的重要因素。杜保华等发现 AA 雄肉鸡 11～13 日龄和 25～27 日龄的大麦 AME 分别为 11.40 MJ/kg 和 11.87 MJ/kg，也均高于国内标准，说明大麦 AME 随肉鸡日龄增加而增加。国内外肉鸡大麦原料 AME 为平均值，一般没有把 AME 根据肉鸡的生长阶段分类，可能原因是白羽肉鸡出栏时间较短，没有按阶段分类的必要性，然而杜保华等和赵萌菲等均发现白羽肉鸡对大麦或小麦的能量代谢率和 AME 与日龄正相关。慢速型黄羽肉鸡出栏时间往往是白羽肉鸡的 2.5～3 倍，原料代谢能很可能随着日龄的变化出现差异，所以根据慢速型黄羽肉鸡不同生长阶段评估原料代谢能很有必要。综上，东北玉米饲喂 Ross 308 肉公鸡和甘肃玉米饲喂 AA 肉公鸡的代谢能与本试验清远麻鸡接近。陕西小麦饲喂 AA 肉公鸡的代谢能明显低于本试验清远麻鸡代谢能，不同产地小麦饲喂 AA 肉鸡的代谢能差异较大，而全国 14 个不同产地小麦饲喂 AA 肉仔鸡（公母各半）的平均代谢能与本试验清远麻鸡代谢能接近。大麦饲喂 90 日龄清远麻鸡代谢能高于欧美标准和国内标准，可能与黄羽肉鸡品种差异和日龄较大有关，有关黄羽肉鸡对大麦能量的代谢率也有待进一步研究。

麦麸和米糠的国内外肉鸡代谢能参考值差异很大，糠麸类原料是谷实类原料加工副产物，营养成分变异所受影响因素更多，变异系数普遍高于谷实类原料。本试验麦麸 AME 明显高于美国 NRC，却低于法国 INRA 和我国黄羽肉鸡营养需要量，与鸡饲养标准接近。谭权等报道陕西麦麸饲喂 AA 肉公鸡的代谢能为 9.17 MJ/kg，显著高于本试验清远麻鸡代谢能（6.99 MJ/kg）。黄强系统评价全国不同产地小麦制粉副产品发现代谢能值差异非常大，可能与营养成分含量变异较大有关。谭权等所用陕西麦麸粗脂肪含量（4.76%）高于本试验所用麦麸粗脂肪含量（3.50%），可能是导致陕西麦麸代谢能显著高于本试验结果的原因。然而本试验中麦麸粗蛋白质和粗脂肪含量与国内外参考值接近，而且国内外标准中的麦麸的粗蛋白质、粗脂肪和粗纤维含量相差不大，但是代谢能变异范围很大。导致变异的原因还可能与肉鸡品种和日龄差异有关，也有可能与检测方法学差异有关。米糠代谢能值与国内外标准接近，略低于美国 NRC，但高于黄羽肉鸡营养需要量。类似于麦麸，米糠也是糠麸类饲料典型的营养成分含量变异非常大的原料，进而导致其代谢能值的差异。美国 NRC 报道的米糠粗蛋白质和粗脂肪含量均高于本试验米糠，导致 NRC 米糠代谢能高于本试验结果。

由于国内外标准所报道的原料代谢能值对应的原料信息有限，尽管个别原料根据其营养成分含量或者脱脂程度分级，但是仍有不少信息缺失，如粒度或者测定方法学等，无法全面比对。此外，国内外标准中的原料代谢能参数一般没有考虑到肉鸡的生长阶段，数据多为平均值，具有一定的局限性。总之，饲料原料代谢能的评估应关注大样本变异性和肉鸡品种、日龄等因素。

3 结论

本试验结果表明，试验鸡自由采食，全收粪法测定代谢能具有可行性。90 日龄慢速型黄羽肉鸡能量饲料原料 AME 和 AMEn 分别为：玉米 13.56 MJ/kg 和 13.41 MJ/kg，大麦 12.98 MJ/kg 和 12.61 MJ/kg，小麦 13.10 MJ/kg 和 12.93 MJ/kg，高粱 13.61 MJ/kg 和 13.41 MJ/kg；糠麸类饲料原料表观和氮校正代谢能分别为：麦麸 6.99 MJ/kg 和 6.54 MJ/kg，米糠 11.92 MJ/kg 和 11.52 MJ/kg。

无公害农产品种植业产品检测目录及技术评估探讨

杨 慧

摘要：本文通过对无公害农产品中种植业产品检测目录发展历程的回顾，重点介绍了当前无公害种植业产品检测目录的提出背景、基本情况及评估内容，为更好地实现无公害农产品的动态管理和风险控制提出了发展思路。

关键词：无公害农产品；种植业；检测目录；标准

自2000年以来，我国农业和农村经济发展已经进入了一个新的历史阶段。农产品的供给由长期短缺转变为总量基本平衡且丰年有余。如何在保持总量平衡的基础上提高农产品质量，是摆在我国农业面前的一个迫切问题。由此，农业部自2002年开始在全国范围内实施“无公害食品行动计划”，以农产品质量标准体系和质量检测检验体系建设为基础，以全面提高我国农产品质量安全水平为核心，以“菜篮子”产品为突破口，通过对农产品实施“从农田到餐桌”全过程质量安全控制，逐步实现我国主要农产品的无公害生产和消费。为了规范无公害食品的生产行为，国家及农业部从2001年起下达了无公害食品标准的制定任务，力求全面规范无公害食品的生产、经营行为，逐步建立起一套完善的无公害食品标准体系。

1 无公害农产品检测目录的提出背景

1.1 早期无公害标准使用中产生的问题

1.1.1 与《中华人民共和国食品安全法》的要求不相适应

《中华人民共和国食品安全法》中规定，国务院卫生行政部门应当对现行的食用农产品质量安全标准、食品卫生标准、食品质量标准和有关食品的行业标准中强制执行的标准予以整合，统一公布为食品安全国家标准。无公害标准体系中的产品标准属于食用农产品质量安全标准范畴，所以应有机地纳入食品安全国家标准体系，不能游离于其外。

1.1.2 与无公害农产品的定位不相适应

无公害农产品标准是以保护人们身体健康和生命安全为基础的标准，应该定位为保障农产品生产和消费的基本安全，但早期有些产品标准非安全性指标设置过多。

1.1.3 与国家强制性技术规范的关系交叉重复

主要表现在早期的无公害产品标准与强制性的农业投入品使用标准或国家（行业）相关标准规定重复。若在标准中做相同规定，则显多余，造成人力、物力、财力上的浪费；若在标准中规定不同，则造成生产、检测、监督等环节依据标准不统一，影响标准权威性和严肃性。

1.1.4 与无公害农产品认证及监督实际需要不相适应

在农业生产中使用的投入品（化肥、农药等）种类繁多，新型投入品不断出现，农药的滥用现象严重，需要根据每年的检测情况进行实时调整，而早期标准检测项目和方法固定在长期不变的产品标准中，难以适应生产变化，容易出现“检而不用，用而不检”的现象。

1.2 无公害农产品检测目录的提出及发展

针对早期无公害标准在使用中出现的问题，为了健康有效地开展无公害农产品认证工作，农业部自2008年开始制定、2011年开始发布实施无公害农产品检测目录。无公害农产品检测目录是指依据现行农产品质量安全相关法规和食品安全国家标准，按照农产品质量安全生产中出现的并对我国居民健康构成较大危害因子的风险程度，结合风险监测和舆情监测发现隐患，列出在无公害农产品认证中应重点监控的产品检测项目。无公害农产品检测目录是无公害农产品认证检测的标准依据，由最开始的14类发展为目前的58类，具体情况见表1。

表1 无公害农产品检测目录发展概况

时间	下达文件	涉及的种植业产品
2011年	《农业部办公厅关于印发茄果类蔬菜等14类无公害农产品检测目录的通知》（农办质〔2011〕1号）	共10类，包括茄果类蔬菜、瓜类蔬菜、豆类蔬菜、叶菜类蔬菜、根茎类蔬菜、葱蒜类蔬菜、多年生蔬菜、水生蔬菜、食用菌、茶叶
2012年	《农业部办公厅关于印发茄果类蔬菜等37类无公害农产品检测目录的通知》（农办质〔2012〕8号）	共27类，在2011年基础上增加的产品有稻米、薯类、芝麻、西甜瓜、浆果类果品、荔枝龙眼红毛丹、柑果类果品、坚（壳）果类果品、核果类果品、麦类作物、玉米类作物、大豆、花生、小杂粮、仁果类果品、聚复果类果品、香辛料
2013年	《农业部办公厅关于印发茄果类蔬菜等55类无公害农产品检测目录的通知》（农办质〔2013〕17号）	共36类，在2012年基础上增加或修改的产品有芸薹属类蔬菜、根茎类和薯芋类蔬菜、鳞茎类蔬菜、其他多年生蔬菜、瓜果类水果、浆果和其他小型水果、枸杞、柑橘类水果、坚果类水果、玉米、其他热带及亚热带水果、杂粮类、甘蔗、甜菜、甜叶菊、参类、瓜子、可食花卉
2015年	《农业部办公厅关于印发茄果类蔬菜等58类无公害农产品检测目录的通知》”（农办质〔2015〕4号）	共37类，在2013年基础上增加的产品有油菜籽

2 无公害种植业农产品检测目录的内容及技术评估

2.1 基本情况

目前实施的无公害农产品检测目录共58类，其中种植业农产品37类，涵盖3个方面：①蔬菜（10类），包括茄果类蔬菜、瓜类蔬菜、豆类蔬菜、叶菜类蔬菜、芸薹属类蔬菜、根茎类和薯芋类蔬菜、鳞茎类蔬菜、茎类蔬菜、其他多年生蔬菜、水生类蔬菜。②水果（8类），包括瓜果类水果、浆果和其他小型水果、柑橘类水果、坚果类水果、核果类水果、仁果类水果、荔枝龙眼红毛丹、其他热带及亚热带水果。③其他（19类），包括食用菌、茶叶、稻类、芝麻、枸杞、麦类作物、玉米、小杂粮、大豆、花生、香辛料、杂粮类、甘蔗、甜菜、甜叶菊、参类、瓜子、可食花卉、油菜籽。其中，设置检测项目数量最少的是芝麻、甜叶菊、参类3类产品，各有1项检测项目；设置项目数量最多的是茄果类、叶菜类、芸薹属类蔬菜产品，各有14项检测项目。

2.2 技术评估

自2012年以来，农业部农产品质量安全中心委托农业部蔬菜水果质量监督检验测试中心（广州）对无公害农产品种植业产品检测目录开展技术评估工作，目前已连续4年进行了风险监测及分析评估。

2.2.1 评估原则

为实现无公害农产品的动态管理和风险控制，根据无公害种植业农产品的生产实际、检测工作和认证工作的要求，强化无公害农产品检测目录的技术评估工作，检测项目的确定原则包括6个方面：①根据生产中病虫害的发生及防治情况，结合认证现场检查、认证后监管及农产品质量安全突发事件反映出的农药使用情况及其他有毒有害物质污染情况，依据风险程度列出重点监控的检测项目；②近年来无公害种植业产品质量抽检情况；③无公害种植业产品的农药登记信息；④检测项目应有明确的限量值规定；⑤检测项目应有国家、行业或国际组织标准的检测方法；⑥检测项目的确定以现行无公害食品标准中的产品检测参数为基础，根据风险评估的结果，一般列出当前重点监控的前10～15项检测项目。

检测目录修订评估过程中遵循全面、科学、合理、可行的原则，力求做到规范科学、检测项目符合无公害种植业产品生产实际情况和目前无公害种植业产品的质量状况，标准操作易行。

2.2.2 评估过程

（1）实际生产用药情况调查。通过实际调查咨询、互联网查询、文献查询等方式，搜集种植业当前不同产品及其投入品相关资料，特别是农业部列入重点监控的违禁投入品种类及例行监测的检测项目，确定实际生产中主要病虫害、防治方法及用药有效成分等信息，并在中国农药信息网上进行毒性登记判断。

（2）农药登记情况查询。通过对中国农药信息网等官方网站查询，掌握种植业产品现行有效的农药登记使用信息，确定每一类作物登记用药情况，对农药中有效成分、农药防治对象及其毒性等进行查询并进行小结。

（3）监测结果分析。根据例行监测、市场监察、质量监督抽检、检测机构检测等相关数据的收集整理，汇总种植业相关农产品检测结果，分析每一类种植业农产品中的农药残留主要检出项目及超标项目。

（4）检测目录实施情况调研。通过向生产、销售、检测等检测目录实际使用单位广泛征求意见，跟踪了解无公害种植业产品检测目录的实施情况。

（5）舆情关注情况分析。通过查询相关网站、资料、数据库等，搜集整理出各类种植业产品的舆情关注情况，了解各类产品的舆情关注点，提出媒体关注的存在潜在风险的项目。

（6）重点监控项目的确定。根据各类检测结果分析情况，结合无公害种植业农产品实际生产用药情况、农药登记信息、污染物信息，同时参考检测目录实施征求意见情况及舆情关注情况，与现行检测目录进行分析对比，综合研判出我国无公害种植业农产品需要重点监控的项目建议。

（7）限量值和检测方法的选择。根据确定的检测项目，查询现行有效的限量标准及检测方法标准，确定有执行依据的限量值，同时推荐使用科学、有效、认可度高的检测方法。

（8）适用产品信息的核查。为保证检测目录的严谨性，将现行的检测目录中“适用产品”与《无公害农产品认证检测依据表》及《实施无公害农产品认证的产品目录》中“产品名称”进行一一核对，查缺补漏，核实检测目录与认证依据中产品类别的一致性。

综上所述，通过对各类无公害种植业农产品的评估，综合分析确定产品的风险检测项目、限量值、检测方法、适用范围等，最终形成无公害种植业农产品检测目录技术评估报告及检测目录修订稿。

2.2.3 评估典型示例

以叶菜类蔬菜为例，近年来发布实施的叶菜类蔬菜检测目录评估内容比较情况见表2。2012年5月1号实施的《茄果类蔬菜等37类无公害农产品检测目录》中叶菜类蔬菜检测项目15项；2013年6月1号实施的《茄果类蔬菜等55类无公害农产品检测目录》中叶菜类蔬菜检测项目12项；2015年4月1号实施的《茄果类蔬菜等58类无公害产品检测目录》中叶菜类蔬菜检测项目14项。在对叶菜类蔬菜进行检测目录技术评估过程中，针对适用产品、检测项目、限量值、执行依据、检测方法等各项技术指标，通过对现行法律法规标准等最新动态查询、检测数据的全面收集整理、病虫害及其防治方法排查、检测目录实施调研、小品种风险调查监测、舆情关注情况分析研判等，最终确定了叶菜类蔬菜检测目录的内容。

表 2 近年发布实施的叶菜类蔬菜检测目录评估内容比较情况

评估内容	2012 年检测目录	2013 年检测目录	2015 年检测目录
检测项目	15 项：甲胺磷、氧乐果、甲拌磷、对硫磷、甲基对硫磷、克百威、氯氟氰菊酯、氯氰菊酯、氰戊菊酯、甲氰菊酯、溴氰菊酯、毒死蜱、铅、镉、亚硝酸盐	12 项：甲胺磷、氧乐果、甲拌磷、克百威、氯氟氰菊酯、氯氰菊酯、氰戊菊酯、甲氰菊酯、毒死蜱、氟虫腈、铅、镉	14 项：氧乐果、甲拌磷、克百威、氯氟氰菊酯、氯氰菊酯、氰戊菊酯、甲氰菊酯、毒死蜱、氟虫腈、铅、镉、二甲戊灵、吡虫啉、阿维菌素
项目比较	—	相对 2012 年减少 4 项、增加 1 项。减少的项目：对硫磷、甲基对硫磷、溴氰菊酯、亚硝酸盐；增加的项目：氟虫腈	相对 2013 年减少 1 项、增加 3 项。减少的项目：甲胺磷；增加的项目：二甲戊灵、吡虫啉、阿维菌素
项目确定依据	风险隐患较高的项目	通过实际生产用药情况调查、农药登记情况查询、监测结果分析、检测目录实施情况调研、舆情关注情况分析后综合研判	根据各类检测结果分析情况，结合无公害种植业农产品实际生产用药情况、农药登记信息、污染物信息，同时参考检测目录实施征求意见情况及舆情关注情况，与现行检测目录进行分析对比、综合研判
限量值	禁用农药表述为“不得检出(检出限)”，依据相关国标、行标列出限量值	禁用农药直接表述为检出限，统一依据 GB 2763—2012、GB 2762—2012 更新限量值	统一依据 GB 2763—2014 更新限量值
执行依据	相关国标、行标	农残统一依据为 GB 2763—2012，重金属统一依据为 GB 2762—2012	农药残留统一依据为 GB 2763—2014
检测方法	行业内认可度较高的检测方法	科学、有效、认可度高的检测方法	优先选用 GB 2763—2014、GB 2762— 2012 中推荐的第 1 法，同时结合行业内认可度较高的检测方法

3 结语

无公害农产品检测目录作为在认证标准领域的制度创新，具备动态管理、风险监测、参数采标、同步更新、有多有少和似标非标等鲜明的特点。它依托无公害农产品标准技术支撑单位，每年对发布实施的检测目录进行技术评估，跟踪食品安全国家最新标准，掌握最新、最权威的农产品安全监测信息，确保无公害农产品检测目录所确定的检测项目与国家发布的食用农产品中农兽药残留、污染物、致病性微生物限量标准等国家食品安全基础标准相一致，力求达到“源头控制，防患未然，发现问题，及时跟进”的目标，争取更好地实现无公害农产品的动态管理和风险控制。

豆芽中恩诺沙星残留量的测定——超高效液相色谱串联质谱法

王瑞婷

摘要：本研究将超高效液相色谱串联质谱（UPLC－MS/MS）检测技术与固相萃取技术（SPE）联合，建立了一种快速准确测定豆芽中恩诺沙星残留量的方法。主要测定过程包括：样品采用 pH=4.0 的 0.1 mol/L EDTA－Mcllvaine 缓冲溶液经过涡旋和超声提取后，高速离心分离，上清液经过 Oasis HLB 固相萃取柱净化，用淋洗液洗去杂质，用甲醇洗脱，收集洗脱液，氮吹至干，采用 0.1%甲酸水溶液溶解，定容液注入超高效液相色谱-质谱/质谱测定。本方法在样品取样量为 5 g，定容体积为 1.00 mL 情况下，方法检出限可达到 1 μg/kg，线性范围为 2.5～100 μg/L，平均回收率达到 90.9%～106.2%，相对标准偏差为 1.5%～6.3%。该方法操作简单易行，准确性和灵敏度高，重复性好，克服了其他检测方法干扰严重的缺点，且耗费时间短，出具结果速度快，定性定量结果准确，十分适合于豆芽中恩诺沙星残留量的检测。

关键词：超高效液相色谱串联质谱；恩诺沙星；残留；豆芽

恩诺沙星（enrofloxacin，ENR）又称乙基环丙沙星，是一种喹诺酮类抑菌剂，其抗菌作用强，抗菌谱广，半衰期长，高效、低毒，组织穿透力强，作为一种兽用药在农牧业中有着较广泛的使用。但是有文献报道恩诺沙星可引起幼畜轻度软组织损伤和关节炎等毒副作用，长期大量食用会使病产生耐药性，且有潜在的致癌作用。人类如果长期食用带有恩诺沙星残留的食品，会引起肠胃不适、头痛、头晕、睡眠不良，并可致精神病症状等。我国、欧盟及美国对于该药物在肉类食品中的残留均有着严格的规定。但是，目前市场上某些不法商贩为了自身的利益置大众健康而不顾，在生产豆芽过程中非法添加恩诺沙星，以达到缩短豆芽生产周期、减少感染、增加豆芽产量的目的。该种现象已日益引起人们的关注，但目前国内外均无相关标准对豆芽中的恩诺沙星进行检测，因此开发一种合适的检测方法是十分必要的。

目前常见的喹诺酮残留检测方法主要有微生物法、紫外可见分光度法、酶联免疫吸附法（ELISA）、高效液相色谱法（HPLC）、气相色谱法（GC）、毛细管电泳法（CE）、液相色谱-质谱联用法（LC－MS/MS、UPLC－MS/MS）等。微生物法与酶联免疫吸附法存在假阳性干扰严重的问题；色谱分析法及光谱分析法存在分离困难、基质干扰严重、检出限高等缺点；采用色谱-质谱联用技术可以在保证分离的同时，通过对特定离子的检测获得更好的检出限和更准确的定性结果。本研究旨在将液相色谱-质谱联用技术应用于豆芽中恩诺沙星残留量的检测，通过改进前处理方法和优化色谱条件，建立起一种简便、快捷、灵敏，同时可以满足国内外有关法规要求的方法。

1 实验部分

1.1 仪器、试剂与样品

超高效液相-串联质谱联用仪：Acquity - Xevo（美国 Waters 公司）；电子天平：AL204（梅特勒-托利多公司）；组织匀浆机：A11（IKA 公司）；涡旋混合器：VORTEX - GENIE2（Scientific Industries. INC）；超声波清洗器：SB25 - 12（宁波新芝生物科技股份有限公司）；冷冻离心机：CT15RT（上海天美生化仪器设备工程有限公司）；酸度计：PHS - 3C（上海精密仪器仪表有限公司）；氮吹仪 BF - 2000（北京八方世纪科技有限公司）；固相萃取仪：57044（Supelco 公司）。

甲醇（色谱纯）；乙腈（色谱纯）；甲酸：纯度 98%；柠檬酸：分析纯；磷酸氢二钠：分析纯；乙二胺四乙酸二钠：分析纯；氢氧化钠：分析纯；盐酸：分析纯；0.1 mol/L Mcllvaine 缓冲溶液：将 1 000 mL 0.1 mol/L 柠檬酸溶液与 625 mL 0.2 mol/L 磷酸氢二钠溶液混合，用氢氧化钠和盐酸调节 pH 至 4.0±0.05；0.1 mol/L EDTA - Mcllvaine 缓冲溶液：称取 60.5 g 乙二胺四乙酸二钠放入 1 625 mL Mcllvaine 缓冲溶液中，振摇使其溶解；恩诺沙星（enrofloxacin），纯度大于等于 99.0%；HLB 固相萃取柱（Waters Oasis），60 mg，3 mL。

样品测试采用市售黄豆芽与绿豆芽各 6 种，共 12 组。

1.2 实验步骤

1.2.1 提取

称取匀质试样 5.0 g（精确到 0.1 g），置于 50 mL 离心管中，准确加入 20 mL 0.1 mol/L EDTA - Mcllvaine 缓冲溶液，涡旋混合 2 min，超声提取 10 min，9 000 r/min 冷冻离心 5 min，将上清液转移至 50 mL 比色管中，重复提取样品 1 次，合并上清液并定容至 50 mL。

1.2.2 净化

分别用 3 mL 甲醇和水活化 HLB 固相萃取柱。取 5 mL 提取液（1.2.1）上样。用 2 mL 5%甲醇水溶液淋洗，弃去淋洗液，将小柱抽干。用 6 mL 甲醇洗脱并收集洗脱液。洗脱液在 40 ℃氮气吹干，用 1.00 mL 0.1%甲酸水溶液溶解，涡旋混合 1 min，上机测定。

1.2.3 色谱条件

色谱柱：Waters ACQUITY UPLC BEH C_{18}（2.1 mm×50 mm，1.7 μm）；流速：0.2 mL/min；柱温：35 ℃；进样量：10 μL；梯度洗脱条件见表 1。

表 1　梯度洗脱条件

时间/min	流动相 A/% 乙腈	流动相 B/% 0.1%的甲酸水溶液
0	10.0	90.0
1.00	20.0	80.0
3.00	20.0	80.0
3.50	80.0	20.0
5.00	80.0	20.0
6.00	10.0	90.0

1.2.4　质谱条件

离子源：ESI；离子模式：正离子；扫描方式：MRM 多反应监测；毛细管电压：3.0 kV；离子源温度：110 ℃；去溶剂温度：400 ℃；去溶剂气流量：500 L/h。离子对、碰撞能量、锥孔电压见表 2。

表 2　离子对、碰撞能量、锥孔电压

化合物	母离子	子离子	碰撞能量/eV	锥孔电压/V
恩诺沙星	360	316	18	35
		342	20	35

2　结果与讨论

2.1　色谱条件的优化

喹诺酮类分子结构中带有羧基和氨基，属于两性化合物，酸性官能团的 $pK_a=5$，碱性官能团的 $pK_a=8\sim9$。采用纯水作为流动相时目标峰形较差且会出线拖尾现象，因此我们在水溶液中分别加入甲酸与三乙胺作为改性剂，结果发现在流动相中加入甲酸，可以有效改善峰形，还可以增加其离子化效率，提高响应。因此选用乙腈-甲酸水溶液作为流动相。

2.2　提取剂选择

恩诺沙星的常用提取剂有乙腈、2%甲酸乙腈和 EDTA - Mcllvaine 缓冲溶液等。我们选用了三种提取剂进行实验，实验发现，用纯乙腈提取效率较低，仅为 50.2%；用 2%甲酸乙腈提取完毕后虽然加标回收率提高到 80.1%，但是在旋转蒸发仪浓缩过程中旋蒸瓶中产生的大量泡沫会在真空泵作用下喷出，容易造成待测物质损失和样品间的相互污染，同时杂质也较多；用 EDTA - Mcllvaine 缓冲溶液提取，提取率良好，为 92.5%，提取液澄清，杂质干扰少，回收率高，故采用EDTA - Mcllvaine缓冲溶液进行提取。

2.3 提取方式的选择

实验中分别考察了涡旋、超声提取、涡旋和超声相结合提取三种方式。结果表明，单纯地采用涡旋提取，既费时，提取率又较低，而完全以超声的方式提取又容易造成目标物分解，而先涡旋再超声提取效果比较好，而且回收率比较稳定，因此本方法采用涡旋2 min后再超声提取10 min的方式进行提取。

2.4 固相萃取柱的选择

实验中采用了传统C_{18}柱、C_8柱及新型HLB柱来考察它们对恩诺沙星提取效果的影响，结果如图1所示。

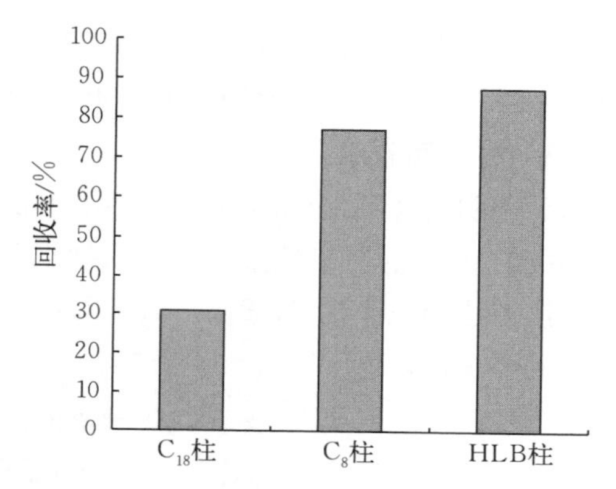

图1 固相萃取柱对恩诺沙星提取效果的影响

可以看出，恩诺沙星作为一种两性化合物，在水溶液中具有一定的极性，因此传统的固相萃取C_{18}柱对弱极性化合物保留性较差，因此其回收率较低；C_8柱由于其碳链缩短，对恩诺沙星的保留能力稍强，但也未达到检测的要求；HLB柱由于其特有的脂性二乙烯苯和亲水性*N*-乙烯基吡咯烷酮聚合特性，对恩诺沙星具有很好的保留效果，同时在淋洗的过程中可以去掉大部分杂质，十分适合在本实验中使用。

2.5 定容溶液的选择

实验分别采用甲醇（MeOH）、甲醇水（MeOH - H_2O，50+50，*V/V*）、0.1%甲酸水（FA）定容，进行LC - MS/MS分析。结果发现，使用同一色谱柱和相同流动相时，不同定溶液可以造成峰形变化和在质谱中响应值的差异。采用甲醇定容时色谱峰峰形较

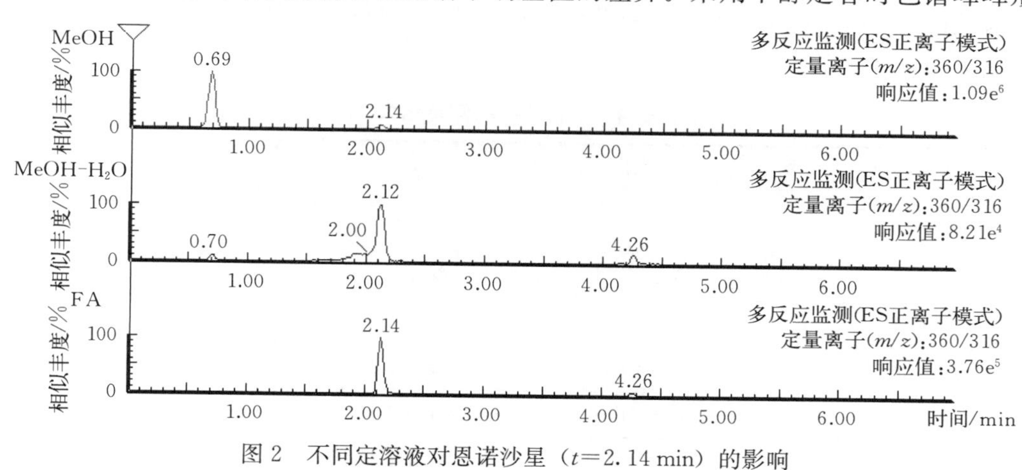

图2 不同定溶液对恩诺沙星（*t*=2.14 min）的影响

宽，而且响应较低；甲醇水定容时响应值有所提高，但造成前延峰，峰形不够对称；采用0.1%甲酸水定容时，峰形尖锐，同时甲酸的加入提高了的离子化效率，增强了仪器响应值。因此采用0.1%甲酸水作为定溶液。

2.6 线性范围、检出限及回收率

2.6.1 线性范围

用本方法确定的实验条件，在线性范围 2.5～100 μg/L 进行测定，得到线性方程为 $y=542.8x-1\,235.4$，相关系数 $R^2=0.999\,5$。

2.6.2 方法检出限

方法检出限：将信噪比 $S/N=3$ 时所对应的浓度，确定为仪器的检出浓度。本方法在样品称样量为 5 g，定容体积为 1.00 mL 的情况下，方法检出限为 1 μg/kg。

2.6.3 方法回收率

采用阴性样品加标的方式考察本方法中恩诺沙星的回收率，向实际样品添加 10 ng、20 ng 和 50 ng 的恩诺沙星，每组添加水平做三组平行，其测定结果如表 3 所示。由表3 可见，该方法回收率为 90.9%～106.2%，相对标准偏差为 1.5%～6.3%，符合实验室分析检测的要求。

表 3 阴性样品中添加恩诺沙星的回收率（$n=3$）

加标物质	加标量 /ng	回收率/%	RSD/%
恩诺沙星	10	106.2	6.3
	20	90.9	1.5
	50	92.7	3.5

2.7 市售样品的测定

对从市场上购买的黄豆芽与绿豆芽各 6 种，共 12 组供试样品进行恩诺沙星残留量测定，结果如表 4 所示。

表 4 市售样品的测定结果

样品类型	测定值/(μg/kg)	样品类型	测定值/(μg/kg)
黄豆芽 1	56.3	绿豆芽 1	未检出（<1）
黄豆芽 2	75.2	绿豆芽 2	82.5
黄豆芽 3	5.69	绿豆芽 3	11.3
黄豆芽 4	未检出（<1）	绿豆芽 4	30.1
黄豆芽 5	未检出（<1）	绿豆芽 5	22.5
黄豆芽 6	23.8	绿豆芽 6	未检出（<1）

3 结论

本实验采用固相萃取与超高效液相色谱串联质谱相结合的方法对豆芽中恩诺沙星残留量进行测定。在实验过程中，以盐溶液提取目标物兼用固相萃取柱净化，避免了使用乙腈等毒性较高的有机溶剂，克服了其他检测方法干扰严重的缺点，操作简便，耗费时间短，出具结果速度快，定性定量结果准确，可以很好地适用于豆芽中恩诺沙星残留量的测定。

常见元素分析方法概述

李　娜

土壤、水、农产品、食品中普遍存在各种元素，如钾、钠、钙、镁、铅、铬、镉等。这些元素是环境及其产物的重要组成成分，会通过食物链进入人体进而对人体产生作用。具体来说，在一定的摄入范围内元素对人体有益，但超过某个阈值，或者低于阈值，又对人体有害，会导致人体产生各种疾病。对环境（土壤、水）中的元素含量进行分析，是判断土壤健康状况以及是否满足特定植物需求的重要手段，例如，第三次全国土壤普查时，在普查方案中把土壤中元素测定作为重要内容。对农产品、食品中的元素含量进行分析，可以预测其对人体健康的影响。因此，元素分析是土壤、水、农产品、食品质量安全的重要内容。随着科学技术的不断发展，元素分析的手段也日新月异，不同的方法满足不同元素的检测需求，实验室的综合条件也对检测方法的选择有很大影响。本文对常见的元素分析方法进行综述。

1　络合滴定法

络合滴定又称为配位滴定，是以络合反应为基础的滴定分析法。若被滴定的是金属离子，则随着络合滴定剂的加入，金属离子不断被络合，其浓度不断减小。达到化学计量点附近时，溶液的 pM（金属离子浓度的负对数）发生突变，控制反应的条件，选择合适的指示剂，把握滴定终点，可以准确测定某些元素的含量。例如，GB/T 6436—2018 规定，饲料原料、配合饲料等样品中钙的测定，可采用乙二胺四乙酸二钠络合滴定法；GB/T 5750.4—2006 规定，生活饮用水及其水源水总硬度的测定，采用乙二胺四乙酸二钠滴定法。络合滴定法适用于样品中含量比较高的元素，具有检测成本低、对人员素质要求低的优点。

2　分光光度法

分光光度法建立在物质对光的选择性吸收基础上，基本定律是朗伯-比尔定律，即溶液对光的吸收跟溶液的厚度和浓度成定量关系，是一种简单、可靠的分析方法，因此广泛应用于分析测试。例如，GB 5009.182—2017 规定，比色法为测定含铝食品添加剂中铝含量的第一法；GB 5009.87—2016 食品中磷的测定，第一法钼蓝分光光度法适合各类食品中磷的测定，第二法钒钼黄分光光度法适合婴幼儿食品和乳品中磷的测定。该法具有仪器成本低、方法成熟度好、重现性优良等特点。

3 原子荧光法

在原子荧光法中，样品经过前处理，待测元素变成原子态，在原子化器中，特制空心阴极灯照射基态原子，使其成为激发态，在由激发态回到基态时，发射出特征波长的荧光，其荧光强度与待测元素含量成正比，外标法定量。原子荧光技术可以很好地分离待测元素和样品基体，具有比较高的灵敏度，广泛应用于分析测试领域，例如，《食品安全国家标准　食品中总砷及无机砷的测定》（GB 5009.11—2014），规定氢化物发生原子荧光光谱法为第二法；《食品安全国家标准　食品中总汞及有机汞的测定》（GB 5009.17—2021），规定原子荧光光谱法为第一法。原子荧光法具有检出限低、仪器成本低、对实验人员素质要求低的特点。

4 原子吸收法

原子吸收法的原理是待测元素的自由基态原子对特征辐射存在共振吸收。跟原子荧光法类似，原子吸收法也需要特制的空心阴极灯。该方法既可以测定痕量金属元素（石墨炉法），也可以测定含量比较高的元素（火焰法），具有测量精度高、分析范围广的优点，在分析测试领域很有应用价值。例如，《食品安全国家标准　食品中铬的测定》（GB 5009.123—2014），规定了石墨炉原子吸收光谱法；《食品安全国家标准　食品中铅的测定》（GB 5009.12—2017），规定石墨炉原子吸收光谱法为第一法，火焰原子吸收光谱法为第三法。

5 电感耦合等离子体质谱法

电感耦合等离子体质谱仪主要包括高温离子源和离子检测器两部分，高温离子源激发电子，使其脱离原子，产生自由电子和带正电荷的离子，离子被提取出来，进而通过质量过滤器同时被离子检测器检测出来，测定通过质量过滤器的离子数量即可测定待测元素浓度。质谱仪可以进行多元素同时测定，提供了极宽的动态范围和极低的检出限，可大大提高分析检测的工作效率，已经广泛应用于多个领域的元素分析。GB 5009.268—2016 规定了食品中多元素的测定标准，可以检测硼、钠、镁、铝、钾、钙等 26 种元素。

6 电感耦合等离子发射法

电感耦合等离子发射法是以电感耦合等离子体为激发光源，在高温条件下解离原子或离子，激发辐射出不同的特征波长的复合光，经过单色仪分光记录后，得到一系列元素特征谱线，可以根据特征光谱的波长进行定性分析，也可根据光谱强度进行定量分析。

GB 5009.268—2016 规定了食品中多元素测定的电感耦合等离子体发射法，可以同时测定铝、硼、钡、钙等 16 种元素。

不同的检测方法具有不同的应用特点。比色法和滴定法应用历史最长，具有成本低、对操作人员素质要求低的优点，但是其检出限高，适合测定含量比较高的元素，对于含量较低的元素无法准确定量。电感耦合等离子体质谱法和发射法，是目前最先进的技术，可以同时测定多种元素，检出限较低，精密度较好，可大大提高分析工作的效率，但是存在仪器运行成本高、对实验室条件要求比较高、对操作人员素质要求比较高的缺点。原子荧光法和原子吸收法目前广泛应用于实验室，具有仪器价位适中、较低的检出限和良好的重复性等优点，但一次只能测定一种元素，在分析测试的效率方面远不及电感耦合等子体质谱法和电感耦合等离子体发射法。所以，要根据实验室的综合条件和样品的情况来选择元素的测定方法。

微敞开消解体系在农业检测中的应用

文　典

1　前言

消解是化学分析中常用的前处理手段，在进行固体或液体样品中无机元素的测定时，需要采取加热、酸、碱手段，破坏有机物、溶解颗粒物，并将各种价态的待测元素氧化成单一高价态或转换成易于分解的无机化合物。

常见的消解方法有干灰化法、碱熔法、湿式消解法（又名湿法消解）。干灰化法通过高温碳化、灰化除去大量有机物，然后用酸或其他溶剂溶解，制成试样溶液，并使用溶剂萃取、掩蔽、沉淀等方法排除其他离子干扰。其优点是样品空白低，可富集被测组分，且操作简单。但干灰化法所需时间长，温度高，易造成挥发元素的损失，且坩埚对被测组分有吸附作用，使测定结果偏低，不适合大批量样品的准确测定，目前有逐步被湿法消解替代的趋势。碱熔法是指在高温下，固体样品与碱熔剂发生熔融，待测组分迅速熔出，经酸处理后，进行上机测试分析。常见的碱熔剂有氢氧化钠、过氧化钠-氢氧化钠、过氧化钠-碳酸钠等。虽然熔样速度较快，但是会用到较多的试剂，导致样品空白偏高，无法准确分析含量较低的检测项目，其应用也受到限制。

湿法消解是在样品中加入强氧化剂（如浓硝酸、浓硫酸、浓盐酸、高氯酸、高锰酸钾、过氧化氢），并加热消煮，使样品中的有机物质完全分解、逸出，待测组分转化为无机物状态存在于消化液中。通常所说的湿法消解一般指电热板消解，而广义的湿法消解还包括除电热板外其他的加热方式。其优点是处理速度相对较快、元素损失少，缺点是试剂用量大，部分元素的样品空白偏高，产生大量有害气体，且消耗人力，须一直照看。随着试剂纯度提高和实验设备的迭代升级，能一定程度上克服湿法消解的缺陷，目前湿法消解是各检测机构普遍采用的方法。

2　常见湿式消解法

按照使用的溶剂来分，湿法消解可分为单元酸体系和多元酸体系。硝酸是最常见的单元酸体系，如《食品安全国家标准　食品中多元素的测定》(GB 5009.268—2016)、《食品安全国家标准　食品中总砷及无机砷的测定》(GB 5009.11—2014)、《食品安全国家标准　食品中铅的测定》(GB 5009.12—2017)、《食品安全国家标准　食品中总汞及有机汞的测定》(GB 5009.17—2021)、《食品安全国家标准 食品中钾、钠的测定》(GB 5009.91—2017)、《水质 硒的测定 石墨炉原子吸收分光光度法》(GB/T 15505—1995)、《肥料和土壤调理剂 砷、镉、铬、铅、汞含量的测定》(GB/T 39229—2020),均采用硝酸作为消解液。对于难以消解的样品,需要多种酸配合使用,例如《食品安全国家标准 食品中镉的测定》(GB 5009.15—2015)使用硝酸、过氧化氢,《水质 总铬的测定》(GB/T 7466—1987)使用硝酸、硫酸,《水质 铜、锌、铅、镉的测定 原子吸收分光光度法》(GB/T 7466—1988)、《水质 铁、锰的测定 火焰原子吸收分光光度法》(GB/T 11911—1989)使用的是硝酸、高氯酸,《土壤质量 总汞、总砷、总铅的测定 原子荧光法 第一部分:土壤中总汞的测定》(GB/T 22105.1—2008)、《土壤质量 总汞、总砷、总铅的测定 原子荧光法 第二部分:土壤中总砷的测定》(GB/T 22105.2—2008)、《土壤和沉积物 12种金属元素的测定 王水提取-电感耦合等离子体质谱法》(HJ 803—2016)使用王水,《肥料中砷、镉、铬、铅、汞含量的测定》(GB/T 23349—2020)使用盐酸、硝酸,《土壤检测 第6部分:土壤有机质的测定》(NY/T 1121.6—2006)、《有机肥料》(NY/T 525—2021)、《肥料和土壤调理剂 有机质分级测定》(NY/T 2876—2015)均使用重铬酸钾、硫酸,《土壤中全硒的测定》(NY/T 1104—2006)使用硝酸、高氯酸、盐酸,《水质 总汞的测定 高锰酸钾-过硫酸钾消解法 双硫腙分光光度法》(GB/T 7469—1987)使用硫酸、硝酸、高锰酸钾、过硫酸钾,《土壤质量 铅、镉的测定 石墨炉原子吸收分光光度法》(GB/T 17141—1997)使用盐酸、硝酸、氢氟酸、高氯酸。

按照消解的程度来分,湿法消解可分为完全消解和不完全消解。我们以消解完成后是否有残渣来作为是否完全消解的依据,元素总量检测一般采用完全消解法,如在土壤消解中一般会使用氢氟酸破坏矿物晶格,将元素完全释放,而 HJ 803—2016、GB/T 22105.1—2008、GB/T 22105.2—2008 这三种方法均使用王水提取,消解过后仍留有残渣,为不完全消解,因此所测得的含量也不能称之为真正意义上的总量。

按照加热的设备来分,湿法消解可分为水浴锅消解、电热板消解、石墨消解、压力罐消解、微波消解,还有近年出现的超级微波。水浴锅消解成本低、温度均匀,但是温度低导致消解效率低,一般用于浸提而不能用于完全消解。电热板消解作为经典消解方法,具有价格低、通量高的优点,但由于其温度不均匀,须一直照看,消耗人力。试剂用量大,导致空白值偏高。底部受热,热效率低,处理时间相对较长。石墨消解克服了电热板消解的缺陷,温度均匀,且环绕加热效率高,但消化炉和消解管的价格相对电热板消解较高。压力罐消解使用烘箱作为加热装置,价格低,但压力罐本身价格高,消化时间长,操作烦琐且须额外赶酸,高压条件操作有一定危险。微波消解快速,元素挥发损失小,试剂用量少,但也存在高压、样品量小、操作烦琐等不足,仪器和消解管价格昂贵,且须另外配置赶酸器。实验室可根据样品要求和自身条件选择合适的消解方法。

3 微敞开消解体系的建立

随着土壤重金属污染问题日益突出，国家出台了《土壤污染防治行动计划》等一系列政策和措施，随后在全国范围内开展了《土壤污染状况详查》项目，大批量的样品催生了对快速高效重金属检测技术的迫切需求。然而，现有检测技术仍然存在步骤多、耗时长、标准化弱、稳定性差的问题。

ICP－MS 相对原子吸收、原子荧光等仪器具有能同时检测多种元素的优势及更强的抗干扰性能，是目前检测重金属首选仪器。但在我国土壤检测领域，至今没有通用的 ICP－MS 检测土壤多元素标准，原因在于难以找到一种合适的样品消解方法同时满足多元素的准确测定。目前唯一的土壤 ICP－MS 检测标准为《土壤和沉积物 12 种金属元素的测定 王水提取-电感耦合等离子体质谱法》（HJ 803—2016），因样品前处理采用王水提取法，在我国土壤环境质量标准（GB 15618—2018）中仅被允许用于土壤砷的检测，无法发挥ICP－MS 多元素同测的优势。

样品消解是限制检测速率、结果准确性和重现性的关键步骤。目前主要使用的前处理方法有针对敞开消化体系的电热板消解、石墨消解，针对密闭消化体系的如微波消解、压力罐消解等。然而，现有土壤消解方法存在一些不足：①前处理步骤多、速度慢。一般需要7～10 个步骤，样品消化时间需要 6 h 以上，甚至达到数天，特别是其中涉及多次的补酸及赶酸，大大增加了不确定性。②检测结果的准确度及重现性较差。由于现有方法需要检测人员判断补酸量及消化终点等，个人经验对样品检测结果有严重影响，导致不同人员、不同批次的样品数据重现性较差，准确度也相对较低。③流程难以标准化，不利于人员培训和广泛推广。由于样品基质的复杂性，现有方法的很多流程步骤无法精确定量，过程无法统一，难以满足大批量样品的检测需求，因此不利于技术模式的快速推广。④市面上现有的消化器材存在缺陷，导致酸的利用效率低、样品挥发损耗较大等问题，无法满足准确检测的需要。针对这些问题，我们研究开发了一种准确、高效、简单、标准化的重金属检测技术。根据各种消解设备的优劣，选择石墨消解作为基础进行开发。针对不同基质样品难以控制消化终点的现状，按照最难消解的样品对整个消化流程的参数进行了摸索和固定，制定标准化消化流程，保证所有样品消解进程统一。针对消化终点难以判定的问题，研究建立消化-赶酸效率平衡理论，将原本需要单独进行的赶酸步骤融入消解过程，消解完成的同时赶酸也一并完成，简化了整个消化流程，实现免观察、免补酸、免赶酸、免判断终点，降低了对检测人员的技术要求，通过简单的培训即可完全掌握。针对样品挥发损耗较大的问题，研究建立水汽循环理论，增加了加水焖煮这一新步骤，沉降管内挥发性组分，提高易挥发元素的回收率，从而提高检测结果准确性。针对消化器材存在的缺陷，重新设计了一种改变管盖上小孔位置并缩小孔径的消解管来减少挥发，将消解最高温度提升至 210 ℃，从而大幅提高全消解速率。

新设计的消解管技术参数为：聚四氟乙烯材质，高约 105 mm，直径约 30 mm，管盖上带把手，管盖中心侧方有一个孔径 0.5～1 mm 的小孔，管盖可松动地盖在管口。优化后的检测过程为：称取 0.200 0 g 样品于微敞开消解管中，依次加入 8 mL 硝酸-高氯酸混合酸（体积比 4∶1）、4 mL 氢氟酸，加盖放入石墨消解仪中。设定三阶升温程序：①10 min升温至 120 ℃，保持 0.5 h；②10 min 升温至 150 ℃，保持 0.5 h；③10 min 升温至 210 ℃，保持 2.5 h。随后沿管壁加入 5 mL 超纯水，210 ℃继续加盖焖煮 20 min。消解管取出冷却，将消解管轻敲桌面数次，使管盖上液滴震入管中，再将管中样品全量转移并用超纯水定容至 25 mL 塑料比色管中，此时溶液为清亮无色或淡黄色，无残渣，用 2%硝酸稀释 5 倍，以 ^{103}Rh 为内标，ICP - MS 上机检测。这一配套技术，可以实现一次消解同时测定土壤中 Be、V、Cr、Mn、Co、Ni、Cu、Zn、Mo、Cd、Sb、Ba、Tl、Pb 等 14 种金属元素，覆盖了除砷、汞外的常见重金属。我们将这种介于密闭消解和敞口消解之间的方法命名为“微敞开体系快速全消解法”。按照准确、高效、简单、标准化的理念，我们将这种方法应用到其他样品和其他检测项目的消解中，使用同种设备即可应对不同样品与检测项目的消解，这些方法共同组成了“微敞开消解体系”。

4 在农业检测中的应用实例

4.1 水稻中 8 种重金属的测定

称取 0.400 0 g 米粉于微敞开消解管中，加入 8 mL 硝酸-高氯酸混合酸（体积比 4∶1），然后加入 100 μL 浓度为 10 mg/L 的金溶液，轻微晃动消化管使样品均匀接触溶液，加盖放入石墨消解仪中。设定三阶升温程序：①10 min 升温至 120 ℃，保持30 min。②10 min 升温至 150 ℃，保持 30 min。③10 min 升温至 210 ℃，保持 90 min。开盖，沿管壁加入 5 mL 超纯水，210 ℃继续加盖焖煮 10 min。消解管取出冷却，将消解管轻敲桌面数次，使管盖上液滴震入管中，再将管中样品全量转移，并用 1%硝酸和 1%盐酸混合溶液定容至 25 mL 塑料比色管中，摇匀静置 20 min，以 ^{103}Rh 为内标，ICP - MS 上机检测。

该方法用于米粉中 8 种元素 Pb、Cd、Cr、As、Hg、Cu、Zn、Ni 的测定，经方法确认后也可用于其他元素的测定。米粉中蛋白质可能会对 Hg 的回收率造成影响，经试验称样量在 0.4 g 以下时，汞的回收率较好，其机理有待进一步研究。该方法还可用于蔬菜、水果中 8 种重金属元素的测定，由于蔬菜、水果的蛋白质含量较低，其不受称样量的限制。可通过在标准曲线和样品中加入超量的金溶液，每个样品间使用 5%盐酸溶液冲洗仪器管路等方式消除汞的记忆效应。

4.2 土壤中总砷、总汞的测定

4.2.1 土壤总砷全消解

称取 0.200 0 g 样品于微敞开消解管中，依次加入 8 mL 硝酸-高氯酸混合酸（体积比 4∶1），4 mL 氢氟酸，加盖放入石墨消解仪中。设定三阶升温程序：①10 min 升温至 120 ℃，保持 0.5 h；②10 min 升温至 150 ℃，保持 0.5 h；③10 min 升温至 210 ℃，保持

2.5 h。随后沿管壁加入 5 mL 超纯水，210 ℃继续加盖焖煮 20 min。消解管取出冷却，将消解管轻敲桌面数次，使管盖上液滴震入管中，再将管中样品全量转移并用超纯水定容至 25 mL 塑料比色管中，此时溶液为清亮无色或淡黄色，无残渣，用 2%硝酸稀释 5 倍，以^{103}Rh 为内标，ICP-MS 上机检测。

该方法为完全消解，测得结果要高于土壤总砷的测定国家标准（GB/T 22105.2—2008）规定的王水水浴法。

4.2.2 土壤总砷、总汞快速消解

称取 0.1～0.2 g（精确至 0.000 1 g）土壤于微敞开消解管中，加入 50%王水 6 mL。待石墨消解仪达到 150 ℃的设定温度后放入消化管，保持 20 min。取出消化管冷却至室温，将消化液转移至比色管，用超纯水定容至 25 mL，摇匀静置后，用原子荧光光度计检测 Hg。从中吸取 5 mL 上层清液于 25 mL 比色管，加入 2.5 mL 50%盐酸、2.5 mL 5%硫脲和 2.5 mL 5%抗坏血酸，用超纯水定容至 25 mL，摇匀静置 30 min，用原子荧光光度计检测。

该方法为高温快速浸提法，与土壤砷、汞国标方法（GB/T 22105.2—2008、GB/T 22105.1—2008）王水水浴法相匹配，在保证检测结果一致性的同时，将国标方法 2 h 消解时间缩短为 20 min，极大地提高了检测效率。

4.3 土壤中总硒的测定

称取约 0.200 0 g 土壤于微敞开消解管中，加入 5 mL 硝酸-高氯酸混合酸（体积比 5∶1），加盖置于石墨消解炉。设定三阶升温程序：①10 min 升温至 100 ℃，保持0.5 h；②10 min 升温至 180 ℃，保持 2 h；③10 min 升温至 200 ℃，保持 3 h。至消化残渣呈灰白色并伴有白烟、消化管内尚存约 1 mL 溶液即可判定为终点。随后关闭电源停止加热，加入 5 mL 50%盐酸，盖上管盖后利用余温继续焖煮 0.5 h。取出消化管冷却至室温，将消化液转移至比色管，加入 3 mL 浓盐酸，用超纯水定容至 25 mL，用原子荧光光度计检测。

4.4 食品中总硒的测定

称取 0.500 0 g 食品样品（干基）于微敞开消解管中，加入 5 mL 硝酸-高氯酸混合酸（体积比 5∶1），加盖置于石墨消解炉。设定三阶升温程序：①10 min 升温至 100 ℃，保持 0.5 h；②10 min 升温至 150 ℃，保持 1 h；③10 min 升温至 200 ℃，保持 1.5 h。至消化液清亮无色并伴有白烟即可判定为消化的终点，此时消化管内一般尚存约 1 mL 溶液。随后关闭电源停止加热，加入 5 mL 50%盐酸，盖上管盖后利用余温继续焖煮 0.5 h。取出冷却至室温，随后将消化液转移至比色管，加入 3 mL 浓盐酸，用超纯水定容至25 mL，用原子荧光光度计检测。

该方法也可用于新鲜样品的测定，可根据水分适当增加称样量。

4.5 土壤中 16 种稀土元素的测定

称取 0.200 0 g 土壤于微敞开消解管中，分别加入 8 mL 硝酸、4 mL 氢氟酸、1 mL 硫酸，闭盖置于石墨消解仪上，设定三阶升温程序：①15 min 升温至 120 ℃，保持 0.5 h；②15 min 升温至 180 ℃，保持 0.5h；③15 min 升温至 210 ℃，保持 2.5h。反应结束后开盖，210 ℃赶酸 70 min 至液体完全干涸，取出消化管冷却 10 min，加入 5 mL 超纯水，于 210 ℃开盖复溶 20 min，取出冷却后转移并用超纯水定容至 25 mL，用 2%硝酸稀释5 倍，以^{103}Rh为内标，ICP-MS 上机检测。

该方法用于土壤中稀土元素 Sc、Y、La、Ce、Pr、Nd、Sm、Eu、Gd、Tb、Dy、Ho、Er、Tm、Yb、Lu 的测定。由于 Y、Dy、Lu 信号较低，仪器积分时间须设为 1 s，其他元素设为 0.3 s。

4.6 有机肥中有机质的测定

用微量样品勺准确称量过 100 目筛风干有机肥样品 0.040 0～0.100 0 g 于微敞开消解管中，用瓶口分液器准确加入 5 mL 的 1.6 mol/L 重铬酸钾溶液，用移液器缓慢加入 5 mL 浓硫酸，轻轻摇匀，加盖放入已升温至 180 ℃石墨消解仪中，准确计时 8 min，立即把试管取出冷却至室温，用三级水将消解液完全洗入 250 mL 广口三角瓶内，使得瓶内溶液体积为 50～60 mL，滴入 2～3 滴邻菲罗啉指示剂，用 0.2 mol/L 硫酸亚铁滴定，溶液颜色由橙黄色变为绿色、暗绿色，最后变为砖红色为终点。同时称取 0.100 0 g 二氧化硅代替试样，按照相同分析步骤，使用同样的试剂，进行空白试验。

与标准规定的沸水浴法相比，将消解时间由 30 min 缩短至 8 min，极大提高了工作效率。但由于本方法称样量低，为保证结果代表性，对样品研磨要求较高。

超高效液相色谱-四级杆-静电场轨道阱-离子阱高分辨质谱鉴定干海带和干紫菜中的砷糖

刘永涛

摘要： 本文采用超高效液相色谱-四级杆-静电场轨道阱-离子阱高分辨质谱（UPLC-Q-Exactive Orbitrap）对海带和紫菜中砷糖进行了分离、鉴定。结果在海带中发现了3种形态的砷糖，分别为砷糖-OH、砷糖-SO_3和砷糖-PO_4；在紫菜中鉴定出了2种形态的砷糖，分别为砷糖-OH和砷糖-PO_4。

关键词： 海带；紫菜；高分辨质谱；砷糖；鉴定

海藻中不同形态的重金属的毒性不同，例如随着海带的生长，总砷含量呈明显增加趋势，无机砷含量呈降低趋势，占总砷比例也逐渐降低。研究结果显示，海带中虽然总As水平很高，但其主要是以有机形态的As存在。海藻中亚砷酸盐（Arsenite，AsⅢ）被列为对人类的致癌物质（Straif et al.，2009）。欧盟报告中指出砷甜菜碱对人类无损害作用（EFSA，2009），不同形态的砷，毒性也不同，以不同形态的As的半致死剂量LD_{50}（mg/kg）计，其毒性由大到小依次为三价砷（AsⅢ）（LD_{50}，14 mg/kg）＞五价砷（AsⅤ）（LD_{50}，20 mg/kg）＞一甲基砷（MMA）（LD_{50}，200～1 800 mg/kg）＞二甲基砷（DMA）（LD_{50}，200～2 600 mg/kg）＞砷胆碱（AsC）（LD_{50}＞6 500 mg/kg）＞砷甜菜碱（AsB）（LD_{50}＞10 000 mg/kg）。因此，不能简单地分析海带和紫菜中重金属总量来判定海带和紫菜中重金属风险，应进一步对海带和紫菜中重金属的形态进行研究，进而判定海带和紫菜中重金属污染的风险。

1 材料与方法

1.1 试验试剂

甲醇（色谱纯，德国Merck公司）、甲酸（色谱纯，德国Merck公司）、质谱水（色谱纯，美国J. T. Baker公司）、氨水、无水硫酸钠、氯化钠（分析纯，上海国药集团）、0.1%氨水乙腈提取液（1 000 mL乙腈中添加2 mL 50%氨水，混匀即配制成0.1%的氨水乙腈提取液）、乙酸铵（纯度99.99%，metal basis，阿拉丁试剂公司）、超纯水（采用Milli-Q Advantage A10超纯水机制备）。

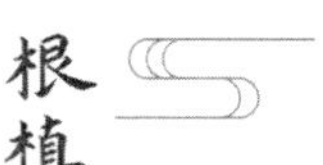

1.2 仪器与试剂

UPLC-Q-Exactive Orbitrap 高分辨率质谱仪（美国 Thermo Fisher 公司），Ultimate3000 型高效液相色谱仪（原美国戴安公司），包括 WPS-3000（T）SL 型自动进样器，LPG-3400SD 四元泵，TCC-3000SD 柱温箱；Hypersil SAX 色谱柱（250 mm×4.6 mm，5 μm）；Hypersil GOLD C_{18}色谱柱（150 mm×2.1 mm，3 μm）（美国 Thermo Fisher 公司）；Milli-Q Advantage A10 超纯水系统（美国 Millipore 公司）；HY-8A 数显调速多用振荡器（江苏省金坛市友联仪器研究所）；BT25S 型电子天平（赛多利斯科学仪器公司，德国）。YRE2000E 型旋转蒸发仪（巩义市予华仪器有限责任公司），SMZ-D（Ⅲ）型循环水式真空泵（巩义市予华仪器有限责任公司）。

1.3 样品前处理

将市场上购买的紫菜和海带样品用剪刀剪碎后匀浆成粉末。称取 1.00 g（准确至 0.01 g）放置到 50 mL 离心管中，加入 20 mL 甲醇/水（50∶50，*V/V*）。将样品放到机械振荡器上振荡 15 min，2 000 r/ min 离心 10 min，收集上层液体。再提取 2 次，合并上清液，45 ℃旋转蒸发至干，残渣用 3 mL 超纯水复溶，12 000 r/min 离心 10 min，上清液过 0.45 μm 尼龙滤头过滤，上机分析。

1.4 超高效液相色谱-四级杆-静电场轨道阱-离子阱高分辨质谱分析条件

1.4.1 超高效液相色谱条件

流动相：A 相为甲醇，B 相为 5 mmol/L 乙酸铵含 0.1%甲酸。柱温：25 ℃。进样量：10 μL。超高效液相色谱梯度洗脱程序见表 1。

表 1 超高效液相色谱梯度洗脱程序

序号	时间/min	A 相/%	B 相/%	流速/(mL/min)
初始	0.0	0.0	100.0	1.0
1	20.0	100.0	0.0	1.0
2	23.0	100.0	0.0	1.0
3	23.1	0.0	100.0	1.0
4	30.0	0.0	100.0	1.0

1.4.2 质谱条件

离子源：加热电喷雾离子源（HESI）；喷雾电压：静态，正离子模式：3 500 V，负离子模式：3 000 V；鞘气：40 Arb；辅气：5 Arb；反吹气：0 Arb；离子传输管温度：320 ℃；蒸发气温度：400 ℃；循环时间：1 s；检测类型：Orbitrap；Orbitrap 分辨率：120 000；质量范围：正常；四级杆分离：精确；扫描范围：100～1 200（*m/z*）；射频透镜：60%；

自动发电量控制目标：2.0 e^5；最大注射时间：100 ms；微扫描：1；数据类型：轮廓。

2 结果与分析

采用 Orbitrap Fusion 质谱对海带和紫菜中砷糖进行鉴定，结果在采集的干海带样品中发现了 3 种形态的砷糖，分别为砷糖- OH、砷糖- PO_4 和砷糖- SO_3，干紫菜中发现了2 种形态的砷糖，分别为砷糖- OH 和砷糖- PO_4，海带和紫菜中砷糖鉴定信息见表 2。砷糖- OH、砷糖- PO_4 和砷糖- SO_3 的化学结构式分别见图 1～图 3，海带中砷糖- OH、砷糖- PO_4、砷糖- PO_3 的色谱图、一级质谱图见图 4～图 9，紫菜中砷糖- OH、砷糖- PO_4 的色谱图、一级质谱图见图 10～图 13，砷糖- OH、砷糖- PO_4、砷糖- PO_3 的二级质谱图见图 14～图 16。

表 2 海带和紫菜中砷糖鉴定信息

项目	化合物	保留时间/min	峰面积	信噪比	扫描模式	理论质荷比（m/z）	检测质荷比（m/z）
海带	砷糖- OH $C_{10}H_{21}O_7As$	0.96	30 152 002	10 099	正离子模式	329.057 6	329.056 6
	砷糖- PO_4 $C_{13}H_{28}O_{12}PAs$	1.03	18 722 442	710 1	正离子模式	483.060 71	483.059 2
	砷糖- SO_3 $C_{10}H_{21}O_9SAs$	0.99	21 586 643	17 156	正离子模式	393.019 5	393.018 3
紫菜	砷糖- OH $C_{10}H_{21}O_7As$	0.91	6 121 805	1 171	正离子模式	329.057 6	329.056 8
	砷糖- PO_4 $C_{13}H_{28}O_{12}PAs$	1.06	69 301 108	12 316	正离子模式	483.060 71	483.059 4

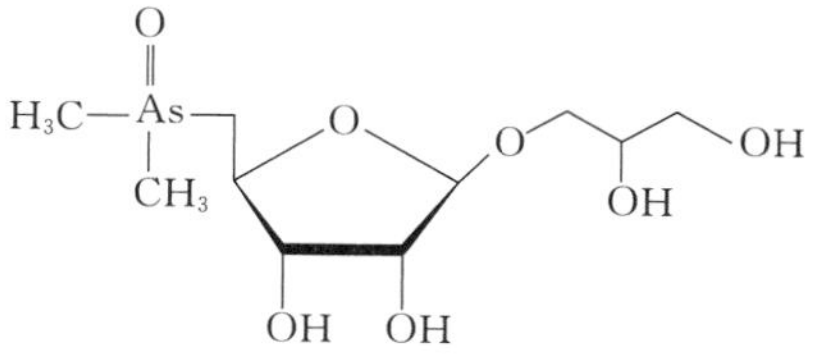

图 1 砷糖- OH 的化学结构式

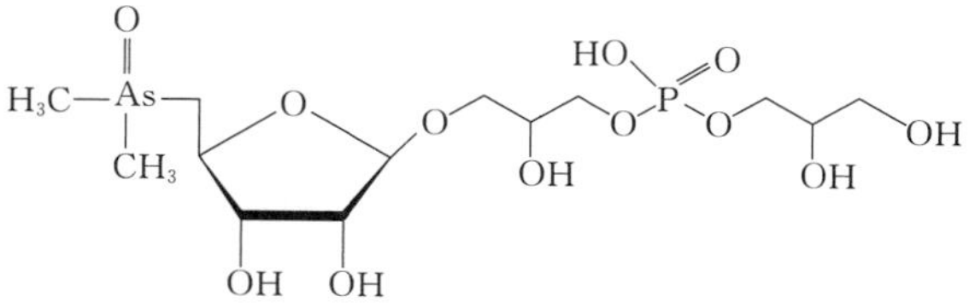

图 2 砷糖- PO_4 的化学结构式

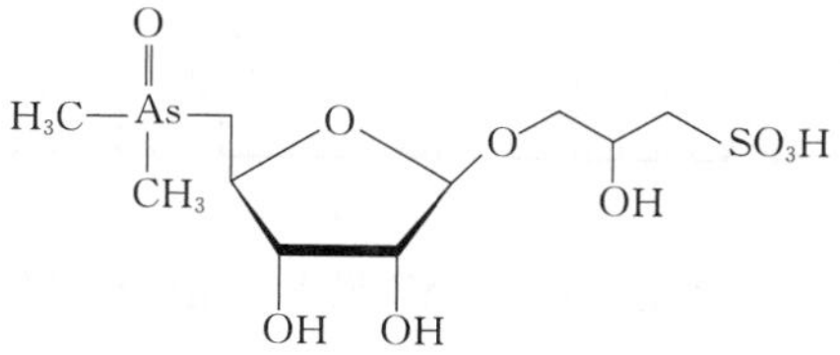

图 3 砷糖- SO_3 的化学结构式

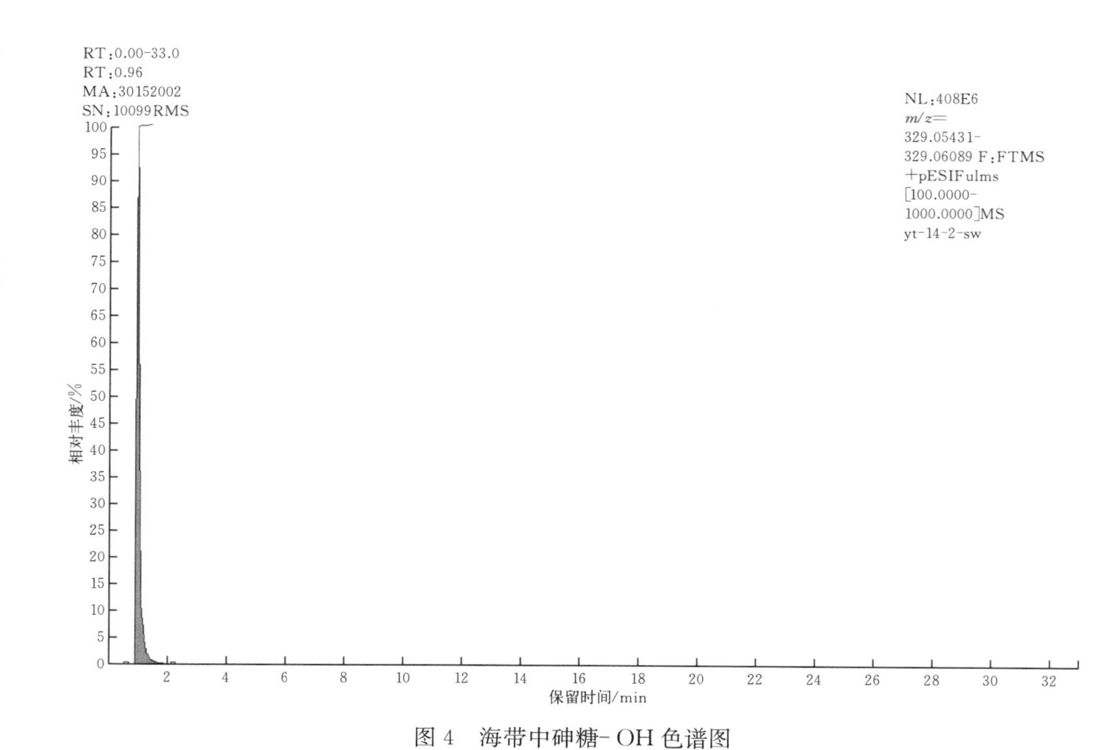

图 4　海带中砷糖- OH 色谱图

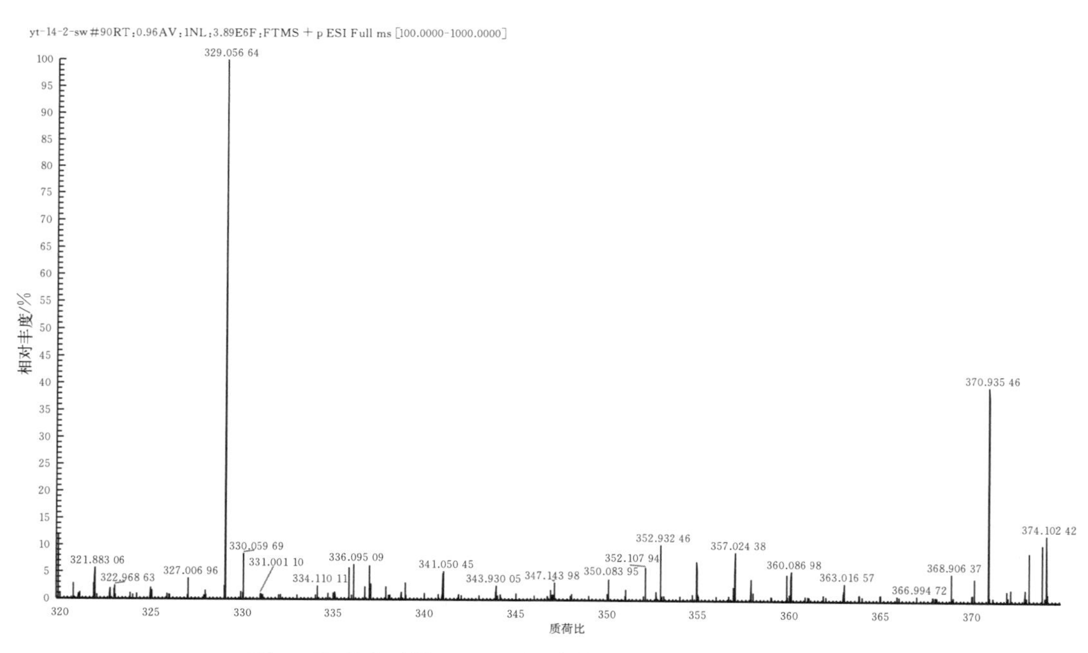

图 5　海带中砷糖- OH 一级质谱图（精确相对分子质量）

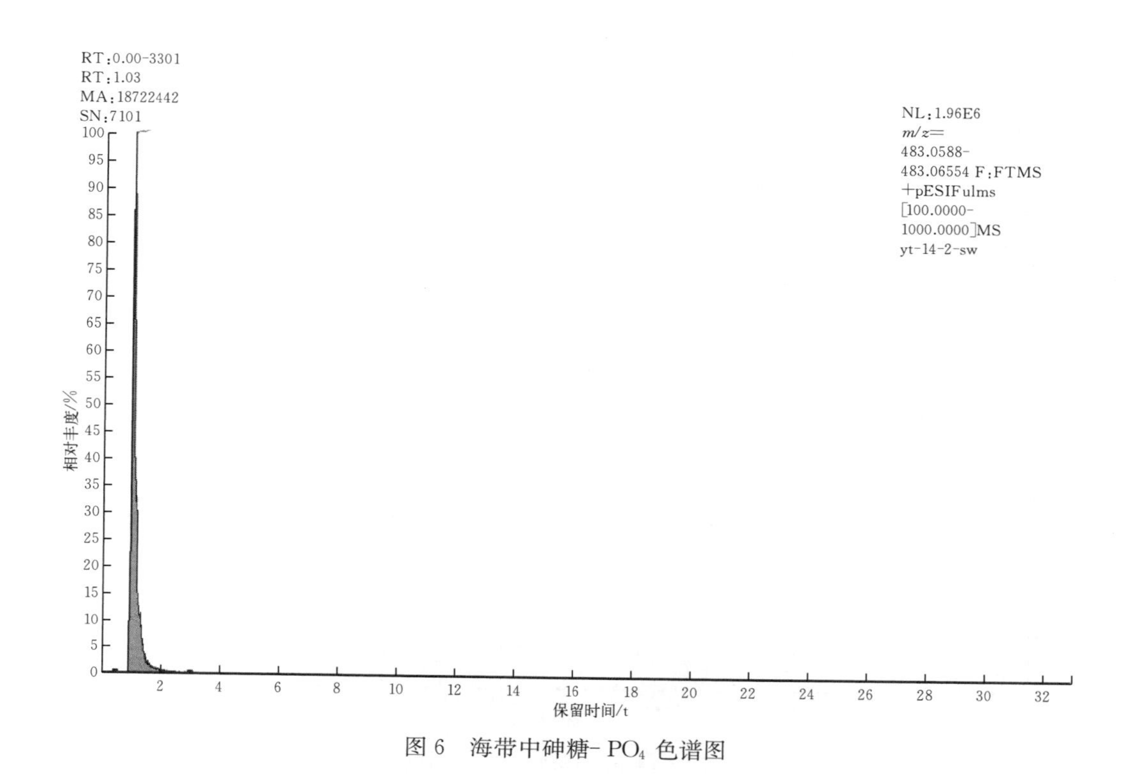

图 6　海带中砷糖- PO_4 色谱图

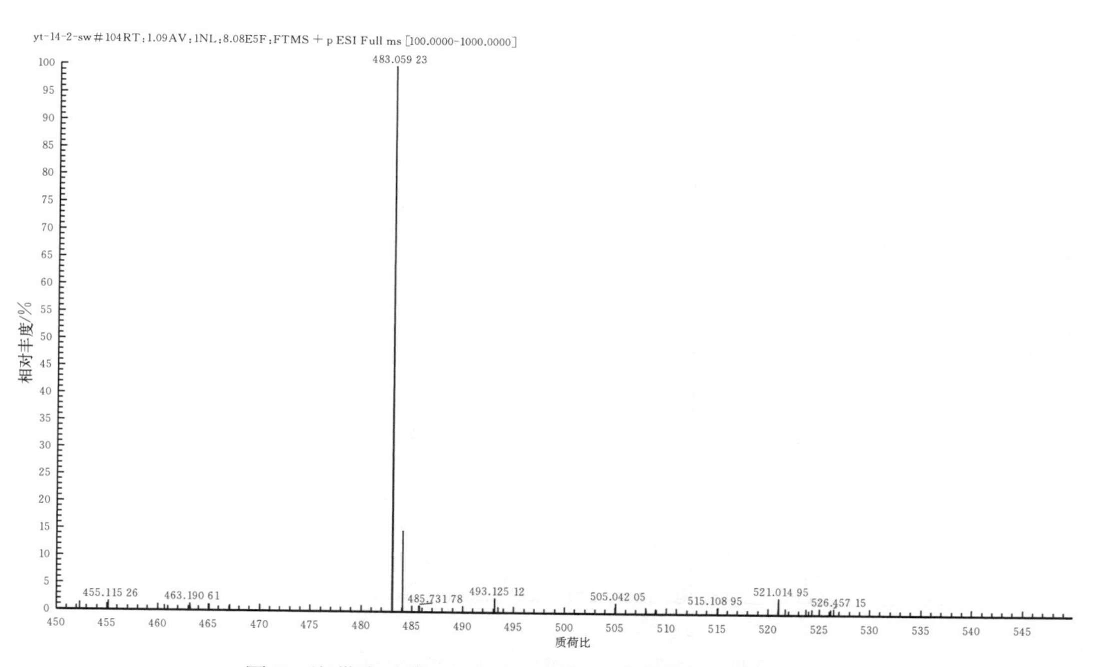

图 7　海带中砷糖- PO_4 一级质谱图（精确相对分子质量）

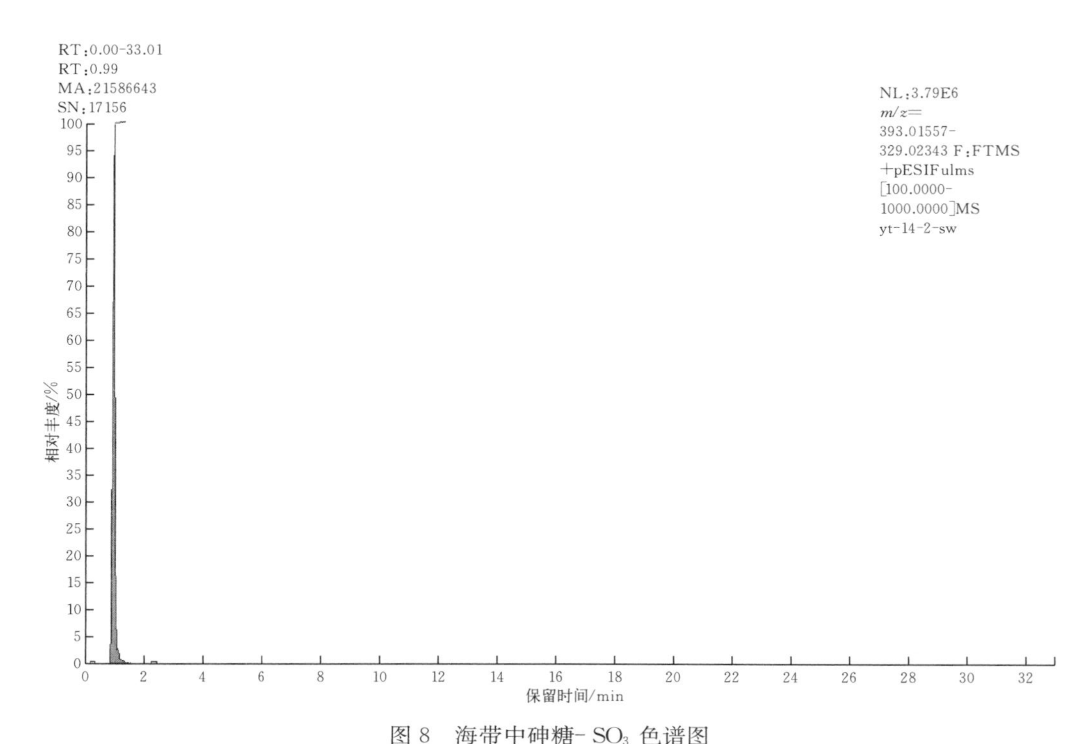

图 8 海带中砷糖-SO_3 色谱图

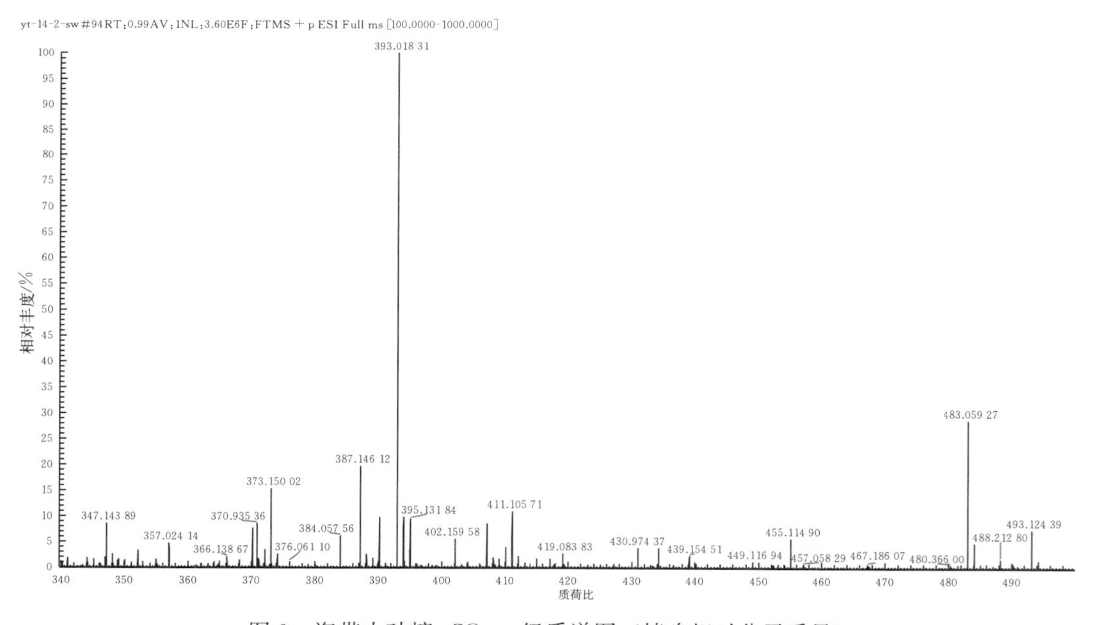

图 9 海带中砷糖-SO_3 一级质谱图（精确相对分子质量）

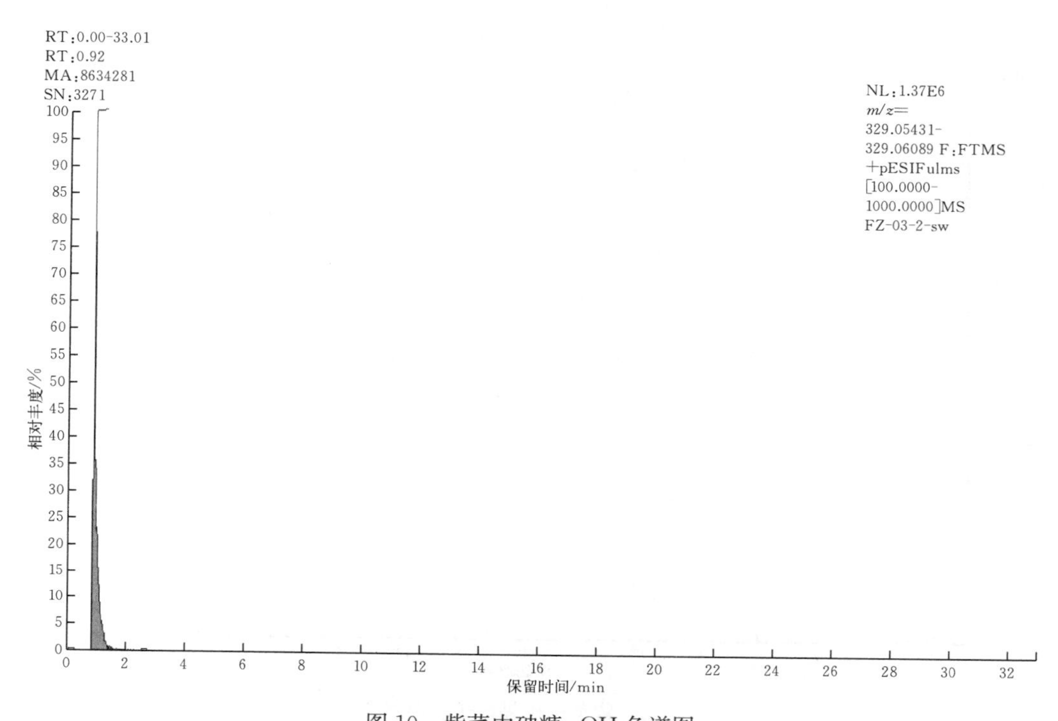

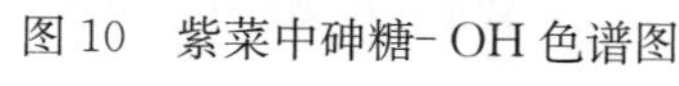
图 10　紫菜中砷糖-OH 色谱图

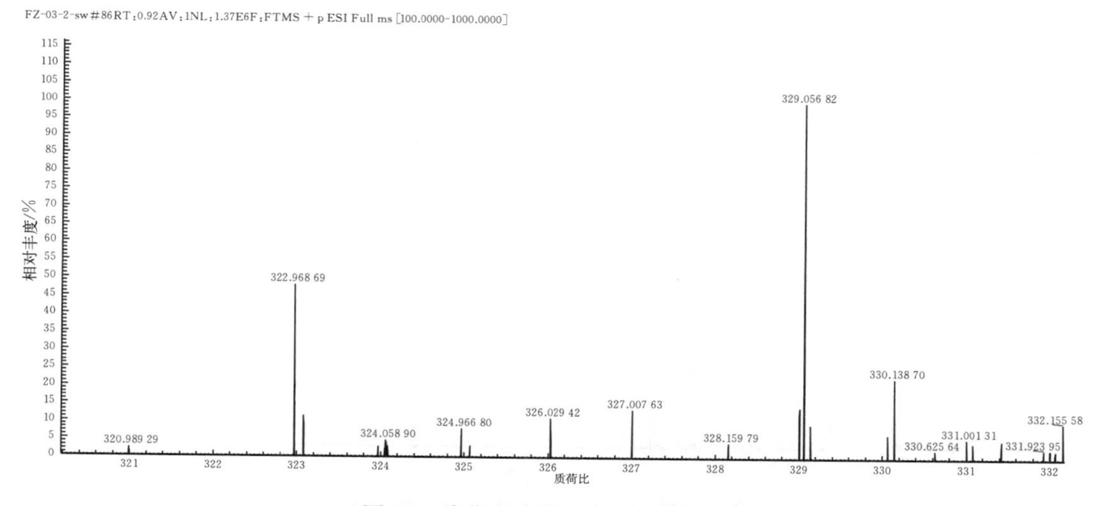

图 11　紫菜中砷糖-OH 一级质谱图

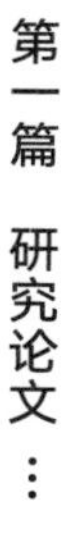

RT:0.00-33.08
RT:1.06
MA:69301108
SN:12316
NL:3.80E6
m/z=
483.05588-
483.06554 F:FTMS
+pESIFulms
[100.0000-
1000.0000]MS
yt-10-2-sw
相对丰度/%
保留时间/min

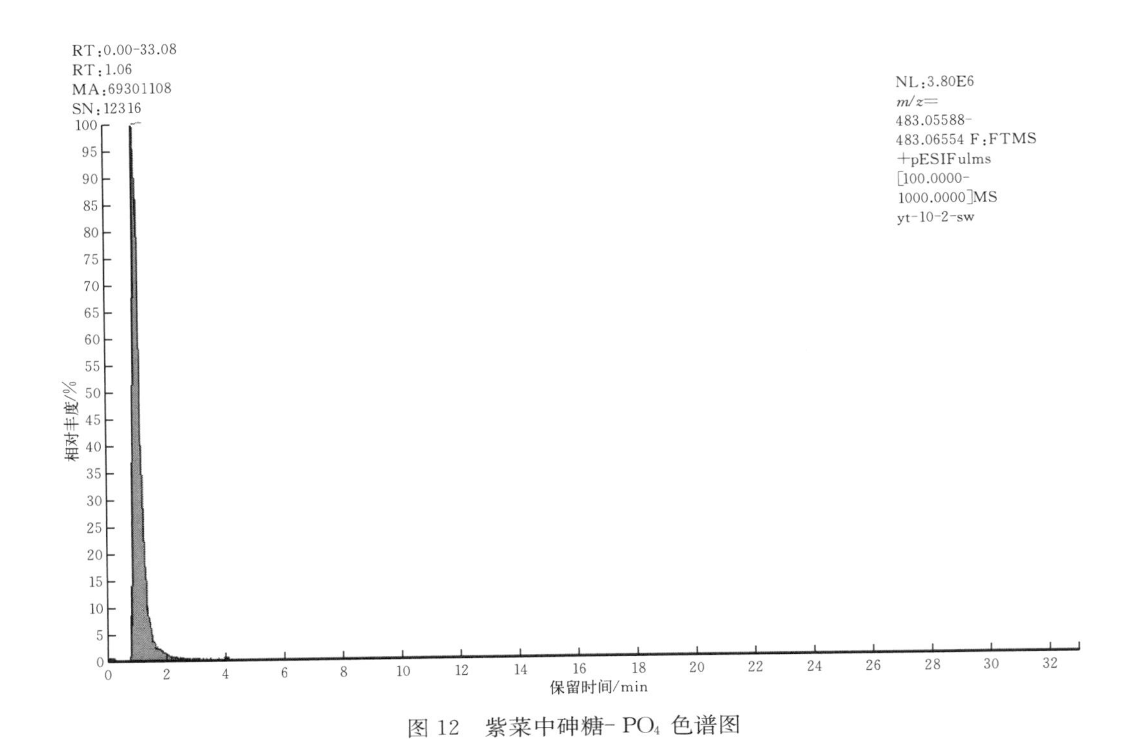

图 12 紫菜中砷糖- PO_4 色谱图

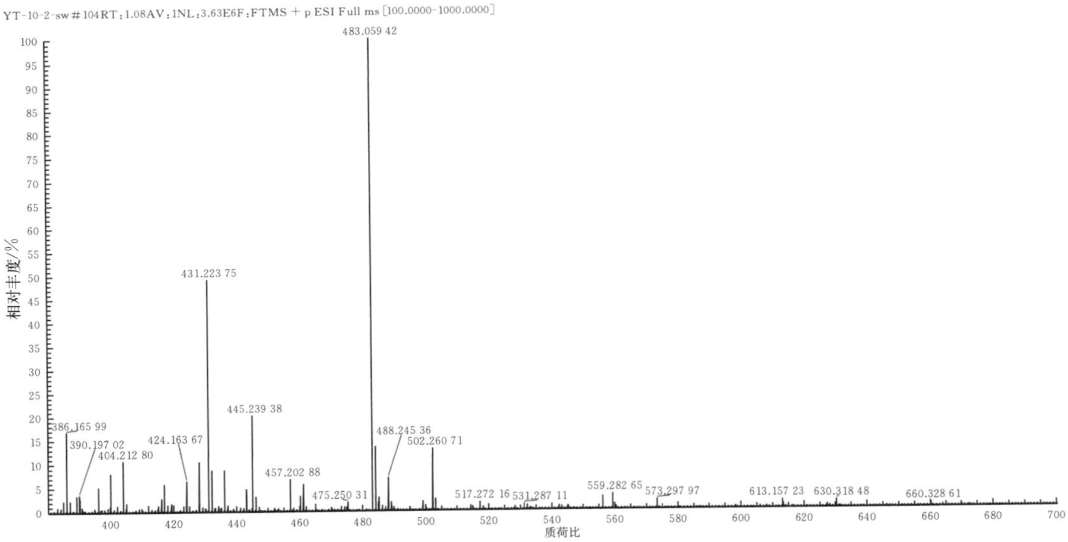

YT-10-2-sw#104RT:1.08AV:1NL:3.63E6F:FTMS + p ESI Full ms [100.0000-1000.0000]
483.059 42
431.223 75
445.239 38
386.165 99
390.197 02
404.212 80
424.163 67
457.202 88
475.250 31
488.245 36
502.260 71
517.272 16
531.287 11
559.282 65
573.297 97
613.157 23
630.318 48
660.328 61
相对丰度/%
质荷比

图 13 紫菜中砷糖- PO_4 一级质谱图（精确相对分子质量）

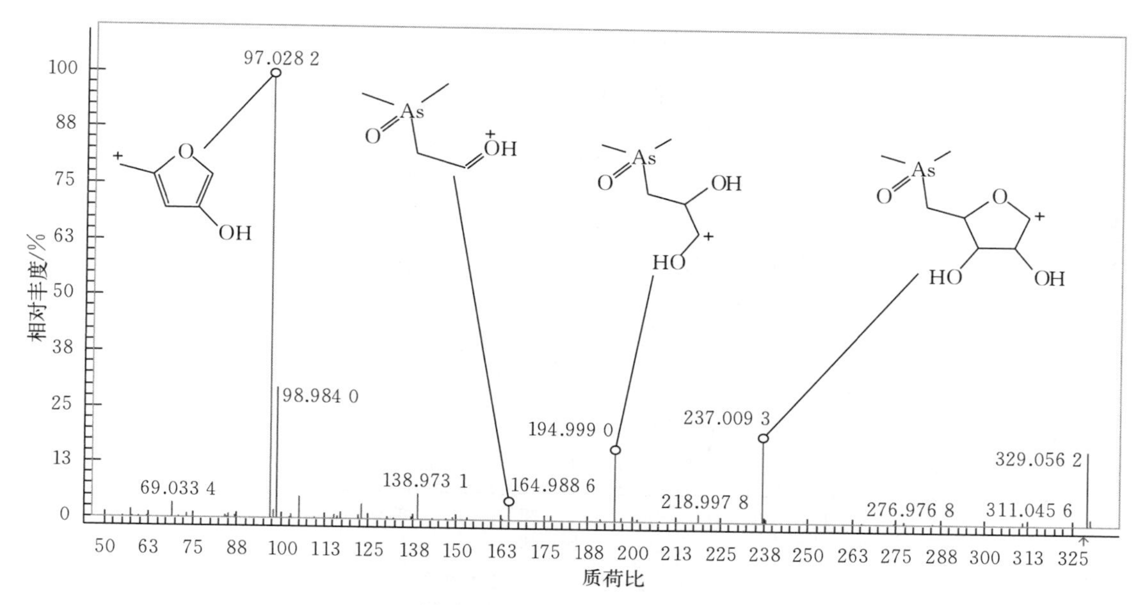

图 14　砷糖-OH 二级质谱图

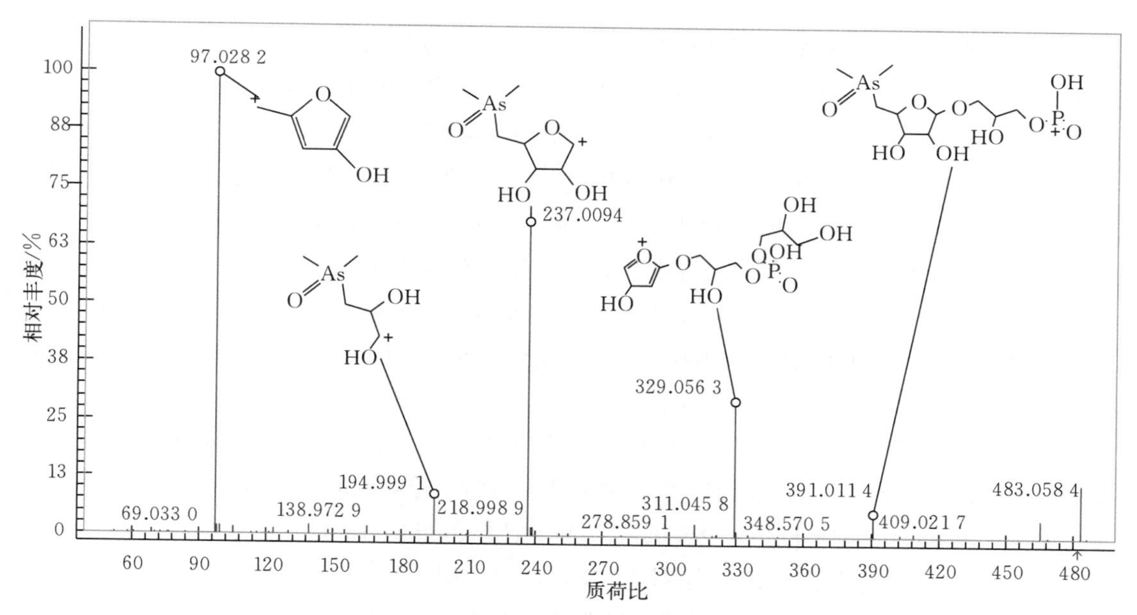

图 15　砷糖-PO_4 二级质谱图

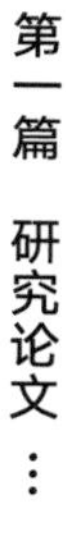

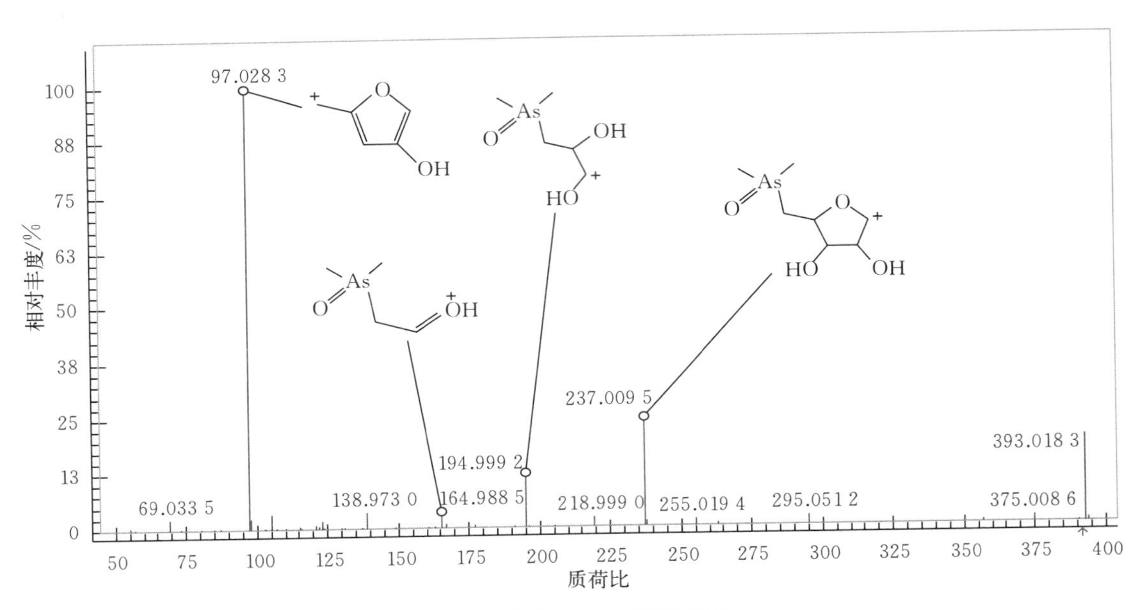

图 16 砷糖-SO_3 二级质谱图

3 讨论

目前，在海洋环境中找到了 4 种浓度较高的砷糖，分别为砷糖-OH（glycerol arsenosugar）、砷糖-PO_4（phosphate arsenosugar）、砷糖-SO_3（sulfonate arsenosugar）和砷糖-SO_4（sulfate arsenosugar），在人尿中检测到了硫代-砷糖-OH（thio-arsenosugar glycerol），在肝胞液中分别孵育砷糖-OH 和砷糖-SO_3 后分别检测到硫代-砷糖-OH（thio-arsenosugar glycerol）和硫代-砷糖-SO_3（thio-arsenosugar sulfonate）（Hansen et al.，2004），Schmeisser 等报道在贻贝罐头产品中检测到了硫代-砷糖-OH（thio-arsenosugar glycerol）和硫代-砷糖-PO_4（thio-arsenosugar phosphate），Fricke 等在奶油蛤中检测到了硫代-砷糖-PO_4（thio-arsenosugar phosphate）。Kahn 等在大扇贝中发现了硫代-砷糖-SO_3（thio-arsenosugar sulfonate）和硫代-砷糖-SO_4（thio-arsenosugar-sulfate），4 种砷糖和 4 种硫代-砷糖结构式转化图见图 17。本实验通过 Obitrap Fusion 高分辨率质谱对海带和紫菜中的砷糖鉴定的结果表明，海带中检测到的 3 种砷糖精确相对分子质量分别为 329.056 6 $[M+H]^+$、483.059 2 $[M+H]^+$、393.018 3 $[M+H]^+$，由 Obitrap Fusion 仪器软件中的理论质荷比分别为 329.057 6 $[M+H]^+$、483.060 71 $[M+H]^+$、393.019 5 $[M+H]^+$，推算的分子式分别为 $C_{10}H_{21}O_7As$、$C_{13}H_{28}O_{12}PAs$、$C_{10}H_{21}O_9SAs$。紫菜中检测到的 2 种砷糖精确相对分子质量分别为 329.056 8 $[M+H]^+$ 和 483.059 4 $[M+H]^+$，由 Obitrap Fusion 仪器软件中的理论质荷比分别为 329.057 6 $[M+H]^+$ 和 483.060 71 $[M+H]^+$，推算的分子式分别为 $C_{10}H_{21}O_7As$、$C_{13}H_{28}O_{12}PAs$。通过对 3 种形态砷糖

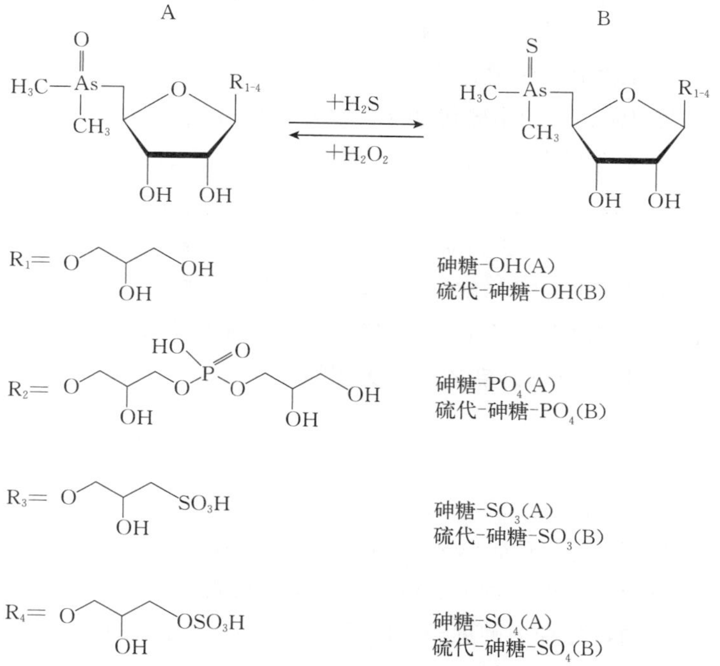

A　　　　B

R_1=　砷糖-OH(A)　硫代-砷糖-OH(B)

R_2=　砷糖-PO_4(A)　硫代-砷糖-PO_4(B)

R_3=　砷糖-SO_3(A)　硫代-砷糖-SO_3(B)

R_4=　砷糖-SO_4(A)　硫代-砷糖-SO_4(B)

图 17　4 种砷糖和 4 种硫代-砷糖结构式

的二级质谱信息的解析，质荷比 m/z 329.056 2 的二级质谱离子质荷比为 311.045 6、237.009 3、218.997 8、194.999 0、164.988 6、97.928 2，质荷比 m/z 483.058 4 的二级质谱离子的质荷比为 391.011 4、329.056 3、237.009 4、218.998 9、194.999 1、97.028 2，质荷比 m/z 393.018 3 的二级质谱离子的质荷比为 375.008 6、295.051 2、255.019 4、237.999 5、218.999 0、194.999 2、164.988 5、97.928 3，3 种砷糖的一级、二级质谱结构鉴定 3 种砷糖分别为砷糖-OH、砷糖-PO_4、砷糖-SO_3。Terol 等报道的砷糖-OH、砷糖-PO_4、砷糖-SO_3 标准物质在离子阱液质上的母离子及产物离子分别为 m/z 329（195、219、237、311、329），m/z 483（237、329、391、465），m/z 393（195、219、237、255、295、275），与本实验中在海带和紫菜中发现的砷糖-OH、砷糖-PO_4、砷糖-SO_3 的母离子和子离子一致，而本实验采用 Obitrap Fusion MS 获得了海带和紫菜中砷糖-OH、砷糖-PO_4、砷糖-SO_3 更精确的母离子和产物离子的质荷比，进一步证明了海带和紫菜中 3 种形态砷糖鉴定结果的准确性。黄东仁等采用四级杆串联飞行时间质谱（Q-TOF-MS）对福建省紫菜中砷糖的种类进行了鉴定，结果表明，紫菜中有 2 种砷糖，分别为砷糖-PO_4 和砷糖-OH，与本研究采用 Obitrap Fusion MS 的研究结果一致，砷糖-PO_4（arsenosugar phosphate）是主要的砷糖形态，其相对精确相对分子质量为 483.074 8 $[M+H]^+$，二级碎片离子质荷比分别为 m/z 391、329 和 237，约是可提取 As 含量的 60.7%，最大可占到可提取砷的 88.1%。砷糖-OH（arsenosugar-glycerol）相对精确分子量为 329.124 0 $[M+H]^+$，二级碎片离子质荷比分别为 m/z 237、195，约占可提取砷含量的 6.2%。Terol 等报道心形银杏藻中，砷糖占可提取砷的 81%～97%，主要为砷糖-PO_4，占 56%～94%，但在甲壳类动物体内砷糖约占可提取砷的 15%。Arroyo - Abad 等报道新鲜鳕肝中无机砷和甲基化的砷约占 70%。Kahn 等研究了经冷冻干燥扇贝性腺和肌肉中砷的形态，结果显示，性腺中硫代-砷糖- SO_3 含量为 0.067 mg/kg（以 As 计），干重±3.7%，硫代-砷糖- SO_4 含量为 0.267 mg/kg（以 As 计），干重±1.2%；肌肉中硫代-砷糖-SO_3 含量为 0.030 mg/kg（以 As 计），干重±2.6%，硫代-砷糖- SO_4 含量为 0.200 mg/kg（以 As 计），干重±2.6%。Schmeisser 等报道室温下水溶液提取物储存过程中硫代-砷糖- OH 和硫代-砷糖- PO_4 能降解。Fricke 等也报道文蛤水溶液提取物中硫代-砷糖-PO_4 随着时间的延长也能降解。Kahn 等研究表明，扇贝性腺和肌肉水溶液提取物储存在 −16 ℃冰箱中，6 个月内硫代-砷糖的浓度无明显变化。

4 小结

本实验采用 UPLC - Q - Exactive Orbitrap 高分辨率质谱仪对海带和紫菜中砷糖进行鉴定，结果表明，海带中发现 3 种形态砷糖，分别为砷糖- OH、砷糖- PO_4 和砷糖- SO_3；紫菜中鉴定出 2 种砷糖，分别为砷糖- OH、砷糖- PO_4。本实验的研究结果将为海带和紫菜中砷的安全风险评价提供科学依据。

气相色谱-质谱法同时测定坚果中的4种抗氧化剂

廖梦莎

摘要：本实验建立了一套有效的同时检测坚果中4种抗氧化剂的分析方法，采用气相色谱-质谱法检测坚果中的叔丁基对羟基茴香醚（BHA）、2,6-二叔丁基对甲基苯酚（BHT）、叔丁基对苯二酚（TBHQ）、2,6-二叔丁基-4-羟甲基苯酚（Ionox-100）4种抗氧化剂。坚果中的4种抗氧化剂经石油醚提取、甲醇溶解、冷冻分层后取上层甲醇，用气相色谱-质谱联用仪测定。结果表明，4种抗氧化剂在50～1 000 μg/L范围内有良好线性关系，相关系数均大于0.99；定量限在0.128～0.176 mg/kg；在3个添加水平下（1.0、4.0、20.0 mg/kg）的平均回收率为86.8%～100.2%，相对标准偏差（$n=7$）为1.9%～9.6%。本法样品处理简单快速，灵敏度和选择性高，重复性好，适用于坚果中的4种抗氧化剂的同时检测。

关键词：坚果；抗氧化剂；气相色谱-质谱法

引言

抗氧化剂是指能防止或延缓食品氧化，提高食品的稳定性和延长贮存期的食品添加剂。这些有抗氧化作用的防腐剂包括天然的维生素C和人工合成的没食子酸丙酯、叔丁基对苯二酚（TBHQ）、2,6-二叔丁基对甲基苯酚（BHT）、叔丁基对羟基茴香醚（BHA）等。抗氧化剂的正确使用不仅可以延长食品的贮存期、货架期，带来良好的经济效益，而且可以更好地保障食品安全。但过量使用人工合成抗氧化剂会对人体健康有一定的影响，如导致DNA损伤或致癌等。因此，对食品中人工合成抗氧化剂的检测十分重要。

在《食品中叔丁基羟基茴香醚（BHA）与2,6-二叔丁基对甲酚（BHT）的测定》（GB/T 5009.30—2003）中的BHA、BHT检测方法中，需要制备层析柱过滤，再用溶剂进行解析，而且溶剂选用不合理（二硫化碳毒性大，极易挥发），步骤烦琐，接触有毒物质多，处理过程除油脂效果差，回收率低。而在《食品安全国家标准　食品中9种抗氧化剂的测定》（GB 5009.32—2016）第三法气相色谱-质谱法中，固体类食品要经过正己烷溶解、乙腈提取、固相萃取柱净化。样品处理过程繁复，试剂多且毒性大，不适合大批量开展检测工作。

目前抗氧化剂常用的检测方法有薄层色谱法、比色法、气相色谱法、液相色谱法、毛细管电泳法等，这些方法样品前处理较为烦琐，而且干扰较多。气相色谱-质谱（GC-MS）因其能根据保留时间和特征碎片离子双重定性，有效地避免了干扰物的影响，极大地提高了检测的灵敏度和准确度，所以在食品有毒有害残留物质分析中的应用也越来越广泛。

为了提高测定食品中抗氧化剂的前处理方法的质量与效率，本试验建立了气相色谱-质谱法同时检测坚果中叔丁基对羟基茴香醚（BHA）、2,6-二叔丁基对甲基苯酚（BHT）、叔丁基对苯二酚（TBHQ）、2,6-二叔丁基-4-羟甲基苯酚4种抗氧化剂。

1 材料与方法

1.1 供试样品

10件坚果样品：盐焗腰果、碧根果A、碧根果B、夏威夷果、盐焗开心果A、盐焗开心果B、炭烧腰果、气泡瓜子仁、兰花豆、西瓜子。

1.2 仪器与试剂

Agilent 7890-5975气相色谱-质谱联用仪，安捷伦科技有限公司产品；涡旋混合器（穗苓贸易发展有限公司）；旋转蒸发仪（步琦有限公司）。

叔丁基对羟基茴香醚（BHA）标准品（纯度为98.8%，天津阿尔塔科技有限公司）；2,6-二叔丁基对甲基苯酚（BHT）标准品（纯度为99.52%，上海安谱实验科技股份有限公司）；叔丁基对苯二酚（TBHQ）标准品（纯度为99.52%，北京振翔科技有限公司）；2,6-二叔丁基-4-羟甲基苯酚（Ionox-100）标准品（纯度为97.8%，北京振翔科技有限公司）。甲醇（色谱纯，上海安谱实验科技股份有限公司）。

1.3 仪器条件

色谱柱：DB-5MS（30 m×0.25 mm×0.25 μm）；色谱柱升温程序：70 ℃保持1 min，然后以10 ℃/min程序升温至200 ℃保持4 min，再以10 ℃/min升温至280 ℃保持4 min；载气：He气，纯度≥99.999%；流速：1 mL/min；进样口温度：230 ℃；进样量：1 μL；进样方式：不分流进样，1 min后打开阀；电子轰击源：70 eV；离子源温度：230 ℃；GC-MS接口温度：280 ℃；溶剂延迟：4 min。

1.4 样品前处理

称取坚果样品2.00 g，置于25.0 mL比色管中，加入25.0 mL石油醚超声提取两遍，取上清液合并，旋转蒸发浓缩至近干（水浴温度45 ℃），再用10 mL甲醇溶解，涡旋振荡混合后置于−18 ℃冰箱中冷冻分层。冷冻分层后（4 h），取上层甲醇上机测试。

1.5 测定

配制一定浓度梯度的4种抗氧化剂标准工作溶液，分别为50 μg/L、100 μg/L、200 μg/L、500 μg/L、1 000 μg/L，上机读值，以浓度为横坐标，以峰面积为纵坐标，建立标准曲线。将试样溶液注入气相色谱-质谱联用仪中，得到相应色谱峰响应值，根据标准曲线得到待测液中抗氧化剂的浓度。

2 结果与分析

2.1 前处理溶剂的选择

BHA、BHT、TBHQ、Ionox-100几乎不溶于水，但溶于乙醇、甲醇、乙腈等有机溶剂，可利用极性有机溶剂与油脂不相溶的特性，直接采用有机溶剂对样品多次萃取提取抗氧化剂。蔡发、李兴根、许彩芸等都对有机溶剂的选择进行了研究，结合文献，最终选择提取效率高、价格低且毒性小的甲醇作为提取溶剂。

2.2 色谱分析

4种抗氧化剂的保留时间、定量离子、定性离子及驻留时间见表1。0.01 mg/kg的叔丁基对羟基茴香醚（BHA）、2,6-二叔丁基对甲基苯酚（BHT）、叔丁基对苯二酚（TBHQ）、2,6-二叔丁基-4-羟甲基苯酚（Ionox-100）标准样品色谱图见图1。

表1 4种抗氧化剂的保留时间、定量离子、定性离子及驻留时间

抗氧化剂名称	保留时间/min	定量离子	定性离子1	定性离子2	驻留时间/ms
BHA	11.476	165（100）	137（76）	180（50）	20
BHT	11.588	205（100）	135（13）	220（25）	20
TBHQ	12.479	151（100）	123（100）	166（47）	20
Ionox-100	14.612	221（100）	131（8）	236（23）	20

注：括号内为离子丰度。

2.3 线性范围与定量限

以3倍信噪比对应的浓度为检出限，10倍信噪比对应的浓度为定量限。4种抗氧化剂的线性方程、线性系数（R^2）、定量限见表2。从表2中可以看出各组分在相应的浓度范围内线性良好，其线性系数均大于0.99。4种抗氧化剂的方法定量限为0.128～0.176 mg/kg。《食品安全国家标准　食品中9种抗氧化剂的测定》（GB 5009.32—2016）第三法气相色谱-质谱法中定量限为1.0 mg/kg，本方法定量限低于此标准方法中定量限。

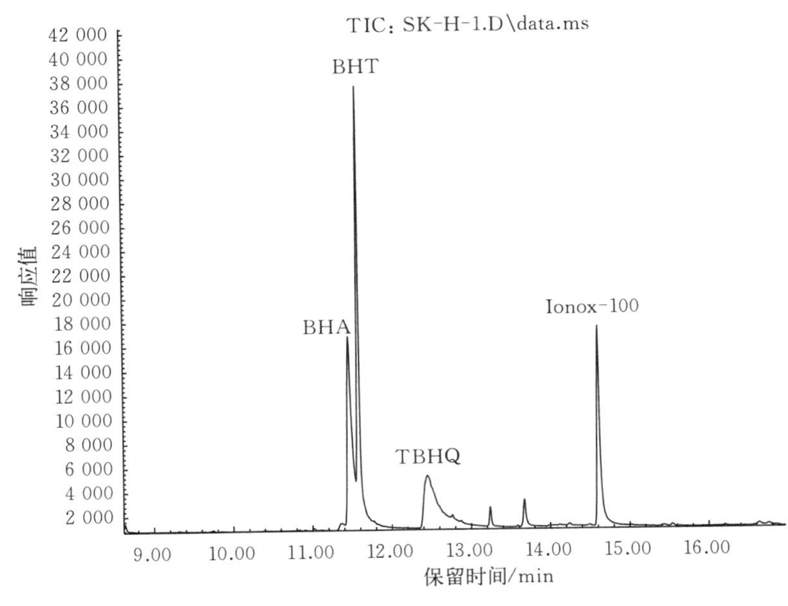

图 1　0.01 mg/kg 标准样品色谱图

表 2　4 种抗氧化剂的线性方程、线性系数、定量限

抗氧化剂名称	线性方程	线性系数（R^2）	定量限/(mg/kg)
BHA	$y=38.68x-1\ 278$	0.999 2	0.145
BHT	$y=61.21x-1\ 514$	0.999 3	0.128
TBHQ	$y=25.88x-346.8$	0.998 3	0.176
Ionox - 100	$y=35.82x+a$	0.999 0	0.129

2.4　加标回收率和精密度

对 BHA、BHT、TBHQ、Ionox - 100 分别选取 1.0 mg/kg、4.0 mg/kg、20.0 mg/kg，进行加标回收实验，每个水平重复测定 7 次来验证方法的准确度和精确度。回收率及相对标准偏差（RSD）见表 3。

表 3　4 种抗氧化剂的加标回收率及相对标准偏差（RSD）

化合物	加标浓度/(mg/kg)	回收率/%								RSD/%
		SK - 1	SK - 2	SK - 3	SK - 4	SK - 5	SK - 6	SK - 7	平均值	
BHA	1.0	80.0	90.0	85.1	86.9	84.8	95.4	85.6	86.8	5.5
	4.0	96.3	100.8	101.1	96.8	96.4	97.2	98.4	98.1	2.1
	20.0	102.5	95.5	104.6	99.5	95.6	91.3	97.7	98.1	4.6

（续）

化合物	加标浓度/(mg/kg)	回收率/%								RSD/%
		SK-1	SK-2	SK-3	SK-4	SK-5	SK-6	SK-7	平均值	
BHT	1	97.8	98.9	95.4	83.0	93.8	94.3	89.2	93.2	5.9
	4	97.9	105.0	92.8	98.2	104.6	99.1	104.2	100.2	4.5
	20	93.2	92.4	92.2	91.1	95.7	90.1	92.2	92.4	1.9
TBHQ	1	89.0	100.2	84.9	98.3	91.6	106.1	102.8	96.1	8.1
	4	93.5	103.6	104.8	104.0	93.8	97.3	100.1	99.6	4.8
	20	92.8	104.9	101.9	92.3	99.5	99.7	106.9	99.7	5.6
Ionox-100	1	104.0	96.0	104.8	80.9	92.1	87.3	87.2	93.2	9.6
	4	100.5	99.3	94.1	94.7	96.5	100.4	93.8	97.0	3.1
	20	91.3	97.9	104.1	91.3	99.7	94.3	93.3	96.0	5.0

由表3可见，实验回收率为86.8%～100.2%，相对标准偏差（RSD）为1.9%～9.6%。证明此方法精密度高，加标回收率较高，具有可操作性。

2.5 实际样品测定

应用所建立的分析方法对10件坚果样品（盐焗腰果、碧根果A、碧根果B、夏威夷果、盐焗开心果A、盐焗开心果B、炭烧腰果、气泡瓜子仁、兰花豆、西瓜子）进行检测，在气泡瓜子仁中检出TBHQ含量为28.0 mg/kg，其他9件样品未检出。

3 讨论

本试验建立了一套有效的同时检测坚果中4种抗氧化剂的检测分析方法，采用气相色谱-质谱法检测坚果中BHA、BHT、TBHQ、Ionox-100 4种抗氧化剂，且对前处理方法进行了优化，采用石油醚提取、甲醇溶解、冷冻分层后取上层甲醇上机测试的方法。与现有标准相比，操作简单，快速准确。

4 结论

本研究建立了同时检测坚果中BHA、BHT、TBHQ、Ionox-100 4种抗氧化剂的气相色谱-质谱法，该方法样品前处理简单快速，灵敏度和选择性高，重复性好，精密度和准确度良好，为坚果中4种抗氧化剂的同时检测提供了一种高效、可靠、快速的方法。

食品中黄曲霉毒素 B_1 和柄曲霉素高效液相色谱串联质谱法的建立

赵亚荣

摘要：本研究采用高效液相色谱串联质谱法（HPLC-MS/MS）法建立了同时检测食品中黄曲霉毒素 B_1（Aflatoxin B_1，AFB_1）和柄曲霉素（Sterigmatocystin，STC）的定量分析方法。以经典 QuEChERS（Quick，Easy，Cheap，Effective，Rugged and Safe）法为基础，优化了提取剂组成、提取剂体积、辅助超声时间和净化剂；并根据 SANCO/12571/2013 以及（EC）No 401/2006 进行方法学验证。结果表明所建立的方法线性和选择性好。两种毒素在谷物、谷物加工品和坚果中的平均回收率范围为 77.7%～119.7%，RSD 范围为 1.3%～15.4%；啤酒中的平均回收率和 RSD 分别为 92.7%～103.6%和 4.0%～18.0%。方法检出限为 0.02～0.18 μg/kg，定量限均为 0.5 μg/kg，可满足食品中 AFB_1 和 STC 的痕量分析要求。

关键词：黄曲霉毒素 B_1；柄曲霉素；食品；HPLC-MS/MS

1 引言

真菌毒素（mycotoxin）是一类由真菌产生的有毒次级代谢产物，现已发现有 400 多种，全球每年约有 25%的粮食会受到真菌毒素污染。真菌毒素对人和动物具有遗传毒性、生殖毒性、免疫毒性、细胞毒性以及致癌、致畸、致突变作用。其中，AFB_1 是国际癌症研究机构（IARC）划分的ⅠA 类强致癌物，主要由黄曲霉菌（*Aspergillus flavus*）和寄生曲霉菌（*A. parasiticus*）等在一定的条件下产生，广泛存在于污染的食品中，世界卫生组织（WHO）已将控制食品中 AFB_1 污染作为全球公共卫生管理的重要目标，且世界各国均对其在食品中的最大限量值做了规定。STC 主要是由杂色曲霉（*A. versicolor*）和构巢曲霉（*A. nidulans*）代谢产生的真菌毒素，是 AFB_1 的合成前体，具有潜在的致癌性，被 IARC 划分为 2B 级致癌物。由于真菌可侵染农产品收获前后各个阶段，因此 STC 经常在农产品及其加工品中被检出，给相关行业造成经济损失的同时严重地威胁着人类健康。截至目前，由于数据的缺乏，世界各国还未对食品中的 STC 进行限量规定。本研究通过建立高效、准确、灵敏和快速的可同时检测食品中 AFB_1 和 STC 方法，旨在为食品中两种毒素的监测提供可靠的技术支撑。

2 实验方法

2.1 材料、试剂及设备

2.1.1 实验材料

市售谷物（小麦、玉米、大米、黑麦、燕麦、大麦）；谷物基加工品（白面包、全麦面包、燕麦片、意大利面、饼干）样品；坚果（核桃、花生）；啤酒。其中，固体样品每份不少于 1 kg，粉碎，过 20 目筛，于 4 ℃保存。

2.1.2 实验试剂

AFB_1 标准品（纯度≥99%）：美国 Sigma 公司；STC 标准品（纯度≥99%）：美国 Sigma 公司；乙腈（HPLC 级）：美国 Merck 公司；甲醇（HPLC 级）：美国 Merck 公司；甲酸（纯度≥98%，质谱用）：美国 Sigma 公司；甲酸铵（纯度≥99，质谱用）：上海阿拉丁公司；*N*-丙基乙二胺（PSA），C_{18}、弗罗里硅土、石墨化炭黑：天津博纳艾杰尔公司；氯化钠和无水硫酸镁（分析纯）：国药集团化学试剂有限公司。

2.1.3 实验仪器和设备

高效液相色谱串联质谱联用系统：高效液相色谱仪（LC－30AD），日本岛津公司；带电喷雾离子源三重四级杆质谱仪（LCMS－8050），日本岛津公司；Milli－Q 去离子水发生器（A10 System）：美国 Millipore 公司；0.22 μm 有机滤膜：天津津腾公司；电子分析天平（AL204）：上海梅特勒-托利多公司；高速多功能粉碎机（YB－600A）：浙江运邦公司；高速离心机（H2050R）：湖南湘仪公司；超声仪（HU20500B）：天津恒奥公司；高速涡旋仪（QL－866）：海门其林贝尔公司；一次性使用无菌注射器：江阴市长强医疗器械有限公司；移液枪：Eppendorf 公司；进样瓶（盖）：北京迪科马公司。

2.2 实验方法

2.2.1 色谱条件

日本岛津公司 XR－ODS Ⅲ C_{18} 色谱柱（75 mm×2.0 mm，1.6 μm）；流动相 A：0.1%甲酸水（*V*/*V*）+5 mmol/L 甲酸铵；流动相 B：乙腈；流速：0.3 mL/min；柱温：40 ℃；进样量：5 μL；流动相及梯度洗脱条件见表 1。

表 1 流动相及梯度洗脱条件

时间/min	水/%	乙腈/%
1.00	90	10
4.50	5	95
6.50	5	95
6.60	90	10

2.2.2 质谱条件

质谱检测采用正离子模式；离子源：电喷雾离子源；检测方式：多反应监测；离子源接口温度：300 ℃；脱溶剂温度：250 ℃；加热块温度：400 ℃；雾化气流速：3 L/min；加热气流速：10 L/min；干燥气流速：10 L/min；黄曲霉毒素 B_1 和柄曲霉素质谱检测参数见表 2。

表 2 黄曲霉毒素 B_1 和柄曲霉素质谱检测参数

目标物	母离子 m/z	分子离子	子离子 m/z	驻留时间/ms	Q1 预偏置/V	碰撞能/eV	Q3 预偏置/V
AFB_1	312.9	$[M+H]^+$	285.10*	100	−15	−24	−20
			241.00	100	−15	−37	−26
STC	324.9	$[M+H]^+$	310.00*	100	−30	−25	−22
			281.00	100	−30	−36	−20

注：* 表示定量离子。

2.2.3 AFB_1 和 STC 标准品工作液的制备

（1）标准品工作液的制备。分别将 AFB_1 和 STC 标准品用乙腈充分溶解，振荡，配制成 100 mg/L 和 500 mg/L 的标准储备液，−20 ℃保存。准确量取各储备液 1 mL 置于 10 mL 棕色容量瓶中，用乙腈定容，配制成 10 mg/L 和 50 mg/L 的中间溶液，−20 ℃保存。

（2）混合标准溶液的配制。分别精确吸取 AFB_1 和 STC 中间溶液 1 mL 和 200 μL 置于 10 mL 棕色容量瓶内，用乙腈定容，配制成 1 mg/L 混合标准溶液，−20 ℃保存。两种真菌毒素标准样品的色谱图见图 1。

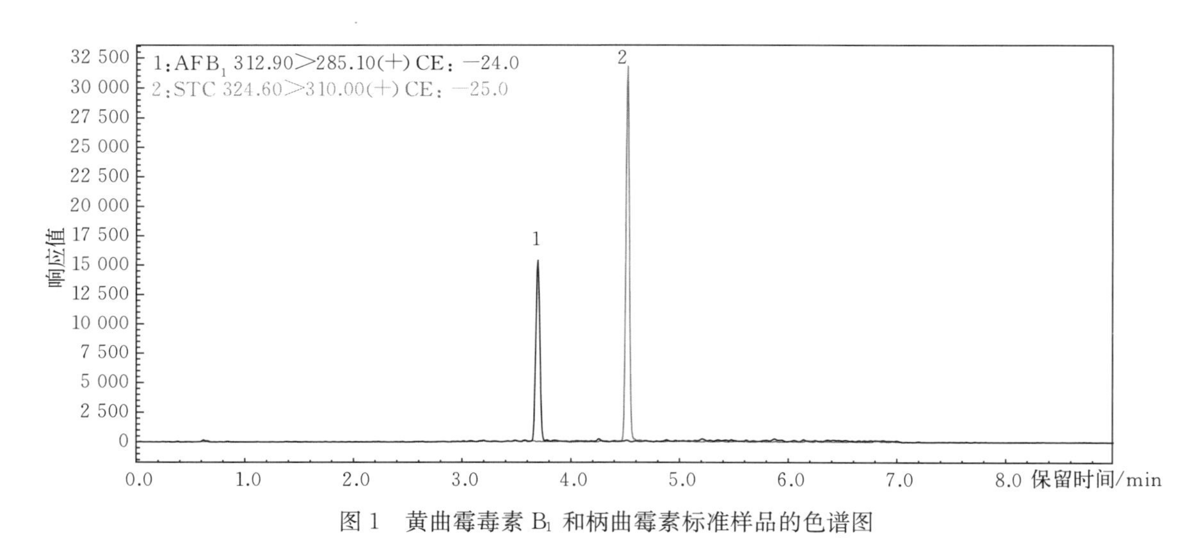

图 1 黄曲霉毒素 B_1 和柄曲霉素标准样品的色谱图

2.2.4 样品前处理

（1）谷物、谷物加工品及坚果样品。准确称取样品粉末 5.00 g，置于 50 mL 离心管中，精确加入乙腈水溶液（95∶5，*V/V*）25 mL，涡旋混匀 1 min 后，超声波提取 3 min，加入 1.00 g 无水硫酸镁和 1.00 g 氯化钠，涡旋 1 min，离心 5 min（4 500 r/min）。准确吸取上清液 5 mL 置于 10 mL 离心管中，加入 0.05 g PSA，涡旋混匀 1 min 后，以 4 500 r/min 的速度再次离心处理，取 1 mL 上清液，经 0.22 μm 滤膜过滤至样品瓶后，HPLC－MS/MS 测定。

（2）啤酒样品。将啤酒超声 15 min，取超声后的啤酒样品 5 mL 置于 50 mL 离心管中，加入 5 mL 乙腈，涡旋 1 min，超声 3 min，加入 1.00 g 无水硫酸镁和 1.00 g 氯化钠，涡旋 1 min，离心 5 min（4 500 r/min）。取上清液，加入 0.05 g PSA，涡旋 1 min，离心 5 min（4 500 r/min）。取上清液，经 0.22 μm 滤膜过滤至样品瓶后，HPLC－MS/MS 测定。

3 结果与分析

3.1 质谱条件的选择及优化

3.1.1 母离子的选择

分别对浓度为 1 mg/L 的 AFB_1 和 STC 标准溶液以 0.3 mL/ min 的流速直接进样，根据两种毒素的结构和特性，实验中同时采用正负作为离子化模式，对其母离子进行扫描，结果表明：在负离子扫描模式下，AFB_1 和 STC 未出现明显的碎片峰。AFB_1 的相对分子质量为 312.27，其正离子质谱扫描图中丰度比最高的峰为 312.9。推测 AFB_1 在离子源内雾化时吸收一个 $[H]^+$ 而离子化带一个正电荷，形成 $[M+H]^+$ 结构，因此选择作为母离子。同样，STC 的相对分子质量为 324.28，其正离子质谱扫描图中丰度比最高的峰为 324.9。可推测该分子在离子源内雾化时同样是吸收一个 $[H]^+$ 而离子化带一个正电荷，形成 $[M+H]^+$ 结构，因此选择作为母离子。AFB_1 和 STC 两种毒素母离子扫描结果分别如图 2 和图 3 所示。

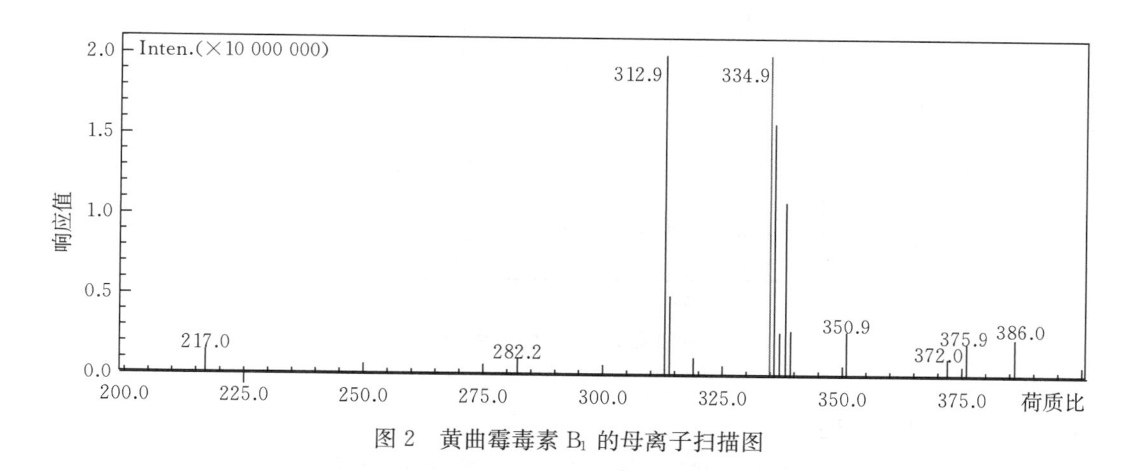

图 2 黄曲霉毒素 B_1 的母离子扫描图

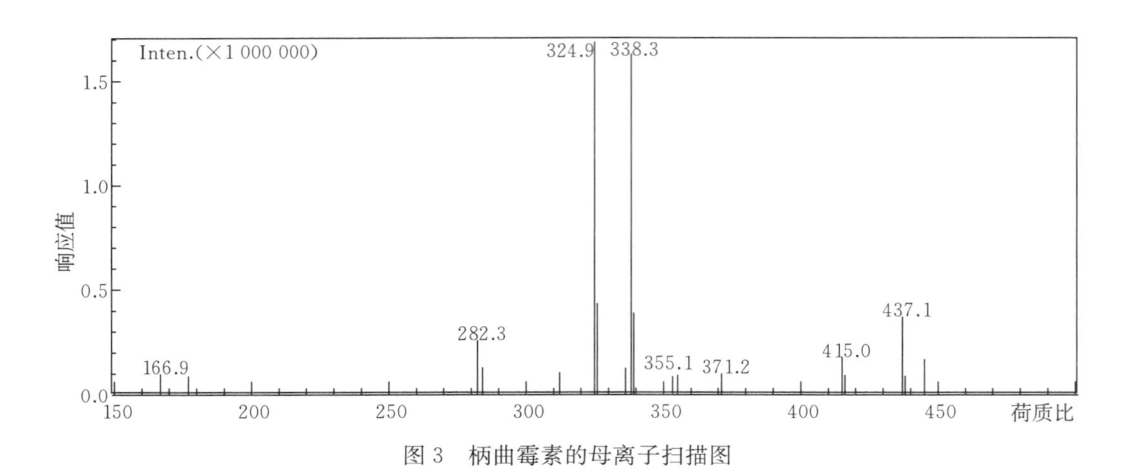

图 3 柄曲霉素的母离子扫描图

3.1.2 子离子的选择

根据欧盟（2002/657/EC）规定，高分辨液质联用检测应在确定母离子的基础上选择两个以上的子离子。在确定两种真菌毒素的母离子后，采用 Product ion scan 方式进行子离子扫描，选择相应的离子作为定量离子和定性离子。随后，采用多反应离子监测（multiple reaction monitoring，MRM）优化碰撞能量。随着碰撞能量的变化，子离子的丰度将在相应的最佳优化碰撞电压下到达一个极值点，该点所对应的碰撞能量被选为碰撞诱导解离（collision - induced dissociation，CID）的最佳碰撞电压，最终确定的质谱检测参数详见表 2。AFB_1 和 STC 的子离子扫描图分别见图 4 和图 5。

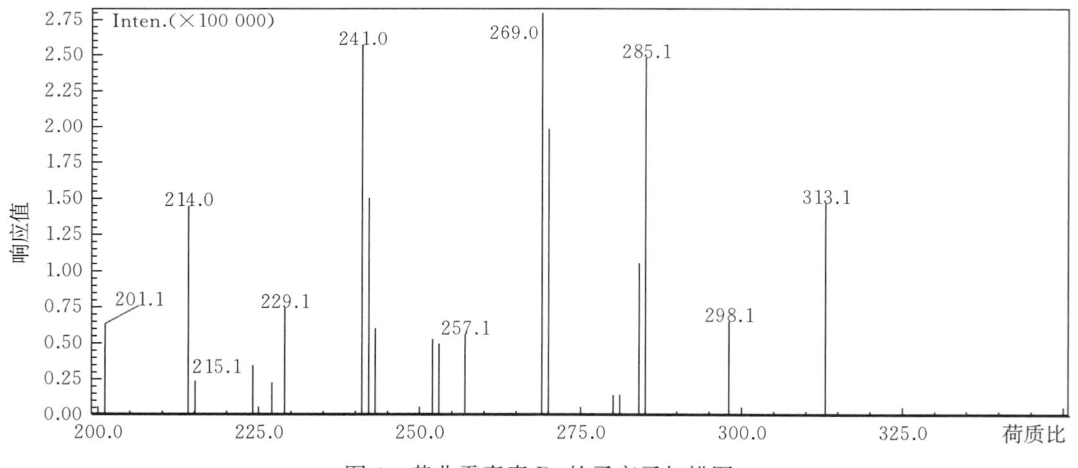

图 4 黄曲霉毒素 B_1 的子离子扫描图

3.1.3 色谱条件的选择

（1）色谱柱和柱温的选择。由于 AFB_1 和 STC 属于弱极性化合物，需要选用反相 C_{18}

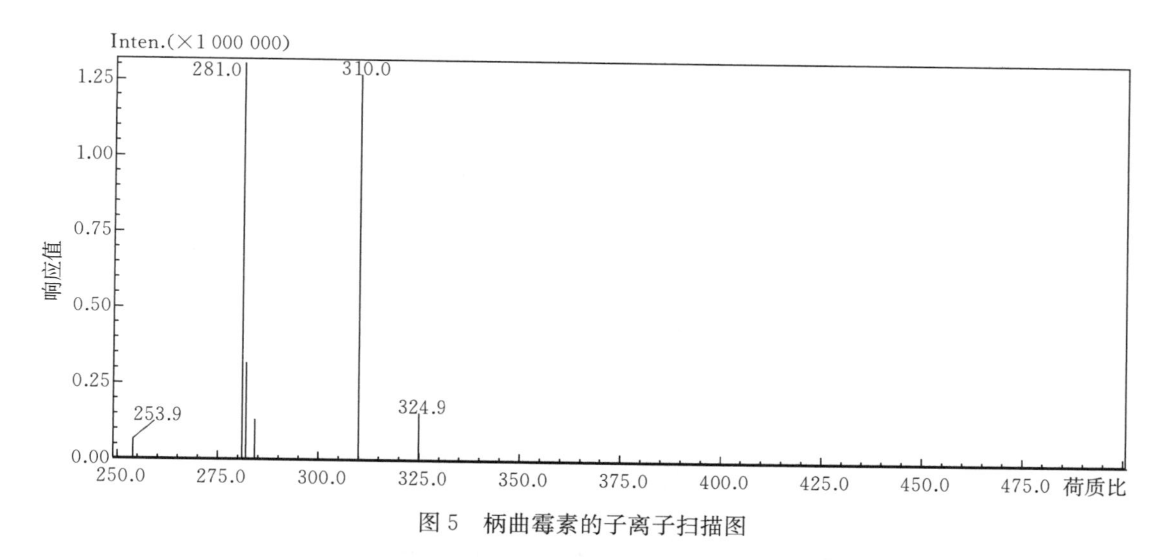

图 5　柄曲霉素的子离子扫描图

色谱柱对目标物进行分离。而色谱柱的温度会影响流动相黏度、柱压和分离效果等。柱温过低，流动相黏度增加，将导致柱压增大，分离度偏小，最终影响分离效果；柱温过高，会使仪器和色谱柱所承载的温度较高，而且过高的柱温也会影响目标化合物的稳定性。经实验选择，当柱温为40 ℃时，目标物出峰效果好且不会对仪器和色谱柱造成伤害。由于所分离的目标化合物只有两种，因此选择较短的色谱柱进行优化。实验比较了 3 种色谱柱［XR－ODS Ⅲ C_{18}色谱柱（75 mm×2.0 mm，1.6 μm）、Kinetex C_{18}色谱柱（100 mm×2.1 mm，2.6 μm）和 Hypersil Gold 色谱柱（100 mm×2.1 mm，2.6 μm）］在相同色谱条件下对目标化合物的分离效果。如图 6 所示，3 种色谱柱都能对 AFB_1 和 STC 进行有效的分离。但是，在相同条件下，Kinetex C_{18}色谱柱的色谱峰峰宽较宽，检测灵敏度较低，而当使用 Hypersil Gold 色谱柱时，两种目标化合物的出峰时间较近。此外，色谱柱越短，柱效越高，并可缩短分析时间。因此，选用XR－ODS Ⅲ C_{18}色谱柱（75 mm×2.0 mm，1.6 μm）作为本实验的液相分离柱。

（2）流动相的选择。流动相不同会对所分析的目标化合物分子质子化和色谱分离造成一定的影响，因此液质联用分析时流动相的选择要兼顾物质分离和离子化效率。本文比较了纯水、0.1％甲酸水、0.2％甲酸水和 0.1％甲酸水＋5 mmol/L 甲酸铵作为流动相 A 相，甲醇和乙腈作为流动相 B 相对质谱信号的影响。实验结果显示，纯水作为流动相 A 相时，两种毒素的离子化效率不高，0.1％甲酸水会使 STC 的响应降低；0.1％甲酸水＋5 mmol/L 甲酸铵不仅可将两种毒素分离，其峰形好，而且离子化效率高，因此选择其为流动相 A 相。乙腈作为流动相B 相时，其灵敏度明显大于甲醇，故选择乙腈作为流动相 B 相。

（3）提取溶剂的选择。为了减少基质干扰，提高提取效率，提取溶剂的选择至关重要。AFB_1 和 STC 为脂溶性化合物，易溶于有机溶剂。本文考察了 100％乙腈、95％乙腈、90％乙腈、84％乙腈和 80％乙腈的提取效率。准确称取样品 5.00 g，分别加入以上

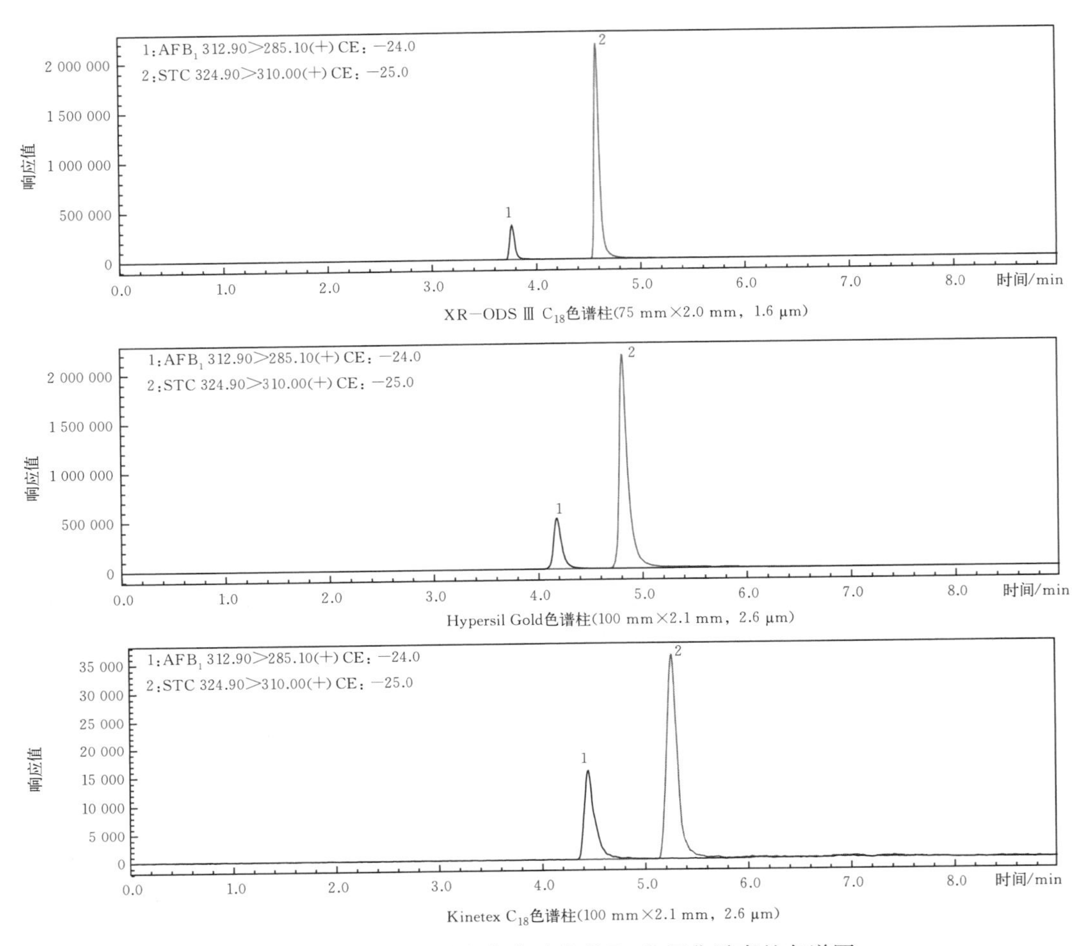

图 6　不同色谱柱分离黄曲霉毒素 B_1 和柄曲霉素的色谱图

提取剂 25 mL，涡旋混匀1 min后，超声波提取 3 min，加入 1.00 g 无水硫酸镁和 1.00 g 氯化钠，涡旋 1 min，离心 5 min（4 500 r/min）。准确吸取上清液 5 mL 置于 10 mL 离心管中，加入 0.05 g PSA，涡旋混匀 1 min 后，以 4 500 r/min 的速度再次离心处理，取 1 mL 上清液，经 0.22 μm 滤膜过滤至样品瓶后，HPLC - MS/MS 测定，结果见图 7a。由图可知，纯乙腈为提取剂时，AFB_1 平均回收率为 57.1%，STC 的平均回收率为 88.9%。84%的乙腈和 80%的乙腈提取时，AFB_1 和 STC 的平均回收率虽然均有提高，但是其相对标准偏差较大。95%的乙腈用于提取溶剂时，2 种毒素在满足回收率要求的同时有着更高的检测灵敏度，因此实验选择 95%的乙腈作为提取剂。

（4）提取溶剂体积的选择。提取溶剂的体积对于增加目标物的定量至关重要，更多成分的溶解会提高目标物的回收率。但是较大体积的提取溶剂不仅会增加检测成本，而且会带来不必要的浪费。本文考察了 10 mL、15 mL、20 mL 和 25 mL 4 种不同体积对 AFB_1 和 STC 回收率的影响。准确称取样品 5.00 g，分别加入以上 4 种不同体积的乙腈水溶液

（95∶5，V/V），涡旋混匀1 min后，超声波提取 3 min，加入 1.00 g 无水硫酸镁和 1.00 g 氯化钠，涡旋 1 min，离心 5 min（4 500r/min）。准确吸取上清液 5 mL 置于 10 mL 离心管中，加入 0.05 g PSA，涡旋混匀 1 min 后，以 4 500 r/min 的速度再次离心处理，取 1 mL 上清液，经 0.22 μm 滤膜过滤至样品瓶后，HPLC－MS/MS 测定结果见图 7c。当提取溶剂体积为 20 mL 时，AFB_1 和 STC 的平均回收率均较低。当采用 15 mL 提取剂进行提取时，尽管 STC 的平均回收率有所增加，但 AFB_1 的平均回收率降低。当提取溶剂的体积为 25 mL 时，提取效果最好。

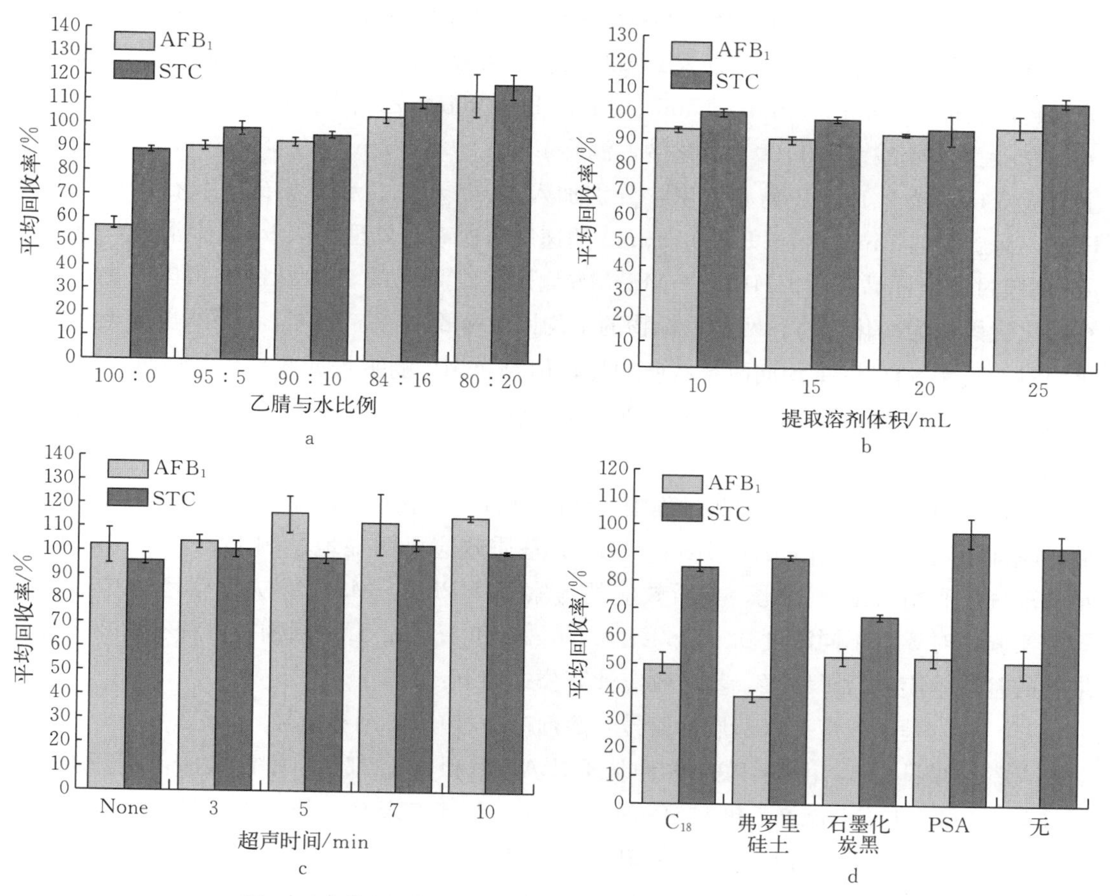

图 7　不同提取溶剂、提取溶剂体积、超声时间和净化剂对黄曲霉毒素 B_1 和柄曲霉素的影响（误差条代表相对偏差）

a. 不同提取溶剂　b. 不同提取溶剂体积　c. 不同超声时间　d. 不同净化剂

（5）超声时间的选择。前处理优化时，超声时间的长短也会影响目标物的提取效率，如果超声时间太长，超声过程中温度升高可能会对目标物造成破坏。本文比较了 0 min、3 min、5 min、7 min 和 10 min 超声时对 AFB_1 和 STC 回收率的影响。准确称取样品 5.00 g，加入 25 mL 乙腈水溶液（95∶5，V/V），涡旋混匀 1 min 后，分别超声波提取 0 min、3 min、5 min、7 min 和 10 min，乙腈水溶液（95∶5，V/V），加入 1.00 g 无水硫酸镁和

1.00 g 氯化钠，涡旋1 min，离心 5 min（4 500 r/min）。准确吸取上清液 5 mL 置于 10 mL 离心管中，加入 0.05 g PSA，涡旋混匀 1 min 后，以 4 500 r/min 的速度再次离心处理，取 1 mL 上清液，经0.22 μm滤膜过滤至样品瓶后，HPLC－MS/MS 测定，结果见图 7c。结果表明，当超声时间为 5 min、7 min 和 10 min 时，AFB_1 的平均回收率偏高，若不超声处理，AFB1 的相对标准偏差较大，且 STC 的平均回收率偏低。综合考虑回收率和提取速度两个因素，最终选择 3 min 最为本实验的超声时间。

（6）净化剂的选择。在样品前处理方法中，一般采用 PSA 和 C_{18} 来对基质进行净化。本文考察了 C_{18}、弗罗里硅土、PSA 和石墨化炭黑 4 种净化剂以及不添加净化剂对平均回收率的影响。准确称取样品 5.00 g，加入 25 mL 乙腈水溶液（95：5，V/V），涡旋混匀1 min 后，分别超声波提取 0 min、3 min、5 min、7 min 和 10 min，乙腈水溶液（95：5，V/V），加入 1.00 g 无水硫酸镁和 1.00 g 氯化钠，涡旋 1 min，离心 5 min（4 500 r/min）。准确吸取上清液 5 mL 置于 10 mL 离心管中，分别加入 0.05 g C_{18}、弗罗里硅土、石墨化炭黑和 PSA，涡旋混匀 1 min 后，以 4 500 r/min 的速度再次离心处理，取 1 mL 上清液，经 0.22 μm 滤膜过滤至样品瓶后，HPLC－MS/MS 测定，结果见图 7d。从图中可以看出，当以石墨化炭黑作为净化剂时，两种目标物的平均回收率都较差。当 C_{18} 和弗罗里硅土作为净化剂时，虽然 STC 的平均回收率有所增加，但是 AFB_1 的平均回收率仍然较低。PSA 作为净化剂时，样品中 AFB_1 和 STC 的回收率最好。因此，选择 PSA 作为本次实验的净化剂。

（7）基质效应的考察。检测过程中，样品中的共流组分对目标物化合物的离子化效率的影响即为基质效应（matrix effect，ME），基质效应可明显地影响 HPLC－MS/MS 定量的准确性和精密度。因此，基质效应的考察是 HPLC－MS/MS 方法学考察中必要步骤。实验中对 3 个不同浓度 0.1 μg/L、0.5 μg/L 和 1.0 μg/L 目标物在 6 种谷物及 2 种坚果中的基质效应进行了考察。基质效应计算公式如下：

基质效应＝（基质标信号－溶剂标信号）/溶剂标信号×100％

考察结果见表 3，由表可知，8 种基质对 AFB_1 和 STC 都具有抑制效应，其基质效应范围分别为 21.1％～69.2％和 18.1％～76.7％，尤其玉米对 2 种分析物具有强烈的抑制效应。因此使用该方法进行定量时采用基质匹配法。

表 3　不同浓度时 8 种基质对黄曲霉毒素 B_1 和柄曲霉素的基质效应（％）

基质	AFB_1			STC		
	添加水平			添加水平		
	0.5 μg/kg	2.5 μg/kg	5 μg/kg	0.5 μg/kg	2.5 μg/kg	5 μg/kg
小麦	－66	－58.5	－58.5	－37.4	－45.4	－48.6
大米	－49.1	－50.4	－58.5	－34.7	－47.7	－50.3
燕麦	－30.1	－27.7	－30.2	－44	－57.2	－61.2
黑麦	－42.5	－37.9	－25.3	－45.3	－47.7	－50.3

（续）

基质	AFB_1			STC		
	添加水平			添加水平		
	0.5 μg/kg	2.5 μg/kg	5 μg/kg	0.5 μg/kg	2.5 μg/kg	5 μg/kg
玉米	−67	−69.2	−69.2	−76.7	−74	−71.3
大麦	−21.1	−24.1	−23.6	−40.9	−38.2	−18.1
核桃	−66	−58.5	−58.5	−37.4	−45.4	−48.6
花生	−49.1	−50.4	−58.5	−34.7	−47.7	−50.3

3.2 方法学验证

3.2.1 选择性

方法的选择性是通过比较空白样品和加标终浓度为 0.5 μg/kg 的样品中 AFB_1 和 STC 的保留时间进行评估，以确保目标分析物出峰位置没有干扰。小麦样品中添加 0.5 μg/kg 黄曲霉毒素 B_1 和柄曲霉素的质谱图见图 8。由图可知，2 种毒素在保留时间出峰时没有任何干扰。

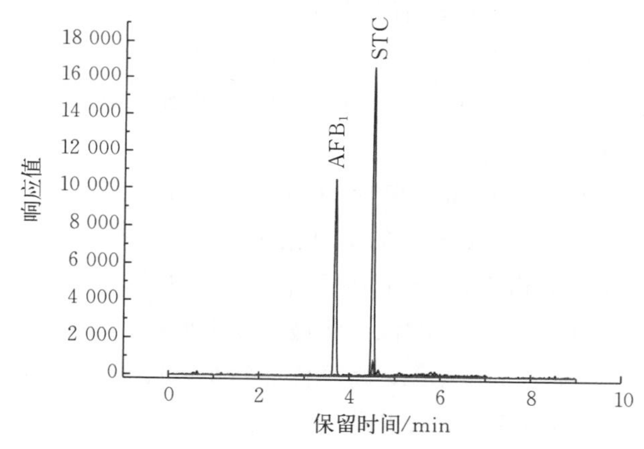

图 8　小麦样品中添加 0.5 μg/kg 黄曲霉毒素 B_1 和柄曲霉素的质谱图

3.2.2 线性、检出限和定量限

采用优化后的前处理方法对所有基质的空白样品进行处理，用提取液配制浓度为 0.1 μg/L、0.2 μg/L、0.5 μg/L、1 μg/L、2 μg/L、5 μg/L、10 μg/L 的浓度梯度进样分析，每个浓度进样 3 针，记录峰面积。以浓度为横坐标，峰面积为纵坐标，绘制标准曲线，进行回归分析，结果见表 4。由表 4 可知，两种毒素在浓度范围内线性关系良好（$R^2 \geqslant$ 0.999 0），所有基质中 R^2 范围为 0.994 6～0.999 9。

根据 SANCE/12571/2013 的要求，方法的定量限（LOQ）为样品中回收率和重复性达到要求时所对应的最低添加浓度，本实验最低添加浓度为 0.5 μg/kg，因此该浓度便作为方法的定量限。以 3 倍信噪比作为方法的检出限，所得结果见表 4。

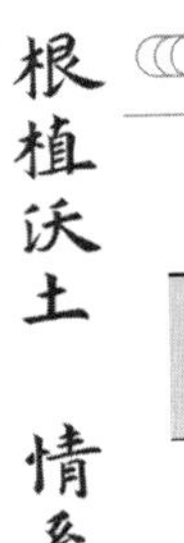

表 4 基质中黄曲霉毒素 B_1 和柄曲霉素标准曲线、检出限和定量限

基质	目标物	线性范围/(μg/kg)	线性方程	R^2	LOD/(μg/kg)	LOQ/(μg/kg)
谷物	AFB_1	0.1～10	$Y=168\,021X+16\,487$	0.999 7	0.03	0.5
	STC		$Y=331\,458X-1\,229.0$	0.999 9	0.02	
谷物加工品	AFB_1		$Y=137\,644X+947.90$	0.999 8	0.18	
	STC		$Y=149\,251X+1\,148.6$	0.999 9	0.10	
核桃	AFB_1		$Y=312\,616X+13\,544.9$	0.997 3	0.03	
	STC		$Y=208\,567X+11\,835.9$	0.995 1	0.03	
花生	AFB_1		$Y=281\,470X+11\,849.3$	0.997 8	0.03	
	STC		$Y=186\,405X+12\,712.9$	0.994 6	0.03	
啤酒	AFB_1		$Y=97\,505X+3\,153.9$	0.996 7	0.03	
	STC		$Y=13\,896X+3\,221.5$	0.998 6	0.03	

3.2.3 重复性

将小麦空白样品、0.1 μg/L 标准溶液和 0.1 μg/kg 小麦基质标分别连续进样15 针，通过计算其保留时间和峰面积的 RSD 评估该方法的重复性。结果表明，AFB_1 和 STC 的保留时间和峰面积的 RSD 分别小于 0.12%和 4.0%，重复性好。

3.2.4 准确性和精密度

准确称取谷物、谷物加工品和坚果样品 5.00 g，分别添加 25 μL、125 μL 浓度为 0.1 μg/mL以及 25 μL 浓度为 1 μg/mL 的标准溶液，使样品中终浓度分别为 0.5 μg/kg、2.5 μg/kg 和 5.0 μg/kg；准确移取 5 mL 啤酒样品，分别添加 50 μL 浓度为 10 μg/mL 以及 25 μL、75 μL 浓度为 100 μg/mL 的标准溶液，使啤酒样品中两种毒素的终浓度分别为 0.1 μg/mL、0.5 μg/mL 和 2.5 μg/mL，每个样品每个浓度平行 5 份，按照 2.2.4 进行处理，计算其回收率和相对标准偏差，结果见表 5。由表可看出，两种真菌毒素在所有基质中的平均回收率范围为 77.7%～119.7%，RSD 范围为 1.3%～15.4%。啤酒中黄曲霉毒素 B_1 和柄曲霉素的平均回收率、相对标准偏差和重现性见表 6，2 种真菌毒素的平均回收率和 RSD 范围分别为 92.7%～103.6%和 4.0%～18.0%。

表 5 不同基质中黄曲霉毒素 B_1 和柄曲霉素的回收率和相对标准偏差（%）

项目	AFB_1			STC		
	添加水平			添加水平		
	0.5 μg/kg	2.5 μg/kg	5.0 μg/kg	0.5 μg/kg	2.5 μg/kg	5.0 μg/kg
小麦	119.7（4.4）*	104.3（3.8）	108.1（5.3）	101.3（6.1）	107.3（1.8）	106.0（2.2）
大米	94.8（12.8）	98.0（3.1）	86.8（10.7）	89.7（5.9）	91.5（2.3）	88.3（3.8）
燕麦	91.3（4.0）	95.3（4.9）	85.7（1.4）	88.7（2.3）	101.1（5.0）	83.6（3.1）

（续）

项目	AFB_1			STC		
	添加水平			添加水平		
	0.5 μg/kg	2.5 μg/kg	5.0 μg/kg	0.5 μg/kg	2.5 μg/kg	5.0 μg/kg
黑麦	77.7 (5.0)	86.1 (6.8)	88.8 (6.1)	82.1 (8.3)	94.6 (4.0)	94.3 (3.7)
玉米	96.5 (4.7)	103.8 (1.3)	105.8 (5.6)	115.4 (2.7)	111.0 (2.2)	101.9 (3.0)
大麦	94.4 (2.4)	107.0 (3.4)	104.0 (1.9)	97.5 (10.3)	99.2 (3.6)	99.9 (4.0)
白面包	111.7 (10.4)	99.3 (2.9)	95.1 (5.1)	111.1 (10.0)	97.0 (3.0)	95.5 (4.4)
全麦面包	93.8 (6.9)	94.0 (8.7)	92.7 (7.6)	99.3 (2.1)	88.1 (13.3)	86.8 (13.9)
燕麦早餐	119.7 (5.1)	104.0 (5.6)	106.2 (5.6)	119.4 (15.4)	94.6 (6.0)	96.4 (3.6)
饼干	96.6 (5.0)	98.5 (2.4)	99.0 (6.0)	103.5 (5.7)	100.6 (12.2)	110.0 (8.7)
意面	97.1 (5.6)	92.3 (7.7)	96.3 (8.7)	105.4 (6.4)	90.6 (12.4)	100.6 (6.2)
核桃	74.0 (7.1)	102.0 (7.2)	109.0 (8.4)	78.1 (7.4)	77.8 (12.6)	91.2 (6.1)
花生	118.2 (6.6)	104.2 (4.5)	105.8 (4.2)	111.4 (7.0)	110.0 (7.5)	87.8 (6.1)

* 括号外数值表示平均回收率，括号内数值表示相对标准偏差。

表 6　啤酒中黄曲霉毒素 B_1 和柄曲霉素的平均回收率、相对标准偏差和重现性

目标物	添加水平/(μg/kg)	平均回收率/%	RSD_a/%	RSD_b/%
AFB_1	0.1	100.5	15.0	14.6
	0.5	103.6	4.0	8.6
	2.5	97.8	5.0	7.3
STC	0.1	102.1	18.0	12.3
	0.5	94.7	14.0	18.8
	2.5	92.7	11.0	12.5

3.2.5　重现性

重现性是指日内差和日间差。准确称取各类代表性基质样品 5.00 g，分别添加25 μL、125 μL 浓度为 0.1 μg/mL 以及 25 μL 浓度为 1 μg/mL 的标准溶液，使样品中两种毒素的终浓度分别为 0.5 μg/kg、2.5 μg/kg 和 5.0 μg/kg；准确移取 5 mL 啤酒样品，分别添加 50 μL 浓度为 10 μg/mL 以及 25 μL、75 μL 浓度为 100 μg/mL 的标准溶液，使啤酒样品中两种毒素的终浓度为 0.1 μg/mL、0.5 μg/mL 和 2.5 μg/mL，每个样品每个浓度平行 5 份，按照 2.2.4 进行处理。以连续 3 d 添加的峰面积的相对标准偏差计算其日间差；以同一天添加 3 个不同的浓度连续重复 3 次的峰面积的相对标准偏差计算其日内差。基质中黄曲霉毒素 B_1 和柄曲霉素的重现性见表 7。日间差和日内差的 $RSD_{均}$<20%，满足 EC 分析要求。

表 7 基质中黄曲霉毒素 B_1 和柄曲霉素的重现性（%）

基质	目标物	日内差（n=9）			日间差（n=15）		
		添加水平			添加水平		
		0.5 μg/kg	2.5 μg/kg	5 μg/kg	0.5 μg/kg	2.5 μg/kg	5 μg/kg
谷物	AFB_1	3.8*	5	4.6	12.1	7.1	9.1
	STC	3.5	5.9	3.9	14.6	12.9	16.3
谷物加工品	AFB_1	8	7	10	13.9	6.1	9.4
	STC	4	4	4	9.1	5.6	4
核桃	AFB_1	13.6	5.5	7.8	14.2	9.3	11
	STC	12.9	19.2	8.1	14.6	16.9	10.4
花生	AFB_1	10.5	6.2	11.2	12.9	7.9	12.8
	STC	9.8	8.6	6.7	10.5	8.8	9.9

4 讨论与结论

HPLC-MS/MS 中优化离子源的参数进一步改善目标化合物的灵敏度，优化的离子源参数主要包括雾化气（nebulizing gas）、加热气（heating gas）、干燥气（drying gas）及驻留时间（dwell time）等，其中，优化后的雾化气、加热气、干燥气达到最优，能够增强目标化合物的离子化程度，从而增强其灵敏度。驻留时间的长短会影响色谱峰的数据采集点的多少：驻留时间太长，则色谱峰的数据采集点太少，这会导致色谱峰面积重现性差，定量不准确；驻留时间太短，会使色谱峰的数据采集点太多而导致信噪比降低，定量限检出限变差。因此，合适的驻留时间是保证灵敏度和定量准确度的首要条件。本实验中驻留时间优化后为 100 ms，可同时确保样品中目标化合物的灵敏度和定量的准确性。

选择合适的色谱柱是保证目标化合物能有效分离的前提，选择色谱柱时主要考虑色谱柱的内径、长度及其填料。色谱柱内径越小，流动相流速越低，同样的分离进样量降低，节约样品用量，同时也大大减少了流动相的用量；使用小内径色谱柱时，对进样器以及高压泵计量水平要求高。此外，连接管路体积对分离度的影响也会变得明显。对于色谱柱长短的选择，使用短柱可以进行快速分析，节约时间，并可减少溶剂用量。在分析过程中，分析时间、柱效以及柱压与柱长成正比，分离度与柱长的平方根成正比。在方法开发的初期，首先选择不同固定相的短柱进行快速检测，确定了合适的固定相后，当要求保留时间延长、分离度提高时，可选择长柱进一步优化分离条件进行分离分析实验。

在 HPLC-MS/MS 中，流动相的选择至关重要，在反向色谱中，常用的高极性流动相包括水、甲醇、乙腈、异丙醇和四氢呋喃，而低极性的流动相有正己烷、正庚烷以及二氯甲烷等。选择流动相时，一般需要满足以下几个要求：①具有良好的化学稳定性；②具有适当的沸点和黏度；③对分离物有一定的溶解性；④适合所使用的检测器以及清洗方便等。

QuEChERS（quick，easy，cheap，efficient，rugged and safe）是美国农业部 Anastassiades 教授于 2003 年开发的前处理技术，最初主要用于农产品，近几年，因其耗时短、成本低等优点，以 QuEChERS 为基础加以改进的前处理方法被广泛应用于兽药、真菌毒素、激素以及抗生素的检测中。由于合适的样品前处理可达到富集目标物、去除基质干扰、定量转换等目的，因此，该技术在整个分析检测中占据了重要的位置，并成为制约分析效率和结果准确性的关键环节。样品提取过程中，选择合适的提取剂是最关键的一步。通常情况下，提取剂的选择不仅要考虑待测目标物的种类和性质，而且还要兼顾提取剂的价格和毒性。目前，文献报道较多用于真菌毒素的提取剂为甲醇、乙腈、丙酮等有机溶剂与水的一种或多种不同比例组成，食品中多种毒素的同时提取更多使用 84％乙腈。在本实验中，由于待测目标化合物只有两种，综合提取效率及实验操作的方便性，最终选择 95％的乙腈作为提取剂。

当然，在真菌毒素分析过程中，提取溶剂体积的选择也同样重要。提取体积过小，尽管会提高目标化合物的浓度，但是会导致待测物提取不完全；提取剂体积过多，会导致样品中待测化合物浓度稀释倍数增加，使其低于仪器检出限，从而不能检出，而且过多提取剂的使用会造成不必要的浪费以及环境污染问题。QuEChERS 方法在提取过程中加入无水硫酸镁和氯化钠能够产生盐析效应，使基质中亲水性成分的溶解度降低，促使溶剂相和水相分离，从而提高提取效率。

本实验中，提取过程主要是采用超声辅助萃取结合 QuEChERS 方法进行，因此，提取过程中超声时间的长短也极为重要。超声萃取是利用超声波的物理特性，使样品的组织发生破壁或变形，释放待测物到提取剂中，达到提取的目的。超声时间太短，会使其作用不明显，降低提取效率；超声时间太长，会导致样品成分进入提取剂中，增加后续净化难度。

净化剂选择是 QuEChERS 方法中必不可少的一步。本实验中考察了 4 种常用净化剂对两种真菌毒素回收率的影响，结果发现 PSA 为最佳选择。这是由于 PSA 具有弱的阴离子交换能力，主要通过氢键与化合物结合，可有效吸附脂肪酸、部分色素、糖和有机酸。此外，PSA 还同时具有一级胺和二级胺，与化合物的结合能力最强。而当以石墨化炭黑作为吸附剂时，STC 的平均回收率较低，这可能是因为石墨化炭黑的表面六边形结构使其对平面分子或含有平面芳香环的分子具有强烈的吸附作用。由于 STC 结构中还有呋喃环，因此可被石墨化炭黑吸附从而使 STC 的回收率降低。弗罗里硅土是硅胶键和氧化镁的吸附剂，与硅胶相似，是强极性吸附剂，主要适用于脂肪含量高的样品。C_{18} 吸附剂的硅胶基质上接有十八烷基，具有较高的碳含量，可去除大量的油脂和非极性物质，常被用作净化剂。

基质效应具有较广泛的定义，欧盟农残分析质量控制委员会将基质效应定义为样品中的一种或多种非目标化合物对目标化合物的浓度和质量准确测定产生影响和干扰的一种现象。根据相关文献报道，基质效应产生的可能机制是由于样品中一些非挥发性的共流组分在电喷雾离子源与目标化合物竞争，最终导致目标化合物离子化效率的改变。很多因素会影响基质效应的产生和变化，例如待测目标化合物的离子化效率，样品中的目标物质与干扰物质的色谱分离情况以及质谱检测器的灵敏度和稳定性等。因此，只有通过优化 HPLC-MS/MS 的相关条件和参数，如样品前处理过程、液质条件等，才能从根本上解决基质效应。根据基质对检测信号响应值的不同影响，基质效应可分为增强效应和减弱效应。增强效应即基质成分的存在减少了色谱系统活性位点与待测物分子作用的机会，使得待测物检测信号增强的现象；减弱效应是指基质成分的存在使仪器检测信号减弱的现象。由于化学结构与性质不同，不同的待测物在不同种类的基质中表现为不同的基质效应。当基质效应值在 0～±20%时，说明基质效应减弱；当基质效应值在±20%～±50%时，说明基质效应中等；当基质效应值大于 50%或低于－50%时，说明基质效应较强。

方法学验证是对所建方法的评价，是建立新方法的必要研究内容和该方法用于分析检测中的依据。本实验中方法验证主要依据欧盟食品和饲料中农药残留分析质量控制和方法验证程序，所验证的参数包括选择性、线性、检出限、定量限、重复性、重现性、准确度和精密度。分析方法的选择性是指该方法从其他成分中区分并定量目标化合物的能力，主要通过待测物出峰位置有无其他干扰峰来判断。SANCO/12571/2013 指出，如果建立方法时所使用的空白基质中含有待测物，那么样品中所添加目标物的浓度必须要高于空白中待测物浓度的 3 倍。分析方法的线性主要是指在给定范围内获取与样品中待测物浓度成正比的试验结果的能力。通常情况下，浓度范围包括 5～8 个点，且浓度上限应高于样品中目标化合物的最高浓度。

在多数情况下，所建立的分析方法的检出限和定量限是由基质空白所产生的仪器背景信号的 3 倍和 10 倍值的相应量，是方法和仪器灵敏度以及定量检测能力体现的重要指标。但是，在 SANCO/12571/2013 中，定量限是指在准确度和精密度都符合要求的情况下，被测物能被定量的最小值。本实验中方法的定量限在所有基质中均为 0.5 μg/kg（或 0.5 μg/L），即采用后者进行确定，因此方法的检测限和定量限之间相差较大。在农产品安全检测和食品安全检测中，如果被检测对象有卫生标准 MRL 或 MLs 值，分析的目的主要是判断样品是否超标，这时所建立分析方法的最低检出限或定量限低于 MRL 或 MLs 值一个数量级即可。

方法的准确性和精密度主要是通过计算目标化合物平均回收率和相对标准偏差进行衡量。对于真菌毒素，欧盟对其具有严格的执行标准，由于其中对 STC 加标回收率和相对标准偏差没有规定，在本实验中，我们主要以黄曲霉毒素的作为依据，详见表 8。

表 8 黄曲霉毒素加标回收率和相对标准偏差的执行准则

	浓度范围	加标回收率%	相对标准偏差	
			重现性（RSD_R）	重复性（RSD_r）
黄曲霉毒素 B_1、B_2、G_1、G_2	<1.0 μg/kg	50～120	$RSD_R=2$（1－0.5logC）	$RSD_r=0.66\times RSD_R$
	1.0～10 μg/kg	70～110		
	>10 μg/kg	80～110		

本文采用 HPLC-MS/MS 法建立了同时检测食品中 AFB_1 和 STC 的定量分析方法。

高效液相色谱柱能够高效而快速地将两种毒素进行分离，所建立的检测方法用时短，峰型好，定量准确。串联质谱的MRM优化模式，有效地保证两种待测化合物色谱峰可获得足够的数据采集点数，提高灵敏度，降低检出限。以经典QuEChERS为基础，优化了提取剂组成、提取剂体积、辅助超声时间和净化剂，并根据SANCO/12571/2013以及（EC）No 401/2006进行方法学验证，结果表明，该法两种真菌毒素具有良好的线性关系，选择性好，加标回收率和精密度良好，可满足食品中AFB_1和STC的痕量分析要求。

荔枝品质评价研究进展

郑锦锦

摘要： 从外观品质、内在品质、贮藏品质及加工品质等方面对荔枝品质的相关研究进行了综合论述，旨在为荔枝的良种选育、加工贮藏、产业优化和品质评价等提供科学参考。

关键词： 荔枝；风味；品质评价；加工；贮藏

我国是荔枝的原产国和生产大国，据国家荔枝龙眼产业技术体系统计，2016 年我国荔枝的种植面积为 57.34 万 hm^2，产量为 239 万 t，荔枝品种有 200 多个。荔枝因产区、品种等不同而呈现较大的口感及营养成分差异，产品价格也参差不齐。本文从外观品质、内在品质、贮藏品质及加工品质四个方面对近年来荔枝的品质评价研究进行综述，以期为荔枝种植过程中的良种筛选以及优质农产品的开发利用提供参考。

1 荔枝外观品质评价

荔枝的外观品质主要包括果皮的色泽、大小以及果实的形态特征。果皮色泽是荔枝最重要的外观品质，它指的是果皮的红色程度，与荔枝果肉口感直接相关，可以用色差仪进行测定。曹颖等通过对 20 个荔枝品种果皮色泽研究发现，色泽鲜艳的荔枝通常更适宜鲜食。郭嘉明等通过感官评定、电导仪、酸度计等建立了荔枝果皮色泽与果实品质的关系。结果表明，荔枝果皮色泽与果皮失水率、褐变指数、花色素苷含量、果实失重率以及感官评定值等具有线性相关性，果皮色差对预测荔枝贮藏期及货架期具有一定的参考价值。由外观判定荔枝品质还需考虑荔枝品种差别，研究表明当果实内糖酸比达到最高值时果实达到成熟状态，此时果皮呈全红状态，果皮着色和果肉风味品质发育同步。然而，对于“妃子笑”荔枝，果皮着色滞后于果肉，可溶性糖含量升高。除了果皮色泽，果皮厚度、果实大小、水分等也是荔枝外观品质评价的主要指标。

2 荔枝内在品质评价

内在品质主要由果实的风味、果肉的质地等来衡量。果实的风味与果实的香气、含糖量、含酸量以及糖酸比有关；果肉的质地则取决于可溶性固形物、粗蛋白、粗纤维、维生素 C 等指标。

2.1 香气物质

香气能客观地反映不同果实的风味特点和成熟程度，是评价荔枝品质的重要指标，常用气相色谱/气相色谱-质谱进行鉴定。Hanekom 等对毛里求斯品种荔枝风味物质的成分进行分析发现，该品种荔枝的香气物质主要是香茅醇和香叶醇，且香气留存时间不长。范妍等采用固相微萃取-气相色谱-质谱鉴定出了“岭丰糯”“糯米糍”“ 怀枝”3 种荔枝分别含有 20、11、11 种香气成分，且不同品种荔枝的香气成分组成及含量均有一定的差异。马锞等研究发现，成熟的观音绿荔枝中香气成分总共有 66 种，烯类的种类和相对含量可能是观音绿品质与众不同的原因之一。

2.2 糖分

糖、酸含量及其比值是构成果实风味品质的主要因素。荔枝果实中糖分的积累以葡萄糖、果糖和蔗糖为主，不同品种荔枝所积累的糖分及其含量有较明显的差异。只有当滋味物质含量大于味感阈值时，该糖组分才会对果实风味产生影响。单从含糖量角度来讲，还原糖含量较高、蔗糖含量较低的品种评价得分更高。遗传因子、内源激素、生产措施等均会对荔枝果实的糖代谢产生一定的影响，杨转英等对广东、福建等 6 个不同产地的荔枝糖分积累及组成分析发现，不同地区的微环境和管理措施能在一定程度上影响荔枝果实的糖分积累及组成，但并不能改变不同品种荔枝的糖积累类型。

2.3 有机酸

不同果实中有机酸的种类和含量存在较大差异，根据含量最高的有机酸种类可划分为苹果酸优势型、柠檬酸优势型和酒石酸优势型。荔枝为苹果酸优势型水果，苹果酸与酒石酸之比为 2.6～5.7。除了优势酸外，荔枝中还有其他少量的有机酸，不同的有机酸组成和含量构成了荔枝的独特风味。乔方等采用高效液相色谱法测定了广东、广西主产区荔枝中的滋味物质，发现荔枝中含有 8 种有机酸，主要包括草酸、酒石酸、苹果酸、抗坏血酸等，并在此基础上构建了荔枝的主成分电子舌图谱。贾敏等通过对荔枝产品中有机酸分析发现，速冻荔枝中的主要有机酸为苹果酸和抗坏血酸，还含有一定量的柠檬酸和乳酸。

抗坏血酸在蔬果品质评价中通常被重点考察。曹颖等对 60 个品种的荔枝的 17 项指标进行分析表明，可溶性固形物、可食率等对品种的差异影响较小，维生素 C 是引起品种差异的重要因素之一。梁梓等分别采用染料结合法、2,6 -二氯酚靛酚法对酸荔枝和白荔枝的可溶性蛋白、维生素 C 等成分进行测定，结果表明，酸荔枝和白荔枝的维生素 C 含量显著高于其他荔枝品种。温靖等采用高效液相色谱法对 17 个荔枝品种的维生素 C 含量进行了分析测定，结果发现，不同品种荔枝间维生素 C 的含量差异显著，其中丁香含量最高，白腊、鸡嘴、秤砣次之，三月红、荔枝王含量最低。

2.4 可溶性固形物

水果中可溶性固形物含量是评价水果质地的重要指标，也是水果风味物质的重要组成。其测定方法有折射仪法和近红外光谱法。范妍等在对岭丰糯荔枝新品种外观品质与内在品质的研究中发现，岭丰糯品质介于糯米糍和怀柔荔枝之间，但可溶性固形物含量高于两者。可溶性固形物与总酸的比值构成了果蔬的糖酸比。乔方等对荔枝糖酸比分析发现，妃子笑和怀枝的糖酸比为62～118，远高于苹果、柑橘和甜樱桃的糖酸比。这主要是由于荔枝的可溶性固形物含量都很高，并且其可滴定酸的量较其他水果低，导致了糖酸比较高，因此荔枝明显比以上水果甜。

2.5 影响荔枝内在品质的因素

荔枝的内在品质不仅与荔枝的品种有关，还与荔枝种植环境（气候、土壤、种植技术等）和贮藏环境有关。赵艺等通过对珠江三角经济区的荔枝品质研究发现，地质背景、土壤类型、根系营养都会对荔枝品质造成影响，其中荔枝品质受土壤类型的影响较大，可食率与土壤中细粒级、黏粒级组分表现为显著的正相关关系。在不同的土壤类型上，荔枝品质由好到坏依次为：河流冲积土＞花岗岩红壤＞沙页岩赤红壤。吕志果等研究表明，调节剂输液滴干处理果树可以显著改善果实的形状，提高果实的单果重。刘和平等研究发现，种植过程中套袋处理能够改善双肩玉荷包荔枝果实外观，提高可食率及还原糖、总糖的含量。Feng 等通过在妃子笑荔枝开花后 45 d，在荔枝果皮上喷洒 5-氨基乙酰丙酸溶液，测定发现 5-氨基乙酰丙酸溶液处理的果实，其长度和直径、花色苷含量均有增加，提高了果实的可食率，改善了果实的品质。

3 荔枝的贮藏品质评价

荔枝成熟的时间一般在高温季节，如果不采用适当的保存技术，果皮就很容易产生褐变，影响其贮藏、运输和商业价值。荔枝的储存温度、采后处理、包装材料等都会对其贮藏产生影响。周沫霖等比较了桂味荔枝在冰温贮藏、低温驯化结合冰温贮藏、冷藏三种贮藏方式下荔枝质构、色差、感官品质等指标的变化，结果表明，低温驯化结合冰温贮藏能够有效地保护荔枝的品质，是一种适宜的荔枝贮藏方式。低温贮藏还会在一定程度上增加荔枝氨基酸含量，同时维生素 C、还原糖、酸及可溶性固形物含量下降幅度远小于普通贮藏。Liang 等研究不同冷冻贮藏方式对冷冻荔枝品质的影响，结果表明，浸泡冷冻样品的冻结率比传统风吹冷冻高 10 倍。浸泡冷冻的荔枝水分损失较少，其色泽、质地和口感在解冻后难以与新鲜荔枝区分开来，而且能大大延长荔枝的保贮藏期。

低温是果蔬贮藏的重要条件，如果再结合气调包装或保鲜剂处理效果更佳。郭嘉明等研究了不同包装对荔枝品质指标的影响，研究发现，包装盒、开孔 PE 袋和微孔膜袋对怀枝荔枝果肉的可溶性固形物和可滴定酸含量无显著影响，但开孔 PE 袋不能较好地减缓荔枝果实的褐变指数和好果率的变化。为了降低荔枝果皮的褐变，Wu 等将荔枝果实用拮抗菌解淀粉芽孢杆菌 LY-1 处理后，荔枝表现出较低的果皮褐变指数，且总可溶性固形物、可滴定酸、总可溶性糖和维生素 C 也保持较高含量。解淀粉芽孢杆菌 LY-1 被认为是延长荔枝果实保质期有前景的方法。Tran 等将采摘后的荔枝经草酸溶液浸泡处理后，装在聚丙烯袋中冷藏储存，荔枝果实的整体质量在长达 38 d 的储藏期内均可保持不变。王欲翠等用质量分数为 1%的施保克浸泡 3 min，再用 PE20 包装，最后用臭氧处理 10 min 并持续喷淋 50 mg/L 水杨酸，再结合低温气调贮藏，使荔枝的保鲜期延长 5～9 d。

4 荔枝的加工品质评价

荔枝加工品质与加工品类型、荔枝品种、加工工艺等密切相关。不同的产品其品质的评价指标不同，如荔枝干比较注重果实果形、果壳及果肉厚度、果核大小、干物质含量、香味等指标，荔枝罐头主要考察果肉颜色和含糖量，荔枝汁或荔枝酒则主要考察出汁率、香味和糖酸比等。朱建华等对广西的 8 个荔枝品种的外观、单果重、焦核率、可食率、可溶性固形物含量等进行评价，认定“贵妃红”适宜鲜食和加工，“瓜皮荔”和“麒麟荔”不适宜深加工。Hajare 等通过对印度荔枝品种 Shahi 和 China 果皮硬脆度、果实维生素 C 含量、还原性酸和黄酮类含量等的测定与分析，提出这两种荔枝品种是制作果汁的优良材料。

荔枝在进行加工的过程中，其加工工艺对荔枝产品外观及内在品质均有一定的影响。黄菲等探讨了真空冷冻干燥、真空微波干燥和热泵干燥方法对荔枝果肉的多糖理化性质和抗氧化活性的影响。结果表明，真空冷冻干燥荔枝果肉中的中性糖、蛋白质和糖醛酸含量高，真空微波干燥荔枝果肉中总酚含量较高，热泵干燥荔枝果肉中的多糖具有最好的抗氧化活性。荔枝汁在加工过程中容易发生褐变和浑浊，需要采用一些特殊的工艺来减少负面影响。例如超高压处理可减少果汁褐变，复合稳定剂能够有效地加强荔枝汁的稳定性。李汴生等研究了温度和压力对荔枝汁色泽及内在品质的影响，结果表明，荔枝汁在中温协同超高压条件下亮度增加，色泽变化随着协同温度的升高而增大。

不同的研究者对荔枝加工品质的评价所采用统计分析方法不同，得出的品质评价指标也可能不同。徐玉娟等采用聚类分析法，以不同荔枝品种的理化指标、可溶性蛋白、总酚和总抗氧化能力等为指标对其加工品质进行评价。符勇等通过聚类分析和主成分分析，从 11 个主要荔枝品质指标中筛选出糖酸比、皮 L^* 值、可食率、汁外流率、单果重和蛋白质含量作为荔枝干加工品品质的重要指标，在此基础上选出适合荔枝加工优质品种。

5 结论

目前有关荔枝品质评价的研究大多数是针对单一荔枝品种进行品质指标的测定与成分鉴定，急需针对荔枝的特征物质与指标，形成荔枝品质评价的统一模型方法与标准。《荔枝等级规格》农业行业标准主要针对感官（外观）指标划分而未涉及内在品质，随着标准研究的不断深入，内在营养品质指标必将逐步纳入产品标准体系中。建议研究者加大对荔枝内在品质指标模型方法的建立，为荔枝良种选育、荔枝产品加工与开发以及荔枝相关行业标准修订提供科学依据。

凤凰单丛茶茶园土壤评价及其茶叶品质研究

张 欣

摘要：本研究以凤凰单丛茶为研究对象，选取11个茶园进行土壤养分状况、矿质元素含量及茶叶品质指标测定分析，对茶园土壤状况进行评价并探究其与茶叶品质的相关关系。结果显示，参照《茶叶产地环境技术条件》（NY/T 853—2004）标准，茶园土壤有机质含量均在Ⅱ级标准以上；碱解氮、有效磷平均值达到Ⅰ级标准；速效钾含量平均值达到Ⅱ级标准；参照《土壤环境质量 农用地土壤污染风险管控标准（试行） 农用地土壤污染风险管制值》（GB 15618—2018），重金属镉（Cd）、铬（Cr）等含量均未超过国家标准限定值；硒（Se）含量大于0.35 mg/kg，属于富Se土壤。综合评价，凤凰单丛茶园土壤养分较好，土壤污染风险较低。茶叶水浸出物含量均值为52.31%，茶多酚含量均值为19.85%，游离氨基酸含量均值为1.82%，酚氨比均值为11.23，茶叶品质整体水平较优。土壤各理化指标与茶叶品质指标具有相关性，其中碱解氮、速效钾和Se与茶多酚含量呈显著正相关关系；镍（Ni）与游离氨基酸含量呈极显著正相关关系；有效磷与茶多酚呈极显著正相关关系，与水浸出物含量呈显著负相关关系；速效钾与水浸出物含量呈极显著负相关关系；锌（Zn）与茶多酚含量呈显著负相关关系。本研究结果表明茶园土壤环境能够影响茶叶品质，可为未来凤凰单丛茶种植生产、品质提高提供一定科学依据。

关键词：茶园土壤；元素；凤凰单丛茶；品质；相关性

凤凰单丛茶产自广东省潮州市潮安区，滋味浓厚鲜爽，种质资源丰富，香气清高、细腻悠长、滋味醇爽、回甘力强，是历史名茶、茗中珍品。近年来茶园种植面积不断扩大，产量、销量不断提高，市场前景越来越好。随着产量产值的增加，市场对茶叶品质的要求越来越高，而茶园种植土壤条件是影响茶叶品质的关键因子之一，因此，有必要围绕茶园种植土壤与茶叶品质关系展开研究。

关于土壤与茶叶品质的关系，相关研究指出：土壤中的有机质和氮、磷、钾等养分参与茶树光合作用、碳代谢等生理过程，促进茶多酚、氨基酸、咖啡碱等品质成分的形成，有利于茶树的生长发育和茶叶品质的提高。茶树能富集土壤中的矿质元素并在茶鲜叶生长过程中累积传递，虽然许多矿质元素含量很低，但是对茶叶品质有巨大影响。例如铁（Fe）、铜（Cu）、Zn、锰（Mn）、钼（Mo）是茶树生长发育必需的微量元素，Se是茶树的有益元素，钛（Ti）、钒（V）是植物生长的有益元素，锑（Sb）影响植物的光合作用及相关物质的代谢。目前针对单丛茶土壤状况与茶叶品质的研究相对较少，不能很好地为茶园种植及品质提高提供依据，因此，本研究对凤凰单丛茶园的土壤养分状况和矿质元素进行综合评价，分析其与茶叶品质指标的相关关系，探究影响单丛茶品质的关键因子，对于指导凤凰单丛茶种植生产具有重要意义。

1 材料与方法

1.1 样品的采集

于2019年4月采集11个凤凰单丛茶茶园（均为鸭屎香单丛茶茶园）土壤样品，对应茶园采集茶鲜叶。茶园土壤采样方法按“S”形布设5个土壤取样点，土壤样品信息登记好后按照NY/T 1121.1—2006制备10目和100目土壤待测样品，茶鲜叶原料均为一芽二叶或一芽三叶，按照晒青、凉青、做青（浪菜）、杀青（炒茶）、揉捻、干燥的加工方式制成毛茶，每份样品200 g左右，茶样粉碎，过40目筛，装铝箔袋，密封冷藏于−20 ℃冰箱备用。

1.2 实验方法

1.2.1 土壤理化指标检测方法

土壤有机质测定参照《土壤检测　第6部分：土壤有机质的测定》（NY/T 1121.6—2006）；土壤pH测定参照《土壤pH的测定》（NY/T 1377—2007）；土壤阳离子交换量参照《森林土壤阳离子交换量的测定》（LY/T 1243—1999）；碱解氮、有效磷、速效钾测定参考《土壤农化分析》；参照《全国土壤污染状况详查》快速高通量全消解ICP-MS法测定土壤中的矿质元素。

1.2.2 茶叶品质指标的测定

干物质含量的测定参照GB 5009.3—2016；水浸出物含量的测定参照GB/T 8305—2013；茶多酚含量的测定参照GB/T 8313—2018；游离氨基酸的测定参照GB/T 8314—2013。具体操作有所改进。

1.3 判定依据

土壤各理化指标判定依据见表1。

表1　土壤各理化指标判定依据

检测项目	判定依据	标准规定值
土壤有机质/(g/kg)	《茶叶产地环境技术条件》（NY/T 853—2004）	Ⅰ级（优良）：>15 Ⅱ级（尚可）：10～15 Ⅲ级（较差）：<10
有效氮/(mg/kg)	《茶叶产地环境技术条件》（NY/T 853—2004）	Ⅰ级（优良）：>100 Ⅱ级（尚可）：50～100 Ⅲ级（较差）：<50

（续）

检测项目	判定依据	标准规定值
有效磷/(mg/kg)	《茶叶产地环境技术条件》（NY/T 853—2004）	Ⅰ级（优良）：>10 Ⅱ级（尚可）：5～10 Ⅲ级（较差）：<5
有效钾/(mg/kg)	《茶叶产地环境技术条件》（NY/T 853—2004）	Ⅰ级（优良）：>120 Ⅱ级（尚可）：80～100 Ⅲ级（较差）：<80
土壤 pH	《有机茶园土壤环境质量标准》（NY 5199—2012）	4.0～6.5
镉/(mg/kg)	《土壤环境质量　农用地土壤污染风险管控标准（试行）　农用地土壤污染风险管制值》（GB 15618—2018）	0.3
砷/(mg/kg)	《土壤环境质量　农用地土壤污染风险管控标准（试行）　农用地土壤污染风险管制值》（GB 15618—2018）	40
铅/(mg/kg)	《土壤环境质量　农用地土壤污染风险管控标准（试行）　农用地土壤污染风险管制值》（GB 15618—2018）	70
铬/(mg/kg)	《土壤环境质量　农用地土壤污染风险管控标准（试行）　农用地土壤污染风险管制值》（GB 15618—2018）	150
镍/(mg/kg)	《土壤环境质量　农用地土壤污染风险管控标准（试行）　农用地土壤污染风险管制值》（GB 15618—2018）	60
锌/(mg/kg)	《土壤环境质量　农用地土壤污染风险管控标准（试行）　农用地土壤污染风险管制值》（GB 15618—2018）	200
硒/(mg/kg)	《富硒土壤硒含量要求》（DB 41/T 1871—2019）	≥0.35（pH<6.5）

1.4　数据分析

使用 Microsoft Excel 2013 对实验数据进行处理，用 SPSS 20.0 对数据进行相关性分析。

2　结果与分析

2.1　茶园土壤主要养分状况评价

本研究对茶园土壤养分状况测定分析，检测结果见表 2。由表 2 可知，茶园土壤整体偏酸性，pH 为 3.95～4.52，81.8%达到 NY 5199—2002 有机茶园土壤环境质量标准（4.0～6.5）。有机质含量水平为 14.82～40.64 g/kg，平均水平为 24.90 g/kg，1 个茶园达Ⅱ级标准（10～15 g/kg），其余均达到Ⅰ级标准（>15 g/kg），有机质含量整体水平较好。土壤有效氮含量平均水平为 106.75 mg/kg，达到Ⅰ级标准；有效磷含量平均水平为 20.74 mg/kg，达到Ⅰ级标准，但变异系数较大，达到 0.68；速效钾含量平均水平为 119.21 mg/kg，达到Ⅱ级标准（80～120 mg/kg）。

表 2 茶园土壤养分指标检测结果

指标	范围	平均值	变异系数
pH	3.95～4.52	4.25	0.05
有机质/(g/kg)	14.82～40.64	24.90	0.28
有效氮/(mg/kg)	85.87～177.46	106.75	0.24
有效磷/(mg/kg)	4.95～41.86	20.74	0.68
速效钾/(mg/kg)	51.94～248.41	119.21	0.64

2.2 茶园土壤矿质元素评价

对茶园土壤中 16 种矿质元素检测结果（表 3）分析可以看出，茶园重金属元素 Cd、As、Pb、Cr、Ni、Zn 的含量均未超过《土壤环境质量　农用地土壤污染风险管控标准（试行）》（GB 15618—2018）中的农用地风险筛选值，不存在超标现象，土壤污染风险极低。Se 是茶树的有益元素，本实验测定的茶园土壤 Se 含量大于 0.35 mg/kg，高于《富硒土壤硒含量要求》（DB 41/T 1871—2019），属于富硒土壤。16 种矿质元素含量变异系数均大于 0.20，表明各矿质元素含量在不同茶园存在较大差异。

表 3 茶园土壤 16 种矿质元素检测结果

矿质元素名称	含量范围/(mg/kg)	平均值/(mg/kg)	变异系数
Ti	645.12～8 694.76	3 231.53	0.74
V	10.35～169.74	72.97	0.83
Cr	7.82～63.34	21.15	0.77
Mn	31.94～425.47	186.6	0.70
Fe	11 872.86～78 664.82	31 123.66	0.58
Co	0.36～17.32	3.37	1.41
Ni	2.65～15.50	5.89	0.59
Cu	4.59～67.03	16.31	1.11
Zn	5.58～96.51	47.77	0.61

（续）

矿质元素名称	含量范围/(mg/kg)	平均值/(mg/kg)	变异系数
As	8.51～25.36	12.27	0.38
Se	1.44～4.28	2.42	0.42
Mo	0.59～19.02	5.84	1.02
Cd	0.03～0.09	0.04	0.48
Sb	0.17～1.59	0.5	0.80
Tl	0.34～1.9	0.8	0.58
Pb	17.81～180.67	64.82	0.74

2.3 茶叶品质指标评价

由表4可知，茶叶水浸出物含量水平为44.84%～60.40%，均值为52.31 %，茶多酚含量水平为17.85%～22.08%，均值为19.85%，游离氨基酸含量水平为1.34%～2.25%，均值为1.82%；酚氨比水平为9.14～14.13，均值为11.23，变异系数介于0.06～0.18。其中，水浸出物和茶多酚含量全部高于《地理标志产品 凤凰单丛（枞）茶》（DB 44T 820—2010）含量要求，水浸出物含量均值是规定指标的1.74倍，茶多酚含量均值是规定指标的1.24倍，整体品质水平较优。

表4 茶叶品质指标检测结果

指标	范围	均值	变异系数
水浸出物	44.84%～60.40%	52.31%	0.10
茶多酚	17.85%～22.08%	19.85%	0.06
游离氨基酸	1.34%～2.25%	1.82%	0.17
酚氨比	9.14～14.13	11.23	0.18

2.4 茶园土壤肥力状况与茶叶品质指标的相关性分析

采用SPSS20.0分别对土壤理化状况指标中的5个自变量与茶叶主要生化品质指标进行相关性分析，结果见表5。由表可知，茶叶中游离氨基酸总量与酚氨比值受土壤理化指标的影响较小，相关性均不显著；碱解氮含量和速效钾含量与茶多酚含量有显著正相关关系，相关系数分别为0.651、0.658；有效磷含量与茶多酚含量有极显著正相关关系，相关系数为0.857，与水浸出物含量有显著负相关关系，相关系数为−0.637；速效钾含量与水浸出物含量有极显著负相关关系，相关系数为−0.886。

表 5　土壤理化性质与茶叶主要生化品质指标相关分析结果

指标	茶多酚	水浸出物	游离氨基酸总量	酚氨比
pH	−0.553	0.563	−0.526	0.359
有机质	−0.443	0.019	0.075	−0.237
碱解氮	0.651*	−0.377	−0.198	0.374
有效磷	0.857**	−0.637*	0.341	−0.062
速效钾	0.658*	−0.886**	0.098	0.085

注：* 表示相关性显著（$P<0.05$），** 表示相关性极显著（$P<0.01$）。

2.5　茶园矿质元素含量与茶叶品质指标的相关性分析

采用 SPSS20.0 对土壤中的矿质元素与茶叶主要生化品质指标进行相关性分析，结果见表 6。由表可知，Zn 元素与茶叶中茶多酚含量显著负相关，相关系数为−0.645，Se 元素与茶叶中茶多酚含量显著正相关，相关系数为 0.617；Ni 元素与游离氨基酸总量有极显著的正相关关系，相关系数为 0.736，与酚氨比有显著负相关关系，相关系数为−0.699；16 种矿质元素均与茶叶中水浸出物含量不存在显著性相关关系。

表 6　土壤矿质元素与茶叶主要生化品质指标相关分析结果

指标	茶多酚	水浸出物	游离氨基酸总量	酚氨比
Ti	0.593	−0.094	0.442	−0.211
V	0.554	−0.030	0.460	−0.251
Cr	0.533	−0.160	0.044	0.128
Mn	−0.361	0.133	0.318	−0.393
Fe	0.532	−0.141	0.408	−0.185
Co	−0.093	−0.040	0.387	−0.388
Ni	−0.065	0.035	0.736**	−0.699*
Cu	0.114	0.062	0.421	−0.342
Zn	−0.645*	0.145	−0.288	0.103
As	−0.129	0.196	0.027	0.005
Se	0.617*	0.071	0.015	0.181
Mo	−0.082	−0.344	0.156	−0.195
Cd	−0.465	0.259	−0.484	0.388
Sb	0.005	0.230	0.394	−0.325
Tl	−0.039	0.148	−0.419	0.377
Pb	−0.334	0.077	0.015	−0.084

注：* 表示相关性显著（$P<0.05$），** 表示相关性极显著（$P<0.01$）。

3 讨论与结论

茶园土壤状况是茶树生长和茶叶品质特点形成的基础条件之一，对茶叶品质和产量有显著影响。研究表明，茶树生长适宜酸性土壤，合理的 pH 可以提升茶叶品质；较高的土壤有机质含量是获得高品质茶叶的必要条件；土壤中的氮、磷、钾被称为茶树生长"三要素"，与茶叶品质有密切关系。茶树是多年生喜氮植物，适宜的氮能够增强光合作用，促进细胞分裂，是咖啡碱的组成部分，与茶多酚有密切关系；磷能促进茶树根系吸收养分，加强合成淀粉及叶绿素的生理功能，可以提高茶叶中茶多酚和蛋白质的含量，改善品质；钾可以提高茶叶中茶多酚的含量。与上述研究结果一致，本研究发现土壤碱解氮、有效磷、速效钾含量与茶多酚含量有显著正相关关系，说明适宜的氮、磷、钾含量可以改善茶叶茶多酚含量。土壤有效磷、速效钾与水浸出物有显著的负相关关系，与前人研究结果不一致，可能是因为本研究所选取的茶园除土壤条件外，光照、湿度、温度均有所不同，影响芽叶持嫩性和可溶性化合物含量。依据《茶叶产地环境技术条件》（NY/T 853—2004），综合各土壤养分指标含量分析，整体评价来看，茶园土壤养分状况良好，适宜单丛茶茶树生长。

茶树能富集环境中的各元素并在茶鲜叶生长过程中累积传递。Ti、V、Sb 等矿质元素是植物生长的有益元素，影响植物光合作用及相关物质的代谢。本试验测定的 16 种矿质元素中，Fe、Cu、Zn、Mn、Mo 是茶树生长发育必需的微量元素。其中，Fe 在茶树呼吸和能量释放的代谢过程中起着重要的作用；Cu 是茶叶中多种氧化酶的组分，有利于茶叶糖类和蛋白质的合成；Zn 是茶叶中多种酶的组成成分，可以促进茶叶氨基酸、儿茶素等品质成分的形成，能提高茶叶中的水浸出物含量；Mn 可以促进茶氨酸合成，是多种酶的活化剂，适量的 Mn 可以提高茶叶中氨基酸含量，降低茶叶中茶多酚的含量，从而影响茶叶的品质；Mo 是茶树中硝酸还原酶的组成成分，与茶树的氮吸收和蛋白质合成密不可分，与维生素 C 的生成也有关，能促进茶树体内硝酸的还原和含氨物质的合成，可以改善茶叶品质。本研究中，Zn 与茶多酚有显著负相关关系，说明过量 Zn 可能抑制茶多酚的合成。研究表明，Se 能促进根系贮藏糖、结构糖、结构蛋白等次生物质的合成与积累，增强光合作用，提高茶叶中茶多酚的含量。本研究测定茶园土壤属于富 Se 土壤，而且 Se 含量与茶多酚有显著正相关关系，与前人研究结果具有一致性，说明适量的 Se 可以改善茶叶品质。Ni 是生命体不可缺少的微量元素之一，在植物生长中起着重要作用。本研究中茶园土壤 Ni 含量与游离氨基酸总量有极显著的正相关关系，与酚氨比有显著的负相关关系，说明适量的 Ni 可以促进茶叶氨基酸合成。因此，在未来凤凰单丛茶种植生产中可以考虑通过适当调节土壤中矿质元素的含量来改善茶叶品质。

不同品种及不同产地黄皮品质评价

赵玫妍

摘要： 黄皮［*Clausena lansium*（Lour.）Skeels］是华南特色优稀农产品，本文以广东省不同产地三大主要黄皮品种为研究对象，从维生素C、可溶性固形物、可滴定酸、还原糖、总糖、单果重、可食率等基本品质指标方面对黄皮进行初步评价，分析黄皮品质与产地及品种的关系。结果显示黄皮的三大主要品种鸡心、冰糖、无核黄皮的基本品质特征存在显著差异。产地对无核黄皮和冰糖黄皮品质影响不太明显，但是不同产地鸡心黄皮中粤东鸡心黄皮的品质最差，粤西鸡心黄皮的品质最优。对郁南地区和非郁南地区黄皮的品质进行分析，结果表明郁南地区的鸡心黄皮、无核黄皮和冰糖黄皮的品质优于非郁南地区。

关键词： 黄皮；品种；产地；品质特征

黄皮［*Clausena lansium*（Lour.）Skeels］属芸香科黄皮属。黄皮果肉细腻、甜酸适口、风味独特、爽口多汁，并有清爽宜人香气，为鲜食水果佳品。黄皮因有降血脂、抗癌、护肝等独特功效，被冠以“果中之宝”的名头。黄皮富含黄酮、维生素C等多种天然抗氧化物，是抗氧化作用最强的水果之一，大量摄入能预防癌症、心脏病、中风等慢性疾病的发生。

黄皮是一种有较高营养保健价值的新兴水果，近年来在国内发展较好。目前世界上黄皮约有30多种，其中11种原产于中国，广泛分布于广东、广西、福建、海南、四川、云南和台湾等地区。广东省位于我国华南地区，气候温暖湿润，适宜黄皮生长，因此广东省是我国黄皮主要采摘区之一。本文以广东省不同产地不同品种的黄皮为试验材料，测定了黄皮可食率和单果重等外观品质指标及可溶性固形物、可滴定酸、维生素C、还原糖、总糖等内在品质指标，有利于筛选出营养价值最高、品质最好的黄皮品种，也有助于确定黄皮的适生范围。

1　材料与方法

1.1　试验材料

试验所选黄皮为湛江、茂名、广州、清远、郁南等地较有名果园的黄皮，在树龄、管理措施基本一致的果树外围对角方向上各采取6个无腐烂、无病害、果实完好、成熟度基本一致的黄皮，每个重复采集36个黄皮为一个混合样。采摘后，采用冷链运输方式24 h

内将样品运回实验室进行分析测定。黄皮产地及品种如表 1 所示。样本总数为 59 个。

表 1 黄皮产地及品种

城市	产地分类	品种
湛江	粤西	鸡心黄皮（4 个）
茂名		鸡心黄皮（2 个）
郁南		鸡心黄皮（7 个），冰糖黄皮（7 个），无核黄皮（10 个）
清远	粤北	鸡心黄皮（5 个），冰糖黄皮（2 个），无核黄皮（3 个）
潮州	粤东	鸡心黄皮（4 个）
东莞	珠三角	鸡心黄皮（1 个）
广州		鸡心黄皮（8 个），冰糖黄皮（2 个），无核黄皮（2 个）
惠州		鸡心黄皮（2 个）

1.2 主要试剂及仪器

草酸（$C_2H_2O_4$）、乙酸锌、氢氧化钠（NaOH）、盐酸（HCl）均来自广州化学试剂厂，分析纯；甲基红（$C_{15}H_{15}N_3O_2$）、亚甲蓝（$C_{16}H_{18}ClN_3S \cdot 3H_2O$）、酚酞指示剂，均来自天津市福晨化学试剂厂；硫酸铜（$CuSO_4 \cdot 5H_2O$），天津市福晨化学试剂厂，分析纯；L-（+）-抗坏血酸，天津市科密欧化学试剂有限公司，分析纯；2,6-二氯靛酚（$C_{12}H_6Cl_2NNaO_2$），上海源叶生物科技有限公司；酒石酸钾钠（$C_4H_4O_6KNa \cdot 4H_2O$），天津市大茂化学试剂厂，分析纯；亚铁氰化钾［$K_4Fe(CN)_6$］，上海凌峰化学试剂有限公司，分析纯。

HR2104 型搅拌机，飞利浦电器有限公司；HWS-24 型电热恒温水浴锅，上海一恒科学仪器有限公司；JJ500 型电子天平，常熟市双杰测试仪器厂；DK-98-11 型电子调温万用电炉，天津市泰斯特仪器有限公司；2WA-J 型阿贝折射仪，上海光学仪器厂。

1.3 试验方法

1.3.1 单果重、可食率的测定

随机取 20 颗黄皮鲜样，称量果实和除核黄皮的重量，计算黄皮的可食率和单果重。其中单果重=n 个黄皮果实的重量/n；可食率（%）=黄皮可食部分重量/黄皮总重量×100%。

1.3.2 维生素 C 的测定

参考《食品安全国家标准　食品中抗坏血酸的测定》（GB 5009.86—2016）第三法“2,6-二氯靛酚滴定法”对黄皮中维生素 C 含量进行测定。

1.3.3 还原糖和总糖的测定

参考《食品中果糖、葡萄糖、蔗糖、麦芽糖、乳糖的测定》（GB 5009.8—2016）第二法“酸水解-莱因-埃农氏法”对黄皮的还原糖和总糖含量进行测定。

1.3.4 可滴定酸的测定

参考《食品中总酸的测定》(GB/T 12456—2008)“pH 电位法”测定黄皮中可滴定酸含量。

1.3.5 可溶性固形物的测定

参考《水果和蔬菜可溶性固形物含量的测定 折射仪法》(NY/T 2637—2014)对黄皮可溶性固形物含量进行测定。

1.4 数据处理与统计分析

用 Microsoft Excel 2013 进行数据处理及作图；用 SPSS 20.0 软件对实验数据进行相关性分析，采用 LSD 法进行多重比较分析。

2 结果与分析

2.1 不同品种黄皮品质评价

2.1.1 郁南地区不同品种黄皮品质评价

由表 2 可知，郁南地区 3 个黄皮品种中，维生素 C 和可溶性固形物含量均为郁南鸡心黄皮最高，郁南冰糖黄皮次之，郁南无核黄皮最低。郁南鸡心黄皮维生素 C 含量较郁南无核黄皮显著高了 14.92%，与郁南冰糖黄皮无显著性差异；郁南鸡心黄皮和郁南冰糖黄皮的可溶性固形物含量均显著高于郁南无核黄皮。郁南鸡心黄皮和郁南无核黄皮的可滴定酸含量没有显著差异，分别是郁南冰糖黄皮的 9.69 倍和 8.99 倍。还原糖含量和总糖含量均为郁南冰糖黄皮最高，郁南鸡心黄皮次之，郁南无核黄皮最低，且郁南冰糖黄皮的还原糖含量和总糖含量显著高于郁南无核黄皮。郁南无核黄皮的单果重量和可食率均显著高于郁南鸡心黄皮和郁南冰糖黄皮，郁南鸡心黄皮和郁南冰糖黄皮的单果重量和可食率相近，没有显著性差异。

表 2 郁南地区不同品种黄皮品质指标

品种	维生素 C/(mg/100 g)	可溶性固形物/%	可滴定酸/(g/kg)	还原糖/(g/100 g)	总糖/(g/100 g)	单果重/g	可食率/%
郁南鸡心黄皮	47.59±5.20a	21.71±1.93a	14.25±2.85a	7.03±0.93b	13.40±1.79a	7.68±0.95b	79.28±3.11b
郁南无核黄皮	41.41±4.27b	17.99±1.78b	13.21±1.47a	5.93±0.90c	11.53±1.66b	9.68±1.04a	95.8±1.17a
郁南冰糖黄皮	47.08±6.74ab	20.56±1.20a	1.47±0.39b	8.14±0.81a	14.68±1.20a	8.77±1.31ab	78.53±3.80b

注：数据后的不同小写字母表示不同品种黄皮差异显著 ($P<0.05$)，下同。

2.1.2 清远地区不同品种黄皮品质评价

由表 3 可知，清远地区三个黄皮品种中，清远鸡心黄皮的维生素 C 含量、可溶性固形物含量和可滴定酸含量最高，清远冰糖黄皮的还原糖含量和总糖含量最高，清远无核黄皮的单果重和可食率最高。清远鸡心黄皮维生素 C 含量较清远无核黄皮显著高了 45.87%，与清远冰糖黄皮没有显著性差异。清远鸡心黄皮和清远无核黄皮的可滴定酸含量分别是清远冰糖黄皮的 8.30 倍和 8.22 倍。清远鸡心黄皮和清远无核黄皮的还原糖含量显著低于清远冰糖黄皮。清远鸡心黄皮、清远冰糖黄皮和清远无核黄皮的可溶性固形物含量、总糖含量、单果重没有显著性差异。清远无核黄皮的可食率较清远鸡心黄皮和清远冰糖黄皮显著高了 20.46%和 26.60%。

表 3　清远地区不同品种黄皮品质指标

品种	维生素 C/(mg/100 g)	可溶性固形物/%	可滴定酸/(g/kg)	还原糖/(g/100 g)	总糖/(g/100 g)	单果重/g	可食率/%
清远鸡心黄皮	51.10±5.52a	18.56±1.58a	15.61±5.17a	6.06±0.61b	12.14±1.11a	7.88±1.49a	75.30±8.98b
清远无核黄皮	35.03±6.04b	16.83±1.95a	15.45±4.05a	5.40±1.15b	10.77±2.50a	9.38±0.73a	90.71±1.89a
清远冰糖黄皮	46.30±2.40ab	17.60±0.28a	1.88±0.84b	9.25±0.21a	14.75±1.34a	8.80±1.38a	71.65±1.43b

2.1.3　广州地区不同品种黄皮品质评价

由表 4 可知，广州地区三个黄皮品种中，维生素 C 含量、可溶性固形物含量、还原糖和总糖含量均没有显著性差异，三个品种维生素 C 含量排序为：广州冰糖黄皮＞广州鸡心黄皮＞广州无核黄皮，可溶性固形物含量、还原糖含量均为：广州鸡心黄皮＞广州冰糖黄皮＞广州无核黄皮。广州鸡心黄皮和广州无核黄皮的可滴定酸含量分别是广州冰糖黄皮的 6.44 倍和 5.61 倍，广州鸡心黄皮和广州无核黄皮的可滴定酸含量没有显著性差异。广州地区三个黄皮品种中，广州冰糖黄皮单果最重，广州鸡心黄皮单果最轻。广州无核黄皮的可食率显著高于广州冰糖黄皮和广州鸡心黄皮，广州冰糖黄皮和广州鸡心黄皮的可食率没有显著性差异。

表 4　广州地区不同品种黄皮品质指标

品种	维生素 C/(mg/100 g)	可溶性固形物/%	可滴定酸/(g/kg)	还原糖/(g/100 g)	总糖/(g/100 g)	单果重/g	可食率/%
广州鸡心黄皮	46.36±6.94a	20.13±1.78a	14.62±3.57a	6.79±0.71a	13.4±1.37a	7.33±0.82b	73.01±5.08b
广州无核黄皮	35.3±10.61a	19.05±0.35a	12.74±2.14a	6.4±0.28a	13.15±2.19a	8.3±2.12ab	100±0a
广州冰糖黄皮	55.6±13.86a	19.1±1.56a	2.27±0.53b	6.45±1.06a	13.15±2.20a	10.13±0.34a	74.72±5.12b

2.2 黄皮产地与品质关系评价

2.2.1 不同产地鸡心黄皮品质评价

将黄皮采样城市分为粤西、粤北、粤东、珠三角四个产区，在本研究所选的 4 个产区中，均有鸡心黄皮的种植，所以对 4 个产区鸡心黄皮的营养品质指标进行分析比较。由图 1 可知，粤西鸡心黄皮的可溶性固形物含量最高，粤北鸡心黄皮的维生素 C 含量和单果重最高，粤东鸡心的可滴定酸含量和可食率最高，珠三角鸡心黄皮的还原糖和总糖含量最高。粤东鸡心黄皮的维生素 C 含量显著低于粤西、粤北和珠三角地区的鸡心黄皮。粤东鸡心黄皮的可溶性固形物含量和总糖含量最低，且显著低于粤西鸡心和珠三角鸡心。粤西、粤北、粤东和珠三角鸡心黄皮的可滴定酸含量、还原糖含量、单果重和可食率没有显著性差异。综上所述，粤东鸡心黄皮的营养价值低于粤西、粤北、珠三角三个产区的鸡心黄皮，粤西鸡心黄皮的营养价值最高，口感最甜。

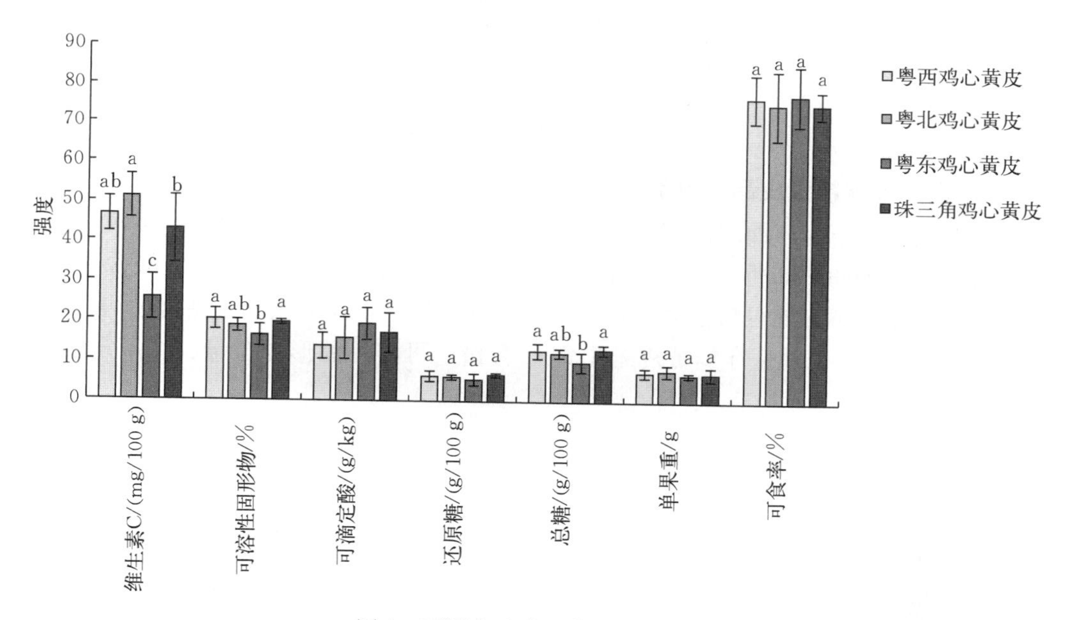

图 1　不同产地鸡心黄皮品质指标

2.2.2 不同产地无核黄皮品质评价

粤西是无核黄皮的主要产区，粤北和珠三角均有较大规模种植。因此，对以上 3 个产区的无核黄皮营养品质指标进行评价分析。由图 2 可知，粤西无核黄皮的维生素 C 含量和单果重最高，珠三角无核黄皮的可溶性固形物含量、还原糖含量、总糖含量、可食率最高，粤北无核黄皮的可滴定酸含量最高。粤西、粤北、珠三角三个产区的无核黄皮的维生素 C 含量、可溶性固形物含量、可滴定酸含量、还原糖含量、总糖含量、单果重以及可食率均没有显著差异。综上所述，产地对无核黄皮品质的影响不大；粤西无核黄皮和珠三角无核黄皮品质较优；粤北无核黄皮的品质最差，口感偏酸。

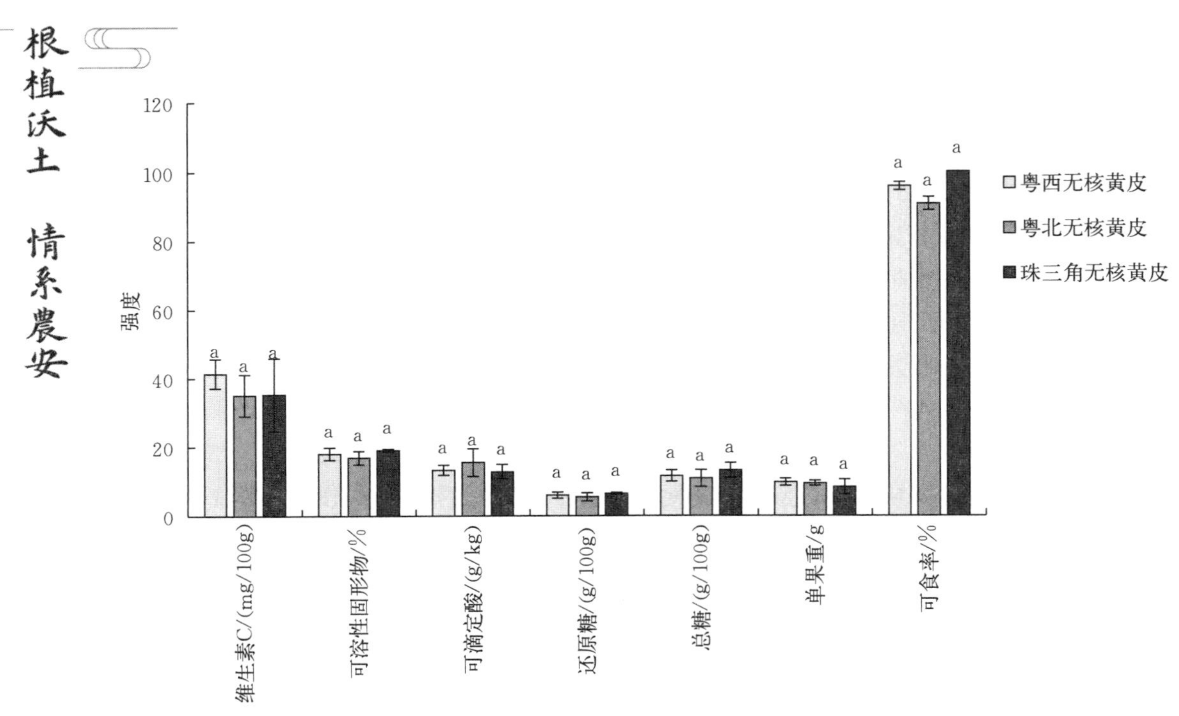

图 2　不同产地无核黄皮品质指标

2.2.3　不同产地冰糖黄皮品质评价

冰糖黄皮在广东、广西地区均有分布，对粤西、粤北、珠三角地区的冰糖黄皮品质进行比较分析，结果如图 3 所示。珠三角冰糖黄皮的维生素 C 含量、可滴定酸含量、单果重最高，粤西冰糖黄皮的可溶性固形物含量、可食率最高，还原糖和总糖含量均为粤北冰糖黄皮含量最高。3 个地区冰糖黄皮维生素 C 含量、可溶性固形物含量、可滴定酸含量、

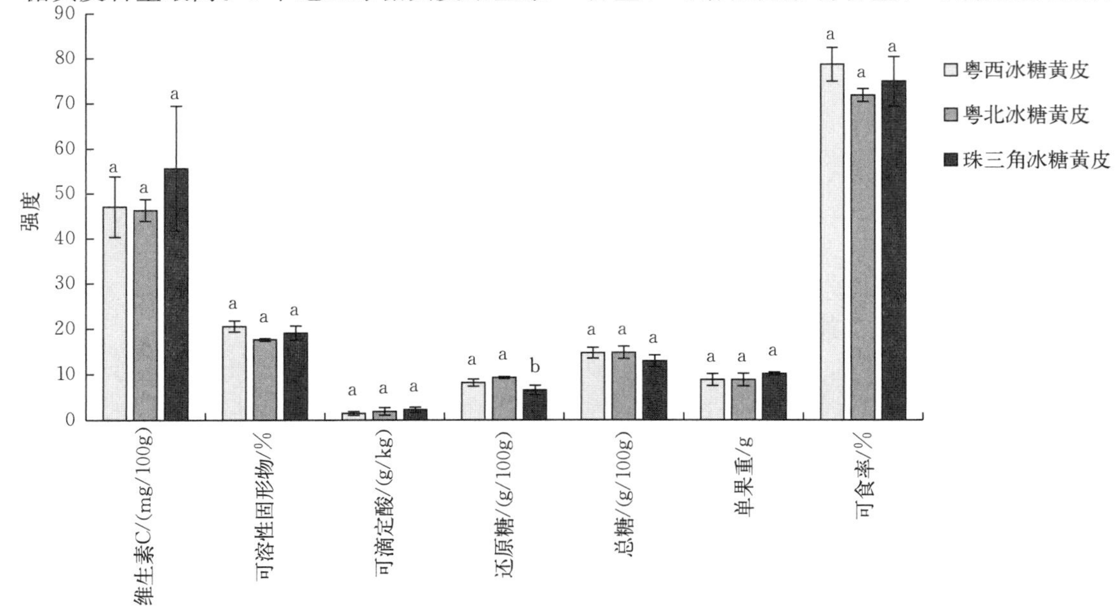

图 3　不同产地冰糖黄皮品质指标

总糖含量、单果重和可食率均无显著性差异。珠三角冰糖黄皮的还原糖含量显著低于粤北和粤西地区的冰糖黄皮，粤北和粤西地区的冰糖黄皮的还原糖含量没有显著差异。综上所述，产地对冰糖黄皮品质的影响不大。

2.2.4 郁南地区与非郁南地区黄皮品质差异评价

地理标志产品是指产自特定地域，其产品品质、声誉主要受到产地自然环境和历史人文因素的影响，经审核批准以产地冠名的产品（孙志国等，2010）。郁南无核黄皮在2004年获得国家地理标志产品保护，因此水果产业成为郁南县第一支柱产业，拉动了当地经济增长。本研究将郁南地区黄皮品质指标与非郁南地区进行比较，为消费者果品的选购提供指导，也可以为郁南无核黄皮地理标志农产品的申请提供数据支撑。郁南鸡心黄皮与非郁南鸡心黄皮品质指标见表5，郁南无核黄皮与非郁南无核黄皮品质指标见表6。由表6可知，郁南无核黄皮的维生素C含量、可溶性固形物含量、还原糖含量、单果重和可食率都高于非郁南无核黄皮，郁南无核黄皮的可滴定酸含量低于非郁南无核黄皮，说明地理标志产品郁南无核黄皮的品质更优、营养价值更高。此外，郁南鸡心黄皮的维生素C含量、可溶性固形物含量、还原糖含量、总糖含量、单果重和可食率均高于非郁南鸡心黄皮，郁南鸡心黄皮的可滴定酸含量低于非郁南鸡心黄皮；郁南冰糖黄皮的可溶性固形物含量、还原糖含量、总糖含量和可食率均高于非郁南冰糖黄皮，郁南冰糖黄皮的维生素C含量、可滴定酸含量和单果重低于非郁南冰糖黄皮，说明郁南地区的鸡心黄皮和冰糖黄皮的品质也优于非郁南地区。

表5 郁南鸡心黄皮与非郁南鸡心黄皮品质指标

项目	维生素C/(mg/100 g)	可溶性固形物/%	可滴定酸/(g/kg)	还原糖/(g/100 g)	总糖/(g/100 g)	单果重/g	可食率/%
郁南鸡心	47.59±5.20	21.71±1.93	14.25±2.85	7.03±0.93	13.40±1.79	7.68±0.95	79.28±3.11
非郁南鸡心	44.56±9.00	18.43±1.76**	15.36±4.71	5.91±1.00*	12.05±1.78	7.27±1.47	74.97±6.52

注：**表示 $P<0.01$，相关性极显著；*表示 $P<0.05$，相关性显著。

表6 郁南无核黄皮与非郁南无核黄皮品质指标

项目	维生素C/(mg/100 g)	可溶性固形物/%	可滴定酸/(g/kg)	还原糖/(g/100 g)	总糖/(g/100 g)	单果重/g	可食率/%
郁南无核	41.41±4.27	17.99±1.78	13.21±1.47	5.93±0.90	11.53±1.66	9.68±1.04	95.80±1.17
非郁南无核	35.14±6.81*	17.72±1.85	14.37±3.40	5.80±0.99	11.72±2.46	8.95±1.32	94.42±5.26

注：**表示 $P<0.01$，相关性极显著；*表示 $P<0.05$，相关性显著。

表7 郁南冰糖黄皮与非郁南冰糖黄皮品质指标

项目	维生素C/(mg/100 g)	可溶性固形物/%	可滴定酸/(g/kg)	还原糖/(g/100 g)	总糖/(g/100 g)	单果重/g	可食率/%
郁南冰糖	47.08±6.74	20.56±1.20	1.47±0.39	8.14±0.81	14.68±1.20	8.77±1.31	78.53±3.80
非郁南冰糖	50.95±9.74	18.35±1.26*	2.07±0.62	7.85±1.73	13.83±1.51	9.46±1.13	73.19±3.74

注：**表示 $P<0.01$，相关性极显著；*表示 $P<0.05$，相关性显著。

3 讨论

本研究对广东地区不同品种黄皮的品质进行分析，研究结果表明，郁南地区和清远地区3个黄皮品种中，鸡心黄皮的维生素C含量、可溶性固形物含量和可滴定酸含量最高，冰糖黄皮在还原糖和总糖含量方面占优，鸡心黄皮的还原糖和总糖含量高于无核黄皮，无核黄皮的单果重和可食率最高。萧洪东等人研究表明鸡心黄皮中的可溶性糖含量、蔗糖含量、维生素C含量高于无核黄皮，无核黄皮的单果重、总酸含量高于鸡心黄皮（萧洪东等，2013）。孙德权等人的研究表明鸡心黄皮的可溶性固形物含量、维生素C含量高于无核黄皮，无核黄皮的有机酸含量、总糖和还原糖含量高于鸡心黄皮（孙德权等，2012）。本文的研究结果与萧洪东、孙德权等人的研究结果大体一致，均表明鸡心黄皮的营养价值高于无核黄皮。萧洪东、孙德权等人测得的鸡心黄皮和无核黄皮中的有机酸含量高低和本研究结果存在差异，可能是由于生态环境或所采集的黄皮的成熟度不同所造成的影响。尽管本研究结果表明鸡心黄皮的营养价值高于无核黄皮，但是郁南无核黄皮的市场价值远高于其他品种黄皮，可能是由于郁南无核黄皮是一种地理标志产品以及黄皮果大、肉厚、无核、外观鲜艳等特点，使得消费群体对郁南无核黄皮的接受度最高。不同品种的黄皮在营养品质指标上各有优劣，这些营养品质指标之间具有相关性，因而仅仅使用几项指标来评价不同品种黄皮的营养品质不具有说服力。

本研究对不同产地同一品种黄皮的营养品质进行评估，发现不同产地无核黄皮和冰糖黄皮的营养品质指标相差不大，可能是由于不同产地的气候条件和土壤条件相近，所以对于本研究而言，产地对于无核黄皮和冰糖黄皮营养品质的影响很小，品种是影响无核黄皮和冰糖黄皮营养品质的主要因素。

农业信息化技术在农产品安全中的应用探讨

宋启道

摘要：农业信息化技术的应用是保障农产品安全的重要手段。文章概述了农业信息化技术在农产品安全中的应用情况，分析其中存在的问题，并提出了相应的建议和措施。

关键词：农业信息化技术；农产品安全；应用

随着人们生活质量的提高，以及不断发生的食品质量安全事故，使得农产品安全受到空前的关注，如何从农田到餐桌整个生产链上保障农产品安全，政府部门、科研机构、农产品生产者不断寻求最适用的方式方法。实践证明，农业信息化技术的应用为解决这一难题提供了一条行之有效的途径。

1 农业信息化技术在农产品安全中的应用现状

1.1 “3S”技术的应用

产地环境是确保农产品质量安全的前提和基础。近年来，将“3S”技术与农业产地环境监测体系结合在一起，已经成为现阶段农业产地环境工作的趋势，并已取得重要进展。

“3S”是地理信息、全球定位技术和卫星遥感的简称，它嫁接了计算机和网络技术，利用地理信息系统的全球定位系统的高精度定位能力和空间信息管理的综合分析能力，为及时、有效、准确、全面地获取农田环境信息奠定了良好的技术基础，同时也为及时掌握重点区域的环境质量现状并进行动态评价提供一种新的技术手段。目前，“3S”技术在农产品产地土壤环境上应用比较多，例如，土壤重金属分析仪器，就是利用GPS定位系统和相关模型，将农田环境、动植物产品的检测、土壤肥料等与信息化技术进行了有机结合，从而能够追溯土地污染源头，保障了农产品在源头上的安全。另外，在分析环境监测数据方面，“3S”不仅能对土地受污染程度做出判断，还能监测出相当规模的农作物的生长态势、干旱情况和地理分布等。对于指导农民种植生产，为农业种植提供参考依据有着重要作用。

1.2 数据挖掘技术的应用

农产品在安全生产过程中受众多因素的影响，而有关这些因素的知识很多隐藏在农业数据背后。将这些数据挖掘出来并加以利用是优质农产品生产的前提条件。数据挖掘就是从大量的、有噪声的、模糊的、不完全的、随机的实际应用数据中，提取隐含在其中的、事先未知的但又有潜在价值的信息和知识的过程。根据数据挖掘技术的特点，该技术可在农产品安全生产中的以下几个方面加以应用：①农业环境数据挖掘；②农业施肥数据挖掘；③农业植保数据挖掘；④农作物与气象数据挖掘；⑤农作物培育数据挖掘；⑥遥感数据挖掘等。作为信息化过程中应用的一项技术，数据挖掘的发展可以解决农业领域内“数据丰富，信息贫乏”的状况，而海量的农业数据为数据挖掘技术提供了前提。数据挖掘技术的研究与应用可以加强农业生产的科学管理，满足农民对信息的多样性需求，以确保农产品的安全生产。

1.3 其他综合技术的应用

1.3.1 农产品安全溯源系统

信息技术广泛应用于农产品质量安全，在农产品安全溯源系统中同样发挥着重要作用。要保证农产品质量安全，关键是要建立从农田到餐桌的农产品质量安全溯源系统。这就需要把农产品在种植、加工、运输、销售等各个环节都记录下来，以确保产品质量可追溯。如果农产品质量出了问题，通过这些记录就可以找出哪个环节出了问题，并追究其责任，从而及时制定相应的措施，解决此农产品的质量问题。一般而言，“农产品安全溯源管理系统”应该包括：①生产环境监测管理子系统，管理生产环境中的土壤、大气、灌溉水源的相关检测记录；②田间操作记录管理子系统，管理农产品生产过程中的操作环节，包括化肥农药使用、病虫害防治等田间操作记录；③物流配送监测管理子系统，管理农产品的销售、配送渠道和对象，用以保证农产品的绿色物流；④农产品溯源综合查询子系统，用户可以根据每个产品的编码，通过互联网查询该农产品的全部档案信息，同时也提供通过手机短信、网络、电话等查询该产品信息的功能。目前我国已有许多地方都借助互联网这种先进的信息技术建立了严格的农产品质量溯源系统制度。

1.3.2 农产品安全信息监控平台

农产品安全信息监控平台是利用通信技术和信息技术将农户、生产企业、批发商、零售商和政府监管机构联系在一起，建立统一的农产品安全标准化体系，实现从生产到最终消费环节的集成化和无缝的农产品质量信息流和控制过程，建立农产品安全控制和预警机制。

平台通过对供应链各个节点进行监控，达到农产品安全全程监控的目的。概括地说，该平台主要包括 2 部分内容：一是面向农产品供应链的公共信息服务，二是面向该供应链各类型节点的终端应用服务。该平台运用现代物流技术和信息技术贯穿于农产品从生产到消费的始终，形成一个安全控制体系。供应链中各个环节的有关信息通过以 GPS、GIS 条形码技术相结合的自动识别解决方案作为支撑，全过程严格控制整条供应链，保证向市场提供优质放心的食品，达到农产品安全的全面控制。

1.3.3 农作物有害生物监控预警数字化网络平台

农作物有害生物监控预警数字化网络平台是集成农作物病虫害监测预警技术、网络技术、计算机技术、多媒体技术和通信技术等研究构建而成。其包括3个平台：一个核心平台，一个基础平台和一个支撑平台。该平台充分运用了国内最前沿的农作物有害生物预测预报相关成果，通过理论方法结合实践经验，构建了多种病虫害预测预报模型。平台通过GIS等图形化制作手段，把农作物病虫害的发生面积、时间、区域、程度等信息，进行实时直观地域图形化展示，警示病虫害发生动态，快速地向政府、各级农业部门和社会发布，提升了病虫害监测预警信息的入户率和覆盖度，实现了农作物病虫害监测预警信息可视化发布和图形化警示。该平台的顺利应用对保障农业生产、农产品质量和环境生态安全发挥了重要作用。

1.3.4 其他技术的应用

（1）在农产品监督检测方面的应用。先进的信息技术在农产品监督检测行业的作用显得更加突出，农产品监督检测行业的信息互通和资源共享，不仅可以整合资源，减少大型仪器的重复设置，还可以简化监测工作流程，提高检测效率。现在已开发研制出了一种先进、实用的农产品监督检测系统，该系统实现了从样品的受理、传递，样品的检验，记录的校核，到报告的编制、审核、签发、分发和归档等检验业务，能够准确快捷地进行信息查询、分析和汇总报表。该系统适合农业行业各级产品质量安全监督、检测机构以及其他符合ISO17025和GB 15481管理标准的产品质量安全监督检测机构，实现了检验业务全过程的计算机自动化处理。

（2）在农产品电子商务上的应用。电子商务作为一种新型的网络化经济活动，已经成为一个国家增强经济竞争实力，赢得全球资源配置优势的有效手段。近年我国的农产品电子商务也开始崭露头角，并取得了一定的成绩。但由于我国农业特定的生产经营活动方式，影响了农产品电子商务的发展，相对于其他领域的发展，农产品的电子商务的发展显得更加缓慢。今后我们应充分利用以互联网为核心的现代信息核心技术，发展农产品电子商务，促进农产品流通，降低农产品安全风险。

2 农业信息化技术在农产品安全中应用存在的问题

近年，我国的农业信息化取得了令人振奋的进展，但总体上，我国农业信息化技术的研究和应用与发达国家相比还有很大差距。

2.1 农业信息化法规制度还不完善，信息技术标准化严重滞后

目前，在农业信息化方面还没有专门的法律法规，使得农业信息市场管理无法可依，不能实现农业信息收集、整理、筛选和传播的规范化、制度化和法制化，农业信息市场各方面的行为也不能被有效约束，信息的真实性、有效性和知识产权等不能得到有效保证，农业信息化主体的权益难以保障，而且国内开发的很多农产品质量安全应用系统存在着标准不统一、兼容性差等问题。这将导致农产品质量安全信息技术不能得到有效的推广应用。

2.2 农业信息化技术成果转化率不高，资源浪费严重

自2009年8月温家宝总理提出“感知中国”以来，物联网被正式列为国家五大新兴战略性产业之一，物联网在中国受到了全社会极大的关注。借此，农业信息化技术也得到飞速的发展，在各领域科研人员的努力下产生一系列的科研成果，但由于政府推动及各技术成果兼容的局限性等方面的因素，使得成果转化率很低，造成资源严重的浪费。

2.3 农业集约化程度低，制约着农业信息化技术研究和应用空间

现代农业生产的集约经营与家庭承包经营的小农生产方式所产生的矛盾严重制约和阻碍了中国现代农业的进一步发展。目前，农业产业链中各个经营主体之间联系不紧密，存在着上亿个分散的农户，在资源整合、信息发布和接受等方面都有很多的问题，这对农业信息化的发展是个重大阻碍，也增大了农业信息化技术研究和应用实施的难度。

2.4 对农业信息化技术认识和理解不到位，应用投入不足

尽管多数地方领导已认识到农业信息化建设的重要性和必要性，但对具体实施方法和所需要的支撑体系不够了解。有的领导对信息化的认识仍然停留在所谓信息化不外乎就是电脑打字、计算机上网，在互联网上有那么几个网页等水平上；也有领导认为，虽然信息化很重要，但现在实施还太早，存在着等待、观望的思想。从而造成本地与信息化建设先进地区、经济发达地区的差距越拉越大。在投入方面，不仅是资金投入不足，还存在政策、人力和设备投入不足等问题。

2.5 农业信息化人才短缺，信息技术普及率低

农业信息化技术要在农产品安全中得到良好的应用，必须要有一批不仅精通信息技术，而且熟悉安全农产品从生产到销售全过程的复合型人才。由于对农业信息化建设人才不够重视，投入少，加上培训机制不完善，导致信息化专业人员欠缺，高层次信息技术人才奇缺，而且信息人才分布也不均匀，偏远、落后、条件艰苦的地区人才引进非常困难，已有人员整体素质不高。这些都将影响农业信息化技术在农产品安全中的应用。另外，政府以及农业机构在组织农业生产、流通活动时，对现代信息技术手段的应用非常少，导致已有的技术成为摆设，得不到有效的推广和普及。

3 促进农业信息化技术在农产品安全中应用的建议和措施

3.1 加快标准化建设，完善农业信息化法规制度

没有统一的标准，很难把各项农业信息化技术有机地统一起来，也容易导致现阶段的农业信息化接口不统一，造成信息流通不畅以及建设资金浪费等方面的问题。因此，必须加快我国农业信息化技术标准建设。同时，政府部门以及相关科研机构应制定和完善相关

的管理措施和规章制度，保障信息技术能更好地应用于农产品安全中。

3.2 加快农业信息化实用技术的研究和引进，注重技术的集成和软件的开发

加强自主研制，开发利用现代数据库技术、多媒体技术、全文检索技术、“3S”技术等信息技术，建立农业信息系统、农业决策系统和农业监测系统；加强对外的交流与合作，引进国外已成熟的、先进的实用性农业信息技术，缩短与先进发达国家的差距。同时加强农业信息化技术应用过程的再创新，注重信息技术的集成研究，提高农业信息技术产品的自主开发能力，推动软件业的发展。

3.3 加大政府扶持力度，做好各项保障工作

在推动农业信息化过程中农业部门要与有关部门密切配合，切实发挥主导作用。国家应重点支持农业科技信息数据库和多种信息产品的研制开发、协作和服务；加强全国农业信息科学的学科建设，培养出更多的复合型人才。各级领导应把农业信息工作作为农业和农村经济发展的战略性措施来抓，要统筹规划、加强领导、增加投入，应从资金、人才、机构设置等方面给予保障。

3.4 加快农业信息化技术成果转化，确实做好技术推广工作

应加快农业信息化技术成果转化，发展适应我国国情的广义农业信息化。应充分利用电视、广播、报纸、现场指导等多种形式，千方百计把农业信息化的现代成果传递给农民。建立集管理、科研、推广三方的运营模式，帮助农民及时高效地处理农产品安全过程中出现的问题。

3.5 提高信息技术应用能力，培养信息化人才队伍

首先，应分期分批开展对各级农业信息管理人员的培训，提高他们组织指导和开展信息服务能力及自身的服务水平。其次，要加大宣传力度，培养和提高人们的信息意识，通过教育、培训、示范等手段，提高人们受教育水平和运用信息的能力。再次，培养信息化人才队伍，构建以学校教育为基础，在职培训为重点，基础教育与职业教育相互结合，公益培训与商业培训相互补充的信息化人才培养体系。结合安全农产品种植和信息化技术的要求，鼓励各类专业人才掌握信息技术，培养复合型人才。

4 结语

尽管我国已把计算机、网络、“3S”等技术应用到农产品安全的监管、溯源等方面，也取得了一定的成绩，但应该清醒地认识到农产品安全信息化的技术水平还不高，技术应用相当有限，技术创新还有待加强。因此，需要进一步完善农产品安全领域的信息化技术产品，提高信息技术的应用水平，不断开拓创新模式，把农业信息化技术和农产品安全有机地结合起来，保障农产品质量安全。

第二篇　诗　歌

假如不曾遇见您

李汉敏

南湖波影日月鉴，
狮岭枫染苍穹红；
勤读力耕肩重任，
立己达人兴邦农。
120余载的悠悠岁月，
120余载的辛勤耕耘，
您披着一身霞光从历史的长河中走来，
走向世界，走向未来。
“凡民俊秀皆入学，天下大利必归农”，
您带着伟人的信仰滋养着中国的土壤，
为生活播种希望，
为祖国播种理想。
几十年如一日地坚守自我，
几十年如一日地奋勇拼搏，
您，是百万学子的精神支柱，
您，是千年华夏的宝贵粮仓，
无私奉献的您，
为一代又一代华农人扬起逐梦的风帆，
筑起爱的城墙。
带着对您的敬仰，
我们相聚狮子山下，相识资环楼前。
犹记得，
红砖青瓦是您最初的模样，
简单紧凑的宿舍，
错落有致的山丘，
看，万山红透，醉染山头，
听，百鸟归林，惊扰春休。
您，淡妆素抹，
却惊艳了我们未来的每个春秋。

有人说，
青春是一本翻开便不愿合上的书，
记录我们平凡而独特的人生轨迹。
毫无疑问，
您便是书中最美的那页。
弘农学，扬国光，
您寂静无声，
却无不烙上了时代的烙印。
假如不曾遇见您，
我不会领悟到生活的真谛，
我不会感受到学术的魅力。
如果说，
生活是一首婉转悠扬的歌，
歌唱我们寻梦的丝丝足迹，
而您，便是歌中最美的旋律。
假如不曾遇见您，
我不会聆听到青春绽放的声音。
南湖波涌的激荡，
在耳边回响，
一环一环，圈住时间的过往。
狮子山的鸟鸣，
在睡梦中清脆，
一声一声，奏响晨起的乐章。
如果说，
生活是一盏给予光明的灯，
指引我们冲破黑暗，风雨兼程，
而您，便是黑夜中最亮的那根灯芯。
假如不曾遇见您，
我不会沐浴到生命中那弥足珍贵的教诲。
勤读力耕，立己达人，
您的言传身教激励着一代又一代资环人，
不惧风雨，勇往前行。
如果说，
生活是一条奔涌不息的河，
洗涤着我们饱经沧桑的岁月，
而您，便是河中最沁人心脾的那股清流。

假如不曾遇见您，
我不会品尝到成长中那甘之如饴的纯净。
不张扬，不浮夸，不盲从，
团结，勤俭，求是，奋进在您的熏陶下，
我们褪去一身戾气。
如果说，
生活是一道美丽动人的虹，
张扬我们转瞬即逝的校园时代，
而您，便是天边最亮眼的那一抹，
假如不曾遇见您，
我不会解读到风雨过后终有彩虹的真谛。
青春年少的我们，
在无知无畏的日子里，
时而哭，时而闹，时而吵，时而笑。
面对生活的茫然，
我们不依不饶，
而您却用守护和陪伴告诉我们，
生活依旧美好。
是的，
这便是您，
伟大而慈爱的您，
默默付出而不求回报的您。
假如不曾遇见您，
我会是在哪里？
或许，
您依旧是您，
而我却不再是我。
但是，
上天的厚爱，
让我遇见了您——华农。
它让我们在狮山脚下，
不期而遇，相识相知。
让我们在土化楼前，
携手同行，相守相恋。
是您，带我们领略了书海的魅力。
是您，伴我们吹响了青春的号角。

是您，助我们拨开了前行的荆棘，
是您，给了我们乘风破浪的勇气。
独一无二的您，
为塑造色彩斑斓的我们竭尽全力。
而现在，
爱您如初的我们，
要为您诵一首心底的赞歌——“假如不曾遇见您”。
假如不曾遇见您，
我们不会告别青春的懵懂。
假如不曾遇见您，
我们不会扬起理想的风帆。
假如不曾遇见您，
我们不会在时间的巨轮里，
掀起时代的巨浪。
人生短短几个秋，
春草绿了，我们依旧，
夏花开了，我们依旧，
秋枫落了，我们依旧，
冬雪白了，我们依旧。
未来，
风里雨里，
我们依旧，
因为，
爱您，
是我们一生的使命。

您是我心中的一首诗

李汉敏

您是国农的脊梁，
用热诚讴歌岁月，
用奋勉滋养花朵。
您是勇敢的舵手，
载着万千学子的诺亚方舟，
驰骋在知识的海洋。
您是青春的礼赞，
是歌，是梦，是远方，
您是我心中的一首诗。
万顷良田青禾绿，
莘莘学子汗湿衣。
春天的朝气，
一如你蓬勃的今夕。
您踏着和煦的春风，
在希望的田野里播种，
在碧绿的绿茵场狂奔。
120 余年，勤读力耕，
100 万个，日日夜夜。
勇担历史重任的资环人，
用智慧和汗水，
洗涤着您的纯真，
让您在荡漾的春风里，
笑靥如花，
浪漫依旧。
您是夏日，
是晴空，
您是我心中的一首诗。
万紫千红风中秀，
不如白樱狮山飞。

夏天的灼热，
一如你滚烫的赤子心。
您挥洒夏日的缤纷，
用厚实的臂膀，
托起明天的太阳，
用坚定的画笔，
勾勒学子求知的轮廓。
弘农学，
扬国光，
您怀揣着立己达人的气概，
在巍巍狮山下阔步，
在朗朗晴空里书写新的篇章。
您是丰收，
是喜悦，
您是我心中的一首诗。
丹桂飘香洪山路，
红枫翻飞千万家。
南湖河畔的秋风，
吹红了落叶，
吹黄了稻穗，
却吹不走您枝头高挂的累累硕果。
一如您戎马一生，
佩戴的勋章，
金灿灿，沉甸甸，
在历史的长河里熠熠生辉。
您是庄严，
是肃穆，
您是我心中的一首诗。
三尺白雪高空放，
一生痴爱华农冬。
纯白无瑕的您，
一如傲雪般遗世而独立。
皑皑白雪，
染不尽华农的壮丽，
冬鸟归林，
唱不尽华农的颂歌。

纵使三千青丝褪尽，
吾辈鬓白如霜，
我们亦爱您，
爱您笑靥如花胜往昔。
因为，
您是歌，是梦，是远方，
您是我们心中，
最为珍贵的一首诗。

您是人间的第三种绝色

李汉敏

春花无声，
道不尽您山花烂漫的秀丽。
秋月无语，
诉不尽您日新月异的如今。
如果说，
“春花秋月”，
是文人墨客笔下不可多得的尤物，
那敬爱的华农，
您便是人间的第三种绝色。
一种无与伦比的美，
美得清新脱俗，
美得令人“情不知所起，一往而深”。
您的美，美得热烈，美得灵动，
万紫千红的桃园，
为您穿上了春日的舞裙，
蝉鸣震天的狮子山，
为您拨动了夏日的琴音。
热情温暖的您，
俨然成了资环人心底的那颗朱砂痣，
任时光荏苒，季节更替，
不变的是莘莘学子心中涌动的爱，
不变的是那一颗颗热辣滚烫的心。
您的美，美得洁白，美得素净，
星光点点的南湖，
闪耀着秋日的浪漫，
雪花纷纷的主楼，
映照着冬日的纯洁。
冷静睿智的您，
恰如万千游子床前的白月光，

永远澄澈，永远明亮，
为迷茫的学子照亮夜行的路，
为夜行的路点亮智慧的灯。
如果说四季之美，是您美的肌肤，
那么信仰之美，便是您美的脊梁。
“勤读力耕，立己达人”，
百年校训传承着华农人艰苦奋斗的意志，
“学农兴邦”的追求彰显着资环人高尚可贵的情怀。
您的美，美在勤奋，美在拼搏，
座无虚席的资环楼，
书声琅琅，
所到之处，
无不散发着求知若渴的芬芳。
人潮涌动的田径场，
青春激扬，
所见之人，
无不流露出少年当自强的夙愿。
在岁月的积淀中，
您求真务实，
开拓进取，
没有贪天之功的浮华，
没有文过饰非的做作，
有的是烈日暴晒下，挥汗如雨的科研精神。
有的是电闪雷鸣中，风雨无阻的求真意志。
一栋栋拔地而起的教学楼，
一亩亩瓜果飘香的试验基地，
在一代又一代资环人的深耕劳作下，
从无到有，
从有到优。
您用勤劳和智慧，
勾勒了华农的模样，
用“弘农学，扬国光”的追求，
挺直了国农的脊梁。
是的，
我敬爱的华农，
您是如此美丽，

美得不可方物，
美得无与伦比，
您美过春花，更胜秋月，
您是每个华农人心中的第三种绝色。

诗歌四首

李汉敏

（其一）春日农耕

风吹稻田千重浪，万亩秧苗紧相依；
莫问春禾谁人种，天下悯农一家亲。

（其二）夏日观禾

青山又见青山摞，白云复叠白云轻；
老农勤耕良田密，秋日穗熟头愈低。

（其三）秋日丰收

喜鹊闻风枝间闹，迎面桂花荷塘漂；
又是一年丰收季，片片黄金满山包。

（其四）冬去春来

冬雪消融春常在，丽日高照百花开；
和风送暖桃李艳，满园春色王者栽。

力求质量，保障农业

杨　锐　赵　迪

一个国家强不强，关键农业靠质量，
顺应“十四五”的政策，
提高农产品质量，助力农业转型，
保障农业提质增效。
养的万亩稻田，
护的千亩小麦，
合格高达九十加，
质量安全常排查。
创造丰收新局面，
严格把关要安全，
清除农药不残留，
绿色发展建设新品牌。
建设更高效的质量，
切实保障人民的食品安全，
多元共治，加深合作，
监督责任不可少，
我们的产品质量更可靠，
纯天然，更绿色，信誉有所保。
紧跟部署，快速发展。
为农业创造新篇章。

第三篇　综　合

站在新起点　奋斗新征程

张　冲

总书记在中央农村工作会议上的讲话，深刻阐释了全面推进乡村振兴、加快农业农村现代化的重大意义、指导思想、总体要求，科学回答了在新发展阶段做好“三农”工作的系列重大理论和实践问题，是做好今后一个时期“三农”工作的总遵循。

1　“历史性成就”振奋人心

习近平总书记在新年贺词中讲到，2020 年，全面建成小康社会取得伟大历史性成就，决战脱贫攻坚取得决定性胜利。对脱贫攻坚工作取得的成绩给予充分肯定。作为扶贫干部，我们既是历史性成就的见证者，也是亲历者。在党中央的坚强领导下，我们勠力同心，艰苦奋斗，宜昌人民和全国人民一道携手迈进全面小康。奋斗的历程波澜壮阔，取得的成绩鼓舞人心，发生的变化翻天覆地。

1.1　绝对贫困现象彻底消除

脱贫攻坚战打响以来，我们充分发挥决策参谋和推动落实作用，认真履行议事协调和考核督办职能，尽锐出战、持续攻坚，特别是 2020 年面对新冠肺炎疫情和汛期持续暴雨给宜昌市脱贫攻坚带来的影响，统筹推进战疫战洪战贫，以决战决胜之势全面推进脱贫攻坚，实现了现行标准下全市 44.25 万贫困人口全部脱贫，243 个贫困村全部出列，5 个贫困县脱贫摘帽，贫困发生率降至零，贫困户人均纯收入由 2015 年底的 4 506 元增加到 2019 年底的 9 829 元，年均增幅 21.5%，历史性消除绝对贫困。

1.2　农民生产生活条件明显改善

2016 年以来，市县累计统筹整合资金 216.7 亿元投入脱贫攻坚。建成集中安置点 670 个，18 217 户 47 475 万人搬进“易迁房”，改造危房 120 583 户，330 963 人住上“安全房”。建成农村供水工程 5 万多处，264.9 万农村人口饮水全部达标，农村饮水安全普及率 100%。农村公路总里程达 33 761 km，实现 100%建制村通硬化路通客车。农村电网改造总投入 45 亿元，所有贫困村均通动力电，供电可靠率达到 99.8%。固定宽带人口普及率达到 34.9%，1 411 个行政村全部开通农村网格“四务通”平台，4G 网络覆盖 100% 行政村。

1.3 基本公共服务全面提升

5年来，向贫困村所在地学校投资累计1亿余元，建成农村青少年校外活动中心12个，乡村学校少年宫87个，实现所有乡镇全覆盖。累计资助贫困学生60.67万人次，小学、初中学龄学生入学率100%，全面推广"县管校聘"改革，城乡之间课程资源共享、教师交流、学生共同成长机制进一步完善。整合投入2.6亿元，有扶贫任务的10个县市区19个县级综合医院、90所乡镇卫生院、1 309个村卫生室标准化建设全覆盖。推进乡村一体化管理，将村卫生室作为乡镇卫生院的派驻机构进行管理，实现"乡村一家、同制同管"。新型农村合作医疗实现全覆盖，贫困群众参保率100%，实施乡村医生定向委托培养和基层卫生人才能力提升工程，基层医疗卫生机构服务能力大幅提升。全市9.4万农村低保对象和1.4万农村特困对象实现兜底，3.4万名困难残疾人和4.8万名重度残疾人享受生活补贴和护理补贴。110个乡镇完成乡镇综合文化服务中心达标建设，村（社区）实现综合文化服务中心和文化广场全覆盖。农村电商物流不断发展，便民服务体系半小时生活圈日趋健全。

1.4 群众内生动力不断激发

党建引领作用效果明显，坚持单位包村、干部包户，党员干部尽锐出战、进村联户，统筹整合力量在村集结、资源向村集聚，1 379个工作队驻村帮扶，组建产业党支部800余个，在自然村落等设置6 000多个党小组。推行"党组织＋合作社＋贫困户＋市场"模式，强化利益联结，注册农民合作社8 000余个，贫困村合作社组建率100%。调整贫困村党组织书记121人，45岁以下村党组织书记占比38%，头雁队伍结构不断优化、领航能力明显增强。驻村扶贫干部肖曙光、"脱贫铁人"郑学群入选"中国好人"，"红色支部"峰岩村成为全省抓党建促脱贫样板。发展后劲显著增强，坚持产业生态化、生态产业化，扶持贫困户发展巩固特色种养，产业带动贫困户比率98.8%。培育新型经营主体11 418家，落实小额信贷7.14万户、21.94亿元，11.11万户贫困户实现产业对接，消费扶贫销售额突破26.8亿元。细化"五个一"提升工程，全面消除集体经济"空壳"村。秀水天香企业带动贫困户脱贫案例被国务院扶贫办列入"全国十大扶贫教学案例"，五峰中蜂养殖产业扶贫案例入选全球110个减贫最佳案例。群众主体动力澎湃，坚持扶贫先扶志、扶贫必扶智，集中开展农村精神扶贫专项行动，着力激发广大农村群众脱贫致富的内生动力。推进移风易俗，健全完善村规民约，引导贫困群众向上向善、孝老爱亲、勤俭持家，光荣脱贫。深入基层开展宣讲，"四扶四强"、"扶贫夜话"、"巡回法庭"、选聘"百姓宣讲员"以及"立壮志、改陋习、树新风"等活动，引导贫困群众从"要我脱贫"到"我要脱贫"转变。

2 "历史性转移"指明方向

习近平总书记在中央农村工作会议上指出，脱贫攻坚取得胜利后，要全面推进乡村振兴，这是“三农”工作重心的历史性转移。我们党历来高度重视“三农”问题，此次正式提出“三农”工作的“重心”以及“历史性转移”，还是第一次。历史性转移怎么转？这次中央农村工作会议提出了具体的路线图，明确要求“工作不留空档，政策不留空白”。

2.1 持续巩固脱贫成果

打赢脱贫攻坚战是全面实施乡村振兴战略的前提，要以持续巩固拓展脱贫攻坚成果推动乡村振兴，以乡村振兴促进脱贫攻坚成效巩固。一是健全防止返贫动态监测和帮扶机制，重点监测收入水平变化，对脱贫不稳定户、边缘易致贫户，以及因病因灾因意外事故等刚性支出较大或收入大幅缩减导致基本生活出现严重困难户重点监测，进一步建立健全易返贫致贫人口快速发现和响应机制，健全防止返贫大数据监测平台，实施帮扶对象动态管理，坚决防止发生规模性返贫。二是巩固“两不愁三保障”成果，继续落实行业主管部门责任，健全控辍保学工作机制，有效防范因病返贫致贫风险，强化农村脱贫人口住房安全动态监测，加强农村安全饮水管理维护，继续精准施策。三是做好易地扶贫搬迁后扶，从就业需要、产业发展和后续配套设施建设提升完善等方面加大扶持力度，完善后续扶持政策体系，确保搬迁群众稳得住、有就业、逐步能致富。四是加强扶贫项目资产管理和监督，分类摸清各类扶贫项目形成的资产底数，确保继续发挥作用，防止资产流失和被侵占，确保资产收益用于项目运行管护和巩固脱贫成果。

2.2 全面强化产业帮扶

习总书记强调，从世界百年未有之大变局看，稳住农业基本盘、守好“三农”基础是应变局、开新局的“压舱石”。聚力乡村振兴，发展“三农”，产业是基础，要全面支持脱贫地区乡村特色产业发展壮大，把基点放在农民增收上，促进农业高质高效、乡村宜居宜业、农民富裕富足。一是注重产业后续长期培育，尊重市场规律和产业发展规律，提高产业市场竞争力和抗风险能力。二是以脱贫县为单位规划发展乡村特色产业，实施特色种养业提升行动，完善全产业链支持措施。三是加快脱贫地区农产品和食品仓储保鲜、冷链物流设施建设，支持农产品流通企业、电商、批发市场与区域特色产业精准对接。四是支持脱贫地区培育“两品一标”，加大公用品牌培育和推介力度，大力发展农产品精深加工，继续大力实施消费帮扶。

2.3 保持政策总体稳定

根据中央文件要求，脱贫攻坚目标任务完成后，对摆脱贫困的县，从脱贫之日起设立5年过渡期，过渡期内要保持主要帮扶政策总体稳定。一是严格落实“四个不摘”要求，防止松劲懈怠，防止踩急刹车，防止一撤了之，防止贫困反弹。二是在主要帮扶政策保持总体稳定的基础上，对现有帮扶政策逐项分类优化调整，合理把握调整节奏、力度、时限，逐步实现由集中资源支持脱贫攻坚向全面推进乡村振兴平稳过渡，避免“悬崖效应”。三是要保持脱贫攻坚期内给予贫困地区的强化财政保障能力投入政策在一段时间内持续稳定，统筹用好衔接资金。

2.4 继续创新乡村治理

决胜全面小康、决战脱贫攻坚，乡村是主战场，脱贫攻坚战的伟大胜利充分体现了我国乡村治理的巨大优势。一是加强党对乡村治理的集中统一领导，充分发挥基层党员、干部的示范带动作用，把农村基层党组织建设成为宣传党的主张、贯彻党的决定、领导基层治理、团结动员群众、推动改革发展的坚强战斗堡垒。二是发挥人民群众在乡村治理中的主体作用，不断拓宽群众参与乡村治理的制度化渠道，吸纳广大群众、社会组织和社会力量积极投身农村公共管理和服务，实现政府治理、社会调节、乡村居民自治的良性互动，构建共建共治共享的乡村治理格局，让农民真正成为乡村治理的主体、乡村振兴的受益者，不断提升农民的获得感、幸福感、安全感。三是坚持自治、法治、德治相结合，进一步完善乡村治理体系。注重发挥家庭家教家风在乡村治理中的重要作用。四是发挥科技支撑作用，促进现代科技与乡村治理深度融合，强化乡村信息资源互联互通和信息安全，注意帮扶老年群体、留守儿童、贫困人口等跟上信息社会发展步伐，共享技术进步成果。

3 三个“不亚于”奠定基调

习总书记强调，全面实施乡村振兴战略的深度、广度、难度都不亚于脱贫攻坚，必须加强顶层设计，以更有力的举措、汇聚更强大的力量来推进。这三个“不亚于”奠定了我们今后工作的总基调。

3.1 要完善利益联接机制

巩固拓展脱贫攻坚成效，收入是关键，脱贫攻坚时期，我们重点围绕解决“两不愁三保障”突出问题，今后我们不仅要做好持续解决“两不愁三保障”突出问题，防止规模返贫，还要向千方百计增加低收入人口收入转变，那么重点就在产业和就业上，特别是产业发展上存在不少短板，尤其是利益联接不紧密导致的欠发达地区农产品卖难、市场主体带动效应不明显等问题突出。强化利益联结机制，是促进农民增收，增加群众获得感的重要抓手。一方面，要把产业蛋糕做大，加快发展乡村产业，顺应产业发展规律，立足当地特色资源，推动乡村产业发展壮大，优化产业布局，让产业辐射效应更加明显。另一方面，要把产业链条做长，用市场思维，强链拓链补链，走生态优先、绿色发展新道路，走差异化、特色化发展之路，将市场主体、村集体、低收入群体通过更长的产业链条在不同的生产环节多方联结起来，带动更多新业态和更多群众参与。

3.2 要狠抓思想道德建设

乡村振兴，既要塑形，也要铸魂。一是切实加强农村思想道德建设，推动社会主义核心价值观融入农村，提振农民群众精气神。二是扎实开展形式多样的群众文化活动，建立乡村公共文化服务体系，弘扬“重孝”“尚贤”等中华传统美德，孕育农村社会好风尚。三是广泛普及科学知识，推进农村移风易俗，旗帜鲜明地反对各种不良风气和陈规陋习。四是高度重视农村青少年教育问题和精神文化生活，特别关心关爱农村留守儿童健康成长。

3.3 要突出生态文明建设

加强生态文明建设、打造生态宜居家园，事关乡村经济社会可持续健康发展大局。一是全面加强污染综合防治。加强生活垃圾、生活污水、农业面源污染和规模化畜禽养殖污染治理，推广使用高效、低毒、低残留农药，推进农作物病虫害绿色防控和统防统治融合发展。加强土壤污染、地下水超采、水土流失等治理和修复，接续推进农村人居环境整治提升行动。二是广泛开展生态、绿色创建。深入开展环境秀美、生活甜美、乡村和美专项活动，持续推进宜居乡村、幸福乡村建设，倡导节约生活用水、用电，禁烧垃圾秸秆，促进资源回收利用，减少资源消耗和减少烟尘排放，打造田园牧歌、青山绿水、温馨和谐的美丽乡村。三是健全生态文明制度体系。建立完善生态补偿制度、主体功能区区域政策、吸引社会资本投入污染治理和环境保护等政策措施。建立健全生态红线管控制度。四是大力发展生态经济。以产业发展生态化、生态产业化为主线，大力发展生态产业，推进绿色经济、循环经济一体化发展，使生态优势转化为经济优势。

3.4 要强化城乡融合发展

建立健全城乡融合发展体制机制和政策体系是一个系统工程，目的在于重塑新型城乡关系，走城乡融合发展之路，促进乡村振兴和农业农村现代化。一是要坚决破除体制机制弊端，推动城乡要素双向自由流动、平等交换。二是要推动新型工业化、信息化、城镇化、农业现代化同步发展，加快形成工农互促、城乡互补、全面融合、共同繁荣的新型工农城乡关系。三是要推动公共服务向农村延伸、社会事业向农村覆盖，加快推进城乡基本公共服务的标准化、均等化。

4 三个“过硬”强化保障

习总书记指出，要建设一支政治过硬、本领过硬、作风过硬的乡村振兴干部队伍，选派一批优秀干部到乡村振兴一线岗位，把乡村振兴作为培养锻炼干部的广阔舞台。艰巨任务必然需要过硬作风。

4.1 坚持思想引领

脱贫攻坚的伟大成就，极大增强了全党全国人民的凝聚力和向心力，极大增强了全党全国人民的“四个自信”。成绩的取得离不开党的全面领导，离不开习近平关于扶贫工作重要论述的思想指引。乡村振兴必须坚持把党的全面领导放在第一位，坚持思想引领、学习在先，以习近平新时代中国特色社会主义思想为根本遵循，以习总书记关于乡村振兴重要讲话精神为指引，继续发挥各级党委总揽全局、协调各方的领导作用，结合宜昌实际，把党中央决策部署贯彻落实落地。

4.2 突出实践锻炼

2020 年 9 月，总书记要求年轻干部要努力提高七种能力，这对每个同志来讲，都是一个必须长期坚持的课题。能力过硬是立身之本，过硬的工作本领需要在实践中锤炼。要深刻领会“把解决好‘三农’问题作为全党工作重中之重，举全党全社会之力推动乡村振兴”核心要义，在实践中锤炼过硬政治能力。乡村振兴更多考验是促进发展的能力，是创造性解决乡村发展“顽疾”的展示，甚至需要有超常规方法创造性开展工作，这更需要在实践中不断提升改革攻坚能力。乡村振兴的主战场在农村，主体是群众，还需要我们在实践中提升群众工作能力，努力激发群众内生动力。

4.3 锤炼过硬作风

脱贫攻坚的实践证明，打硬仗、打胜仗拼的就是作风。从脱贫攻坚到乡村振兴，我们从事的工作不再是熟悉的领域，有的甚至是从未涉足的陌生领域。五年过渡期，工作任务一点都不比脱贫攻坚战任务轻，必须拿出拼的劲头、抢的意识，以更加严、紧、硬、实的作风强力推进，尽全力让包括脱贫群众在内的广大人民过上更加美好的生活，朝着逐步实现全体人民共同富裕的目标继续前进。

二十余载科技支撑 坚守绿色发展初心

王 旭

广东省农科院质标所（以下简称“质标所”）作为省级农业科研机构，是绿色有机地标定点检测机构，主要开展农产品质量安全相关领域研究、绿色有机地标检测和技术支撑工作。现就我们所做工作做以下汇报。

1 发挥检测与预警技术优势，严把高质量农产品安全关口

一是积极承担中国绿色食品发展中心认证检测和监督抽检任务。严格遵守各项要求，确保整个工作流程切实做到抽样规范，检测严密，判定准确，报告及时，从技术上为品牌农产品从源头到终端把好产品质量安全关。近三年，完成各类绿色食品检测 865 批次，有机农产品检测 71 批次，地理标志农产品 158 批次。二是为申报和证后监管提供技术支撑。通过对掌握的数据进行分析，结合“合作社绿色食品质量安全预警项目”“绿色食品瓜果和蔬菜产品质量安全风险预警”等课题研究，针对品牌农产品生产管理中的薄弱环节，归纳总结出品牌农产品在标准、监管、认定方面存在的易忽略环节和风险隐患点，进行原因分析并提出对策建议，为品牌农产品的申报和证后监管提供科学依据，降低品牌农产品的质量安全风险。三是积极参与华夏有机农业研究院支撑体系建设。参加《有机农业发展蓝皮书》、有机农业生产技术指南的编制，以及“构建绿色优质农产品标准体系及典型宣传”课题，为整体体制建设提供技术支撑。

2 集成高质量农产品生产技术，完善高质量农产品标准体系

质标所作为最早成立专门开展农业标准研究科室的省级科研机构，从 2003 年开始就参与中国绿色食品发展中心组织的绿色食品标准体系规划研究、标准制定修订、标准验证等工作。在产品标准编制过程中，遵循绿色食品安全、优质、环保和可持续发展理念，充分收集整理相关标准和法律法规、实测数据，深入基地、市场和企业调查研究。制定产品标准时，以食品安全国家标准、绿色食品准则类标准以及相关产品质量安全风险评估结果为主要依据，研究对比 CAC、美国、欧盟和日本等相关国际标准体系，同时兼顾相关产品生产实际水平和贸易状况，既体现绿色食品高于普通产品的生态环境要求和品质质量要求，又确保标准能够指导企业规范化生产，体现绿色食品产品标准的科学性、先进性、实用性。在广东省农科院食品营养与健康协同中心的平台下，承担中心品质研究等课题，建

立农产品品质评价体系，为高质量发展提供技术支撑。目前质标所累计完成了35项绿色食品标准的制定、修订，约占全国的25%。

3 加强院地合作，指导基层开展农业绿色生产转型

以《绿色食品标志审查工作规范》《绿色食品现场检查工作规范》《有机产品生产、加工、标识与管理体系要求》为基础，结合绿色食品和有机产品标准体系配套技术资料，用好广东省农业科学院“共建平台、下沉人才、协同创新、全链服务”的院地合作新模式，通过以专家服务团、科技特派员、带培本土专家等方式打造出的科技队伍，在全省范围内有针对性地开展绿色有机农业生产培训与现场指导。已在粤东西北10多个主要农业地级市开展服务工作，为广东省农业向绿色生产转型做了丰富的储备，有助于减少生产经营主体今后在品牌农产品申报过程的时间周期，也有助于提高绿色食品工作机构的技术审查效率。

“十四五”是绿色有机地标品牌农产品发展的重要战略机遇期。广东省农业科学院质量标准与监测技术研究所将按照新阶段农产品质量安全的工作定位，围绕绿色食品“十四五”期间总体工作思路，聚焦稳发展、保安全、提品质、铸品牌、赋动能、增效益这6个着力点，结合广东省推动农业农村现代化“十四五”规划，以科技创新为着力点，从检验检测、技术研发、技术集成、社会服务多方面发挥省级绿色食品技术服务机构的职能，为我国绿色食品事业持续健康发展做出应有的贡献。

济南市农产品质量安全追溯监管体系建设现状分析与建议

陈　丽

农产品质量安全是食品安全的基础和保障，农产品追溯是农产品质量安全监管工作的重要抓手，是落实属地管理、部门监管和生产主体责任的重要途径。2013 年，习总书记在中央农村工作会议上指出，“要抓紧建立农产品质量和食品安全追溯体系，尽快建立全国统一的农产品和食品安全信息追溯平台”“食品安全监管，要用最严谨的标准、最严格的监管、最严厉的处罚、最严肃的问责，加快建立科学完善的食品安全治理体系”。近年来，中央 1 号文件连续对农产品质量安全追溯提出要求，各地农产品质量安全追溯体系建设逐渐提上日程，农产品追溯监管迈出新步伐。2017 年以来，济南市农业局制定农产品追溯、农资监管、监测数据平台建设实施方案，强化政策支持和资金投入，全市范围统一搭建农产品追溯监管综合平台。现就济南市农产品追溯平台建设及运行状况，做如下分析。

1　平台建设背景

当前，社会各方面对农产品质量安全工作要求越来越高，中央有部署，产业有需求，人民有期待。党的十八大以来，习近平总书记多次就食品安全做出重要指示批示，从“四个最严”“产管并举”的监管要求，到强调食品安全的民生、政治定位，再到明确属地管理、党政同责的责权体系，与时俱进地提出了一系列关于食品安全工作的新思想、新理念、新论断。这些战略思想，是习近平新时代中国特色社会主义思想的重要组成部分，也是新形势下，我们做好农产品质量安全工作的行动指南。建立健全农产品追溯体系是农产品质量安全监管的关键，是强化农产品生产经营主体责任，实现农产品质量安全智慧监管的有效途径，是推进质量兴农、绿色兴农、品牌强农的重大举措，对增强农产品质量安全保障能力、提升农业产业整体水平和提振消费者信心具有重要意义。

济南作为山东省会城市，城乡居民消费结构不断升级，优质农产品和服务需求快速增长，“好不好”“优不优”逐步成为新的需求。济南市农业局经组织多次外地考察学习和专家论证后，制订了全市统一建设农产品追溯、农资监管、监测数据综合追溯监管平台实施方案，确立以实现农产品追溯、农资监管为目标，以“三品一标”认证企业、规模化生产基地、农民专业合作社等为重点，打造农产品追溯基点，以农资经营企业等为重点，打造农资监管基点，建设全市综合追溯监管综合平台。综合平台分市、县（区）、镇（街道）三级管理权限，以市追溯监管平台为中心，互通农业县区分平台，以镇街道追溯平台为基础，按辖区范围逐步覆盖生产经营主体。全面构建农产品生产基地、合作社、农资经营店、农户和消费者共同参与，多方联动的济南市农产品质量安全追溯监管体系。

2 平台建设基本情况

2.1 农产品追溯平台

以生产基地、龙头企业、家庭农场等新型农业经营主体为主要监管对象，围绕农产品、畜产品、水产品质量监管，建设农产品生产主体追溯基点。将生产主体的产地信息、企业信息、生产过程信息、质量检测等信息纳入平台数据库，为农产品建立"身份证"，实现农产品的全程可追溯。追溯基点建设主要配备：信息录入设备、二维码打印设备、检测辅助设备、监控设备等。农产品生产经营主体身份码结构见图1。

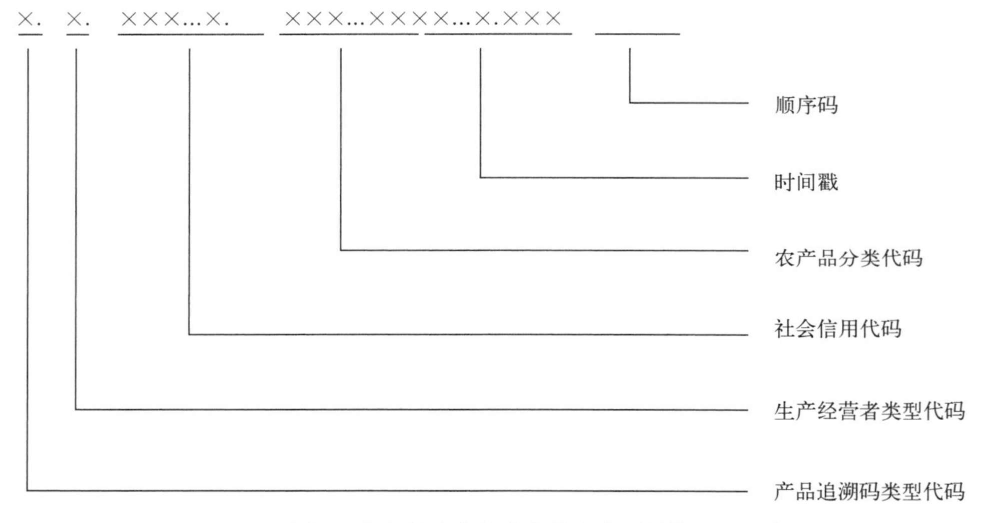

图1 农产品生产经营主体身份码结构

2.2 农资监管平台

以农药监管为监管对象主体，以规范经营使用为重点，建设农药经营主体监管基点。将经营主体基本信息、农药进销货信息、出入库信息、实名购买信息、监管执法信息等纳入平台，实现农药流通全过程的可追溯。追溯基点建设主要配备农药经营监管一体机、二维码扫描设备、身份信息识读设备、监控设备等。

2.3 监测信息平台

农残检测一体机实时上传检测信息，且检测数据具有不可更改性，简化检测程序，确保监测数据的真实性。

农资监管平台流程见图 2，农产品质量检测系统功能模块见图 3。

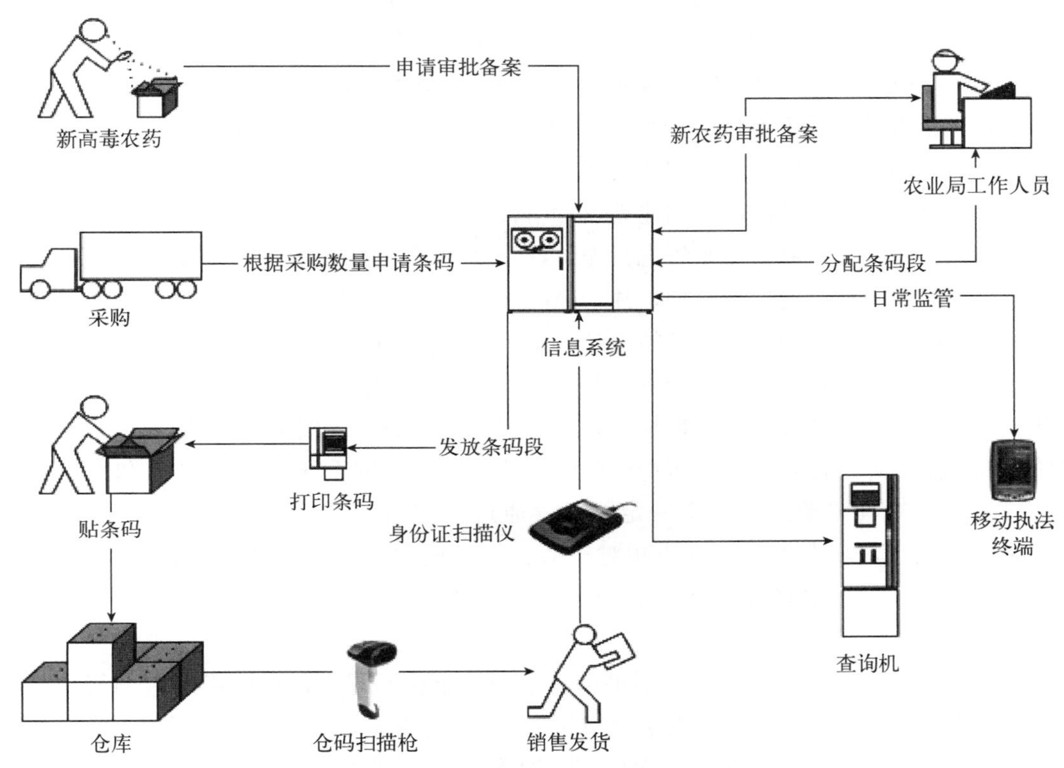

图 2　农资监管平台流程

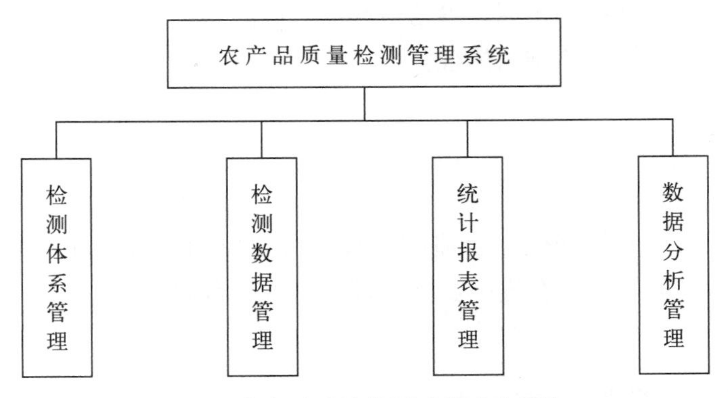

图 3　农产品质量检测系统功能模块

3　平台运行状况分析

现阶段，济南市农产品追溯、农资监管、监测信息平台已完成三期建设，全市 715 家农产品生产主体和2 218家农资经营主体纳入平台管理。综合监管大数据展示，生成农产品追溯二维码15.3万余个，农药进销货记录160万余条，快速监测数据140万余个，初步形成了农产品源头可溯、记录可查、过程可视、流向可循的智慧化监管模式。但从生成的农产品追溯二维码与监测数据的不对称来看，还存在农产品快速检测使用率较高，追溯系统利用率不够的问题。通过实地调研和分析研究，笔者认为有以下三点原因：

一是实施追溯管理主要是市场行为，现行法律法规缺少强制性要求。2014年，农业部、食药监总局联合出台《关于加强食用农产品质量安全监督管理工作的意见》，提出了农业部门和食品药品监管部门共同建立以食用农产品质量合格为核心内容的产地准出管理与市场准入管理衔接机制。山东省先行先试，于2017年全面推行韭菜产品“双证制”管理，也仅是对单一产品的追溯管理，并未全面推行，现行的法律法规对农产品进入流通环节、市场开办者查验、记录农产品的追溯信息，未做强制性要求。

二是实施追溯管理会增加生产者经营成本，目前市场环境下，追溯产品还难以体现出市场价值。农产品生产经营主体数量庞大，以农户为主的小规模生产经营格局没有改变，传统的农业生产经营模式下，主体责任意识依然淡薄。追溯系统的信息录入和农产品的快速检测等，对具体操作人员有一定要求。通过济南市各区县的追溯、监管基点调研情况来看，大多数从业者文化素质相对较低、年龄偏大，对新生事物的认知相对迟钝，对开展农产品质量追溯的认识不足，这也增加了农产品质量安全追溯体系运行的成本和难度。

三是农业生产主体发展水平很不平衡，市场需求也不平衡，全面推进追溯管理难度大。通过对流通环节的调研，济南市大型商超和批发市场对农产品追溯和质量安全检测信息要求较严，但大部分小型商超和农贸市场对农产品追溯的要求不高，执行进货记录不严，再加上大多数消费者对农产品质量追溯的认识不足，消费时不会特意选购贴有可追溯码的农产品，也很少主动扫码追溯，参与追溯的农产品得不到消费者普遍认同，优质可追溯农产品并不优价，市场价值难以体现。

4 建议和对策

结合济南市农产品质量安全综合追溯监管平台建设和运行中存在的问题以及原因分析，借鉴其他地区经验，认为在进一步开展综合监管平台建设和运行管理工作中，要着重把握以下四点：

4.1 严格落实“挂钩”要求

按照农业农村部农产品追溯“四挂钩”要求，落实平台建设与农产品质量安全县（区）复核、专项整治、开展示范园区创建、绿色食品和有机食品认证及续展，特别是有关项目扶持等工作深度“挂钩”，突出生产经营主体责任，确保平台管理高效运行。

4.2 着重树立示范基点

以乡镇为单位，每乡镇优选1～2家农产品追溯基点和农资监管基点树为示范基点，复制推广成功的建设和运行经验，加强对示范点经验的总结和交流，以点带面地推进全区域农产品质量安全追溯管理。

4.3 突出重点，加强管理

突出重点主体，将标准化示范园区、蔬菜标准园、农业合作社、农药经营示范店这些生产经营主体，率先纳入追溯监管；突出重点区域，结合日常监管执法工作，将隐患较大的农业生产区域和农资经营区域纳入追溯监管；突出重点产品，结合各区县实际特点，确定产品生产者监管名录，推动产品范围追溯逐步覆盖。

4.4 广泛宣传全民参与

进一步加强对农产品追溯监管体系宣传，畅通农产品追溯查询、投诉渠道，提高农产品质量透明度，积极引导消费者认知追溯标识码，认可追溯标识码带来的安全信息，引导生产者认识到追溯农产品广阔的市场前景，让市民消费得安全、吃得放心，食用可追溯农产品逐步成为习惯。

创想“广式”乡村新发展

——浅谈推动广东乡村振兴的对策与建议

刘香香

乡村振兴，是党的十九大做出的重大决策部署，是习近平新时代中国特色社会主义思想的重要组成部分。乡村振兴，是基于我国现代化发展全局的重要战略目标，是国家总布局与国家发展的核心和关键。广东省作为我国改革开放“排头兵”“领头雁”，紧随时代脚步加入“乡村振兴”之列。过去，由于农业在全省所占 GDP 较少，科技投入相对较低，农业农村发展受到限制，广东农业不仅与省外部分地区拉开差距，粤东西北的不平衡发展也让地区间差距拉大。在乡村振兴的大背景下，广东农业要抓住机遇、加足马力、持续发力，打响乡村振兴的“广式”招牌。

1 走对路，打开“广式”乡村新发展思路

定好方向，找对路子，才能迈开步子。广东省农业发展必须走出一条具有自己特色的“广式”乡村振兴之路，在政策引导下，理清家底，分析自身发展的优势与劣势；对症下药，明确发展目标与着力重点；扎实推进，用规划配套行动方案落实细节。

1.1 政策引导，积极响应国家号召，牢固植入“乡村振兴”新思想

从美丽乡村到乡村振兴，乡村振兴战略的实施在不断积累、不断丰富。中央出台了一系列实施乡村振兴战略的政策、文件，提出了多项举措：2005 年 10 月，党的十六届五中全会提出建设社会主义新农村的“美丽乡村”建设；2007 年 10 月，党的十七大提出要统筹城乡发展，推进社会主义新农村建设；2016 年 2 月，《国务院关于深入推进新型城镇化的若干意见》提出开展特色小镇建设；2017 年 2 月，中央 1 号文件中指出大力推进“田园综合体”试点工作；2018 年 2 月发布的中央 1 号文件，全面部署实施乡村振兴战略；2018 年 9 月刚发布了《乡村振兴战略规划（2018—2022 年）》等。广东省委省政府多次组织各级部门学习乡村振兴战略内容与精髓，各级部门建立联动机制，采取系列行动，分别制定了《广东省“一村一品、一镇一业”富民兴村三年行动方案（2018—2020 年）》《广东省乡村振兴科技创新行动方案》《乡村振兴科技支撑行动计划》等行动指南。政府职能不能限于传达政策、制订方案，更重要的是要做好政策解读与宣传，让乡村振兴通俗易懂、思想能深植人心，从上至下全民齐参与，各界共行动，形成一股合力，

集体加入乡村振兴行动中来，带动全民自愿走、坚定走、坚持走“广东乡村振兴”之路。

1.2 理清家底，分析广东实现乡村振兴的优势与短板

梳理广东发展特色，不难发现，改革开放造就的“广式”精神为乡村振兴战略实施提供了强劲动力。广东省作为改革开放的排头兵，有“敢为天下先”的气魄，在创新思维方面得天独厚，思想开放，敢想，敢做；改革开放40年，广东经济的腾飞与招商引资为乡村振兴积蓄了雄厚的财政力量，能为乡村振兴的产业扶持提供坚强后盾，能想，能做；人才的不断流入，为广东省乡村振兴走在全国前列储备了大量的技术、管理、服务人才，可想，可做。但客观存在的短板也绊住了发展的脚踝，在实施乡村振兴战略中亟待解决：一是还存在城乡发展、产业发展、市场发展的不平衡以及技术需求的不平衡；二是农业生产结构不合理，优势特色产业不够突出，缺少竞争性产品；三是优势、特色农产品有不少，但在国际市场上具有显著影响力的知名品牌屈指可数；四是农业经营方式较落后，农业发展与小农户衔接不够紧密，适度规模经营发展不足，农业生产规模化、产业化、组织化程度均不高。

1.3 明确目标，做好科学规划，让广东农业大有可为

实现乡村振兴的重点是产业兴旺，广东省可借助科技创新优势，在产业兴旺上重点多下功夫，发挥农业科技对乡村振兴的支撑作用和引领作用。给自己定个“小目标、大理想”：通过农业科技创新，不断加快农业供给侧结构性改革，坚持“质量兴农、绿色兴农、科技兴农”，推动农业质量变革、效率变革、动力变革，打造现代农业生产、经营、产业发展体系，融入科技力量，创造更高价值，让农业成为值得奋斗的产业，让农民成为有吸引力的职业，让广东农业大有可为，值得期待。

2 用对人，挖掘各类农业农村人才优势与价值

推动广东乡村振兴，要用对、用好各类农业农村人才，让科技专家开展的高精尖研究内容走出实验室服务农业；让农技推广人员总结大地上的实用性技术指导农业生产；让更多符合现代农业发展要求的创新主体加入农业大发展中。

2.1 专家把脉，发挥科技支撑与创新驱动作用

推动广东乡村振兴，需要把专家请进来，团队动起来，科技投进来，专业用起来。要充分发挥科研专家的知识优势，通过建立“农村科技特派员”“支农服务专家”等专家库，聚集专家智慧，根据农业需求，邀请专家为具体的乡村工作把脉确诊。同时，要注重团队力量，加快学科团队发展，加强人才队伍建设，做到老中青梯队结合、学科优势互补，尤其在现代农业产业园建设中要积极组建符合各产业需求的专家服务团，抱团攻坚办大事，

解决产业发展中遇到的多头交叉问题。注重农业发展，给予农业基础研究更多经费投入，鼓励科技人员实现前瞻性基础研究和原创性重大成果突破，不断用科技创新增补新技术，推动农业各领域创新发展。

2.2 技术落地，培养农业科技推广人员“扎根”精神

推动广东乡村振兴，需要培育更多推广型人才，加强科技推广、成果转化力度，把科技成果写在大地上，让技术落地生根，开花结果。农村实用性技术人才的流失严重，是一个不可回避的问题，由于农产品附加值低，农业价值得不到体现，传统“去农”思想的存在让越来越多的年轻人不愿意接受农村，选择逃离。因此，建议为农业从业人员创造良好的农业从业环境，加强农业推广人才培养，为年轻人提供更多学习与培训机会，为农业企业、合作社等新型经营主体负责人和技术人员、新型职业农民、农村致富带头人和基层科技人员等提供更多的实用技能培训，让农业科技回归大地。

2.3 主体进阶，带动农业积极性，减少发展“慢”效应

推动广东乡村振兴，需要改变农业从业人员现状。坚持农民主体地位，把乡村振兴的主导力量激活。单纯靠扶贫对接、提高农民生产积极性的老套路已无法满足现代农业发展需求，新时代的农业主体应践行市场主导、政府支持的原则，充分发挥市场在资源配置中的决定性作用。促进农业主体的升级进阶，培育龙头企业、农民合作社、家庭农场等一批新型主体，推广“龙头企业＋合作社＋基地＋农民”“专业市场＋合作社＋农民”等经营模式，融入社会化服务模式，完善新型经营主体与小农户的利益联结机制，从而提高农业发展组织化程度，为农业发展提速，减少农业生产周期过长导致农业回报“慢”的效应。

3 使好力，创新广式举措打响广东名片

质量过硬是发展之基，农业之本。推动广东乡村振兴，就要抓住乡村振兴的主动脉——“质量兴农”。当前，农业正处在转变发展方式、转换增长动力的攻关期，质量兴农更为迫切。推动农业的质量变革，是今后我国农业政策改革和完善的主要方向。实施质量兴农，要结合农业供给侧结构性改革，加快转变农业发展方式，因地制宜、科学规划，发挥优势、突出特色，推动农产品加工业从数量增长向质量提升、要素驱动向创新驱动、分散布局向集群发展转变。配以实施食品安全战略，加快完善制定、修订农兽药残留限量标准，建立农产品质量安全标准体系；加强监管体系建设，推进农产品生产投入品使用规范化；加快建立农产品质量分级及产地准出、市场准入制度。

唐山市滦南县李营村党建促乡村振兴的有益探索与实践

赵　凯

习近平总书记鲜明指出，中国要强农业必须强，中国要美农村必须美，中国要富农民必须富。党的十九大吹响了乡村振兴的伟大号角。如何使农业成为有奔头的产业、农民成为有吸引力的职业、农村成为安居乐业的美丽家园，使党的各项政策在农村落地生根，有效地增强农村基层党组织的内生功能，是摆在各级党委和农村基层党组织面前的一个崭新课题。滦南县李营村围绕抓党建、促乡村振兴，构建现代农业固本培基、富民强村之路，为不具有区位、资源、基础等优势的普通农村振兴提供了可学、可复制的成功模式。

【背景情况】

李营，河北省滦南县姚王庄镇一个普通村庄，现有人口 780 人，党员 68 人，村两委干部 5 人。有 1 420 亩耕地，远离城镇，交通闭塞，盐碱土地，传统耕作，曾是一个出了名的穷村、乱村。30 多年来，在全国劳动模范、全国人大代表、全国优秀退伍军人、全国优秀党务工作者、村党支部书记李志刚的带领下，不依不靠，不等不要，充分发挥基层党组织战斗堡垒和党员先锋模范作用，埋头苦干，锐意进取，闯出了一条组织强、产业兴、生态美、乡风正、治理好、生活富的振兴之路，人均收入从 300 元增长到 7 万元。

【关键创新】

滦南县李营村 30 多年来的产业转型升级之路，关键是不断创新乡村治理体系，通过加强组织建设带领群众致富、壮大集体经济。一是刀刃向内，自设紧箍咒。新支部一上任，就向村民公开了两委班子“约法五章”：送礼不要、吃请不到、办事讲公道、待客自己掏腰包、亲戚朋友不许沾光；规定了“村官四必”：村干部必须把公事当作家事，必须为村庄看家护院，必须把家庭建成不讲条件支持干部工作的“后院”，必须带群众发家致富。33 年来铁律如山、雷打不动。直到今天村财务账上没有一分钱待客开销。村里办事有人略表心意，都被村干部拒收。二是先锋引路，党性变财富。党员率先垂范，与群众同心同向，实干担当，敬业奉献，点燃起全村干部群众干事创业激情，村庄建设党员带头出义务工已成常态，没有性别差异和年龄界限：2000 年安装管灌节省资金 1 万元，2008 年新民居加装红顶节省资金 12 万元，2012 年建人工湖节省资金 125 万元。30 多年累计出义务工达到 10 万多个，节省资金五六百万元。2018 年建农村党员培训基地，党员干部连续在村委会吃住 70 多天，夜以继日摸爬滚打，2021 年建党建文化墙、“五心”微景观，党员干部的身影依旧活跃在工地上，出谋划策、出工出力，让老典型焕发新活力，提前工期又节省了开支，被群众誉为“老虎队”。三是民主管理，制度编笼子。村两委干部不专断、不揽权，坚持民主科学管理。党务、政务、财务公开，村干部年度述职评议坚持不辍，重大事项坚持“一事一议”“四议两公开一监督”，民主决策“工作十法”。2009 年规划建设新民居有两个困难，一怕新建楼房与左邻右舍不统一闹意见，二怕投资较大没人报名。村两委多次召开会议，充分发扬民主，反复研究论证，让村民自己做主，赢得群众广泛赞誉和高度信赖。

【特色做法】

一、调整产业结构 30 年不间断，让农民在农业上得实惠、有奔头

1988 年，李营进行了第一次产业结构调整——旱改稻，按每人 1.2 亩调整规划出成方连片的 800 亩土地。打井 8 眼，开渠超过 2 万 m，架设高压线 800 m、低压线 1 300 m，建扬水站 8 座，解决了没有水灌溉的问题；近学邻村，远学柏各庄农场，解决了没有种植技术的问题。秋后，800 亩稻田亩产 600 kg，一亩地收入 900 多元，是种玉米收入的 15 倍，相当于县城一个职工大半年的工资。李营一下甩掉了穷帽子，找到了生活的尊严和自信。1989 年又改种稻田 500 亩，稻田总数达到 1 300 亩，年水稻亩产 625 kg，亩效益达到 1 675 元。

1993 年，李营党员干部带头，第一次搞起“稻菜双茬”，为群众致富试水搭桥。一茬水稻，一茬甘蓝，“一变二”模式让土地效益翻了一倍。之后接连实施了拱棚蔬菜、冷棚蔬菜、中棚蔬菜、温室棚菜、猪-沼-菜一体化生态棚菜和现代农业示范园。2005 年，全村1 420亩土地全部统一调整，投资 2 700 万元以上，建成了 100 个生态大棚、361 个温室大棚、1 300 个中冷棚，实现了全村没有一块裸露土地，第二年就全部收回了成本，人均收入达到 2 万元。八次产业结构调整与升级，使李营现代农业特色明显，内涵更趋成熟、丰富和完善。目前，李营全部种植绿色无公害蔬菜，这些菜棚将李营的土地占得满满的，远远望去，仿佛白浪翻腾，一片银色的海。注册的“青傲”牌商标声名远扬，产品远销京津、东北三省、西藏、新疆、内蒙古、广东等地。

二、绕开土地承包经营权羁绊，成功调整土地，让农业留住农民

多年一贯的家庭承包经营，多呈现一家一户土地块状分布、经营各自为政的粗放式、无序化形式，难以实现集约化、规模化经营，不利于推进农业机械化、现代化，致使农村、农业丧失了对农民的吸引力，劳动力流失严重，发展步伐迟滞不前。李营在实践中探索出一条崭新路径，在家庭经营基础上，对全村土地统一规划、统一标准、统一施工、统

一管理，成功绕开家庭承包经营体制下土地调整流转困难的羁绊，农村土地始终保持集体所有属性，始终保持效益不断攀升的活力。如今，李营村普通一家三口，十几亩地几个大棚，一个生产周期毛收入可达 20 万～30 万元，虽然劳动强度很大，但是是快乐的。这充分说明了农村之所以留不住劳动力，是因为没有找到真正能够富民强村的产业路子。

李营之所以能够成功调整土地，一在产业调整对路，在全村达成了共识，深得民心；二在村集体对产业调整的大力支持，以及采取的系列优惠优待措施。一直以来，李营棚菜的日常经营管理由各户村民负责，而路、水、电、泵则由村集体统一管理、配备和更新，相关种植管理技术培训等也由村子统一组织实施。强大的村集体做村民的坚强后盾，把硬化路从村民家门口修到田间地头，村民可以开着汽车去种菜。如此优越的条件，村民自觉服从统一规划，自觉让棚菜生产进入全村土地规模经营模式之中，家庭经营与规模管理做到了深度融合。

三、开办“绿色银行”，发展壮大集体经济，让集体收益盆满钵满

李营为壮大集体经济，积极盘活资产，发挥造血功能，大力开展了“植树造林”，这成了李营的“绿色银行”。李营整合 50 亩机动地，投资 50 万元购进紫叶稠李、北美海棠、栾树、金叶榆等 36 个高档树种 1 万多株，并建成高档绿化苗木繁育基地，在主街栽种黑油松，换茬后栽上糖槭树，现代农业示范园中占地 4 亩的两座温室花棚里栽植着非洲菊，五年一个周期，每年收入约 10 万元。此外还从邻近的生理庄、刘道口、沈道口、洪庄等村流转土地建成苗圃基地，种植北美海棠、紫叶稠李、法国梧桐、国槐、糖槭等 30 多种名贵苗木，每年可获利 30 多万元。

正是李营能够将村集体经济做大做强，才保证了全村各项事业的发展投入，为村址办公楼建设、人工湖建设、村民活动中心建设，以及村中街道修筑、街道照明设施配备、田间路建设，打井办电及设施设备更新等等，源源不断地提供着强有力的资金支撑，让李营永远保持着日新月异、潮头唱风的雄姿，成为新时代乡村振兴的标杆。

【工作成效】

一、产业发展，现代农业崛起、民富村强

棚菜种植给了李营人丰硕的回报和强大的内生动力，李营人也从曾经的“泥饭碗”变成了“金饭碗”，幸福指数节节攀升。目前村民人均收入达到 7 万元，超过了众多上班族，全村拥有生产用车、生活用车 180 多辆，有 50 多户在滦南、乐亭、唐海、曹妃甸、唐山、天津等城市购买了住宅楼。村民们在棚菜种植销售旺季勤恳劳作，淡季驾车到城市、海边等景区休闲游玩，已成李营村民生活常态。

二、宜居宜业，乡村生态更优、环境更美

踏入李营，立时会被村子独特的风貌所吸引。村子洁净、整隽又安静。2020 年《在

希望的田野上》系列电影唐山单元之《斑斓村庄》在李营村开机拍摄，生动展示了李志刚书记的光荣事迹和李营村的美丽蝶变：古香古色的牌坊，纵横有致的街巷，样式统一为徽派建筑风格的主街门楼，形似庑殿顶式的红顶屋舍，点缀其中的别墅式小楼。花木繁茂，村内村外不同天，内成景，外成林，四季披绿，三季飘香，处处洋溢着美丽乡村生态宜居的祥和瑞气。

三、乡风文明，社会治理有序、德显风正

李营村不断创新社会治理，依靠自治、法治、德治这“三大法宝”，使李营从曾经的“有女不嫁李营村”，变成了如今的全国文明村、国家民主法治建设示范村、全国乡村治理示范村，《改革内参》刊发了《“李营实践”走出乡村治理鲜活路径》，唐山市委书记张古江同志批示：抓好推广。2022 年初在李营村设立“李志刚调解室”，充分发挥全国人大代表身份优势和示范引领作用，创新基层矛盾纠纷多元化解机制，成效显著，乡风文明已成为李营村民的一种自觉自愿，人人乐享文明成果。

【经验启示】

到过李营的人都会疑惑，不具有任何优势的普通村庄为何发生如此巨大的变化？探其原委，李营的美丽蝶变，离不开强大的组织动员力。

启示一：突出政治功能，才能形成强大的引导力

讲党性、重品行、顾大局，是李营的“政治名片”。村里开办两个夜校培训班，党员夜校每月一期，农民夜校每季一期，必有课程是传达党的路线方针政策，教育党员群众坚持政治方向和政治立场，严守政治纪律和政治规矩。浓厚纯正的政治舆论氛围，使李营在重大问题上听不到杂音，风雨考验前看不到踌躇，负重奋进前见不到懈怠，从干部党员到全体村民，始终保持同心画圆、同向发力的精神状态，始终凝聚齐心协力建设美好家园的磅礴力量。

启示二：筑牢宗旨观念，才能形成强大的凝聚力

李营村两委为自己量身定做了三个身份。第一个身份是当公仆，把权力还给群众，叫“权力还原法”。第二个身份是做乡亲，把感情融入群众，叫“入心入境法”。第三个身份是当靠山，把“保险”送给群众，叫“遮风挡雨法”。党支部主动负责、勇于担当，在权力上给自己做减法，在利益上给群众做加法，形成了取信群众、聚合群众、团结群众、带领群众的强大凝聚力。

启示三：完善治理体系，才能形成强大的动员力

李营有一个成熟的支部引领模式。党支部与村两委交叉任职，全党会议充分发扬民

主，形成决议后不折不扣地执行，避免了党支部、村委会自说自话、推诿扯皮。李营有健全的制度保障体系。党务、政务、财务公开做成常态，村干部年度述职评议多年一贯，重大事项坚持“一事一议”“四议两公开一监督”。李营有一套完善的宣传发动系统。板报专栏、广播喇叭、农民夜校、入户宣传、明白纸、“一卡通”，各种方式让宣传区域不留死角、不存盲区，群众第一时间接收上级方针政策，真真切切感受到惠在何处、惠从何来。

启示四：强化主体责任，才能形成强大的执行力

党支部深谙廉洁自律是干部执行力的重要前提和保障，上任时就向村民公开了两委班子《约法五章》：送礼不要、吃请不到、办事讲公道、待客自己掏腰包、亲戚朋友不许沾光。外出办事从来不打车，远行坐汽车、火车，近处骑自行车、摩托车。30年来，《约法五章》铁律如山、雷打不动，赢得了群众的信任。村民们说，“干部这样做，我们没得说，他们指向哪里，我们打到哪里!”

熊关漫道真如铁，而今迈步从头越。2022年，姚王庄镇党委政府探索“双碳”背景下的农业农村全新发展模式，建设新时代美丽乡村。继续发挥李营村“全国先进基层党组织”的引领示范作用，依托李营村党建文化，传承红色教育；依托“光伏＋”新技术，发展高科技设施蔬菜，“青河沿上党旗红”的党建品牌将越来越靓，引领新时代美丽乡村建设创造更大的辉煌!

（一）品牌建设，打造具有广东特色与亮点的明星产品

标准化的生产、品牌化的运营，是现代农业打造明星农产品的制胜法宝。标准化生产是基础，振兴广东乡村振兴，应引导农业龙头企业大力推进标准化生产，结合质量安全的全程控制和追溯管理，加快创建“三品一标”农产品，打造具有岭南特色的优势农产品品牌。随着“三品一标”农产品的群众接受度、市场认可度越来越高，农业生产中对“三品一标”认证的需求越来越大，需要更多相关的技术指导与培训，为农业企业做好“三品一标”认证服务，打造优质品牌，提升企业竞争力。农业品牌建设，要以品牌提升质量，以品牌引领消费，开展类似“广东名牌”等优质农产品评选活动，“省农博会”品牌宣传推介活动等，打造一批能立足广东，走向全国的安全优质的农产品品牌，带动广东农产品品牌化发展。

（二）绿色发展，促进农业产业结构调整

广东新名片应以“绿色”作底，填写“乡村振兴”的关键信息，展现“广式”魅力与内涵。推动乡村振兴，就要想方设法保障农业农村的可持续发展，坚持绿色生态为导向，将文化和生态改造有机结合，为农业的天然绿色增添人文情怀，农业生产装点中华优秀传统文化中的“原乡”元素，在发展农业现代化的同时能望见山水、记住乡愁。谨记习近平总书记“绿水青山就是金山银山”的指示，注重农业生产中的绿色生态环境保护，合理规划农业种植，减少土壤污染风险，按照科学规划、创新发展、整合资源、标准建设的原则，优化要素配置，促进农业产业调整，推进优质现代农业产业园建设，落实农业供给侧结构性改革，培育农业农村发展新动能，力争广东省现代农业产业园建设走在全国前列。

行而知天下，“广式”乡村振兴的路子，要脚踏实地、认认真真地走过，才能确定行走方式是否正确，要实时总结、不断探索，才能走得更远。如今，“乡村振兴”的大旗已经在全省及全国范围内传递，时代赋予我们的使命，就是坚定不移地走社会主义道路，我们要挥舞好手中最具有时代特征的鲜明旗帜，用科技创新助力，不断创造农业发展的新奇迹。

多措并举为农产品质量安全保驾护航

杨　凯

农产品质量安全是百姓最关心的事，人民群众既吃得健康营养，又吃得安全放心更是民生大事，农产品质量安全跟人民的生命安全与社会和谐稳定息息相关。2022年是实施“十四五”规划的关键之年，是北京冬奥会举办之年，是党的二十大胜利召开之年，是我国踏上全面建设社会主义现代化国家新征程、向第二个百年奋斗目标进军的重要一年，也是加快农业现代化的关键一年，而农产品质量安全是农业高质量发展的基础保障，是农业现代化的关键环节。倘若农产品质量安全得不到保障，那么农业现代化便是“镜中花、水中月”。

当前，我国农业生产布局逐步优化，农业资源利用率明显提高，设备和技术支撑更加有力，经营规模和效益稳步增长，农产品质量安全水平稳中向好。农业农村部按照党中央、国务院决策部署，全面落实习近平总书记“四个最严”“保数量、保多样、保质量”等重要批示精神，始终坚持“产”“管”并举，不断出台相关政策，以提高农产品质量安全为第一要务，切实保障人民群众“舌尖上的安全”，农产品质量安全工作成果显著。但是，我们应该清醒认识到，在农业发展取得巨大进步的同时，农产品质量安全依旧是“三农”工作的短板，农产品质量安全风险隐患依然存在，推进农业高质量发展仍然面临一系列问题和挑战。主要表现在：生产经营者质量安全意识不强，农产品质量安全理念尚未普及；农产品标准化生产的制度体系不健全，质量安全风险隐患犹存；农业生产经营方式粗放，资源和农业投入品过度消耗、产地环境治理难度大，资源环境约束日益趋紧；农产品质量安全监管体系基础薄弱，“农业投入品从生产到投入”和“农产品从种养到产出”的过程监管人员不足，监管意识和执法水平有待提高，关键监管点不到位；农产品检测体系不健全，农产品检测机构及相应的设备和人员都难以满足农产品质量安全检测工作的需要；农业大而不强、多而不优，重大原创性前沿性农业科技成果匮乏，基层农业技术人员欠缺。“冰冻三尺非一日之寒”，造成以上问题的原因是多方面、深层次的，不能“眉毛胡子一把抓”，而应该“一把钥匙开一把锁”，必须坚持以实施乡村振兴战略为总抓手，以实现质量兴农为目标，以农业质量效益和竞争力为中心，在巩固当前工作成效基础上，坚持质量、效益优先，把“基层规范化、全面强监管”摆在突出位置，牢牢守住农产品质量安全底线。健全制度体系、推进农业标准化、严格监管、加强宣传培训、加大财政投入、提升基层农业科技水平、建立农产品“溯源”体系，多措并举，推动农业高质量发展行稳致远，切实保障农产品质量安全。

健全制度体系，扎紧农产品质量安全的篱笆。保障农产品质量安全，必须全盘考虑，统筹兼顾，从全产业链的角度来进行制度设计。加强检测体系建设，推进农产品检测平台建设，充分利用现有检测资源，鼓励以引进第三方检测机构、购买技术服务的形式开展农产品质量安全监管，加强基层检测队伍建设；各部门要加强协同配合和信息交流共享，建立完善的联合执法机制，提高农产品质量安全事故的处置能力和快速反应能力；健全农产品例行监测制度，要通过建立和实施农产品例行监测制度，开展农产品市场准入性检验，充分发挥政府的监督作用；建立完善科学的诚信体系，对违法农产品生产企业和种养经营户进行诚信失范的记录，对诚信企业扶优扶强，对失信企业实施联合惩戒；合理制定和实施农产品质量安全年度监测计划，推进农产品质量安全监管常态化、手段多样化、队伍标准化，增加检测频率，扩大检测覆盖面，建立农产品生产实时动态监管系统；健全农产品质量安全预警机制，严加保护农产品产地环境，严格管控农业投入品生产、经营、使用；实行农产品质量安全责任追究制度，开展农兽药、化肥、饲料和饲料添加剂等农业投入品市场整治，依法查处农产品质量安全违法行为，防范质量安全风险。

推进农业标准化，夯实农产品质量安全的基础。农业标准化目的是保护农业生态环境、提高农业生产效率和农产品质量安全水平。以美国和欧盟为例，发达国家和地区的农业标准化大都是通过建立农业标准和技术法规、操作规范和质量认证，提供多方面的社会化服务来实现的。完善的标准是评价农产品质量好坏的基础，是农业现代化的重要支撑。目前我国农产品国家标准、行业标准、地方标准相对滞后，无法全面反映农产品质量安全状况，许多标准与农业绿色发展不适应。应当根据农产品质量安全风险评估结果积极制定修订各类农产品生产、贮运标准和农业投入品标准，鼓励和规范有条件的社会团体制定农业行业标准，实现我国农产品质量安全标准与国际标准的对接，构建科学、严谨、适用的标准体系。鼓励和引导新型农业经营主体扩大农产品标准化生产经营规模，积极推动农产品提质升级，在“菜篮子”大县、畜禽水产大县、现代农业产业园推行标准化生产，并把是否按标准化生产作为政策扶持的重要条件，加强产地环境治理，推广绿色生产方式，推进农兽药、化肥等农业投入品减量增效，从源头上保障农产品质量安全。

加大财政支持力度，增强农产品质量安全的底气。要将农产品监管和检测经费足额纳入财政预算，财政兜底有关软硬件基础设施建设，切实加强县乡级平台服务条件与能力，不断提高业务技能和监管能力；要进一步提高农业产业补贴力度，鼓励高素质人才下乡发展绿色农业，通过各项优惠政策资金的引导，鼓励农产品生产企业和个人与银行、保险等金融机构加强合作，加大投入，提升农产品质量安全的资金保障能力；要实行低毒、低残留农业投入品补贴制度，安排专项资金，组织协调财政、农业、林业等部门，选定实施补贴的低毒、低残留农业投入品，制定具体补贴办法和补贴标准，选择部分农产品主产区的合作社、农户开展低毒、低残留农业投入品补贴试点，鼓励和引导农产品生产者使用低毒、低残留农业投入品，把不合格农业投入品彻底淘汰出市场，确保农产品生产者买到低价安全的农业投入品，从而降低农产品质量安全风险。

加强宣传培训，把稳农产品质量安全的船舵。各省农业农村厅要协调省内农业高校、科研院所、农业科技示范企业等多方力量，组建一支高水平的省级农产品质量安全专家队伍，从“产”到“管”为农产品质量安全监管提供技术培训，为农民提供多元化、全方位服务，培养现代“职业农民”。明确培训内容和重点，优先培训乡镇监管队伍技术骨干，再由乡镇监管队伍技术骨干采取“以点带面”的培训方式，实现乡镇、村培训全覆盖。强化对县、乡镇、基地的检测人员、监管人员、农产品生产企业、农业合作社、农场以及种养户的培训，提高各级监管、检测及执法人员的法律素质和业务能力，提高生产者法律意识、诚信意识、安全意识及科学生产水平，大力宣传培训农兽药、肥料、饲料和饲料添加剂使用规范，严格落实安全用药间隔期、休药期制度。所有农业投入品经营者、检测人员必须经过培训，考核合格后方可持证上岗，进一步提高生产环节的安全可靠性。针对人民群众普遍关心的农产品质量安全热点问题，充分利用电视、报刊、网络、广播等多种方式，广泛开展农产品质量安全知识、农业法律法规和农业技术知识宣传活动，扩大宣传培训面，真正做到家喻户晓，提高农产品生产者和广大消费者对《中华人民共和国农产品质量安全法》等一系列法律法规的认识，增强依法维护自身权益的意识，使消费者成为参与者与监督者，推进农产品的安全生产和放心消费，增强全社会的农产品质量安全意识和对农产品质量安全的重视程度。

提升基层农业科技水平，补齐农产品质量安全的短板。截至 2021 年底，全国农产品质量安全检验检测机构 2 297 家，农产品检测人员 2.41 万人，平均每 6 万人中只有 1 个农产品质量安全检测员。在农产品质量安全检测中，检测员的专业素质对保证农产品质量安全检测的准确性至关重要。目前一部分检测员对相关政策了解不全面，专业技能水平不高，对检测工作不够重视。应通过组织相关检测机构参加能力验证和农业技能竞赛等方式开展岗位技能练兵，激发基层检测技术人员苦练技术内功的积极性，提高基层检测员的整体素质。研发和引进农业现代化投入品和设备，如研发“无公害、无残留”的绿色农兽药，科学防治病虫害，采用大规模机械化农产品生产方式，从“人拉肩扛”到全程机械化，从“靠经验”到“靠数据”，推进农产品生产集约化、机械化、智能化，打通科技成果与产业对接的“最后一公里”，加快农业科技成果转化。习近平总书记强调，“中国现代化离不开农业现代化，农业现代化关键在科技、在人才。”要以完善农业科技推广体系和培养农产品质量安全检测人才队伍为支撑，按照“重推广成效、重服务基层”原则，持续开展结对帮扶，充分发挥省部级及部分发达城市农检机构技术、人才和管理优势，帮扶县级农检机构。职称评审和科研奖项向基层倾斜，激励农技人员扎根基层、服务基层，促使省直科研单位专家下沉基层，带动市县基层农技人员一起做科研、共同搞推广，提高基层人员技术水平。

建立农产品“溯源”体系，筑牢农产品质量安全的堤坝。把农产品质量安全追溯体系建设作为保障农产品质量安全的重要举措，努力保障老百姓“舌尖上的安全”。建立完善追溯平台，建成覆盖省市县三级的农产品质量安全追溯平台，并与国家和其他省级平台实现数据对接和互联互通。严格落实农产品准出准入制度，把合格证、质量追溯“二维码”等作为农产品产地准出与市场准入的有效凭证，构建以农产品质量追溯和合格证管理为核心的农产品“溯源”体系，为农产品建立“身份证”制度，让消费者通过扫码等方式就能清楚地看到农产品的产地环境、农业投入品、农产品生产过程、企业资质证明等信息的图片、视频，实现农产品从生产到销售全程的质量安全可追溯，满足消费者的知情权，解决产销信息不对称问题，提高农产品生产销售透明度，打造农产品从“田间到舌尖”的全流程质量安全监督的“溯源”体系。

完善监管体系，守住农产品质量安全的底线。必须把农产品质量安全监管工作贯穿于农产品生产的产前、产中、产后的全过程，做到全程无死角。确定监督重点，有针对性地实施监督计划，围绕农产品农兽药非法添加、违禁使用、重金属超标、制假售假等问题，持续开展农兽药残留、重金属、违禁投入品等专项整治行动。当前药物违禁使用等突出问题主要集中在“一枚蛋”（鸡蛋）、“一只鸡”（乌鸡）、“三棵菜”（韭菜、芹菜、豇豆）、肉牛肉羊、“四条鱼”（加州鲈、乌鳢、鳊、大黄鱼），这是农产品质量安全领域的“老大难”问题，各地应严格按照农业农村部要求，加大重点品种的监督抽查力度，提高抽检比例，发现不合格产品及时向社会公布，采取“一个问题品种、一张整治清单、一套攻坚方案、一批管控措施”的“四个一”治理模式逐个解决。农产品生产的主体是农民，乡镇、村两级最了解农民，对农产品生产管理情况、农产品质量安全状况最清楚，加强农产品质量安全监管，最关键、最基础、最直接、最有效的是乡镇、村两级，但目前农产品质量安全监管人员最少、力量最弱、手段最差、制度最缺的又恰恰是乡镇、村两级。因此，要把人力、物力、财力、政策等资源向乡镇、村两级倾斜，壮大基层监管力量，完善基层监管手段，强化基层监管责任，把农产品质量安全问题解决在基层。积极借鉴发达国家农产品质量安全监管的经验，在法律法规的基础上，全面加强农产品质量安全监管机构和技术支撑体系的建设，明确专业人员的权限及分工，提高农产品质量安全监管的工作效率和应急反应能力。各地围绕“区域定格、网格定人、人员定责”，不断织密监管网格，压实监管责任，创新监管方式，提升监管能力，确保农产品质量安全监管有机构、有人员、有制度、有手段，切实强化农产品质量安全网格化管理体系，全力保障农产品质量安全。

习近平总书记深刻指出，“人民对美好生活的向往，就是我们的奋斗目标。”我们唯有多措并举，用心用情用力保障农产品质量安全，努力满足人民群众对优质农产品的需求，不断提高农产品质量安全水平，让农产品质量安全既“看得见”，又“摸得着”，在新时代新征程上持续谱写农产品质量安全新篇章。

十年旅程十年心

——我与农产品质量安全这十年

赵　洁

前言

农产品质量安全已成为我工作和生活的关键词。算来进入农产品质量安全领域刚好十年，十年之前是2008年，这一年，汶川地震让无数人心念逝去的生命，北京奥运会让国人振奋拼搏，三聚氰胺事件让我们开始认真审视食品安全。还有，这一年，第一批90后步入大学，开始一段全新的人生旅程。

小时候的豇豆

我正是2008年步入大学的90后之一。在那之前，我只是湖南湘江沿岸一个小村庄里农民家的孩子。村庄不大，却正好处于湘江迂回弯曲形成的小盆地，土质肥沃，种植的蔬菜鲜嫩爽甜，远近小有闻名。也因如此，为了增加些收入，村里基本家家户户都种了蔬菜，种类多但面积不大，种个几分地是常有的，1亩以上就是大户了。印象中，小学、初中放学后的下午，我会随着母亲在自家地里摘菜。最不喜欢摘的是长豆角（豇豆），虫子特别多，看着头皮发麻。为了让菜贩看到好品相的豆角，卖个好价钱，我的任务就是把有虫洞的那截摘掉，或者把虫洞明显的豆角扎在每一捆的深处，最后再把品相太差的豆角留下做晚餐。所以，每次豆角成熟前，我都会问母亲，这豆角，今年还会长虫吗？然而，无论是喷药还是母亲带着我们几个孩子去地里摘虫，虫子的生命力永远顽强。除了最初的几茬长势喜人，后面的基本都被虫子吃得不成样子，卖不了几个钱。我只希望能再多打些农药，虫子少一些，卖的价钱好一点。农产品质量安全是个什么概念，我还不知道。

大学的课程

2009年，学院开了两门必修课，分别是作物栽培学和植物营养学。我们学习了农作物栽培的施肥原理，这是作物与外界进行养分交换的一个过程，适时追肥还可以提高农作物产量和品质。与施肥一样，病虫害防治也是农作物栽培的一个常规环节，是为了减轻或防止病原微生物和害虫危害作物而采取的必要措施，从而尽量避免农作物减产，提高农业产业的经济价值。在两门学科的框架下，我对农产品质量安全似乎有了一些概念。

学什么方向？

2011 年，是大家选择读研还是踏入社会工作的一年。我早早决定了要读研，却还没有下定决心要向哪个方向深入研究。在学院自习室复习的某一天，无意间发现学院展览墙上贴着一位老师的个人简介，写着“王富华，农业部蔬菜水果质量监督检验测试中心（广州）常务副主任，主攻农产品质量安全科学研究，是农产品质量安全检测机构考核评审员、农业部热带作物及制品标准化技术委员会委员……”回想起来，还记得我在那块展览墙边细细看了许久，心里想着“原来还有‘农产品质量安全’这个方向，好像有点意思”，于是当下便做了决定，我要跟着这位老师学习！在展览墙的指引下，我离农产品质量安全有些近了。

农产品质量安全的初领悟

2012 年，大学毕业，正式踏入硕士研究生学习，有幸跟随的就是主攻农产品质量安全研究的王富华老师。暑假里，我得知了硕士研究方向是重金属污染控制，其他两位同学一个研究农药残留，一个研究农业标准化。于是我开始了每天在重金属的领域看论文做实验的日子。这时的农产品质量安全之于我，是“重金属污染＋农兽药残留＋标准”的组合名词，是研究有害风险因子的特性，通过检测与评估，制定相关标准和操作规程，指导农作物安全生产，尽可能减少风险因子的危害程度，保障农产品质量安全。我好像进入了农产品质量安全的领域，知道了一些专业知识。

品质的价值

2014 年，硕士毕业，进入了一家为广东名牌农产品服务的社会组织，离农产品质量安全好像又远了些。一年的时间，我跟随团队走遍南粤大地，品味岭南特色农产品，访问优质特色农产品的生产经营者。总结下来，对于优质特色农产品的生产经营来说，在产品安全的基础上，优异的品质和品牌形象才是提高经济价值的关键。例如，我调研的连州水晶梨，口感脆甜生津，和普通的市面上销售的梨口感不一样，好到不爱吃梨的人也喜欢吃。消费者如果了解到其种植过程的标准化和规模化细节，吃得就更放心了。普通的梨只能卖 2.5 元/kg，而他们的基地出场价就已达到 5 元/kg，还供不应求。但只有少部分农业生产经营者深谙农产品质量安全的潜在价值，并为其付出行动。更多的还是粗放的生产种植模式，进入市场时只能被动选择。

回归农产品质量安全

2015年，机缘巧合，我进入广东省农业科学院农产品公共监测中心工作，终于又回到农产品质量安全的领域，而彼时的我对于农产品质量安全的认识，已然有了新的领悟。前些年，所有的工作都是在为保障农产品安全而努力，从监管、科研到科普，上下皆如此。最关键的是此前在我的认识里，理所当然觉得“质量安全”就是一个词组，却从未想为何是质量在前，安全为后。然而，工作还是按部就班地做着，质量方面的研究还未有涉足。

标准规范化

2016年的春节，我问家里的长辈，现在的豇豆还是那么多虫吗？长辈们说还是有些虫，只是现在喷的都是低毒高效的药，虫子没之前多了，而且都知道了要提前喷，喷了药就过段时间再卖。过去喷的那些高毒农药现在去镇上农资店也买不到了。如是，小农户的生产管理习惯已经随着时代在逐渐改变，如果成千上万的小农户的生产管理都能严格依照《中华人民共和国农产品质量安全法》以及相关标准规范，中国的农产品质量安全问题关键真的就是如何让质量更优、效益更高的问题了。此时不研究，更待何时？

博士的小目标

2017年，我考取了中国农业科学院农业质量标准与检测技术研究所的博士研究生，跨入了农产品质量安全的另一个领域——品质。想从解析优质特色农产品的特征组分着手，一则可以为品牌农产品提供真伪鉴别的技术，二则希望通过研究特征组分的代谢机理，为提高农产品品质的关键技术提供支撑。然而，每一个生命体的生长都是一个动态发展过程，要想找到精准的特征化合物谈何容易。长途漫漫，我将用尽全力探索品质的奥秘。

领略核心智囊团

2018年，又有幸前往农业农村部农产品质量安全监管司借调，在日常工作中领略部署农产质量安全工作核心智囊团的工作思路，也了解了在推动中国农产品质量安全工作前进的路上，他们奉献了多少个加班和假期。在一份份材料和报告提交后，4月，农业农村部将2018年定为“农业质量年”，提出“质量兴农、品牌强农”，要求扎扎实实落实农业质量年八大行动。大家深知，农产品质量安全事业的巅峰才刚开始，持续扎实开展农产品质量安全各项工作才能满足人民群众对日益增长的美好生活的需要。

结语

时间来到 2022 年，眨眼间 3 年疫情已过，我和同事们在习惯病毒存在的同时，继续开展着农产品质量安全的系列工作。感慨着时间不声不响地走远，世间万物也在悄然变化，我们身处其中，唯有主动应变。世界在变，格局在变，农产品质量安全工作也在逐步推进，我对农产品质量安全的认识也更加深刻、全面，我将继续努力前行。特行此文，以期下一个更加美好的农产品质量安全之十年，并谨以此文感谢我的老师——王富华研究员引领我进入农产品质量安全领域。

一路的农产品质量安全

耿安静

小时候，妈妈种菜很辛苦、很慢速，因为她用的是草木灰和茅缸里的“农家肥”，妈妈说草木灰既可以杀死害虫，还可以当肥料，“农家肥”是庄家的宝，种出来的菜又壮又靓，还比较有菜味。可是这些积攒起来好慢，菜也慢慢长，所以每种蔬菜妈妈每年只能种一次，没有像现在的种植一年好几茬，但收获的时候蔬菜真是色泽鲜亮、个大饱满、风味纯正，“产量”多的菜妈妈都送隔壁邻居或者卖掉，被“消费者”连连称赞。同时，妈妈每年在菜园的同一块地方都种不同的菜，我当时觉得这样还得记去年种了啥好麻烦，也许是妈妈记性好，也许是妈妈知道这样菜种得更好，反正妈妈每年都这样换来换去，还人工拔草，真是累，种菜之前深翻菜地晒几天大太阳“耽搁时间”，但种出来的菜都被夸，真的比好多人会种菜。其实，那个时候农村还是会使用农药的，因为农田、果园会长草，作物、果树会生虫，每天晚上县电视台都会重播一个农技推广人员在田里说现在是某某病害的高发期，要用某某农药。那时候我对农药的认识大体上有 3 种类型：一是喷施在作物、果树、杂草上的农药有治疗效果，但有些药要一年要喷好几次；二是打药要分时间，要不然人不是中毒就是中暑；三是农药很毒，喝农药丢性命的案例已经不稀奇了（主要是因为吵架），但爸爸的故事让我一想起来就起鸡皮疙瘩，他说以前有一种农药很毒，当时一个农民不相信，就用手蘸了一下放在嘴里就口吐白沫死了……小时候农村家里养猪、养鸡都很慢，鸡都是放养的，虽说鸡有时候也会跑到菜园吃菜，但主要还是在家附近活动，晚上回来再喂些谷子，一只鸡要养好几个月才能宰杀或者生蛋，而一头猪长得就更慢了，需要等到 11 月份才宰杀，而爸爸说那是因为天冷了猪光吃不长才宰的，虽然长了接近一年，但猪 60 kg 也是最大值了，估计是因为每天吃的都是蔬菜叶、米糠、麦麸，远远没有饲料那么香、那么有富有营养……猪圈大，但只有 2 头猪，而且妈妈每天都打扫卫生，猪也很少生病……那个时候我从没想过农药残留和兽药残留，也不知道什么是重金属，只是知道从菜园、果园摘的果子不洗就吃容易拉肚子、长蛔虫……

上中学了，通过化学课才知道什么是金属、非金属，才知道什么是有机物、无机物，但老师主要讲分子式、反应式、分子质量……我好奇的是为啥金属还能产生气体，而且还是能点燃的气体，从来不知道空气是啥竟然还可以分为好多种气体呢……可是老师从来没讲过重金属超标、农药的毒性，对农产品的质量与安全的认识还是停留在原有的农药毒性上，丝毫没有转移到农产品上（说实话，那个时候也不知道什么是农产品），即使有农药残留，也是先洗再吃……

上大三了，学校开设了“食品安全”这个专业，可是我选择了我自己喜欢的“食品科学与工程”，因为我听说这个专业到时候有很多实验可以做吃的，专业课讲食品工艺、食品机械、食品营养成分、食品添加剂……这些也真是为了做更好的食品、延长保质期而设置的，感觉都是好的方面，让我对未来制作出琳琅满目的食品充满了信心。而对食品腐败啥的，我们都是从常识上分析是微生物惹的祸。那个时候听说、看到“食品安全”专业的同学们课很多，学的也好偏，什么食品毒理学、食品免疫学、食品检验检疫学、食品质量检验技术、食品微生物检验技术、现代食品安全科学……而我那个时候只是庆幸自己没有选择这个专业，想着“毒理”“免疫”等跟生物化学相关的都避而远之，这也太折腾人了吧……

开始上班了，第一个工作任务就是采土采菜测重金属，这是跟我的专业有两大 180°转变：由有益变成了有害、由有机变成了无机，后来被人调侃增加了一个从“火坑”掉进了“土坑”的转变，这让我顿时吓着了，通过这个工作任务让我感觉这也不能吃、那也不能摸，甚至是要处处戴口罩，因为空气中都可能有重金属，而实验室又配有抽风设备，专门对准了仪器，还有汽车尾气排放……有的重金属用王水都降解不了，但有的重金属又容易挥发，手摸、鼻吸、皮肤渗透、口入……人吃多了致癌致畸，看着那些畸形的图片，想着曾经还吃过长在学校主路旁的杧果，都真想用手抠出来……每当我经过有水的小溪、池塘、江河时，如果不是清澈见底，我总是想是不是重金属超标了……每当我路过垃圾站或者垃圾桶，我都在想固体废弃物到哪里去了，会不会引起土壤重金属超标呢？同时，我也逐渐认识到每天吃的大米是最容易富集重金属的，而蔬菜、水果是可能含有农药的，新闻也报道了“毒韭菜”“姜你军”“蒜你狠”“向钱葱”“豆你玩”……尽管“猪坚强”“牛魔王”“羊贵妃”让我们老百姓大大缩小了购买量，但它们仍可能含有兽药残留，对一个爱吃瘦肉、喜欢苗条身材的人来说“瘦肉精”是多么的无奈，几乎每天都吃的“鸡蛋”、堪称“鸡中魁首”的乌鸡、富含不饱和脂肪酸的“鱼类”也都有了负面报道……每天吃的东西都这么的让人心惊胆战，我该怎样说服我而后说服消费者呢？我在风险评估中、在基础研究中、在科学认知中……

上班 5 年了，我懂得了重金属有它的形态，不同形态的重金属毒性不同，特别是自己研究的砷，从砒霜的剧毒到砷糖砷碱的几乎无毒，才让我放心吃海带、紫菜，而且认识到即使土壤重金属超标了，农作物的重金属不一定超标，例如，广州的垃圾菜真的超标吗？不一定、不一定、不一定，这是我们研究的结果，确切的结果……农业农村部每年公布的农产品的安全合格率均在 95%以上，现在也有了种类繁多、毒性小的生物农药，而国家在不断禁用、限用高毒农药，农资和农产品检测力度也在不断增加，检测技术不断提高，一针下去可以测几百种农药、几十种重金属，县级农产品检测实验室已经建立起来，企业自检系统已经开始了常态化运作，村里也配了农安协管员……我开始放心地吃了，在安全方面也可以给消费者以肯定的、自信的答复了……

上班 10 年了，曾经大范围、大规模施用化肥的种植户也逐渐发现长期施用化肥，土壤也没那么听话了，不仅没有长出来大量的、好吃的农产品，反而是土壤板结、植株体弱多病、果实少量少靓，种植户自己都不吃了，也因化肥农药的大量施用而成本高、收益低，开始购买农家肥、有机肥，或者自己堆肥、沤肥，把这些富含有机质的肥料撒向了田间地头，渐渐地，农产品开始量大、靓丽了……而我渐渐发现虽然消费者听到重金属、农药、兽药还是很害怕，但遇到好吃的农产品时，第一反应从来不是安全不安全，而是从哪里能买得到……消费者对农产品的关注点已经从安全转向了质量（品质）方面了，曾经听说一个荔枝卖到了 5 万元，一个不足 1 kg 的哈密瓜卖到了 100 多元，一斤有机西洋菜卖到了 100 多元，一斤地标大米卖到了 50 多元……这比肉还贵啊，或许就是因为好吃，而物以稀为贵，这样的农产品目前在市场上只能说“特供”了，有渠道才能买得到正品，而农业农村部印发的《“十四五”全国农产品质量安全提升规划》及正在推行新“三品一标”，可能正是为了解决当前农业的“优质农产品供给的不平衡不充分”这个矛盾吧……这时的我开始犹豫是继续我的重金属研究，还是开展品质研究呢……

继续上班着……尽管农产品质量安全水平持续稳定向好，但农产品质量安全问题依然存在，依然严峻：病虫草害依然存在，生产过程仍然要使用农药、兽药，土壤重金属污染防控技术仍然不成熟，防控效果依旧不稳定，农产品自然保质期仍然不长，农产品依旧发芽变质，大部分的农产品产量与质量不可兼得或俱下……随着国际贸易的不断扩大与深入，随着全国统一大市场的建设，未来的农产品不再是自产自销了，而是向着国内各个省份、国外各个国家进军了，农产品质量安全当前已经不单纯的是质量、安全的问题，而是和人体健康、社会安全、经济发展联系紧密，并且在一定程度上影响着社会稳定、国家荣誉……该怎样做才能保障农产品质量安全呢？顶层设计，长效监管，强化农产品产前、产中、产后全程控制，加强绿色生产与产后保鲜的基础研究与应用研究，增加宣传力度使种植者向着绿色、农业标准化生产的转变，通过“信用体系”的建立，使农安高于“财心”而植根于“人心”，用“良心”去生产，去经营，去换取“粮心”“人心”，进而有“信心”名利双收，实现共赢多赢。

最后，用一段话简述我对农安的看法与期待：

民以食为天，食以安为先。安以质为本，质以诚为根。一年四季讲质量，一日三餐有安全。家事国事天下事，农产品质安非小事。农业发展路千条，质量安全第一条。安全基础是质量，健康保障是安全。齐心协力抓质安，真心实意保安康。顶层设计宜早定，体制机制建而优。山水田林综合治，农林牧渔全面开。生物生长有定数，口粮药物勿多施。生产推行标准化，发展农业上新阶。绿色有机品牌化，提质增产又增效。产品提升竞争力，农民提高收益率。全程严检细把关，诚信经营为根本。保障产品安与质，提升人民幸福感！

广东省乡村产业发展现状、存在问题及产业振兴建议

甘　敏

摘要：产业振兴是乡村振兴的重中之重，是解决农村一切问题的前提。广东省作为全国乡村产业发展“第一梯队”成员，梳理广东乡村产业发展情况对推动全国乡村产业蓬勃发展具有重要意义。本文通过数据查阅、文献检索和实地调研，总结了广东省乡村产业的发展现状，对广东省乡村产业发展存在的重点、难点问题进行了深入分析与探究，并根据相关问题提出了广东省发展乡村产业，助力乡村振兴的建议，以期为广东乡村产业发展决策提供参考。

前言

产业兴旺是乡村振兴的重中之重，是缩小城乡差距、补齐城乡短板的重中之重，是解决农村一切问题的前提。“十三五”以来，广东省上下坚持以习近平新时代中国特色社会主义思想为指导，全面贯彻党的十九大和十九届历次全会精神，深入贯彻习近平总书记对广东系列重要讲话和重要指示批示精神，立足新发展阶段，贯彻新发展理念，构建新发展格局，落实高质量发展要求，立足省委“1＋1＋9”工作部署，以全产业链发展为路径，已基本构建岭南特色鲜明、承载乡村价值、创业创新活跃、利益联结紧密的现代乡村产业体系，为全面推进乡村振兴、加快农业农村现代化提供有力支撑。

1　乡村产业发展现状

1.1　岭南特色的乡村产业发展体系基本建成

截至2021年底，累计创建5个全国农业现代化示范区。累计建成国家和省级现代农业产业园251个，实现全省主要农业县（市、区）全覆盖。农业产业集群化建设持续推进，创建黄羽鸡、金柚、生猪、罗非鱼、荔枝、橡胶等独具岭南特色的国家级优势特色产业集群6个。产镇一体、产村融合步伐加快，国家级农业产业强镇建设数量达56个，位居全国各省前列，分布在广州、汕头、河源、江门、茂名等19个地区，涉及果蔬、粮油、畜禽、水产、茶叶、南药等六大类岭南特色产业共计33个特色主导产业，全国“一村一

品”示范村镇139个，认定省级“一村一品、一镇一业”专业村2 278个、专业镇300个。已基本建成“现代农业示范区、跨县集群、一县一园、一镇一业、一村一品”的岭南特色乡村产业发展体系。

1.2 现代种养业持续高位发展

粮食面积、产量、单产实现“三增”，2021年播种面积3 319.6万亩、粮食总产量1 279.9万t；畜牧业转型升级加快，全省畜禽养殖规模比例提升到72%，总产值达1 756.6亿元，占全省农林牧渔业总产值20.3%；水产品质量稳步提升，渔业经济总产值4 087.71亿元，水产品总产量达884.52万t，其中水产养殖产量756.81万t，连续25年全国排名第一，同时打造了全国最大、最多的深水抗风浪网箱集聚区。

1.3 加工业发展活跃、农业产业化持续推进

农产品加工方面，广东依托省级农科院蚕业与农产品加工研究所建成了覆盖范围广、配置完善、服务功能突出的省级农产品加工中试公共服务平台。同时，在全国率先创新推动预制菜产业发展，助力广东成为全国预制菜产业指数“第一省”。全省农产品加工企业数量超过6 770家，实现农产品加工业18个子行业102个小类全覆盖，营业收入接近1.75万亿元。农业龙头企业作为乡村产业发展的主力军和生力军，在乡村振兴中发挥了举足轻重的作用。截至2022年3月，广东省各级农业龙头企业超过5 000家，其中国家级农业产业化龙头企业87家，省级农业产业化龙头企业1 205家；各渠道上市、挂牌融资农业企业120多家。

1.4 乡村休闲产业蓬勃发展

广东省乡村休闲产业资源丰富，消费群体潜力巨大，乡村基础设施发达。2022年4月，广东省农业农村厅出台《广东省乡村休闲产业“十四五”规划》，对广东省今后一段时期的乡村休闲产业发展进行顶层设计。截至2020年，广东省累计创建全国休闲农业重点（示范）县（市、区）10个，中国美丽休闲乡村32个，省级休闲农业与乡村旅游示范镇（点）554个；全省休闲农业经营主体8 013个，从业人数为57.89万人，接待人数1.24亿人次，营业收入143.7亿元。

1.5 乡村新型服务业创新拓展

截至2020年底，全省农林牧渔服务业产值达358亿元，“十三五”时期的年均增速达11.6%。全省农业社会化服务组织达到4.82万个，累计完成农业生产托管服务面积达3 216万亩。短视频、农产品基地连线直播、网红直播等网络销售蓬勃发展，农产品网络零售额超过590亿元。“12221”农产品市场体系建设写入省政府工作报告，产销两端整体推进，数字赋能“跨界”营销。

2 乡村产业存在问题

当前，国际环境日趋复杂，疫情冲击下全球产业链供应链不稳定性、不确定性明显增加，宏观环境中的不利因素无法回避，农业农村发展的短板弱项仍较突出，全省乡村产业发展仍存在诸多的问题，产业的发展也面临较大困难与挑战。

2.1 乡村产业链整体水平不高

广东省虽然在一二三产业融合方面获得了一定成绩，但有机融合度依然不高，产业链延伸不充分。产业融合路径混乱，部分区域三产融合仅限于简单拼凑空间，实际执行力度不足。大多数产业主要还是以传统的种植业和养殖业为主，在农产品加工方面精深加工、高附加值产品少，增收能力存在瓶颈制约，无法抵御来自生产和市场的风险，使乡村价值功能开发不充分。大多农业经营主体缺乏品牌化、规模化、标准化的产业观念，没有重视品牌宣传推广工作。虽然近年来广东省大力推进“粤字号”农产品品牌营销，发布“粤字号”农产品品牌超 2 000 个，但是真正市场知名品牌数量和知名度仍有较大提升空间，资源特色优势尚未完全转化为品牌价值。

2.2 产业集中度仍较低

乡村产业发展布局较分散、产业集聚度低，各地农业产业多是依托地域特色的南药、水产养殖、畜禽养殖、种植业，产业发展模式仍旧较为传统，多数产业未形成规模化集群式发展，产业集中度低。广东省省级农业龙头企业数虽多，覆盖面也广，但省级农业龙头企业中具备行业号召力的领军企业不足，相同产业企业不能拧成一股绳，有谋划、有计划地通过集群式发展来争取行业利益最大化。另外，虽然绝大多数农业龙头企业都建立了一些联农带农的措施，如“公司＋基地＋农户”“购销协议＋统包服务”等，但农户和新型经营主体的利益联结机制还不够紧密，许多联农带农的措施落实不到位，停留在管理制度层面，农民不能充分享受到产业发展带来的红利。

2.3 现代要素活力不足

城乡融合发展的体制机制和政策体系不完善，农业基础设施依然存在较为严峻的结构性问题，乡村产业高质量发展的土地、人才、资金等要素支撑能力不足。土地方面，由于农村土地产权以及权能问题一直悬而未决，各地对于土地方面的政策制度创新都较为谨慎，导致土地流动性一直较弱，制约了乡村产业的发展空间；人才方面，乡村产业的发展需要相关技术型人才，但农村地区对人才的吸引力较弱；资金方面，金融机构虽然积极响应政府的政策，但真正服务“三农”、惠及“三农”的金融产品较少，金融供给服务滞后明显，农业保险与抵押担保等金融服务水平较低。同时，乡村网络、通信、物流等设施整体依然薄弱。

3 乡村产业振兴建议

农业产业的建设和发展是全面实现乡村振兴的重要抓手，后疫情时代对乡村产业的发展也提出了极大的挑战。现阶段，应清楚认识到乡村产业发展中存在的主要问题，以“建体系、促融合、强链条、育主体”为路径，积极构建“跨县集群、一县一园、一镇一业、一村一品”现代乡村产业体系，奋力开创产业振兴新局面，助推广东省乡村振兴迈进全国第一方阵。

3.1 加快构建岭南特色乡村产业体系、优化产业结构布局

产业园建设方面，要继续建设特色农业产业园，形成四级产业园梯次创建；创建一批功能性产业园和跨县集群产业园，探索创建加工服务、现代种业等一批功能性产业园，支持广药、农垦、供销集团等一批“链主”企业创建跨县集群产业园，带动一批优势产业全产业链升级。优势特色产业集群方面，推进现代农业与食品战略性支柱产业集群建设，形成粮食等10个千亿级子集群以及茶叶等5个数百亿级子集群。加快推进国家优势特色产业集群项目建设，促进现代农业与食品产业集群向全球价值链中高端稳步迈进。示范村镇方面，要进一步推进“一村一品、一镇一业”提质扩面，创响一批“粤字号”品牌，支持乡镇聚焦1个主导产业创建农业产业强镇。

农业产业结构布局的整体优化工作，可从以下4个方面入手：①实现区域整体结构的优化，结合传统农业发展模式具备的优势作用及自然环境条件等，统筹规划农业未来发展趋势，划分主导农业发展区域；②实现农业整体产品结构的深入优化，划归核心区为重点区域，促进发展其他产业，确保协调化发展各种农业产业；③实现一体化发展模式的优化，协调农村环保及牲畜喂养之间的关系，促进发展有机农业和绿色农业；④升级农业产业结构，实现产业的多元化融合。

3.2 纵深推进农村一二三产业融合

加快传统种养业转型升级步伐。推动农产品加工业前伸后延，最大限度释放农业内部的增收潜力。进一步强化省级中试平台的服务功能，推进3个省级农产品加工园区和一批市、县级加工园区建设。大力发展预制菜产业，打通农产品产加销全链条，推动农业发展从生产导向转为消费导向，扩大农产品影响力、解决卖难问题，助力农民稳定增收。深入实施农业领域对接RCEP（区域全面经济伙伴关系协定）十大行动计划，优化农产品国际贸易结构。

推动建设乡村休闲产业发展智库，构建乡村休闲产业“12221”体系。拓展农业多种功能，支持发展农产品加工观光工厂、乡村民宿、学农劳动实践基地、乡村康养等新业态。继续创建一批休闲农业重点县、休闲农业与乡村旅游示范镇（点）、中国美丽休闲乡村等。促进农业与旅游、教育、文化、康养、乡村民宿等产业功能互补和深度融合。培育发展中央厨房、观光牧场、休闲渔业、海洋牧场、阳台园艺等新业态，发展农产品个性化

定制服务。探索发展乡村共享经济，支持利用乡村闲置农房、田园等资源建设共享农场。推动数字技术与乡村产业深度融合，推广乡村产业数字化应用场景。

3.3 优化提升农业全产业链

探索可复制、可推广的制度创新，及时总结并根据实际情况推广揭阳市“链长制”创新经验。融合创新链，发展一批农业高新技术产业，集成创制先进适用的新技术、新装备；依托各类科研平台，攻关突破一批品种选育、加工提纯等关键技术难题。优化供应链，鼓励各类农业经营主体合作建立农业供应链体系，发展种养加、产供销、内外贸一体化的现代农业。提升价值链，以拓展产业增值空间为重点，开发特色化、多样化产品，提升产业附加值。畅通资金链，统筹利用财政涉农资金、地方专项债券等资金渠道，发挥社会资本投资作用，加大对农业全产业链优质品种、专用农资和基地建设的支持。

3.4 加大龙头企业、领军企业培育力度

扶持一批龙头企业牵头、家庭农场和农民合作社跟进、广大小农户参与的农业产业化联合体，构建分工协作、优势互补、联系紧密的利益共同体，实现抱团发展。在政策方面给予龙头企业更多支持，以现代农业发展情况为基础，设立可行的资金奖励政策，引导更多资本倾向于农业科技含量较高的农产品项目。相关政府部门应积极开展招商引资活动，吸引更多外地客商与本地资本投资兴办农业企业，培育更多新型农业龙头企业落户。鼓励当地科技创新能力强、具备农产品特色的农业企业成长为领军龙头企业，在以市场需求为导向的前提下，提升种养殖技术水平，合理调整生产基地结构，促进新工艺、新技术、新材料、新设备的高效应用。

3.5 吸引、留住和培养农业农村专业化人才

产业振兴、乡村振兴人才是关键，围绕产业，精准引人，努力留住，针对产业需求去培育人才，才能够提升人才的使用效率，在每一个环节都能够实现人才的充分供给，破解人才供给上的短板，才能够更好地助力农业产业的发展。①主动吸收人才，促进农业产业升级和优化，人才的吸收少不了政府部门的支持和引导，有关部门可聘请农业方面的研究员或专家等教育培训农业管理者与生产者，做好区域农业发展的指路人。②对于农村区域吸收的外部人才，应从各视角兼顾人才的实际需求，如兼顾其子女教育、健康医疗、住房保障等一系列问题，以满足其基础需求，留住专业的人才。③应对区域的农民进行培训和科学教育，构建和完善农业生产服务保障机制和奖励体系，确保基于奖励政策和培训的综合影响下真正提升农业的专业化生产能力，力争培养出大量的专业化农业人才。

4 结语

广东的乡村产业发展因结合现代社会对农业产业提出的相关要求，全面深化构建乡村产业体系，并在全面分析挖掘当地农业特色的基础上，规划本地区的农业产业布局，通过龙头引领，建立紧密的利益联结机制，促进农民增收、增产，获得更高的综合效益，带动乡村全面振兴。

我的水稻日记

李汉敏

时光荏苒，不知不觉毕业已经快五年了，得到收集文章的信息，说实话，自己有点不知该从何下笔，回首过去，自己在学术上毫无建树，除开毕业论文外，也就发表了一篇有关苦丁茶的小论文，并且发表的这棵独苗还不是权威期刊，着实难登大雅之堂，思前想后，要不自己还是接地气点，写写自己种水稻的心得吧，毕竟在读研期间，自己与它多少还算有点缘分，至少不会出现语塞的情况，实在不行，把毕业论文乾坤大挪移，兴许也还尚可，毕竟一年的心血全在它了，想来方才动笔，写了这篇水稻日记。

说到日记，其实也不尽然，毕竟这时间周期俨然不是一天，而是一个学期，回想开展水稻种植的日子，那段经历还是比较难忘的，最初跟着安静师姐辗转，从大田到天台，从水培到土培一路试验，尽管进展的过程并不十分顺利，但终归还是有不少收获，通过查阅相关文献，尝试各种营养配方，以及日常观察水稻生长及采样后消解测试等一系列操作，终究还是为自己后续开展毕业论文打下了坚实的基础，至少在心理层面上来说是不慌了，明确了自己在什么阶段该做什么事，哪一步需要怎样调整才能更好地达到预期，以及如何在天公不作美的情况下采取预防措施，以规避大自然带来的灾害。总的来说，也算小有收获，毕竟在实操方面有了一定的提升，因此在后面跟着陈博士开展水稻种植的时候，各个环节衔接得也还算顺畅。

这次毕业实验，我和陈博士主要是以南方地区的农作物水稻（杂交稻：天优华占，常规稻：五山丝苗）为研究对象，通过添加锑的盆栽实验，研究典型区域土壤-水稻系统中锑的富集迁移行为。从水稻分蘖、抽穗、结实三个时期分别研究水稻在锑胁迫下的生长状况以及锑在水稻各器官的分布情况，以确定锑对水稻生长的影响以及锑在水稻中的富集迁移特征。与此同时，我们还附带研究了锑胁迫对水稻幼叶中抗氧化系统的影响。得出的主要结论如下：

（1）Sb（Ⅲ）与Sb（Ⅴ）对两种水稻（天优华占和五山丝苗）有效分蘖数、株高、单株鲜重存在“低促高抑”作用，其中对天优华占百粒重影响不大。在浓度（1～100 mg/kg）处理范围内，天优华占和五山丝苗有效分蘖数、株高、单株鲜重在Sb（Ⅲ）与Sb（Ⅴ）处理下变化不明显；但在500 mg/kg Sb（Ⅲ）处理下，两种水稻各项指标下降显著，与对照组相比，天优华占有效分蘖数由11减少至7；株高下降了37.90 %，单株鲜重下降了46.51 %；五山丝苗有效分蘖数由10减少至6，株高下降了40.22 %，单株鲜重下降了66.85 %；结实期天优华占百粒重基本保持在2.22 g上下波动。

（2）Sb（Ⅲ）与Sb（Ⅴ）对两种水稻幼叶中MDA、SOD、CAT含量的影响有较大差异。对于MDA而言，天优华占和五山丝苗幼叶中MDA的含量均随处理浓度的增加而增加，低浓度处理时，两种水稻MDA含量差异不明显，高浓度处理时，两种水稻MDA含量差异拉大，且Sb（Ⅲ）处理大于Sb（Ⅴ）处理，在相同浓度处理下，五山丝苗MDA含量高于天优华占。

对于SOD而言，天优华占和五山丝苗幼叶中SOD含量随Sb（Ⅲ）与Sb（Ⅴ）处理浓度的增加先增后减，经Sb（Ⅴ）处理的SOD明显高于Sb（Ⅲ）处理，在相同浓度Sb（Ⅲ）与Sb（Ⅴ）处理下，天优华占SOD活性高于五山丝苗。

对于CAT而言，两种水稻在不同浓度Sb（Ⅲ）与Sb（Ⅴ）处理下存在一定差异：天优华占在Sb（Ⅲ）与Sb（Ⅴ）处理下，CAT随处理浓度的增加而增加，在低浓度（1～200 mg/kg）处理时，Sb（Ⅲ）与Sb（Ⅴ）处理差异不明显，在高浓度400 mg/kg处理时，Sb（Ⅲ）处理的CAT高于Sb（Ⅴ）处理；五山丝苗在Sb（Ⅲ）与Sb（Ⅴ）处理下，CAT整体表现出“低促高抑”现象。在低浓度（1～200 mg/kg）处理下，CAT随Sb（Ⅲ）处理浓度的增加先增后减；在Sb（Ⅴ）处理下，CAT随处理浓度的增加先减后增，且Sb（Ⅴ）处理的CAT大于Sb（Ⅲ）处理。

（3）Sb（Ⅲ）与Sb（Ⅴ）对两种水稻地上部与地下部锑含量的影响。天优华占和五山丝苗在Sb（Ⅲ）与Sb（Ⅴ）处理下，地上部与地下部锑含量均表现为：Sb（Ⅲ）处理地下部锑含量＞Sb（Ⅲ）处理地上部锑含量；Sb（Ⅴ）处理地下部锑含量＞Sb（Ⅴ）处理地上部锑含量。Sb（Ⅲ）处理地下部锑含量＞Sb（Ⅴ）处理地下部锑含量，Sb（Ⅲ）处理地上部含量＞Sb（Ⅴ）处理地上部锑含量，两种水稻锑含量均随着处理浓度的增加而增加，且在500 mg/kg处理时均取得最大值，Sb（Ⅲ）与Sb（Ⅴ）在此浓度处理下，差异最显著。

（4）Sb（Ⅲ）与Sb（Ⅴ）对两种水稻富集系数的影响。Sb（Ⅲ）与Sb（Ⅴ）处理对天优华占和五山丝苗三个时期（分蘖期、抽穗期、结实期）的富集系数影响较为一致。在高浓度（100～500 mg/kg）处理时，天优华占和五山丝苗各器官富集系数整体均呈下降趋势，其富集系数大小依次为：分蘖期，根系＞茎＞叶；抽穗期，根系＞茎＞叶＞穗；结实期，根系＞茎＞叶＞谷壳＞糙米；经Sb（Ⅲ）处理的茎、叶富集系数明显高于Sb（Ⅴ）处理，且随着水稻生长周期的延长，天优华占和五山丝苗各部位各时期富集系数大小依次为：结实期＞抽穗期＞分蘖期。

（5）Sb（Ⅲ）与Sb（Ⅴ）对两种水稻地上部迁移系数的影响。Sb（Ⅲ）与Sb（Ⅴ）处理对天优华占和五山丝苗三个时期（分蘖期、抽穗期、结实期）的迁移系数影响大致相同：两种水稻分蘖期与结实期迁移系数随处理浓度的增加先降后升再降，抽穗期迁移系数随处理浓度的增加而降低。

以上是水稻研究的基本成果，大体上Sb（Ⅲ）和Sb（Ⅴ）的迁移富集规律比较直观，通过测试数据可以较为明显地看到迁移富集趋势以及不同浓度的Sb（Ⅲ）和Sb（Ⅴ）分别对常规稻和杂交稻的影响，但其具体数值，姑且只能作为参考，因为水稻在种植过程中存在的不可控因素较多，由于种植条件有限，水稻种植数量及种植环境，与户外大田种植相差较远，在样本容量有限的情况下，难免存在一定的偏差，所以姑且只能得出一个定性的结论，至于精准定量方面，还有待相关科研人员做进一步的研究探索。

整体而言，本次水稻种植基本还算顺利，尽管中间也发生了一些插曲，但总的来说有惊无险，最终还是顺利完成了毕业，如果说从中有什么心得体会的话，我想说：查阅文献很重要，预实验也很重要，因为在毕业实验中，自己由于对相关文献查阅得不够仔细，未能合理地圈定锑浓度胁迫的临界值，以致在添加浓度方面，设计得不够合理，低浓度过低且梯度设置过于密集，与此同时，高浓度设置得又过高，以致高低之间的某个跨度直接把临界浓度给跨越了，这点非常致命。如果当时自己能多看些文献，多收集信息，或许对于临界浓度会有更精准的把握，这样得出的数据也会更有说服力。其次是样品处理和测定方面，一定要注意样品量和测定时交叉污染等方面的问题，因为水稻在生长过程中，随着水稻的分段分拨采集，水稻越到晚期，样品量会急剧减少，尤其是高浓度的水稻，它的样品十分珍贵，如果前处理没有预留出备用量，一旦发生意外，数据很有可能就报废了，而且没法返工。最后是在样品测定过程中，注意根茎叶测定时多穿插洗针，以免产生交叉污染，致使数据出现偏差。当然这些小常识相信大家都懂，我也只是浅尝辄止，并没有太多高深的建议，如果非得展望一下的话，我还是觉得预防大于治疗吧。现在随着生活水平的提高，人人都在追求绿色有机，追求高端，可是环境污染却并没有因此而令行禁止，大量耕地被污染，被破坏，水稻作为我国南方重要的粮食作物，关乎国计民生。保护耕地，增强土壤活力，或许远比将其破坏后作为环保的反面教材来得更为实际。当然，与此同时，我也希望我国农业在未来的发展过程中蒸蒸日上，越来越好，在治国兴邦方面起到定海神针般的作用。

关于实验室建设中人才队伍建设的思考

刘 帅

摘要：以广东省农产品质量安全研究中心建设项目为例，阐明了实验室技术人员要求，对实验室建设中人才队伍建设的经验及存在问题进行思考、分析，为农产品质量安全建设提供参考价值。

关键词：实验室；人才队伍；建设

2021年和2022年中央1号文件分别提出“加强农产品质量和食品安全监管”“健全农产品全产业链监测预警体系”的部署，要落实好这一战略部署，需要全国各类农业人才及各科研检测单位共同去实践完成。当前，广东省农产品质量安全研究正进入加速前进的新阶段，对科研检测技术平台的建设提出了更高的要求，在促进政府对农产品贸易良性监管方面的作用日益显著。随着近年来有关农产品科研检测技术的快速发展，许多农业科研院所及高校想要在农产品质量安全领域成为一流的单位，不仅需要以完善的硬件设施环境为依托，更要以高水平、高效率、高素质的实验室人才团队为基础。如何更好地发挥平台职能，建设一支专业技术人才队伍是实验室管理决策者需要考虑的重要问题。针对广东省农产品质量安全，广东省科技厅首次提出“广东省农产品质量安全研究中心建设”，以广东省农业科学院农业质量标准与监测技术研究所（以下简称“质标所”）为建设单位，寻取试点单位创建典型案例和方法经验。该项目已于2018年底全面完成各项建设任务和指标，改造了实验室超过80 m^2，采购8台套基础检测仪器设备，利用平台的建设培养研究生6名、技术人才8名，引进人才13名，发布标准2个，发表论文3篇。该项目的实施，既促进了检测平台职能功效的发挥，又提升了农产品质量安全科研创新技术能力，为农产品质量安全监管提供了技术支持，并取得了一定的经济效益和社会效益。笔者根据项目实施情况进行总结，现将广东省农产品质量安全研究中心建设中人才队伍建设的经验及存在问题进行思考、分析，以期对农产品质量安全建设提供参考价值。

1 实验室人才队伍建设的重要性

2022年农业农村部印发的《“十四五”全国农产品质量安全提升规划》中分析了我国农产品质量安全存在的主要问题，主要表现在：农产品质量安全水平与农业高质量发展的要求还不匹配，监管基础依然薄弱，缺人员、缺经费、缺手段等问题较为普遍，标准化水平有待提高，农产品品质评价及分等分级亟待加强。另外，在实验室建设过程中通过争取资金引入、开展院企合作等项目进行的实验室硬件改造，只有科学有效的管理、应用和维护才能发挥出科研检测价值。而在各种资源中，“人员”是决定农产品质量安全建设中的第一要素，是维持实验室正常运行的参与者。完成农产品质量安全研究中心建设，根本途径在于完善实验室体系运行机制及加强实验室队伍建设，组建一支具有良好专业素质和丰富经验的技术人员队伍。根据高水平农科院发展需要，质标所结合广东省农业科学院“十四五”人才队伍建设规划和建设高水平农科院的战略决策，加快推进实验室人才队伍建设，对于完善农产品检验检测体系，提高农产品质量安全检测服务水平，保障农产品质量安全具有重要意义。

2 合理的实验技术人员结构及要求

质标所作为广东省农业科学院公益一类事业单位，主要工作包括检验检测、科学研究、技术指导以及一些辅助工作等，其中最重要的是检验检测及有关农产品方面的科学研究。在建立实验室人员梯队时应考虑年龄结构、知识结构、学历结构、职称搭配等要素，使人员结构趋向科学合理。结合不同技术人员职能特征，在实验室基础上需要的人才有技术专家、专业技术人员、检测人员、管理员、业务员等辅助人员，按照专业不同组成技术团队，就构成了实验室人才队伍。

① 管理员、业务员等辅助人员应了解实验室仪器耗材、农药项目，负责试剂、药品、材料及玻璃仪器等的请购、管理、领用、储存以及实验后的处理工作。

② 检测人员应掌握相关实验室所开展实验的基本原理和基本操作技术，常用仪器设备的用途、使用方法和有关常用简单仪器的维修，应使仪器的完好率保持在95%以上；熟悉各种实验所需的药品试剂的性能、用途、储存和配置方法，始终保持存放有序规范，做好实验室仪器设备等的日常维护、管理工作。

③ 专业技术人员应具有与所从事专业的学历背景，掌握本岗位所必需的专业理论、检测方法和其他专业知识，还应具有与所从事的专业技术相适应的操作技能和处理问题的能力。

④ 技术专家应有扎实的专业理论基础、质量管理知识，熟悉国内外的方针、政策，在职责和专业范围内，有指导业务技术工作和独立处理疑难问题的能力。

广东省农产品质量安全研究中心建设项目实施过程中，共引进实验相关人才4名，培养人才8名，其中技术专家2名、专业技术人员1名、检测人员5名、管理辅助人员4名，为检验检测水平的提高提供了人才储备力量。

3 如何建设人才队伍

3.1 加强人员引进、培训和交流

结合实验室技术特点，有针对性地培训专业技术人员，对新进人员进行岗前培训，以

“以老带新”的模式对岗位人员进行传、帮、带，同时对在职人员，做到内部持续教育，不断提高整体素质和岗位职责意识。建立广覆盖、多层次、开放式的人才培养体系，通过培训、交流，提高现有人员的业务素质水平。例如，以质标所定期举行的“农安大讲堂”和实验室硬件平台为契机，通过技术培训形式对单位检测人员进行技术培训和专业交流，结合单位实际检测需要，制定专业、科学、可靠的检测培训内容。培训方式包括专家老师授课、编制培训讲义等，考核专业项目包括农（畜）产品、农业环境及农业投入品中营养品质、微量元素、重金属、污染物及其他有毒有害物质的定量检测等；交流方式以检测技术实验室组会、标准方法演练等方式开展，旨在提高检测人员的检测能力水平以及检测单位安全生产能力、快速测验能力和产品认证能力，保障单位进一步发展的活力。项目完成至今，质标所每年度开展 4～5 次内部/外部培训工作，并积极参加农兽药残留能力验证测试、比对试验和交流会议，有效提高了实验技术人员的综合业务素质。

3.2　增强责任监督意识

检测实验室的检测报告具有公证性作用，其准确与否关系到被检产品的生产、销售以及相关方的经济利益。同时，不准确的检测结论会使检测机构社会公信力受损，甚至承担连带法律责任和经济责任。因此，强化实验室人员队伍的责任监督意识十分重要。责任监督意识的建立，可根据实验室的实际情况和发展需求，拟订实验室技术团队建设和人才队伍发展规划，定期研究检查情况。一方面，通过评审扩项、飞行检测等外部检查认真做好相关整改，切实落实主体责任，确保基本条件和技术能力持续符合资质认定条件和要求，强化试验人员责任意识、诚信意识、合规意识，加强相关法律法规、技术标准等培训学习，依法依规开展检验检测活动，确保检验检测数据和结果可靠、准确；另一方面，通过定期开展实验室内部检查，进行查漏补缺，例如，通过期间核查对人员、仪器或检测过程进行有效的质量控制，防止不合格仪器设备的使用，强化实验室人员规范性操作，保证检定、校准和检测结果准确可靠。

3.3　开展科研课题培养人才

“科学技术是第一生产力”，检测实验室在开展检测服务的同时也要重视开展科研工作，通过科研促进检测技术水平和工作效率的提高，锻炼和培养技术人才。第一，加大科研经费的投入，鼓励实验室技术人员独立申报课题，提升实验室的科研水平和检测水平，例如，以科技项目为载体，加大对农药兽药残留检测技术、污染物及其他有毒有害物质检测技术的开发研究。第二，充分发挥平台作用，以“国家农业检测基准实验室（农药残留）”“日本岛津合作实验室”“农业农村部农产品及加工品质量监督检验测试中心（广州）”等平台为基础，积极寻求外部合作。第三，根据不同人员研究背景，进行交叉研究，联合创新，积极开展检验检测方法的团体标准、地方标准、行业标准的审报，开展面对省内、国内新方法研究和多学科问题之间的研究协作，甚至可与省内外科研单位、国家企业、龙头企业等针对大项目、大课题等进行联合试验，促进科技创新人才的培养。

3.4 设置考核机制

建立考核机制，是加强实验室人才队伍建设不可或缺的措施，这种机制可以充分调动实验室人员的积极性与创造性，通过竞争择优选择人才，确保人才队伍保持生机活力。制定科学合理的考核机制，奖优罚劣，与实验相关的专业技术人员、辅助人员，可按照不同的实验特点和专业情况制定不同的考核内容和要求，包括对实验设备稳定性、数据真实性、实验记录可溯源性、检验报告规范性等方面，根据实验技术难度和仪器设备规模、实验人员时数等计算工作量，量化考核。另外，建立衡量标准，增强技术人员在专业技术上的危机感和紧迫感，达到出业绩、出人才的目的，促进科研工作和检测技术的提高。

4 取得成效及存在问题

4.1 取得成效

第一，开展了基础建设，加强了实验室仪器管理。为适应检测和科研业务发展的需要，整体改造了广东省农业科学院创新大楼413办公室及五楼微生物实验室的结构和功能，其中精密仪器室放置了5台大型仪器，仪器总值超过1 000万元。通过实验室人才队伍建设工作，有利规范了微生物检验检测工作及仪器设备运行、维护工作，提高了实验室人员检测服务能力。第二，保障了平台运行，提升了检测服务能力。通过人才培养和人员引进工作，组织对相关技术人员和管理人员的在岗培训，保障实验室平台安全运行，促进了农产品质量监管能力以及检测业务的提高。项目实施期间，质标所有效服务企业载体超过200家，2018年年度承接检测任务量与2014年相比增长量达到140.9%，年检测技术性收入超过5%的增长速度，实验室自身检测特点和承接业务优势进一步提升。第三，实现科技创新，服务“三农”。充分利用质标所现有的检测技术能力和建设的人才队伍，为生产经营企业提供优质高效的检测和技术咨询服务，为生产、经营企业及相关机构提供检测员技能培训和质量管理知识培训。项目实施至今，多次协办广东省种植业产品农药残留/重金属能力验证、技能竞赛、实验室认证等工作。同时，大力开展了科学研究项目，包括粮油中农药残留的基准研究、产地环境监测与防控、污染物风险监测与评估、污染物检测技术方法制定、国内外标准对比分析跟踪研究，以及农产品质量安全评价等方面研究，从而提升中心的科研水平和实力，实现科研成果的转化。由此可见，实验室人才队伍建设的开展，可以更好地为生产、加工企业提供技术支持，在产前、产中、产后等环节上，有利于开展科学研究、监测评估不合格产品，找出安全风险关键点和强化控制措施及方法，提升单位自身的检测服务水平和社会影响力。

4.2 存在问题

广东省农产品质量安全研究中心建设项目的实施，能够为省内的相关企业机构提供技术支持和借鉴，整体推动科研、检测能力的提升，为广东省的农产品贸易提供技术支持和保障，但从人才建设的实际情况来看，还存在问题：一是研究中心建设平台的人才储备还相对较匮乏，内部人才培养和引进力度不够，重点实验室需要加大引进高水平人才，增加科研动力，特别是在基础科研研究方面；二是实验室人员要充分发挥科研创新能力，需要不断的自我完善和更新，以适应检测服务行业及科研开发的发展需求；三是检测体系运行机制有待进一步加强，需完善人员日常监督管理工作；四是对外宣称力度不够，对新资质、新平台、新业务推广较少，实验设备等使用尚未达到最大化；五是该项目已投入 50 万元的经费进行基础建设，但还急需大型检测仪器的配置和安装，以便继续完善检测平台及研究平台的建设。

基于以上现状，提出以下建议：在现有研究基础上，应加强人才引进和人才培养力度，以便适应当前农产品质量研究建设的人才需求。通过改进和完善细节，为后续的检测体系运行和科研研究工作指明方向：继续优化本单位在农产品质量安全研究过程上的检验检测服务平台的服务机制，寻找关键技术、关键点，提高检测服务和科研开发能力，全面提高本单位的自主创新能力。同时，注意修订关键性技术标准，鼓励科技成果转化，扩大实验室的对外宣称，提高科技成果推广力度，指导企业完成“二品一标”及实验室认证工作，提高本单位在农产品质量安全研究中的竞争力。

5 总结

实验室要做到有为有位，人才队伍是关键，实验室技术人才是实验室综合竞争力和技术水平的体现，也是实验室良性发展的重要支柱。通过人才引进、人才培养、优化管理、基础条件建设等措施，打造一只高水平实验室技术人才队伍，是质标所影响力提升的方向，是事业发展的基础，是职能发挥的保障。